秦川牛(公牛)　　　　　　　　　　　　　秦川牛(母牛)

传统牛舍及运动场　　　　　　　　　　标准化开放式牛舍及运动场

标准化半开放式牛舍及运动场　　　　　　集约化养牛场

青贮玉米收获机械

青贮饲料塔

青贮饲料池

半干青贮饲料包

干草棚

全混合日粮搅拌饲喂车

胴体吊挂排酸

精饲料加工机组

胴体分割修整

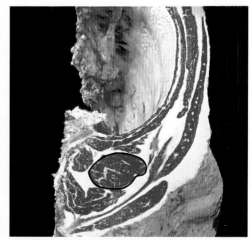

胴体第6～7肋间切面

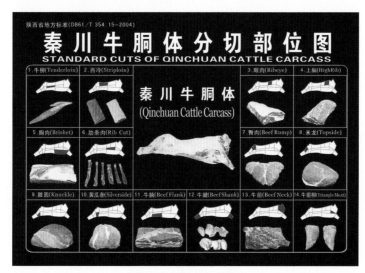

秦川牛胴体分切部位

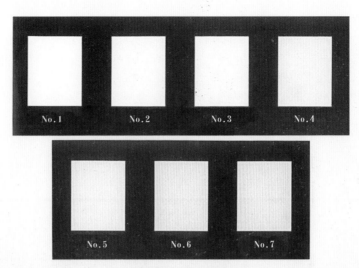

牛肉脂肪色标准

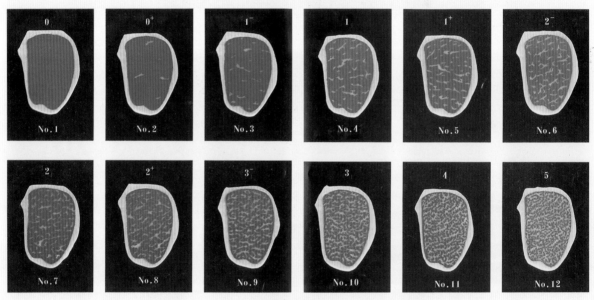

牛肉大理石标准

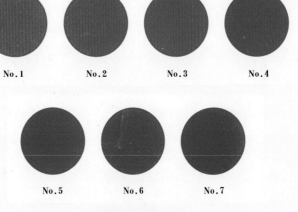

牛肉肌肉色标准

高档牛肉
生产技术手册

昝林森 主编

中国农业出版社

本书编写人员

主　编　昝林森

副主编　辛亚平　田万强　张双奇　马桂变

参　编　王晶钰　胡建宏　李志成　李林强　刘永峰

　　　　杨　帆　张成图

前　言

　　改革开放以来，我国的肉牛产业已经取得长足发展，养牛业从家庭副业发展成为独立的产业，仅仅用 20 多年的时间就走过了发达国家 100 多年的历程。牛肉具有蛋白质含量高、脂肪和胆固醇含量低等优点，是一种理想的肉食品。随着我国国民经济的发展和人们生活水平的不断提高，牛肉的消费比例在肉食品中逐年增大。目前，我国已经成为继美国、巴西之后的世界第三大牛肉生产国。大力发展肉牛产业，对于提高农业生产和人民生活水平，改善人们的膳食结构，增强人民体质，发展国民经济，迅速提高畜牧业产值在农业总产值中的比重，加速社会主义现代化建设等均具有重大意义。但是，目前我国肉牛产业还存在生产水平低、良种化问题突出、饲养规模小以及产业化程度低等问题，尤其是高档牛肉严重缺乏，成为制约肉牛产业发展的瓶颈。

　　为了切实提升我国肉牛产业的发展水平，增加高档牛肉的生产能力，由西北农林科技大学昝林森教授牵头，西北农林科技大学辛亚平、王晶钰、胡建宏，杨凌职业技术学院田万强，陕西师范大学李林强，平顶山市畜牧技术推广站马桂变参与编写了《高档牛肉生产技术手册》一书。该书内容丰富、齐全，既包括肉牛的饲养管理、产业体系、疫病防治，又包括牛肉的屠宰分割、市场营销、高档牛肉生产等，以期指导生产实践，提高我国肉牛产业尤其是高档牛肉的生产能力。本书内容深入浅出，语言流畅，通俗易懂，不仅适合于肉牛饲养管理、牛肉生产企业，而且也适合于从事肉牛业生产的广大技术人员和专业人员参考。全书共分为十二章，第一章、第四章由昝林森编写；第二章、第三章、第九章由田万强、张双奇编写；第五章、第六章、第七章由辛亚平、马桂变编写；第八章由胡建宏、杨帆编写；第十章由王晶钰、张成图编写；第十一章由李志成、李林强编写；第十二章由昝林森、刘永峰编写。

　　在编写本书过程中，我们虽然查阅了大量资料，但毕竟水平有限，书中难免有不足之处，恳请各位读者不吝批评和指教，以便进一步完善。

编　者

2017 年 1 月

目 录

第一章 世界肉牛生产体系

第一节 世界牛肉生产与发展趋势

牛肉是一种高蛋白、低脂肪、低胆固醇、富含人体所需各种氨基酸和维生素的肉食品。在发展中国家，随着居民收入的提高，消费营养价值更高的牛肉在肉类消费中的比重也随之提高。目前在国际市场上牛肉一直供不应求，特别是高档优质牛肉。

一、世界牛肉生产概况

1996 年位居全球牛肉产量前 3 名的是美国、欧盟和中国，年产量分别为 1 200 万吨、735 万吨和 491 万吨，其他主产国为巴西 445 万吨，俄罗斯 294 万吨，阿根廷 208 万吨，日本 115 万吨。1996—2006 年十年间美国、欧盟牛肉产量变化不大，中国牛肉产量年均增长 3.1%（2006 年中国牛肉产量达到 750 万吨）。2007 年欧盟牛肉产量略有增长，达 788 万吨，消费量也增长到 822 万吨。2007 年，位居牛肉产量前两位的是美国和巴西，分别生产牛肉 1 217 万吨和 912 万吨，消费量分别 1 302 万吨和 718 万吨，中国牛肉产量 791 万吨，消费 783 万吨。2010 年，全球主要国家和地区的牛肉和小牛肉折算胴体基础的总产量为 5 676.3 万吨，产量由多到少排序前 10 名国家（地区）依次为：美国（1 182.8 万吨）、巴西（914.5 万吨）、欧盟（27 国，787.0 万吨）、中国（555.0 万吨）、印度（285.0 万吨）、阿根廷（260.0 万吨）、澳大利亚（208.0 万吨）、墨西哥（173.1 万吨）、巴基斯坦（148.6 万吨）、俄罗斯（130.0 万吨），10 个国家（地区）的牛肉总产量占世界产量的 81.8%。

目前，美国、欧盟、巴西和中国是世界上 4 个最大的牛肉生产国和消费国，巴西、澳大利亚和美国是世界上 3 个最大的牛肉出口国，美国、俄罗斯、日本和欧盟是世界上 4 个最大的牛肉进口国（地区）。

二、牛肉生产发展趋势

目前，在世界范围内高档牛肉占肉类总产量的 10%，而产值却占总产值的 38.8%，优质牛肉占肉类总产量的 25%，产值占总产值的 24.3%，即占肉类产量 35% 的高档、优质牛肉，其产值可占 63.1%。因此，高档、优质牛肉的生产将是各国肉牛生产的方向和趋势。

第二节 世界肉牛生产与发展

一、世界主要肉牛品种

牛是世界上分布最广、头数最多的家畜。20 世纪 60 年代以来，由于国际市场对牛肉需求量的日益增加以及肉牛饲养管理所需劳力和建筑设备较少、成本低、效益高等原因，肉牛业蓬勃发展，肉牛头数急剧增加。在肉牛业发达国家，肉牛头数已增至 5 亿头以上，虽然肉牛数量占所有牛数量的 4% 左右，但牛肉产量却占总产肉量的 53% 以上。据估计，全世界有 60 多个专门化的肉牛品种，其中英国有 17 个，法国、意大利、苏联、美国各 11 个，这还不包括乳肉兼用或肉乳兼用品种和某些产肉性能较好的中国地方良种黄牛品种以及大量既产肉又供乳、还能役用的适于某种特定环境的原始牛品种。目前，国外的肉牛品种，按品种来源、体型大小和产肉性能大致可分为下列三大类：

1. 中、小型早熟品种 在肉牛业发展过程中，英国的中、小型早熟肉用品种起过一定作用。其特点是生长快、胴体脂肪多、皮下脂肪厚、体型较小，一般成年公牛体重 550～700 千克，母牛 400～500 千克。如英国的海福特牛、短角牛、安格斯牛、短角红牛、德温牛、盖洛威牛、苏塞克斯牛、威尔士黑牛、林肯红牛，澳大利亚的墨累灰牛等品种。

2. 大型欧洲品种 产于欧洲大陆，原为役用牛，后转为肉用。其特点是体型高大、肌肉发达、脂肪少、生长快，但成熟较晚。成年公牛体重达 1 000 千克以上，母牛可超过 700 千克。如法国的夏洛来牛、利木赞牛、金黄阿奎登牛、曼安茹牛，意大利的契安尼娜牛、罗马诺拉牛、玛契吉娜牛、皮埃蒙特牛，德国黄牛，瑞士的西门塔尔牛、瑞士褐牛，加拿大的康凡特牛，日本的和牛等品种。

3. 热带及亚热带地区的瘤牛种（Bos indicus） 热带及亚热带地区的瘤牛种适于炎热气候，对壁虱及其他一些血液寄生虫的抵抗力较强，在热带条件下，热带品种优于温带英国品种。其成年体重与中、小型早熟的英国品种相似。这类品种有南非（阿托尼亚）的非洲瘤牛、邦斯玛拉牛，美国的婆罗门牛及其杂交种圣格鲁迪牛、婆罗福特牛、婆罗格斯牛、夏勃来牛、抗旱王牛、肉牛王牛、婆罗杭牛，澳大利亚的依拉瓦短角牛，中国的雷琼黄牛、云南瘤牛、台湾黄牛等品种。

二、世界肉牛生产特点

发达国家由于经济的高度发展和技术的不断进步，带动肉牛饲养业向优质、高产、高效方向发展，其特点如下：

1. 肉牛良种化程度不断提高 科技进步促进世界肉牛业的迅猛发展。西方国家大多实行开放型育种或引进良种纯繁，特别注意对环境条件适应性的选择，且多趋向于发展乳肉或肉乳兼用型肉牛品种，如西门塔尔、兼用型黑白花牛、丹麦红牛等。东方国家如中国、韩国、日本多采用导入杂交，比较重视保持本国牛种的特色。如中国的秦川牛、韩国的韩牛、日本的和牛等，均采用导入杂交进行改良。最大限度地利用杂交优势进行商品肉牛生产。

2. 肉牛品种趋向大型化 20 世纪 60 年代以来，消费者对牛肉质量的需求发生了变化，除少数国家（如日本）外，多数国家的人们喜食瘦肉多、脂肪少的牛肉。这些国家不仅从牛肉的价格上加以调整，而且多数国家正从原来饲养体型小、早熟、易肥的英国肉牛品种转向欧洲大型肉牛品种，如夏洛来、利木赞、契安尼娜、罗曼诺拉、皮埃蒙特等，因为这些牛种体型大、增重快、瘦肉多、脂肪少、优质肉比例大、饲料报酬高，故深受国际市场欢迎。

3. 利用奶牛群发展肉牛生产 欧洲共同体国家生产的牛肉有 45% 来自奶牛，美国是肉牛业最发达的国家，仍有 30% 的牛肉来自奶牛。日本肉牛饲养量比奶牛多，但所产牛肉 55% 来自奶牛群。利用奶牛群生产牛肉，一方面是利用奶牛群生产的奶公牛犊进行育肥；另一方面是发展乳肉兼用品种来生产牛肉，欧洲国家多采用此种方法进行牛肉生产。

4. 肉牛生产集约化　国外肉牛的饲养规模不断扩大，大型饲养场存栏 30 万～50 万头。肉牛生产从饲料的加工配合、清粪、饮水到疫病的诊断，全面实现了机械化、自动化和科学化，将动物育种、动物营养、机械、电子学科的最新成果有机地结合起来。同时利用杂交优势提高肉牛生产水平。如美国科罗拉多州的芒弗尔特（Monfort）肉牛公司，年育肥肉牛 40万～50 万头，产值达 3 亿美元，是美国规模最大、生产环节最完整的肉牛公司，也是世界上最大的肉牛公司。该公司为了节约投资，采用露天养牛，有 2 个大型饲养场，每场占地120 公顷，每个围栏占地 0.4 公顷，养牛 425 头。公司的动物营养专家按照每栏牛群的年龄、活重以及其他方面的基本情况，确定该栏牛群的饲料配方。当需要某种配方的饲料时，将该配方数据输入计算机，由计算机操纵自动容积式秤，准确地按事先规定的各种成分下料、混合好，自动灌装喂饲车，然后运往指定的围栏喂饲。目前，在美国户养 2 000～5 000头肉牛为中等规模，大户则养 20 万头以上，提供美国市场 75% 的牛肉。

5. 利用杂交优势，提高肉牛产肉性能　近年在国外肉牛业中，广泛采用轮回杂交、终端公牛杂交、轮回杂交与终端公牛杂交相结合的 3 种杂交方法。这 3 种杂交方法可使犊牛的出生重提高 15%～24%。

6. 充分利用青贮饲料和农副产品进行肉牛育肥　肉牛在利用粗饲料的比例上仅次于绵羊和山羊，占 82.8%。国外在肉牛饲养中，精料主要用于育肥期和繁殖母牛的分娩前后，架子牛主要靠放牧或喂以粗饲料，但其粗饲料大部分是优质人工牧草。为了生产优质粗饲料，英国用 59% 的耕地栽培苜蓿、黑麦草和三叶草，美国用 20% 的耕地，法国用 9.5% 的耕地人工种植牧草。利用氨化、碱化秸秆饲料饲喂肉牛，在英国、挪威等国家也有一定规模。有效地利用青粗饲料资源生产牛肉，在许多发达国家尤其是发展中国家尤为重要。"多草少料、重视发展农区秸秆养牛业"的做法，则主要是为了节粮。

目前，依赖较少的粮食发展畜牧业，是中国畜牧业的一大优点。正是依靠这一优势，在近 10 年内中国肉类产量保持了每年两位数的增长幅度。日本研究表明，多用粗饲料、放牧育肥与精饲料为主的饲养方式相比，育肥期虽延长 1～6 个月，但瘦肉率提高 2%～10%，脂肪率下降。说明多给粗饲料饲养是提高可食肉生产率的有效育肥办法。

总结国外肉牛育肥经验，其主要特点是充分利用草原和农副产品，降低饲养成本。在草原地区，一般是利用草场饲养繁殖母牛和架子牛。这些架子牛大都在优良的人工草场放牧育肥，很少补饲精料。美国牧区繁殖的肉用犊牛，7～8 月龄活重达 200 千克时利用青贮玉米进行育肥，育肥期日增重 0.9 千克，经 10 个月左右的育肥，牛的活重就可达到 500 千克。有些国家犊牛在草地上放牧饲养到 1 岁左右、体重达 300～350 千克时出售给专业化的育肥场，利用谷类饲料进行短期育肥，育肥期 120～150 天，达到一定年龄（一般不超过 2 岁）和市场要求的体重时进行屠宰。这时牛肉质量好、成本低，又可增加周转次数。

三、促进肉牛产业发展的新技术

新技术对肉牛生产有极大的促进作用，主要包括以下几个方面：

1. 应用生物技术加快肉牛品种的培育　超数排卵与胚胎移植相结合形成"MOET 育种方案"是加速肉牛遗传改良进程的重要手段。其优点主要体现在以下 3 个方面：①可利用大量亲属信息，增加选择准确性。②提供更多后备种畜供选择，提高选择强度。③从幼年母畜中可获得更多的后备牛，缩短世代间隔，较常规育种方案可提高生长和胴体性状的选择强度30%～100%，为提高肉牛繁殖率和纯繁提供了有力工具。该方案与胚胎克隆技术相结合，可将未来的选择强度提高5%～25%，与传统的后裔鉴定相比，遗传改良速度成倍增加。从一个品种选出优秀的公、母牛，应用MOET和克隆技术，获得的遗传改良会更大。

2. DNA重组技术用于肉牛增重剂生产　生长激素是增重剂中最重要的一类。美国用DNA重组技术，将生长激素（GH）转移到大肠杆菌里，已成功地商品化生产出了GH，可使肉牛生长速度提高30%。由于GH和牛生产的激素一样，所以不影响牛肉的质量。

3. 应用育成杂交法有效地提高了肉牛生产性能　充分利用杂交优势提高肉牛生产性能，是国际上仍然采用的有效措施之一。近30年来，国外用育成杂交法育成肉牛新品种20余个。如美国的圣格鲁迪、婆罗格斯、肉牛王等，澳大利亚的墨里灰，南非的邦斯玛拉，巴西的卡马亚等。美国用美洲野牛与夏洛来和海福特牛育成的比法罗牛，具有增重快、适应性强、耐粗饲、肉质好等特点。

4. 利用育种新技术进行基因组合培育奶肉牛　基因组合，就是用奶牛群中一定比例的母牛与专门化的肉用公牛杂交，只用其后代进行牛肉生产。法国对黑白花、红白花、娟姗、弗里生、捷尔威、婆罗门、瑞士褐等乳用或乳肉兼用品种以及几个肉牛品种的脂肪产量、生产率、肌肉发育性状等都规定了种公牛选择时的权衡百分比，其中包括1/4的产肉性状，法国奶牛中有15%用肉用公牛杂交。英国的牛肉生产对奶牛群的依赖性很大，其肉牛群中的繁殖母牛多由奶用母牛与肉用公牛杂交所生的F_1代小母牛育成。匈牙利主要依靠乳肉兼用牛发展牛肉生产，不仅产奶量高，且产肉量也很突出，小公牛可育肥到600～650千克。荷兰20%的奶母牛与肉用品种公牛杂交，以生产肉用犊牛来保证高档牛肉的生产。

5. 疯牛病早期诊断和防疫治疗有望解决　自1986年英国暴发疯牛病（BSE）以来，全球肉牛业面临严峻挑战。如英国计划将30月龄以上的400万头牛全部宰杀焚烧，这意味着每周要烧掉1.5万头牛，相当于每40秒杀一头牛，而且时间长达5～6年，总费用达300亿美元，使英国养牛业遭到了毁灭性打击。现已证实，BSE在爱尔兰、法国、葡萄牙和瑞士都有发生。由于这种病潜伏期长（3～5年），不仅在牛群中流行，而且已在羊、猪、猫、鹿和鼠中也有病例出现，对人类危害的可能性仍未排除。加之该病原抗逆性强，宿主又无免疫应答反应，在潜伏期暂无有效诊疗手段且无法知道哪些是受感染畜禽。这种诊断空白无疑加大了该病的危害性。目前，英国、美国、日本等国的科学家正致力于这项攻关工作。有关资料报道，患BSE的动物脑部有一种变异蛋白，可在动物感染BSE的数年前，从其淋巴组织中检测出这种变异蛋白的抗体，从而有可能对BSE予以早期诊断。日本的最新研究认为，BSE可能与一种被称为蛋白质感染粒子的蛋白质病原物质有关。英国的研究小组正研究开发一种能对诸如扁桃体等淋巴组织进行化验的方法，也许能开发出一种血液化验方法。BSE对人类和其他动物造成的危害和经济损失非常严重，随着科学技术的不断发展和对该病研究的逐步深入，疯牛病的早期诊断和防疫治疗已为期不远。

第三节　世界肉牛生产体系

一、澳大利亚肉牛生产体系

澳大利亚属于热带和亚热带，最冷地区冬季最低气温0℃，一般8～30℃。冬季

(6～7月)潮湿多雨，夏季（11月份以后）干旱少雨。沿海地区降水量500～1 600毫米，内陆地区干旱少雨。长久以来，澳大利亚一直以养殖业为主要支柱，据统计，澳大利亚年产牛肉200万吨，列世界第8位，而牛肉出口年均约112万吨，占总产量66％，堪称肉牛强国。澳大利亚肉牛生产体系属于典型的生态草原型。

1. 肉牛饲养　在澳大利亚，牧场连着牧场，其间有少许农田和葡萄园。牧场上生长着或多或少的树，一般树干直径几十厘米，这些树为草地上的肉牛提供了遮阳场所；牧场之间的分界就是一根钢丝，牧草一年四季常青，无论白天黑夜，还是刮风下雨，牛始终生活在草地上，极少有牛舍。

2. 肉牛品种　澳大利亚肉牛品种优良，良种率几乎100％。澳大利亚的肉牛育种意识很强，手段也很先进。他们既对引进的良种进行培育，也培育自己的混血品种。对这些优良品种，既重视生产性能开发，以良种作为肉品竞争的利器，也把良种作为商品出口到世界各地。

澳大利亚肉牛品种极为丰富，接近40个，其中起主要作用的品种可分为三大类：第一类是从欧洲引进的品种，如最早由欧洲殖民者带入的安格斯、海福特牛，20世纪50～70年代引进（活畜、冻精和胚胎）的夏洛来、西门塔尔、短角、利木赞、德国黄牛等；第二类是从美国等国引进的热带及亚热带牛种，如婆罗门圣塔、格特鲁、非洲瘤牛，50年代从巴基斯坦引进的沙西华和辛地红牛等；第三类是在引入品种的基础上育成的新品种，如以安格斯牛和短角牛杂交成的墨累灰牛。为适应热带和亚热带环境而杂交育成了抗旱王，为适应不同地区、提高肉牛效益，以西门塔尔、海福特、夏洛来牛同婆罗门牛杂交形成西婆罗、海婆罗、夏婆罗牛以及劳莱恩等小型肉牛品种等。这些品种为澳大利亚优质、高产、高效的肉牛业奠定了种源基础。

3. 肉牛繁育　澳大利亚肉牛繁育体系可概括为选育原种、扩繁良种、推广利用杂交种。繁育体系包括原种场、扩繁场和育肥场。原种场主要进行纯种繁育，一般一个种畜场饲养2个或2个以上品种，主要目的为扩繁场提供纯种公牛和后备母牛，同时也进行新品种的选育；扩繁场主要饲养纯种和杂种母牛，可以与其他品种公牛进行二元或三元杂交生产商品肉牛，在南部主要是安格斯、海福特、西门塔尔牛二元、三元杂交，北方主要是以婆罗门为主的杂交类群进行高效杂交优势利用。

澳大利亚肉牛引进培育的历史有100年以上，肉牛产业的发展同完善的良种繁育体系密不可分。为加强选育，每个主要肉牛品种都成立了以品种选育提高为主的协会，制订了品种选育计划。协会主要职能是开展遗传评估、进行优良种畜登记、促进种畜的场间交流和出口等。以澳大利亚西门塔尔牛协会为例，协会积极开展种畜生产性能测定，要求每个参加育种的牛场都有育种员，详细记录优秀种牛的信息，协会对这些种牛信息进行审核并发布，每年选出1 000头种公牛投入生产。澳大利亚肉牛谱系及生产性能记录体系较为完善，一头牛从出生到最后屠宰有一套完整的档案材料，牛的销售同记录档案同步进行，不仅为肉牛育种者进行种牛遗传评定建立了可利用的大量数据，增加评定的准确性，而且也为消费者在肉品安全上提供了保证，如一头牛发生问题可追踪到各阶段饲养者。澳大利亚肉牛良种繁育结构比较合理，由核心种公牛站、种牛核心场、扩繁场、商品育肥场几个环节构成。由于肉牛人工授精的难度较奶牛大，多数采用自然交配，因而种公牛需要数量较大，种公牛一般由核心场和扩繁场培育。为促进种牛培育，协会每年组织赛牛会，评出不同生长阶段的冠军牛给予奖励，激励生产者培育优秀种牛。

4. 肉牛育肥 澳大利亚肉牛育肥分为两种模式：一是草地育肥，二是补饲育肥。两者技术方法不一样，确定哪种育肥方式取决于牛肉市场定位。草地育肥主要方法是：将断奶后的公牛以及淘汰母牛，用围栏将其固定在牧草长势良好的草地上，让其自由采食，生长到24月龄左右，出栏屠宰。这种育肥的牛不饲喂精饲料，出栏体重 500～700 千克，胴体大理石纹较差，分割肉主要供应国内以及中东地区。补饲育肥其主要方法是：将架子牛集中到育肥场，饲喂干草、青贮及精饲料，育肥期 90 天，一般出栏牛在 24 月龄以上，体重 700 千克以上，生产出的牛肉大理石纹较好。补饲育肥牛场基建非常简单，露天饲养，喂料为机械送料，用劳动力少。例如南澳大利亚州的一个 1 000 头育肥场，只有员工 2 人。20 世纪 90 年代，由于日本、韩国等亚洲市场崛起，对牛肉质量、特别是大理石纹要求较高，大批育肥场采用以精料为主的育肥方式，以提高大理石纹达到理想水平。

5. 行业协会在肉牛产业中的作用 行业协会在澳大利亚肉牛产业中扮演重要角色。与肉牛产业密切相关的有澳大利亚牛业理事会、澳大利亚肉类和畜牧业协会、澳大利亚饲养者协会以及各个牛品种协会等。澳大利亚牛业理事会主要负责推动养殖生产的质量控制、进行疾病防治和检疫等基础性工作。澳大利亚肉类和畜牧业协会影响力最大，有工作人员 150 多人，3 万多家活畜农场会员，包括农场主、加工商、出口商及零售商。该协会的职能是建立畜产品质量安全体系、开拓市场、协助州和国家政府制订产业发展方针政策等。协会在中国等国家开设了办事处，利用举办研讨会、参加食品展览会等形式开拓国际市场。协会通过政府返回的大部分牛羊交易税、与农场和加工企业联合申报科研推广项目、收取服务费等形式获取运行经费。

二、英国肉牛生产体系

英国肉牛业是仅次于乳牛业的第二大畜牧业。自 1941 年起，政府就实行山地母牛补贴政策，以鼓励在高地和较贫瘠的草地上发展肉用母牛，肉牛业发展较快。这一政策已取得明显效果，至今全国约有 3/4 的肉用母牛分布在高地或丘陵区，比较集中的肉牛分布区有苏格兰东部格兰扁、泰赛德等区，英格兰北部诺森伯兰、达勒姆等郡，威尔士山地边缘的波威斯、达费德等郡。

1. 养牛业概况 英国共饲养牛 1 200 万头，其中奶牛 210 万头，肉牛 990 万头，13％的奶牛用于繁殖肉牛。现饲养的肉牛品种约有 30 多个，每个品种所占比例如比利时蓝白花 34％，利木赞 25％，西门塔尔 11％，夏洛来 10％，安格斯 9％，海福特 2％，其他牛种 9％。在英国没有专门的保种机构和经费，每个品种都有自己的协会负责对品种选育提高和推广。所有的品种都必须不断提高其杂交配合力、屠宰率、胴体质量、生长速度等指标，才能在激烈的市场竞争中不被淘汰。英国农民在长期生产实践中培育了许多耐高寒等艰苦环境条件的肉牛品种，如威尔士黑牛、阿伯丁安格斯、高地牛、盖洛韦牛等。

2. 牛肉来源 英国牛肉生产的主要来源有 3 个方面：一是乳牛业中的淘汰乳牛、种公牛和犊牛（包括几乎全部小公牛和后备乳牛外的过剩小母牛）；二是肉牛业中的淘汰母牛、种公牛和牛犊（除后备母牛外）；三是从爱尔兰进口的架子牛。其中以第一方面为主，占牛肉产量的 58％。牛肉产量由 1950 年的 64.6 万吨增至 1984 年的 109.5 万吨，增长了约 70％；牛肉自给率由 1960 年的 68％，提高到 1984 年的 101.4％。育肥牛（包括供屠宰的牛犊）出售平均值为 19.22 亿英镑，占农业总产值的 16.1%，占畜牧业总产值的 26.9%。

3. 肉牛选种　英国肉牛通过冷冻精液人工授精的比率仅为 5%，所以全国只有一个肉牛冷冻精液生产中心 Genus，Genus 负责向全英国以及世界上 70 多个国家提供肉牛和奶牛冷冻精液，年销售冷冻精液 800 万份。Genus 每年都要从国内选购肉用公牛，其程序是：Genus 根据系谱资料及牛群纪录，和农户签订购买 100 头公牛的协议，农户留下的公犊长到 1 岁半时，再根据其生长发育情况、性欲、精液品质等选留 30% 到公牛站生产冷冻精液，并把生产的冷冻精液用于和其他牛品种进行杂交，然后根据其难产率、生长速度、胴体质量等选留 5%～7%，用于实际生产。

4. 肉牛生产　在英国，尽管只有 5% 的肉牛使用冷冻精液人工授精，但用于生产牛肉的商品牛一般都是杂交牛。在肉牛养殖场，农场主大多都饲养肉用公牛用于和荷斯坦牛育成牛或其他肉用品种进行杂交。荷斯坦牛的 13% 用于和肉牛杂交，生产的杂一代母牛再与其他肉牛品种进行杂交，生产商品代肉用牛种。肉用品种牛的留种率为 8%，其余的 92% 全部用于生产牛肉，所以其育肥的肉牛一般都是二元或三元杂交牛。

肉牛生产明显地分为繁殖、饲养和育肥 3 个阶段，且每个阶段往往是在不同的农场甚至不同的地区，以不同的生产水平经营。因此，肉牛生产存在肉牛复杂的交易和转移过程。

牛犊繁殖是肉牛生产的初始阶段，也是重要基础。牛犊质量的优劣直接关系到肉牛生长发育速度和屠宰重量。使用人工受精和杂交优势，是广泛采取的措施。

育肥是肉牛业的最后阶段，即提供最终产品（供屠宰的牛）的阶段。本国所产和从爱尔兰进口的架子牛需经一段时期育肥，才能达到适宜的屠宰重量，就是淘汰乳用牛和肉用母牛也需要在送往屠宰场前进行催肥增重。由于育肥用牛的来源和年龄不一，故育肥期有长有短。肉牛育肥多半由专门化的农场经营，规模不一，大者上千头，一般 20～100 头。随着对牛肉需求量的增长和市场上各种肉类竞争的加剧，各肉牛育肥农场日益注意节省饲料，加快育肥周期，提高每头牛的产肉量。发展育肥公牛是一个新的增产途径。据英国农、渔、食品部组织的大规模调查表明，用育肥公牛生产牛肉，增重可以比育肥阉牛提高 10%，减少饲料消耗 5%。

乳牛农场将其淘汰乳牛和犊牛售给肉牛农场饲养和育肥，而且肉牛农场中，有的从事繁殖和饲养，以售出架子牛为主要经营方向；有的则以购进架子牛进行育肥为经营方向；当然也有一些肉牛农场经营繁殖、饲养、育肥全过程。仅从肉牛群本身来看，多数阉公牛和青年母牛的繁殖和饲养在一个农场，而育肥则可能远在几百公里外的另一个农场。由于繁殖和饲养多利用粗放放牧场或部分永久性草地，而育肥则多利用优质永久性草地和谷物集中产区的饲料资源，所以肉牛的移动，从全国看是以从西到东、从高地到低地为主要方向。肉牛育肥有两种主要方式，相应的也有两类育肥基地。一是放牧与舍饲相结合，以草地育肥为主，适当喂以精饲料。一般冬、春季出生的犊牛，夏季放牧，冬季喂以优质谷物饲料（大麦和小麦），13～17 个月龄完成育肥，体重可达 380～450 千克。在秋季产犊高峰时所产牛犊，早期断奶后，在牛舍内饲养到早春，体重达 180 千克时，即转到草地育肥，次年冬季用干草和混合饲料进行舍饲，每天喂饲 2.72～5.45 千克。这种育肥方式多在优质永久性草地面积广泛的地区实行，尤其是英格兰的诺森伯兰、累斯特、北安普敦等郡，其次有苏格兰东部沿海、赫里福德盆地等处。二是集约育肥，即用精料进行强度育肥。精饲料以大麦为主，因此采用这种方式育肥获得的牛肉通常称之为"大麦牛肉"。但近年来采用小麦作精饲料也日渐普遍。其具体方式是，当小公牛断奶后，体重达 100～120 千克时，任其自由采食压碎的谷物饲料，长至 10～12 个月龄，体重达 370～410 千克时屠宰。这种集约的育肥方式，主要实行于英格兰东部和东南部的主要耕作区，也见于苏格兰中部低地的东部和东北部沿海。

由于遭受了"疯牛病"和"口蹄疫"的打击，英国从 1996 年 6 月 1 日起对所有进入人类食物链的国产牛和进口牛建立了牛"户口"管理系统，每头牛从出生到死亡的全过程进行基本数据登记，即每头牛犊出生后，就建立"户口本"，包括出生地、出生时间、系谱资料，该"户口本"的资料要进入国家牛群管理系统，牛在转场、销售以及屠宰过程中，"户口本"随牛转移，并要详细登记，以备发病后追根溯源，查找所有和这头牛接触过的牛群，阻断传染源。

三、美国肉牛生产体系

美国的肉牛工业是指从犊牛生产至牛肉消费这样一个跨越时间和空间、按市场规则运作的产业结构系统。肉牛业在美国国民经济和人民生活中占有重要地位。全美每年 1 870 亿美元的农产品销售总额中，畜牧业销售额为 880 亿美元，其中 340 亿美元来自肉牛业，占畜牧业销售额的 38.7%，占农产品销售额的 18% 左右。同时，肉牛业支撑许多其他相关行业，如动物保健品、饲料、营销及人工授精等，并且为全国提供 160 万个就业岗位。由于连锁效应，每 1 美元养牛业收入可以产生 5 美元的附加经济活动。牛肉是目前美国消费量最大的肉类。

1. 肉牛业概况　美国肉牛业有上百年历史，其发展起伏波动。从牛存栏数看，自 1900 年至 1970 年代中期，牛数量增加迅速，而后大幅度下降。1900 年，牛存栏数为 1 亿头，1975 年为 1.32 亿头，到 1998 年，为 9 950 万头。据 2000 年年初统计，此数字为 9 730 万头。2007 年全世界共有肉牛约 1 218 亿头，美国饲养肉牛 9 900 万头，占世界第 1 位，其中母牛数 4 200 万头，年育肥 3 400 万头（包括部分淘汰母牛），其中只有 5% 是纯种牛，95% 是经济杂交牛，50% 的牛肉集中在中部和南部 10 个州生产。美国有 70 个肉牛品种，常规品种 20 多个，1995 年全美育种公司商定只从事安格斯、海福特、夏洛来、西门塔尔、利木赞 5 个品种的育种和销售，其中安格斯 76%、夏洛来 4%、海福特 8%、西门塔尔 7%、利木赞 5%。

2. 种牛生产　种牛生产体系是从事纯种肉牛或注册肉牛品种生产的部门，其任务是利用遗传育种手段提高牛的生产性能，产品是种牛、精液和胚胎。种牛生产体系包含了不同肉牛品种生产的种牛场或公司。通常一个种牛场或公司保有一个肉牛品种，按照各自品种协会的行业标准对所饲养的品种进行选育提高。所养种牛，特别是种公牛的性能评估报告由相应的品种协会公布，将所评估种牛的基本信息和重要育种参数上传本协会的计算机网页供选择购买。因为种牛生产者需要提供优质、遗传性能稳定的种牛，他们需要丰富的动物遗传育种知识，所以通常把他们称为肉牛业的遗传工程师。当然，种牛遗传参数的计算方法和性能标准的制订，则要依赖专门研究机构和大学。虽然种牛的有关信息资料大都放在计算机网上，可以供全国选择，但在实际操作中，各种牛场或公司的服务具有很强的区域性，一般种牛的销售半径为 161～241 千米。所以品种的选择很重要，一是要与所覆盖区域内商业生产者的饲养品种一致，二是要考虑覆盖区内的最佳品种。

3. 商用犊牛生产　商用犊牛生产体系是饲养繁殖母牛，生产犊牛并饲养到断奶，所以这一体系的全称是母—犊生产体系。母牛是生产者，犊牛是产品，是利润的来源，也是后备母牛的来源。母牛 1 年 1 胎是商用犊牛生产经营者的目标。在专业母—犊生产场，300 头母牛为一个经济单位，即母牛数大于 300 头方可获较得较好的利润。对小群母牛经营者而言，养牛只是他们经济活动中的一部分。

母—犊生产的管理形式有两类：一是全舍饲，此类形式的比例不大；二是放牧加补饲，放牧的密度和补饲视草场牧草数量和质量而定。产犊季节大多安排在冬末春初，2 月、3 月、4 月份是产犊的集中月份。有的经营者在春末、夏季或秋季产犊，这样可以减低犊牛腹泻死亡率，也有利于牧场干草的收贮。有的经营者安排春犊和秋犊，以便充分利用公牛，有效地使用劳动力和饲草。也有的经营者安排全年产犊，但这是最不经济的方式。

尽管犊牛的出生月份不同，但是通常情况下，犊牛的断奶时间却相对集中，犊牛的断奶月龄一般为 5～10 月。断奶体重超过 227 千克的犊牛可直接卖给育肥牛经营者，而大量的断奶体重较轻的犊牛，需要饲养几个月方能进入育肥场。犊牛随母牛在其反刍机能未完善前可以在草场上放牧。在小麦产区，秋季和早春，犊牛在青草地放牧，待谷物收割后，便在收割后的再生地上放牧。

4. 架子牛生产 架子牛生产是从断奶犊牛到进入育肥场这一阶段的生产，出栏架子牛的年龄通常为 10～20 个月，可分为长龄架子牛和短龄架子牛，前者为 10～14 月龄，后者为 15～20 月龄，此间的主要任务是尽量增加牛的体重，为以后的胴体重奠定基础。

架子牛以放牧、干草、青贮为饲草来源，视季节不同来组织。对春犊，通常在完成冬季饲养计划后进入育肥场，为 10～14 月龄；完成夏季放牧计划后进入育肥场的架子牛，为 15～20 月龄。

架子牛经营者依据饲草供应情况和价格来决定购买犊牛的季节。然而，架子牛生产正受到两方面的冲击：一是有的商用母—犊经营者不再以犊牛为最终产品，而是将断奶犊牛继续饲养至可直接进入育肥场的年龄或体重，出售给育肥场；二是有的育肥场直接买断奶犊牛在场内进行生长和育肥两个阶段的饲养。

5. 肉牛育肥 育肥就是肉牛屠宰前的催肥，通常采用全舍饲方式。育肥期 90～150 天，可以获得最佳的增重效果和最优的牛肉品质。育肥场每年平均出栏肥牛 2.4 批。规模区别较大，年出售牛 100～23 000 头。全美 70% 的育肥牛场集中分布在平原地区的 7 个州，约 95% 的育肥集中在 12 个州。

四、日本肉牛生产体系

日本肉牛业发达，生产的和牛肉味道鲜美，在日本国内乃至国际上享有盛誉。日本的肉用和牛是在本地役用黑毛和牛品种内选育而成的。优质的和牛肉现已成为日本国民不可缺少的美味佳肴。肉牛业也成为日本重要的农业产业。从 1960 年年初开始，经 1961 年、1968 年和 1972 年 3 次修正育种标准，采取了全国性和牛登记、建立种畜场、普及人工授精、召开优秀种牛评奖展览会、普及科学的饲养管理技术等有效措施，至 1997 年，日本独有的黑毛和牛肉用种终于育成。日本肉牛业从品种来讲，主要是肉用和牛、和种牛与黑白花母牛的杂交一代以及去势后的黑白花公牛。

1. 肉牛繁育 为了振兴日本畜产业，为国民提供安全、优质的畜产品，推进全国家畜改良增殖计划的实施，日本国先后于 1950 年、1951 年、1952 年分别颁布了《家畜改良增殖法》、《家畜传染病预防法》及《兽医法》，这些法律对种畜、家畜人工授精、家畜登记事业、预防家畜传染病的发生、蔓延以及对兽医师的职责、资格许可、考核业务内容、兽医师评议会等做出了明确的法律规定，很好地规范了家畜繁殖及疾病防治工作。

对种畜的出生年月日、特征、其前五代父母特征等依法建立档案记载，统一全国编号，形成登记证书。没有此证，就没有种畜资格，其精液也就不能在市场贩卖。此外，登记又分为基本登记、本源登记、高等登记和育种登记。

日本肉牛繁育服务机构由国家、地方、民间、公司、个人多层次构成，全方位为养牛户服务。如国家及各县（相当于我国的省）级的畜产试验场、各级家畜卫生保健所、地域农业技术普及中心，农业协同组织、社团法人、财团法人机构以及个体的人工授精师、兽医师等，满足养牛户各方面的需求，有力地促进和保障了肉牛的繁育事业的发展。

日本肉牛的繁育均采取集约化、科学化、市场化的方式。日本非常重视肉牛繁殖技术和育肥技术的研究及普及工作，全国基本普及了肉牛繁殖的人工授精技术。现正在推广普及胚胎移植技术，提高了肉牛的繁殖率。全国的优质肉用种牛精液商品化率高，每头优质肉用种牛的精液有商标号，有该种牛的家族系谱图及广告张贴画，对该种牛精液宣传包装到位，为其广泛推广创造了良好的条件。这项工作由各地的家畜试验场组织实施。日本全国40多个都、道、府都建立了畜产试验场，均以和牛为研究对象，对其进行肉用纯种繁育试验研究。当某一个地方选育出一个肉用优良个体种牛后，其精液迅速在全国推广。这样选育出的肉用和牛适应性强，也缩短了品种育成周期。在育肥技术上着重研究适合日本气候、饲料资源、满足市场要求的肉质、育肥速度快、成本低、效益好的肉牛育肥方法。

2. 肉牛育肥 日本肉牛的饲养方式主要是以舍饲育肥为主，且农户的肉牛育肥基本形成了工场化生产，并具有一定的规模。另外，在北海道及九州等地也有少量的放牧育肥方式。日本农家肉牛的饲养规模，据2001年年底统计全国平均肉牛饲养户户均32头，香川县为41.2头。种牛的饲养、采精、精液加工制度管理及贮运、销售配套成为一个产业，由企业按市场机制运作。主要是由社团法人——日本家畜改良事业社团及各都、道、府、县的畜产试验场从事这项工作。管理规范、运行良好，深受农户欢迎。

从整体看，日本肉牛育肥农户数逐步减少，而户均育肥肉牛的存栏头数逐步增加，即向规模化的方向发展。育肥肉牛农户均强调采取降低成本提高育肥肉牛效益的方法。大部分农户的育肥肉牛舍都是简易的棚舍，并十分重视环保工作，对厩肥采取发酵处理，再将该肥料销售给种植农户。

五、法国肉牛生产体系

法国是一个奶牛、肉牛品种十分丰富的国家。牛的存栏数量在欧洲位居第一位，现存栏母牛800万头，其中奶牛（包括乳肉兼用牛）449万头，占56.2%。肉牛350.6万头，占43.8%。肉牛品种有9个，夏洛来占54.2%，利木赞占24.2%，其他品种占21.6%。

1. 肉牛生产方式 法国肉牛生产方式最明显的特点是多种多样化，饲养管理方式也包括各种不同分类，甚至还存在非常粗放的方式。生产体制的多样化是由于资源条件和市场需求所决定的。首先是不同的市场要求生产不同系列的产品来满足专门市场的需求。法国每年生产近400万头犊牛是供应育肥架子牛的一个重要来源，这些犊牛不仅能满足国内市场的需要，还向南欧（主要是意大利）供应约100万头进行草地放牧饲养。公牛犊断奶后大多数用于集约化育肥饲养，一般在 18～20 月龄时屠宰，胴体重为 350～450 千克。法国至今还存在着非常传统的生产方式，即架子牛育肥至 2 岁或者长达 40 个月，这种饲喂体制包括肉牛和不用作繁殖的小母牛，其中肉牛的数量越来越少。用传统的饲喂方式所生产的肉牛通常是由个体小型屠宰场屠宰销售，胴体重一般为 260～380 千克。

另外，法国牛肉类生产的一种特殊方式是肉用小乳牛的专门生产行业。这类生产主要是指那些用液体饲料饲喂的犊牛，即用牛奶或代乳品配以不同比例的脱脂奶粉饲喂的小犊牛，其中奶用公牛犊占相当一部分比例。这种犊牛一般在 5 个月龄时宰杀，用于生产尽可能白嫩的肉品，称为"小白牛肉"。

2. 肉牛育种 在法国，肉牛的选育和推广工作均是由某个协会或几个协会联合承担，肉牛的育种完全是以获取最大的经济利益为目标的。

法国的肉牛育种体系非常完善。在育种上，采取了 3 个主要技术手段。一是注册登记，建立档案。犊牛在产后 48 小时内编号，并在农业部的全国数据库登记表明身份，种公牛必须注册；二是性能测定，体型分级。体型分级就是由国家认定的鉴定员分品种分牛群进行体型分级，根据采集的数据进行处理；三是计算育种值，由设在国家农业研究院的全国信息中心对汇集的大量数据进行统计、分析，确定育种值，指导全国的育种工作。不同的协会组织所做的工作主要有三项，即人工授精、牛群选育和疫病防治。每个农户、每个品种的选育单位作为协会成员，均参与选育工作。因此法国的种牛在全世界享有盛誉，优良品种已经被全世界接受并被频繁使用。

3. 肉牛育肥 法国肉牛育肥饲养大体分为四种体制。一是全牧草饲养体制。牧草饲养主要是寒冷、潮湿的丘陵和山区，还包括分布在低洼地区的不易耕作的小块土地。肉牛主要是耐受性品种，如赛拉斯、澳博瑞克和盖斯康等。畜群规模一般为 60 头，最大的不超过 80 头。放牧管理通常是简单的轮牧制度，春季在 2～3 块草地上放牧，夏季以后增加到 4 或 5 块草地上。这些牛的日粮中也补充少量的精饲料，使之保持一个耐受型品种牛单位年消费量为 150～260 千克，肉用型品种 300～400 千克，日增重 1 000～1 200 克。二是犊牛饲养体制。在这个体制中，农作物（饲料粮和玉米）的生产面积占 15% 左右。犊牛一般在断奶后几个月内全部出售。这些犊牛饲喂以青贮玉米为基础饲料的超前育肥日粮，日增重大约 1 200 克的。这种饲喂体制主要建立在法国中央高原正北部的大草原并扩展到远东部地区，主要肉牛品种有夏洛来和利木赞，在西北部干旱地区也有少量的金毛雅古德牛。三是肉牛饲养与育肥体制。在这种生产体制中，农作物种植面积和草地面积各占 50%，牧草和饲料粮的供应都不再受限制，因而各种家畜都可以进行育肥阶段的生产，特别适合 18～20 月龄的青年公牛育肥生产。肉牛品种主要是夏洛来和利木赞，也有少量的曼安茹牛。这种饲养体制主要分布于法国最西部地区，这里气候条件较好，土地肥沃，农场规模 40～60 公顷，玉米种植面积一般占可耕地面积的 20%～25%，产量可达每公顷 10 吨以上。草地生产潜力较大，平均载畜量达到每公顷 16～20 个标准家畜单位。在这些地区自繁公牛犊全部进行育肥，有些农场还购进一定数量的犊牛来扩充育肥单位的饲养量。哺乳期犊牛日增重为 1 000 克，育肥期可高达 1 350 克。四是青年公牛育肥体制。这种生产体制中草地面积所占农作物面积的比例低于 50%，一般情况下，青年公牛育肥生产只作为奶牛或者其他家畜生产，或农作物生产体系的补充，育肥场只是农场经营中的小部分产业。这种生产体制 2/3 分布在法国最西部地区，1/3 分布在中东部的奶业业和农作物生产地区。西部地区集约化农场规模一般为

30～40公顷，而东部地区一般在 100 公顷以上，青年公牛饲养量大多数不超过 50 头。

六、加拿大肉牛生产体系

加拿大存栏肉牛 3 000 多万头。平原三省存栏肉牛占全国总数的 80％，全国农业总收入占国民总收入的 47％，畜牧业产值占农业总产值的 48％，畜牧业产值由高到低依次是肉牛、奶牛、猪、家禽。牛肉生产量 150 万吨，人均年消费 32 千克牛肉，牛肉产量 50％销往美国，同时也进口美国牛肉（约占产量的 13％）。加拿大现有主要肉牛品种 30 多个，其中海福特、安格斯、利木赞、夏洛来、西门塔尔这五个品种及其杂交后代，对加拿大肉牛业的生产起着重要的作用。目前，海福特、安格斯这两个品种及其杂交后代是加拿大肉牛产业的基础。加拿大共有 14 万农户从事肉牛生产，按照分工和功能，将肉牛业划分为生产和销售两大体系，各体系内部又根据功能划分为几个既相互依赖，又各自独立，有时可能是相互竞争的部门。它们共同组成从种子牛培育到牛肉销售这一庞大的网络。大体上，肉牛生产体系分为 4 个部分：

1. 种子牛群（核心群）生产 种子牛群生产是从事纯种肉牛或注册肉牛品种的生产部门，其产品是种牛、精液和胚胎。所以种牛生产体系包括了不同肉牛品种生产的种牛场（站）或公司，他们按照各自品种协会的行业标准对所饲养的品种进行选育提高。最主要的特性是遗传基因的稳定性要好；其次是体型，表现在肌肉发达情况、牛体型大小、公牛睾丸、母牛乳房发育等方面；再次是生产性能、日增重、精液品质、四肢强健、母牛的生殖能力等方面。因此，所养种牛，特别是种公牛的生产性能评估报告由相应的品种协会公布，将所评估的种牛的基本信息和重要育种参数上网，供选择购买。并把所有信息及时反馈给农场主，使其了解自己牛群的生产现状和水平。加拿大共有 2 万农户饲养纯种牛，主要从事纯种繁殖，向商品场提供种牛，并向世界各地出售种牛和胚胎。农场主在很大范围内选择优秀的种公牛，采用胚胎移植和冷冻精液配种技术进行纯种繁殖，有 15 个肉牛品种在各自的品种育种者协会登记，协会的主要职能是为育种者提供各种有价值的信息，分析整理来自育种者牛群的各种信息。每个纯种牛繁殖场都自愿参加育种者协会，并交纳一定的会费而成为终身会员或年度会员，并遵守协会的规章制度，协会为符合品种标准的牛颁发证书，有了证书方可使种牛（胚胎）销往世界各地或在国内做种牛。

2. 商品牛群生产 商品牛群生产，也称为母牛和犊牛生产。加拿大有 1.5 万个农场饲养商品牛，母牛群从 50～10 000 头不等，70％的农场拥有母牛不足 50 头。商品牛生产体系是饲养繁殖母牛、生产犊牛并饲养到断奶，所以这一体系的全称是母牛犊牛生产体系。母牛是生产机器，犊牛是产品，是利润的来源，也是后备母牛的来源。母牛 1 年 1 胎是商用犊牛生产经营者的目标。从市场上看，是经历草变肉，再由肉到市场这样两个环节，商品牛场必须讲效益和效率，因此必须利用杂交优势，主要利用二元经济杂交、三元经济杂交及多元经济杂交。终端杂交很重要，比不杂交提高效率 25％。杂交优势体现在牛犊生长方面，但关键在母本，杂交牛犊生长发育快、适应性好、易饲养。其母本要达到如下要求：①牛犊出生率高。加拿大商品牛场比较重视杂交牛出生的难易，产犊难易甚至比产肉更重要，其死亡率必须小于 5％。②净肉率要高，肉质要好。③杂交犊牛抵抗力也应好。在杂交选择中，每个种群各有优劣，但杂交后代选取的都是优良基因。商品牛场的经济效益主要体现在产出的数量上，产犊季节大多集中在 3～4 月份，架子牛断奶体重达 250～300 千克。加拿大母牛和犊牛生产农场主所获的利润比饲养架子牛生产农场主和育肥牛生产农场主都高。

3. 前期育肥牛群生产　前期育肥牛群生产，也称架子牛群生产。架子牛生产是从断奶犊牛到进入育肥场这一阶段的生产。出栏架子牛的月龄为 6～18 个月，分为 2 种模式，长龄架子牛和短龄架子牛，前者为 6～12 个月，后者为 13～18 个月，此间的主要任务是尽量增加牛的体重，为以后胴体重奠定基础。如前所述，有时断奶重在 300 千克以上的犊牛并不经过架子牛阶段就直接进入育肥场。

架子牛的饲养方式以放牧或补饲干草、青贮为主，视季节不同安排饲养。对春犊，通常在完成冬季饲养计划后进入育肥，年龄为 6～12 个月龄；完成夏季放牧计划后进入育肥场为 13～18 月龄。架子牛经营者依据饲草供应情况和价格来决定购买犊牛的季节，购买犊牛是通过肉牛拍卖交易市场、网上或卫星通讯信息系统，一般是整进整出。

4. 育肥牛生产　加拿大育肥牛生产农场约有 8.5 万个，商品牛场在加拿大所需费用并不高，但育肥场所需要的费用却比较高，因为需要大量的粮食饲料，因此农场主必须有自己的土地，种植饲料，降低生产成本。育肥场主要经济利益表现在：架子牛生长速度要快，胴体质量要好，交易时要按胴体重等级付款。加拿大肉牛胴体评级办法是根据出肉率、肉的色泽、脂肪颜色、背膘厚度评定，胴体出肉高则价高，出肉低则价低，一般胴体重为 362.88～408.24 千克，出肉率为 59%，背膘大于 4 毫米最为理想。

架子牛进入育肥场，通常采用全舍饲方式，因此要有适应阶段。开始以饲草为主，然后逐渐增加精料，育肥期饲料能量水平很高，精料占 60%～80%，青贮及干草占 20%～40%，有的还加脱水苜蓿颗粒料。育肥牛大都做皮下埋植增重剂，采用自由采食饲养方式。每日送 3～4 次料，有自动饮水槽，冬天可加热。育肥期 90～150 天，就可以获得最佳的增重效果和最优质的牛肉品质。育肥场每年平均出栏育肥牛 2.5 批，规模大小区别较大，年出售肉牛从 1 000～50 000 头不等。一般 1 头育肥牛可获利 70～80 加元。

综上所述，欧美发达国家肉牛业具有生产专业化、规模集约化、管理科学化、信息网络化等特点。

七、中国肉牛生产体系

自 20 世纪 80 年代以来，中国肉牛业经历了一个快速发展时期。肉牛存栏现已达 1.2 亿多头，牛肉产量也以每年近 20% 左右的速度递增，2006 年牛肉总产量达 750 万吨，仅次于美国、巴西，居世界第 3 位。牛肉人均占有量也有了明显的增长，由 1992 年的 1.6 千克增加到了 2010 年的 4.12 千克，增长了约 1.5 倍。但与世界发达国家人均 50 千克以上，世界人均 10 千克相比还有很大差距。中国牛肉产量还远远不能满足国人的需求，发展空间很大。中国肉牛生产体系特点如下：

1. 产业集中度低　从养殖环节看，目前我国肉牛生产主要以千家万户分散饲养为主，一种小规模育肥场集中育肥为辅。在屠宰环节上，私宰滥屠还没有得到完全遏制，小型屠宰厂遍布全国，绝大多数缺乏市场竞争力。

2. 生产技术水平低　目前我国肉牛的平均胴体重比世界平均水平（197 千克）低 50 千克。由于手工屠宰在我国占 60% 以上，牛肉制品的加工总量较低。市场上出售的绝大部分是生鲜肉，国际上流行的分割冷却肉和低温肉制品很难见到。

3. 牛肉品质低　近年来，我国对牛的品种改良虽然在积极进行，但改良肉牛的覆盖率仅为18%，造成牛肉的质量不高。我国肉牛生产主要依靠黄牛，专门化肉牛的比重较低。黄牛大多体型小，生长速度慢、出肉率低、纤维较粗。我国牛肉产量迅速上升，但出口却未显著增加，其中卫生质量差达不到出口要求也是一个重要因素。

总之，我国肉牛产业的生产专业化、规模集约化、管理科学化、劳动生产机械化、品牌意识、营销方式等方面和欧美发达国家还有很大的差距。因此，应大力加强中国肉牛生产体系建设。

当前，中国肉牛业已进入了一个新的发展时期，其主要特点是：一是养牛业自身正处于转型时期。在广大农区特别是中原地区，养牛逐渐脱耕退役。在牧区和半农半牧区基本上已全部退役。养牛的目的是为了生产肉、乳、皮、毛等经济产品。养牛业向肉用或乳肉兼用的商品生产和增加经济收入方面转变。二是国家加大了对三农的投入，推动进一步调整农业结构，积极发展畜牧业。养牛业作为畜牧业的重要组成部分，由于其自身的生物学特性及经济特性成为发展畜牧业的重点。国家在养牛生产方面出台了很多相关的政策和措施，在金融方面支持养牛业，促使养牛业发展到一个新的台阶；三是当人均收入超过1 000美元后，对牛肉及其制品需求数量及质量要求将更加强劲。事实也是如此，我国人均收入已过1 000美元，出现了一批中高收入的群体，崇尚营养、安全、健康的食品。当然，牛肉及其制品成为首选，牛肉的消费迅速增长，一方面刺激了国内肉牛业的发展，也给国外出口商带来空间。四是养牛业在新农村建设中占有重要地位，是实现畜牧业经济发展的重要内容，是实现生活富裕的需要，也是实现村容整洁，发展生态农业的重要途径。因此，在新农村建设中养牛业成为重要的重新规划对象，也是重要发展的产业。

第二章 影响高档牛肉生产的因素

第一节 高档牛肉生产概述

一、高档牛肉的概念

随着我国人民生活水平的不断提高、涉外饭店和星级宾馆的兴起以及国际肉牛业的推动，我国的肉牛业正经历着一场变革。虽然我国有秦川牛、晋南牛、南阳牛、鲁西黄牛等优秀的黄牛品种，但由于种种原因，我国黄牛作为生产高档牛肉的资源尚未被充分开发和利用。高档牛肉的概念在不同的国家有着不同的标准。美国和日本等国家称之为优质牛肉，这些国家对牛肉的分级较早，对优质牛肉的定义是以胴体质量为标准，从质量级和产量级两方面入手，进行了比较详细的规定。我国高档牛肉生产才刚刚起步，到目前为止对高档牛肉中的一些标准还未确定。从加工角度来讲，高档牛肉是指经过快速育肥的牛，其优质部位肉（如牛柳、西冷、眼肉）满足颜色、大理石纹、嫩度等方面符合特定要求的牛肉。高档牛肉与普通牛肉相比价格较高，目前市场上进口的高档牛肉的价格为12~25美元/千克。

高档牛肉在嫩度、风味、多汁性等主要指标上，均须达到规定的等级标准。目前，高档牛肉主要指肉牛胴体上里、外眼肌（即背最长肌）和臀肉、短腰肉等4部分肉。这4部分肉的重量占肉牛活重的5%~6%，但其价值约占到一头牛总价值的50%左右，具有很高的经济效益和发展前景。

生产高档牛肉的肉牛年龄最好在18~24月龄，屠宰时活重应达到450千克以上，且牛的膘情要好。屠宰后牛胴体表面脂肪覆盖率在80%以上，背部脂肪厚度在8毫米以上，胴体表面脂肪颜色洁白。牛肉的剪切值在3.62千克以下的出现次数应在65%以上，按我国试行的大理石纹分级标准判定其等级应在1~2级，质地松软，多汁性好且味浓，具有肉质鲜美的独特风味，烹饪后咀嚼时不留残渣，不塞牙。高档牛肉生产对于提高肉牛的附加值具有重要的意义。肉牛胴体构成比例见表2-1。

表2-1　肉牛胴体构成比例（%）

名　称	比　例
高档肉	6~7
优质切块	24~25
一般肉	41~46
分割的碎肉	9~10
骨	15~16

因此，要达到高档牛肉的标准，必须从生产高档牛肉的肉牛年龄、体重、饲养条件、屠宰等各个环节严格要求。

二、我国高档牛肉生产现状

随着世界经济的发展和人们生活水平的提高，人类食品结构发生了很大变化，牛肉消费量在不断增长，特别是高档牛肉消费的比例大大增加。为适应高档牛肉生产和市场的需要，一些发达国家和地区如美国、日本、加拿大及欧洲共同体都制订了牛肉分级标准；不同国家按需要不同，不断选育肉质优良的品种生产适销对路的高档牛肉；同时结合饲料、饲养技术的改进，进一步提高高档牛肉的产量和效益。

我国肉牛业是一个新兴产业，起步较晚，牛肉产品质量也千差万别，在国际市场上缺乏竞争力，不利于民族工业的振兴，严重制约了我国肉牛业的发展，在生产水平上与发达国家相比有较大差距，主要表现在以下几个方面：

1. 综合开发利用相对不足　高档部位的牛肉其经济价值较高，约占整个牛的近一半。在我国高档牛肉生产过程中，限于分割水平，有相当一部分优质部位的肉尚未得到合理的开发和利用，高档牛肉只占整个牛只牛肉总量的 10%。因此，在生产高档牛肉时除了看重高档部位，还应着眼于其他部位优质高档肉的开发。通过做好冷却保鲜，提高加工工艺，达到高档牛肉的要求。另外，在肉制品加工方面，与欧美及日本等发达国家相比，我国高档牛肉制品数量太少。

2. 屠宰加工工艺落后　高档牛肉加工包括牛肉的初步加工、牛肉制品的加工、牛肉的保鲜贮藏。其中初步加工包括牛肉的分割、牛骨的剔除等。

高档牛肉的初步加工与一般牛肉加工工艺大致相同，但要求操作规范化和更加严格的卫生条件。电刺激技术和酸洗技术的使用，不仅可以提高高档牛肉的品质，而且还可以延长牛肉货架期。

但是，我国在以上这些牛肉的屠宰加工工艺方面，与传统的牛肉加工业相比几乎没有什么区别。而与国外的高档牛肉加工业相比，既没有严格的胴体酸洗消毒措施，又缺乏先进的电刺激嫩化或酶嫩化技术。同时，在高档牛肉的冷却保鲜工艺中，很少在冷却间或成熟间加装紫外线杀菌装置；有的冷却间的温度控制也不严格，波动起伏太大；有的冷却间的空气流动速度过大，气流组织极不合理，造成了牛肉在冷却过程中的严重干耗及寒冷收缩等不良影响。

高档牛肉加工工艺的落后，直接影响了牛肉产品的质量。即使是高档部位的牛肉，牛肉产品也未必高档。在利用这些产品做西餐时，达不到西餐的用料要求。甚至不仅卖不上高档牛肉的价格，还可能退货，给高档牛肉加工企业造成损失。

3. 设备陈旧或闲置　在国外，高档牛肉的生产加工，设备先进，机械化程度高。而我国高档牛肉加工业的生产设备比较落后，机械化程度低。

以分割肉生产为例。国内外分割肉加工工艺流程大致相同。其简单流程为：待宰育肥牛→击晕→放血→去头→蹄→内脏→尾→剥皮→胴体劈半→修整→冲洗→排酸→分割。其中用电刺激方法加快死后的僵直，采用提高温度和增加紫外线照射或使用抗生素来加快解僵过程，国内企业很少使用。对分割肉的剔骨，国内外分割肉加工机械大同小异，差别在输送线、圆盘锯的用料、计量的自动化程度上，虽然都装有限位装置，但效果差距甚大。这主要是因为我国育肥牛的品种较杂，个体大小差异较大，限位装置不能充分发挥效果所致。

在高档牛肉生产过程中的骨肉分离环节上，国内外加工效率、效果及效益的差异主要由于在骨肉分离环节上是否采用剔骨机械造成。英国、美国等发达国家是生产自动骨肉分离机械的重要国家，在高档牛肉生产上，使用剥皮机、剔骨机的程度很高。而我国的一些生产企业，即使进口了比较先进的牛肉屠宰加工机械，要么不会用，要么干脆不用，造成资源的巨大浪费，更重要的是不利于高档牛肉加工业的稳步发展。

4. 肉品包装过于简单 牛肉制品的包装，分为一般包装、真空包装和气调包装等几种方式。在国外，不只是肉类制品，其他食品的包装也相当考究。因为食品的包装不仅仅表现出来的是美观、卫生，引起人的食欲、购买欲，还体现出一个国家、一个地区、一个民族源远流长的饮食文化。目前，我国牛肉制品包括鲜肉包装仍没有引起广泛重视，大多包装过于简单，很多鲜牛肉甚至以无包装形式出售。

5. 高档牛肉依然需要进口 2000 年北京市人均牛肉消费 20.6 千克，本地自产 3.3 万吨，占消费量 24 万吨的 13.8%。只有周边的河北、山东、河南与安徽 4 省牛肉总产量达 249.4 万吨，才能解决北京市中、高档牛肉的部分供应问题，五星级餐饮业的优质牛肉依然要进口。

牛肉进口最多的是广东、辽宁、山东、河北、天津、上海和北京，总额达 5 300.12 万美元，占全国牛肉进口总额的 99.49%。其中广东、上海和辽宁 3 个省、直辖市 2003 年进口合计占 86.92%，可见发达地区市场对优质牛肉的需求很大。每千克牛肉的价格参差不齐，有的 14~16 元，有的 320 元，更有 600~800 元的牛肉，这些进口牛肉的省、直辖市需要的是优质牛肉。

总之，我国的高档牛肉加工业，屠宰加工机械一般比较简单，以手工作业为主，生产效率低、卫生条件差、生产工艺和设备落后，产品质量达不到高档牛肉的要求。造成这些现状的原因是多方面的，企业本身规模和实力小，我国的肉牛品种、饲养管理与国外相比还有很大差距，优质牛肉不能规模化和稳定供应，国内需求不旺，机械特别是肉制品加工机械的研制受国情和传统因素的影响和制约。国内大型、先进的牛肉加工设备主要依赖于进口，这在很大程度上都制约着我国高档牛肉加工业的现代化进程，造成始终滞后于国外的被动局面。

第二节 影响高档牛肉生产的因素

高档牛肉的生产受诸多因素的影响，除受遗传因素影响外，还受一些环境因素的影响，概括起来主要包括肉牛品种、年龄、性别、季节、运输、营养、脂肪、屠宰、分割、嫩化等多个方面。

一、品种

品种决定着牛的生长速度和育肥效果，品种不同，其育肥成绩、经济效益即使在相同的饲养管理条件下也表现出显著的差异。

牛的品种类型按生产方向分为肉用型、乳用型、役用型和兼用型（肉乳兼用型、乳肉兼用型等）。作为肉用品种本身，按体型大小可分为大型品种、中型品种和小型品种；按早熟性分为早熟品种和晚熟品种；按脂肪贮积类型又可分为普通型和瘦肉型。一般小型品种的早熟性较好，大型品种则多为晚熟种。我国的黄牛尽管体型不大，但均为晚熟种、役用或役肉兼用型。

1. 肉用品种　肉用品种的牛与乳用牛、乳肉兼用品种牛和役用牛相比，牛肉的生产能力高，这不仅表现在能较快地结束生长期，能进行早期育肥，提前出栏，节约饲料，能获得较高的屠宰率和胴体出肉率，而且屠体所含的不可食部分（骨和结缔组织）较少。脂肪在体内沉积均匀，大理石纹结构明显，肉味鲜美、品质佳。肉用品种牛的净肉率高于黄牛，黄牛高于乳用牛。

牛的肉用体型愈明显，其产肉性能也愈高，并且断奶后在相同的饲养管理条件下，饲养到相同的胴体等级（体组织比例相同）时，大型晚熟品种（如夏洛来）所需要的饲养时期较长，小型早熟品种（如安格斯）饲养的时期较短，出栏早。其原因是小型早熟品种在骨骼和肌肉迅速生长的同时，脂肪也在贮积，因而肌肉的大理石纹也呈现得早；而大型晚熟品种的脂肪沉积在骨骼和肌肉生长完成后才开始，结果屠宰的年龄一般也要推迟。早熟性好的肉牛屠宰率高，肉质也好，可以较早地开始育肥。据300头牛的饲养试验证明，断奶后在充分饲喂玉米青贮料和玉米精料的条件下，饲养到一定胴体等级时（体组织脂肪达30%），夏洛来需200天（体重达522千克），海福特需155天（470千克），平均日增重分别为1.38千克和1.33千克，消耗饲料干物质总量夏洛来牛为1 563千克，海福特牛1 258千克。

我国目前培育出的真正的专门化肉牛品种很少，但我国五大良种黄牛如秦川牛、晋南牛、南阳牛、鲁西牛和延边牛等，经过适当的育肥，肉质细嫩，大理石纹好，肉味鲜美，某些肉用性能达到甚至超过某些国外肉牛品种，可用来生产高档牛肉。

2. 杂交改良牛　牛的经济杂交是提高牛肉生产率的主要手段，不仅可以提高牛肉的质量，而且可以改善牛肉的品质，对于高档牛肉的生产具有重要的影响。

苏联研究机构研究了100种以上品种的杂交方式，证明通过品种的杂交可使杂种后代生长快、饲料报酬高，屠宰率和胴体出肉率增加，比原来纯种牛多产肉10%～15%，甚至高达20%。美国的试验也表明，两个品种杂交后代其产肉能力一般比纯种提高15%～20%。

根据各地生产试验，利用海福特牛改良我国地方品种牛，能提高牛肉的品质；利木赞牛改良我国地方品种牛，牛肉的大理石纹明显改善；夏洛来改良我国地方品种牛，F_1代的生长速度快、肉质好；安格斯牛和我国地方品种杂交，杂交牛偏早熟，牛肉品质上乘。要生产适合西方风味的牛肉，可用皮埃蒙特、夏洛来进行改良；要生产适合东方风味的牛肉，可用安格斯和利木赞进行杂交改良。杂交牛明显地提高了高档牛肉的产量，同时改善了牛肉的品质，适宜高档牛肉的生产。西门塔尔牛是我国分布最广和改良面积最广的引进品种。据不完全统计，全国现在纯种西门塔尔牛3万多头，对我国黄牛的体尺、净肉率以及胴体中优质肉块比例改良效果显著，对眼肌面积和屠宰率亦有改进。

总之，早熟性好的肉牛，其屠宰率较高，肉质也好。肉用品种或以产肉为主的兼用品种，其产肉性能显著地优于乳用及兼用品种。目前我国应该选择夏洛来牛、利木赞牛、安格斯牛、西门塔尔牛、皮埃蒙特牛等肉用或乳肉兼用公牛与本地黄牛母牛杂交的后代来生产高档牛肉，也可以利用我国地方黄牛良种，如秦川牛、晋南牛、南阳牛、鲁西牛等经过特殊强度育肥生产优质高档牛肉。

二、年龄

年龄对牛的增长速度、肉的品质和饲料报酬有很大影响。幼年牛肉的肌纤维细、颜色较淡、肉质良好，但香气较差、水分又多、脂肪少，骨骼重量大。成年牛肉质量好，肉味香，屠宰率亦高，肠系膜、大网膜及肾脏附近可看到大量的脂肪。老龄牛肉体脂肪为黄白色，结缔组织多，肌纤维粗硬，肉质劣。一般年龄不超过2岁的成年牛最好，因为年龄越大，每千克增重所消耗的饲料越多，年龄大的牛增加体重主要靠在体内贮积脂肪，而年龄较小的则靠肌肉、骨骼和各种器官的生长。

从饲料报酬上看，一般年龄越小，每千克增重消耗的饲料越少。据邱怀等（1982）报道，秦川牛每千克增重所消耗的营养物质，以13月龄牛最少（平均5.18千克），其次是18月龄牛（平均为9.58千克），再次为22.5月龄牛（15.23千克）。年龄越大，增重越慢，每千克增重消耗的饲料越多。

从屠宰指标而言，据邱怀等研究，在相同的饲养条件下，22.5月龄牛的屠宰率、净肉率、肉骨比最高，其次是18月龄牛，再次是13月龄牛，而眼肌面积则为18月龄牛＞22.5月龄牛＞13月龄牛。

牛的增重速度遗传力较高，为0.50～0.60。出生后，在充分饲养的条件下，12月龄以前的生长速度很快，以后明显变慢，接近成熟时生长速度很慢。例如，夏洛来牛的平均日增重，初生到6月龄达1.15～1.18千克。而在饲料利用率方面，增重快的牛比增重速度慢的牛高。据试验，用于维持需要的饲料日增重为0.80千克的犊牛为47%，而日增重1.0千克的犊牛只有38%。我国地方品种牛成熟较晚，一般为1.5～2.0岁增重快。

牛胴体成分中胴体脂肪和瘦肉的含量比例，不同年龄牛亦有不同的比例。随着育肥时间的延长，牛体内脂肪量逐渐增加。据测定，1～13月龄的牛体内脂肪比例小；14月龄以后，脂肪沉积量和沉积速度明显增加；到24月龄时，牛体内脂肪量占胴体的百分率为8月龄牛的3倍多，在脂肪量逐渐增加的同时，瘦肉占胴体的百分率逐渐下降（表2-2）。

表2-2 秦川牛不同月龄胴体构成

月龄	数量（头）	脂肪		肌肉		骨比例（%）	肌肉质量/骨质量
		质量（千克）	比例（%）	质量（千克）	比例（%）		
13	16	12.21	7.42	130.34	79.25	13.33	5.95
18	9	27.46	11.58	180.43	76.10	12.32	6.18
22.5	12	35.59	12.79	207.92	74.71	12.50	5.98

据美国农业部颁布的牛肉分级标准，30月龄以内的牛能生产出最高档次的牛肉，即1级牛肉，30～48月龄的牛只能生产出2级牛肉，48～60月龄的牛只能生产出3级牛肉，60月龄以上的牛只能生产出低于4级的牛肉，说明年龄对高档牛肉的生产颇有影响。

因此，在高档牛肉的生产上，必须掌握肉牛生长发育的规律，在生长发育快的阶段给以充分的饲养，以发挥其增重效益。对育肥牛的年龄要严格把关，良种黄牛2～2.5岁开始育肥，公牛1～1.5岁开始育肥，阉牛、母牛2～2.5岁开始育肥，一般达到体成熟时的1/3～1/2时屠宰比较经济。国外对肉牛的屠宰年龄大多限定在1.5～2.0岁，国内则要晚一些。

三、性别

性别对牛肉的产量和肉质亦有影响。一般来说，母牛的肉质较好，肌纤维较细，肉柔嫩多汁，容易育肥。阉牛易育肥，肉质也会变细致，肌肉间夹有脂肪，肉色较淡，早去势者最后体重和平均日增重比晚去势者高。育成公牛比阉牛有较高的生长率和饲料转化率，公牛比阉牛具有较多的瘦肉，较高的屠宰率和较大的眼肌面积，而阉牛胴体则有较多的脂肪（表2-3）。

表2-3 秦川牛性别对产肉性能的影响

| 月龄 | 性别 | 屠宰率 (%) | 净肉率 (%) | 日均增重 (千克) | 公牛与阉牛的比较 | | | | | |
					屠宰率 (%)	净肉率 (%)	平均日增重 (%)	饲料利用率 (%)	瘦肉率 (%)	脂肪含量 (%)
18	公牛	56.78	48.68	0.70	−5.56	−5.93	18.64	23.00	4.78	−53.30
	阉牛	60.12	51.75	0.59						
22.5	公牛	64.84	53.17	0.64	7.17	2.41	30.61	12.8	5.23	−42.40
	阉牛	60.50	51.92	0.49						

过去习惯对公犊去势后再育肥，认为可以降低性兴奋，性情温驯，迟钝，容易育肥，但近期国内外的研究表明，胴体重、屠宰率和净肉率的高低顺序为公牛、去势牛和母牛（表2-4）。同时随着胴体重的增加，脂肪沉积能力则以母牛最快，去势牛次之，公牛最慢。育成公牛比阉牛的眼肌面积大，对饲料有较高的转化率和较快的增重速度，一般生长率高，每增重1千克所需要的饲料平均比阉牛少12%。因而，公牛的育肥逐渐得到重视。

表2-4 公牛、阉牛、母牛增重速度比较

项目	公牛	阉牛	母牛
数量（头）	12	22	12
日龄	361	383	398
育肥起始活重（千克）	386	377	346
育肥结束宰前重（千克）	1 471	984	869
日增重（克）	1 070	1 306	1 013
胴体重（千克）	597	508	471
肌肉重（千克）	405	323	256
脂肪重（千克）	132	160	108
肉骨比	5.1	4.8	4.2

另外研究表明，公牛前躯肌肉发达，骨骼稍重且肌肉多，直接利用公牛进行育肥，日增重可提高13.5%，皮下脂肪厚度减少35%，公牛的眼肌面积较大，瘦肉率明显高于阉牛，沉积脂肪的时间延迟，胴体脂肪量减少，主要表现为皮下脂肪和内脏脂肪沉积量减少。Jacobs、Landan、Ntunde等的研究都证明了公牛的胴体重、净肉率和眼肌面积均大于阉牛。Kay和Houseman研究表明，公牛胴体的瘦肉含量比阉牛高8%，而脂肪含量则比阉牛低38%。

当然，对于采用公牛还是阉牛育肥，还因饲养方式和饮食习惯而异。美国的肉质胴体质量等级中的一个重要依据是脂肪沉积，故以饲养阉牛为主；欧洲共同体国家以规模化饲养为主，多为"一条龙"的饲养方式，且在肉食习惯上注意并喜食瘦肉，所以以饲养公牛为主；

日本人讲究吃肥牛肉，以养阉牛为主。但据邱怀报道对育肥期超过 24 个月以上的公牛，育肥前宜先进行阉割，否则肌肉纤维粗糙，且肉有腥味，食用价值低，并给管理工作带来诸多不便。

四、季节

季节对高档牛肉的生产主要是通过饲料、营养、管理等产生综合作用。为了生产出高档牛肉必须对饲料、营养、管理进行综合控制，选择适宜的季节。

用于生产优质高档牛肉的肉牛必须经过 100 天左右的强度催肥，育肥牛可以放牧饲养，也可以围栏或拴系饲养，日粮以精料为主，在育肥期所用饲料也必须是品质较好的，对改进胴体品质有利的饲料，从而为生产高档牛肉服务。

高档牛肉生产的育肥期受季节影响。在四季分明的地区，春、秋季节育肥效果好，此时气候温和，蚊蝇少，适宜肉牛的生长，牛的采食量大，生长快。育肥季节最好避开夏季，因为夏季气温超过 30 ℃时，肉牛自身代谢快，食欲下降，饲料报酬低，不利于牛的增重。冬季由于气温低，肉牛用于维持需要的热量多，增重缓慢，因此冬季育肥时，饲料消耗多，饲料报酬低，经济上不合算，同时由于正值枯草季节，用于贮备草料的费用增加，也提高了饲养成本。一般说来，在气温 5～21 ℃环境中，最适宜牛的生长。夏季（特别是气温高于 30 ℃时），注意防暑，在舍外搭凉棚，避免暴晒。冬季，白天喂后可让牛在舍外晒太阳，傍晚入棚舍。为了避免冬季育肥肉牛，可调节配种产犊季节，进行季节性育肥，调整的方法是集中在 4～5 月配种，第二年的早春 2～3 月产犊，18～20 月龄进入冬季前出栏。目前国内外已广为推广这种方法，以提高育肥增重效果。如果无法避开冬季育肥肉牛，可采用暖棚保暖育肥，以提高育肥效果。总之，不适合肉牛生长的季节对肉牛育肥有较大影响，适宜的季节利于肉牛的育肥。

当前，随着人民生活水平的不断提高，对高档牛肉的需求日益增加，这就需要高档牛肉的生产一年内基本均衡，能满足一年四季居民对高档牛肉的需求。在这种条件下，季节对高档牛肉生产的影响更加明显。为了均衡地生产高档牛肉以满足人们的需要，养殖场就不得不控制环境、饲料等因素，从而高效地进行生产。规模化的养殖场更多地采取防暑降温、防寒保温设备以便使季节对肉牛的影响降至最低，最大限度地进行高档牛肉的生产。

五、运输

牛的运输会造成很大应激，使牛掉膘，或伤害牛的健康，甚至造成死亡。在运输过程中牛体动荡，站立不稳，牛只互相拥挤，顶撞践踏；或在运输途中环境嘈杂，造成牛惊恐；或遇上天气变化，如炎热、寒冷、刮风、下雨等，再加上饮水、采食的失常会使牛的体重遭到损失。据试验，800～850 千米的路程，汽车运输牛体重损失率达 10.45％，到达育肥场地后经过 6 天饲养才恢复到运输前的体重。用火车运输时，体重损失率达 20.7％，需 43 天的饲养期才可恢复到运输前的体重。可见，缩短运输距离，减少运输时间，降低运输途中失重是技术关键。

由此可见，运输过程中牛体重或多或少会遭到一定程度的损失，但如果运输途中得不到营养补充，那么一旦饲料得以补充，饮水充足，便很容易得到恢复。如果是肌肉和脂肪的损失，恢复起来就要慢得多，需要较长的时间。为了生产高档牛肉，应将运输过程中牛体的失重减少到最小限度。为此，运输途中要有防护措施并加强看护，防止牛只拥挤和跌伤，互相践踏，碰撞受伤，防止剧烈运动和应激，防止发生运输病、丢失和死亡。在运输过程中，应按大小强弱分装分运，装车装船前牛喂得不要太饱，饮水充足，在7～16℃气温下用汽车运输，载量适宜，通风良好，及时补水，提高驾驶员技术水平等措施都可减少运输时失重。

六、营养

营养水平是改善牛肉品质，提高牛肉产量的重要因素。品质优良的牛只有在良好的营养水平下才能发挥较高的生产性能，牛在不良的营养水平下，不仅体重下降，发育停滞，体型外貌也发生很大的差异，肌肉、脂肪等可食部分的比例大大降低，高档牛肉的产量和质量均会下降。

用不同饲养水平培育的幼阉牛在18月龄屠宰的试验结果表明，在不良的营养水平下，体重大大降低，牛肉的产量和质量也明显下降（表2-5）。

表2-5　饲养水平对幼阉牛产肉性能的影响

| 组　别 | 宰前活重（千克） | 屠宰重 | | | 屠宰率（%） | 屠体中骨含量（%） | 肉中脂肪含量（%） |
		胴体（千克）	内脏脂肪（千克）	共计（千克）			
第一组（良好的营养水平饲养）	414	221	20	241	53.4	18.4	15.3
第二组（不良的营养水平饲养）	224	106	3	109	47.3	22.4	6.6
一、二组间差数（±）	+190	+115	+17	+132	+6.1	-4	+8.7
增减百分比（%）	+84.8	+108.5	+567	+121.1	+12.8	-17.9	+131.8

由表2-5看出，在良好的营养水平饲养情况下，幼阉牛体重较对照组（不良的营养水平饲养）提高近1倍，肉和油脂产量增加1.2倍，胴体中骨的含量减少。

牛膘情的好坏也与高档牛肉的生产有着密切的关系。只有膘情好的肉牛才能生产出理想的高档牛肉。表2-6对不同肥度成年牛的屠宰指标进行了比较。

表2-6　不同肥度成年牛的屠宰指标

| 指　标 | 肥　胖 | | 贫　瘠 | |
	重量（千克）	百分比（%）	重量（千克）	百分比（%）
活重	499.6	100.0	287.0	100.0
肉产量（带骨）	260.0	52.0	116.0	40.4
油脂产量	28.5	5.7	3.5	1.2
皮产量	35.8	7.2	20.5	7.1

从表2-6可以看出肥度良好的牛较贫瘠的牛要多产144千克肉，25千克油脂和15.3千克的皮。因此，牛在屠宰前必须进行肥度的测定。此外，牛肉的总营养价值也因牛育肥度的不同而有很大差别，如瘦牛1千克的发热量仅有5 040焦，而肥胖的牛1千克的发热量达

12 600焦。

另外，低的饲养水平可促进早熟品种继续生长其肌肉，因而能适当抑制其快速脂肪沉积，特别是利用秸秆加少量精料来达到这种目的，非常经济。当然对生长率高的晚熟品种，低水平饲养就会抑制其肌肉生长，对增重不利。

七、脂肪

高档牛肉要求胴体表面脂肪覆盖分布均匀，厚度适宜，覆盖面积大，肌肉内部脂肪呈大理石状，即大理石纹。大理石纹是肌肉中脂肪分布状况形似大理石纹而得名，也是表明肉牛肥瘦程度的指标。牛肉中的脂肪通常为白色或乳白色，但因品种、饲草条件的不同会显出黄色。白色脂肪给人以新鲜感，同时脂肪要求有光泽，质地较硬，有黏性为好。

脂肪组织的含水量远远小于肌肉组织，并且水分散失的速度也远远小于肌肉组织。因此，牛胴体表面的脂肪组织可以减少和降低水分的蒸发量。脂肪组织还不适宜微生物活动和繁殖，因此脂肪组织还能防止胴体被污染，可以使屠宰后胴体在一定的温度环境中保持较长时间而不变质。

牛肉的香味，除了蛋白质发挥作用外，也有脂肪组织的作用，挥发性脂肪酸的种类和数量是决定牛肉风味的因素之一。由于挥发性脂肪酸种类和数量的差异，形成了牛肉风味的不同，直接影响高档牛肉的品质。

鉴定牛胴体等级高低的一项重要指标是皮下脂肪的厚度，当育肥牛屠宰后胴体皮下脂肪的厚度达到35毫米时，牛肉的大理石纹等级达到最高。皮下脂肪的厚度很薄时，大理石纹的等级也很低，此规律由于牛品种、屠宰体重等方面的差异，也会出现不一致的情况，例如日本畜牧专家研究认为，皮下脂肪的厚度和大理石纹等级之间的关系是一种弱的正相关关系，它们之间的相关系数阉公牛为0.118，母牛为一0.359。

目前市场对胴体脂肪含量要求很严，脂肪超过一定量就不受市场欢迎。例如，市场对胴体脂肪要求为15%，早熟牛或早熟品种在高水平饲养下很容易在较轻体重和幼小年龄达到这一要求，如果在低水平饲养下就可增加一定体重（或胴体）而不影响其脂肪要求。晚熟品种在高水平饲养下增重大，也可以达到其脂肪要求，但不会超过很多，如改为低水平饲养，虽然仍在增重但不易达到这个要求，从而高档牛肉的产量和品质也会下降。

八、其他因素

（一）屠宰

屠宰是牛实现其经济价值的一个重要环节，屠宰技术与方法也与高档牛肉生产密切相关。

1. 屠宰前的卫生检验 高档牛肉生产要求牛必须健康、检疫合格。屠宰前检验，把符合屠宰标准的健康牛挑选出来，可以保证加工产品的卫生质量和食品安全，防止合格牛肉受到污染，危害人体健康。同时把宰前具有某些症状的牛及时挑出予以处理，减少经济损失，提高高档牛肉质量。

2. 屠宰加工过程的兽医卫生监督 屠宰加工的卫生状况，不但直接影响牛肉的卫生质量及耐藏性，而且与消费者的健康有密切的关系。正确执行屠宰加工过程各环节的兽医卫生监督是高档牛肉生产的安全保障。

3. 宰前因素对高档牛肉的影响

（1）宰前休息

降低宰后肉品的带菌率：肉牛经过长途运输后，必然疲劳，机体的代谢活动发生紊乱，致使抵抗力降低，此时肠道内某些条件导致病菌大量繁殖，并乘机进入血液循环，再向肌肉和其他组织转移。如果不经休息就屠宰加工，宰后牛肉的带菌率较高（可达50％），致使牛肉品质下降，影响高档牛肉的生产，若使牛休息48小时后屠宰，牛肉的带菌率可降至正常水平（10％），不对高档牛肉的生产造成较大影响。

增加肌糖原的含量：运输途中由于环境和饲养管理条件骤变以及因运输造成肉牛的精神紧张，产生应激，均会使肌肉中的糖原大量消耗，使乳酸形成量减少，pH较高而使肉色发暗，通常导致牛肉发干、粗硬、过早成熟，有时还会使牛肉缺少风味，储存期缩短。宰前适当休息可恢复肌肉中的糖原含量，提高高档牛肉的品质和耐藏性。

排出机体内过多的代谢产物：经过长途运输，肉牛体内的代谢产物增多，并蓄积在体内，如果不能在宰前排出体外，将影响宰后肉的质量，适当休息可使肉牛体内过多的代谢产物排出，提高牛肉的质量。

（2）宰前停饲

提高肉的质量：轻度饥饿可促使肝糖原分解为葡萄糖，并通过血液循环分布全身，肌肉的含糖量得以增高，有利于肉的成熟，从而提高肉的品质。

保证高档牛肉的生产：停饲可使胃肠内容物减少，利于屠宰加工，减少拉断肠管的机会，避免胴体受到污染。另外，停饲期间供给充足的饮水，利于充分放血，提高高档牛肉的耐藏性。

宰前淋浴：牛身上的粪便、污物都会造成高档牛肉的污染，因此，宰前必须进行淋浴，以洗净牛身上的粪便、污物等，避免宰后污染胴体。同时，淋浴后使用电麻时容易导电，保证电麻效果，促进牛体血液循环，保证放血质量。

（二）击昏

为了防止宰前牲畜挣扎前消耗过多糖原，影响宰后牛肉的质量，应该将牛击昏。击昏的方法有机械打击、枪击或电击等方法，目前常用的方法是电麻击昏。电麻击昏的方法可以达到充分放血，减少牛痛苦和应激的目的。

（三）宰杀放血

放血的方法有血管刺杀放血、心脏刺杀放血和切断三管（食管、气管、血管）放血（也称大抹脖）3种。切断三管放血法，放血快，牛痛苦和挣扎少，但血液易被胃内容物污染。血管放血法应注意不得碰伤心脏，以避免心脏周围发生大量溢血及放血不全，影响高档牛肉的肉色品质。

（四）剥皮

整个剥皮过程，皮上应该不带油和肉，肉上不带皮，胴体表面脂肪不受损。另外，不要或尽可能少地出现刀伤，防止皮张损坏以及降低胴体质量和重量。

（五）胴体修整

胴体表面上的各种污物、病变、损伤组织以及有碍食肉卫生的甲状腺和病变淋巴结等组织器官都会影响高档牛肉的生产，使高档牛肉品质降低，进行修整胴体清除各种污物和病变、损伤组织以及一些组织器官、碎肉、多余脂肪组织，可以使胴体有完好的商品形象，提高高档牛肉品质。

（六）嫩化

牛肉的嫩度是高档牛肉与优质牛肉的重要质量指标。嫩化的根本原因在于肌肉组织结构及屠宰后生物化学变化。

（七）吊挂排酸

即将屠宰后的胴体吊挂起来，利用其本身的重力作用，根据不同吊挂方式使相应部位肉的肌节拉长，使肉得到嫩化，同时在适宜温度下起到排酸的作用，改善牛肉的品质，增加牛肉的多汁性。肉的横断面有汁流，切面湿润，有特殊风味，有一定弹性，不完全松弛，肉汤透明，有特殊鲜香风味。

传统的吊挂方式为后脚吊挂，可使背最长肌、半腱肌和牛膜肌的肌节拉长，腰大肌的肌节缩短。有试验表明，骨盆吊挂嫩化效果更好。但试验也表明，并不是肌节越长嫩度越大，当各种肌组织的肌节超过一定限度后，嫩化作用反而减小，这就为适宜嫩化改善牛肉品质、提高高档牛肉质量提供了依据。

（八）电刺激嫩化

这是国外目前应用较多的一种方法，电刺激法使引起肌肉收缩的能量从肌肉中耗尽，肌肉纤维处于松弛状态而使口感细嫩，改善了高档牛肉的品质。

据法国资料介绍，电刺激后的牛肉可提高嫩度 15%～46%，电刺激后的肉类在温度降低到 10 ℃以下之前，pH 可降至 6.0 以下，防止了冷冻收缩的发生，可以明显地改善肉的质量和外观色泽。

牛胴体以 600 伏电压，电击 1 分钟，肌肉立刻收缩，使牛肉较正常肉柔嫩 30%～50%。电击时，将电极放在胴体侧面颈部，肌肉的 pH 下降，嫩化酶大量释放，且速度加快，电刺激使胴体变结实，便于及时分级，60 秒的电击相当于 11 天冷藏（4 ℃）的效果，这对处理 3～4 岁公牛更有必要。电击使牛肉嫩化，促进了高档牛肉的生产，也极大地提高了高档牛肉的品质。

（九）机械嫩化

利用机械力作用使牛肉嫩化，肉中蛋白质在肉体表面形成黏液，从而增加了肉块之间的黏着性和保水能力，防止肉汁外溢，可以增加肉的嫩度，从而改善了高档牛肉的品质。

（十）分割

中国香港和澳门地区牛肉市场是国内高档牛肉的主要市场之一，现行分割规格为 13 块切块分割。加拿大将胴体先分割成 6 个部位，然后分切成不同等级的肉块共 36 块。日本则将胴体分割为 20 个不同等级的切块。美国肉牛屠宰量占世界首位，屠宰法借用了欧洲的传统方法，结合美国市场对牛肉新品种的要求，商品牛肉分割法不断完善，促进了优质部位肉的生产与销售。

牛的胴体大，商品品种繁多，分割是否合理对高档牛肉的生产和销售有很大的影响。通常一个切块中有许多肌肉束交叉其中，肌肉纹理交杂，不掌握相应的分割技术不可能切出嫩度好的分块，分割时应尽量顺应肌肉束的自然界线进行，以减少不必要的断面，生产出高档优质牛肉。

牛肉的质量因胴体部位不同而出现肉质的差异，分割后比例的不同对商品肉的价格具有极明显的影响。牛肉最鲜嫩的切块，首先是里脊肉，然后是肋背和腰背部的眼肌或称眼肉，商业名称为"西冷"。随后是肩胛和后腿部上方的切块，为烤肉用。再后是具备烧肉片和火焰片质量的部位。最后是肉质比较硬，可以作为咖喱牛肉和红烧牛肉的部位，大多切成肉丁。在分割中有的肉束直径小，但肉质细嫩，也要尽可能切成牛排肉，如切成骰子牛排，其品质属高档牛肉，但由于外观稍差，即外观不适宜于做大盘商品牛排而价格稍低，但售价依然高于一般做烧烤用牛肉的价格。因而，部位分割对高档牛肉生产的意义十分明显。

对于分割工人来说，熟练掌握分割部位以及分割技术颇为必要。只有熟练掌握分割技术，才能按照要求、标准生产出符合市场需求的高档牛肉，满足群众日益增长的对高档牛肉的消费需要。

第三章　肉牛品种及杂种优势利用

肉用牛品种是经过长期选育和改良，最适于生产牛肉的专门化品种，是经过专门的繁育方法育成的牛，具有典型的肉用性能，其产肉性能、生长速度和产肉率，比乳用、役用牛各项性能和指标都高，能提高肉品等级和质量，经采取专门的牛胴体分割方法等可形成系列产品。

杂交改良是进一步扩大和改良现有肉牛品种，不断提高种畜质量，增加良种数量，充分利用杂种优势。选种选配工作是肉牛杂交改良工作的基础，研究肉牛改良新方法，筛选适宜推广的杂交改良模式，最大限度利用杂种优势，是全面提高养殖业经济效益的一条重要途径。

第一节　适于高档牛肉生产的肉牛品种

据估计，全世界有 60 多个专门化的肉牛品种，我国在专门化肉牛品种培育方面显然落后于外国。目前，生产高档牛肉的国外优良肉牛品种有夏洛来、利木赞、安格斯、皮埃蒙特和西门塔尔等。我国主要以地方良种黄牛如秦川牛、晋南牛、鲁西牛、南阳牛等为母本，与国外良种肉用品种作为父本进行杂交，主要利用杂交种作为育肥材料，这样的牛生产性能好，易于达到育肥标准。高档牛肉要用什么品种生产，这要从屠宰后的胴体性状来分析，其中有 4 个指标不可缺少：背膘薄、胴体重高、眼肌面积大、腔油百分率低。

一、国外肉牛品种

国外的肉牛品种，按品种来源、体型大小和产肉性能，可分为三大类：大型肉用品种、中小型早熟品种以及瘤牛和含有瘤牛血液的品种。

国外肉牛品种在经济性状上有两大共同特点：一是生长速度快，二是出肉率高。这两点是现代肉牛业取得经济效益的主要性状，也正是我国地方牛种所缺乏的。因此，作为经济开发，开展杂交利用，乃是不可缺少的种质。

这里主要介绍在我国引入的国外肉牛品种，以便在组织肉牛杂交配套系时参考。

（一）大型肉牛品种

产于欧洲大陆，原为役用牛，后经选育转为肉用。这类牛体格高大、肌肉发达、脂肪少、生长快，但较晚熟。

1. 夏洛来牛

（1）原产地及分布　夏洛来牛原产于法国中西部到东南部的夏洛来省和涅夫勒地区，是古老的大型役用牛，18 世纪经过长期严格的本品种选育而成为举世闻名的大型肉牛品种。

以其生长快、肉量多、体型大、耐粗放受到国际市场的广泛欢迎，输往世界许多国家，参与新型肉牛品种的育成、杂交改良，或在引入国进行纯种繁育（图3-1）。

（2）外貌特征 该牛最显著的特点是被毛为白色或乳白色，皮肤常有色斑；全身肌肉特别发达；骨骼结实，四肢强壮，体力强大。夏洛来牛头小而宽，角圆而较长，并向前方伸展，角质蜡黄、颈粗短，胸宽深，肋骨方圆，背宽肉厚，体躯呈圆筒状，后躯、背腰和肩胛

图3-1 夏洛来牛

部肌肉发达，并向后和侧面突出，常形成双肌特征。公牛常有双鬐甲和凹背的缺点。成年活重，公牛平均1 100～1 200千克，母牛700～800千克。其平均体尺、体重资料如表3-1所示。

表3-1 夏洛来牛的体尺和活重

性别	体高（厘米）	体长（厘米）	胸围（厘米）	管围（厘米）	活重（千克）	初生重（千克）
公	142	180	244	26.5	1 140	45
母	132	165	203	21.0	735	42

（3）生产性能 夏洛来牛在生产性能方面表现出的最显著特点是：生长速度快，增重快，瘦肉多且肉质好，无过多的脂肪。在良好的饲养条件下，6月龄公犊可以达250千克，母犊210千克。日增重可达1 400克。在加拿大，良好饲养条件下公牛1周岁可达511千克。该牛作为专门化大型肉用牛，产肉性能好，屠宰率一般为60%～70%，胴体瘦肉率为80%～85%。16月龄的育肥母牛胴体重达418千克，屠宰率66.3%。夏洛来母牛泌乳量较高，一个泌乳期可产奶2 000千克，乳脂率为4.0%～4.7%，但纯种繁殖时难产率较高（13.7%）。

夏洛来牛有良好的适应能力，耐旱抗热，冬季严寒不夹尾，不拱腰，不拘缩。盛夏不热喘流涎，采食正常。夏季全日放牧时，采食快、觅食能力强，在不额外补饲条件下，也能增重上膘。

（4）与我国黄牛杂交效果 夏杂一代具有父系品种的明显特征，毛色多为乳白或草黄色、体格略大、四肢坚实、骨骼粗壮、胸宽尻平、肌肉丰满、性情温驯且耐粗饲易于饲养管理。我国两次直接由法国引进夏洛来牛，在东北、西北和南方部分地区用该品种与我国本地牛杂交来改良黄牛，取得了明显效果，夏杂后代体格明显加大，增长速度加快，杂种优势明显（表3-2）。

表3-2 夏洛来牛杂交一代体尺体重

品 种	体高（厘米）	体长（厘米）	胸围（厘米）	管围（厘米）	体重（千克）
夏杂一代	117.25	149.75	169.17	19.58	381.32
草原兼用牛	105.73	126.17	140.55	15.25	225.45
相对提高（%）	10.80	18.69	20.40	28.39	69.13

2. 利木赞牛

（1）原产地及分布　利木赞牛也称利木辛牛，原产于法国中部的利木赞高原，并因此得名。在法国主要分布在中部和南部的广大地区，数量仅次于夏洛来牛，育成后于 20 世纪 70 年代初输入欧美各国。现在世界上许多国家都有该牛分布，属于专门化的大型肉牛品种（图 3-2）。

（公牛）

（母牛）

图 3-2　利木赞牛

（2）外貌特征　利木赞牛毛色为红色或黄色，背毛浓厚而粗硬，有助于抗拒严寒的放牧生活。口鼻周围、眼圈周围、四肢内侧及尾帚毛色较浅（即称"三粉特征"），角为白色，蹄为红褐色。头较短小，额宽，胸部宽深，体躯较长，后躯肌肉丰满，四肢粗短。利木赞牛全身肌肉发达，骨骼比夏洛来牛略细，因而一般较夏洛来牛体型小。平均成年体重，公牛 1 100 千克，母牛 600 千克。在法国较好饲养条件下，公牛活重可达 1 200～1 500 千克，母牛达 600～800 千克（表 3-3）。

表 3-3　利木赞牛 1 岁内活重

（千克）

性别	头数	初生重	3 月龄重	6 月龄重	1 岁体重
公	2981	38.9	131	227	407
母	3042	36.6	121	200	300

（3）生产性能　集约化饲养条件下，犊牛断奶后生长很快，10 月龄体重达 408 千克，1 周岁时体重可达 480 千克左右，哺乳期平均日增重为 0.86～1.0 千克。8 月龄的小牛就可生产出具有大理石纹的牛肉。因此，利木赞是法国等一些欧洲国家生产牛肉的主要品种。

利木赞牛产肉性能高，胴体质量好，眼肌面积大，前后肢肌肉丰满，出肉率高，在肉牛市场上很有竞争力，其育肥牛屠宰率在 65% 左右，胴体瘦肉率为 80%～85%，且脂肪少、肉味好、市场售价高。

（4）与我国黄牛杂交效果　利木赞牛主要特点是比较耐粗饲，生长快，单位体重的增加需要的营养少，胴体优质肉比例高，大理石纹的形成早，犊牛出生体格小，具有快速的生长能力以及良好的体躯长度和令人满意的肌肉量，因而被广泛用于经济杂交来生产小牛肉。我国数次从法国引入利木赞牛，在河南、山东、内蒙古等地改良当地黄牛，杂种优势明显。

3. 皮埃蒙特牛

（1）原产地及分布　皮埃蒙特牛原产于意大利北部的皮埃蒙特地区，原为役用牛，经长期选育，现已成为生产性能优良的专门化肉用品种。因其具有双肌肉基因，是目前国际公认的终端父本，已被世界 22 个国家引进，用于杂交改良。（图 3-3）

（2）外貌特征　该牛体躯发育充分，胸部宽阔、肌肉发达、四肢强健，公牛皮肤为灰色，眼、睫毛、眼睑边缘、鼻镜、唇以及尾巴端为黑色，肩胛毛色较深。母牛毛色为全白，有的个体眼圈为浅灰色，眼睫毛、耳郭四周为黑色。犊牛幼龄时毛色为乳黄色，4～6 月龄胎

图 3-3　皮埃蒙特牛（公牛）

毛退去后，呈成年牛毛色。牛角在 12 月龄变为黑色，成年牛的角底部为浅黄色，角尖为黑色。体型较大，体躯呈圆筒状，肌肉高度发达。成年公牛体重不低于 1 000 千克，母牛平均为 500～600 千克。平均体高公牛和母牛分别为 150 厘米和 136 厘米。皮埃蒙特牛 2 周岁的体尺见表 3-4。

表 3-4　皮埃蒙特牛 2 周岁体尺

（厘米）

性别	体高	体斜长	胸围	管围	十字部高
公	132	160	199	—	55
母	127	151	176	—	48

（3）生产性能　皮埃蒙特牛肉用性能十分突出，育肥期平均日增重 1 500 克（1 360～1 657 克），生长速度为肉用品种之首。公牛屠宰适期为 550～600 千克活重，一般在 15～18 月龄即可达到。母牛 14～15 月龄体重可达 400～450 千克。肉质细嫩，瘦肉含量高，屠宰率一般为 65%～70%。经试验测定，该品种公牛屠宰率可达到 68.23%，胴体瘦肉率达84.13%，骨骼 13.60%，脂肪仅占 1.50%。每 100 克肉中胆固醇含量只有 48.5 毫克，低于一般牛肉（73 毫克）。

（4）与我国黄牛杂交效果　皮埃蒙特牛作为肉用牛种有较高泌乳能力，对哺育犊牛有很大优势。我国利用皮埃蒙特牛改良黄牛，其母性后代的泌乳能力有提高。在三元杂交时，皮埃蒙特改良母牛再作母系，对下轮的肉用杂交十分有利。据 1997 年在山东和河北用皮埃蒙特公牛配西门塔尔改良母牛，取得了较好的效果，皮埃蒙特与西门塔尔和本地牛的三元杂交组合的后代，在生长速度和肉用体型上都用父本的特征。其级进杂交的后代已与皮埃蒙特牛纯种性状十分接近。我国于 1987 年和 1992 年先后从意大利引进皮埃蒙特牛开展杂交改良，现已在全国 12 个省份推广应用。在河南南阳地区对南阳牛的杂交改良，已显示出良好的效果。通过 244 天的育肥，2 000 多头皮埃蒙特杂交后代创造了 18 月龄耗料 800 千克、获重500 千克、眼肌面积 114.1 厘米^2 的国内最佳纪录，生长速度达国内肉牛领先水平。

4. 比利时蓝白花牛

（1）原产地及分布　比利时蓝白花牛原产于比利时的南部，占该国牛群的 40%。该品种能够适应多种生态环境，在山地和草原都可饲养，是欧洲市场较受欢迎的双肌大型肉牛品种（图 3-4）。

（2）外貌特征　比利时蓝白花牛个体高大，体躯呈长桶状，背直，肋圆，全身肌肉极度发达，臀部丰满，后腿肌肉突出。毛色主要是蓝白色和白色，也有少量带黑色毛片的牛。种公牛体高 148 厘米，体重 1 200 千克，母牛体高 134 厘米，体重 700 千克。温驯易养。

图 3-4　比利时蓝白花牛（公牛）

（3）生产性能　蓝白花牛在 1.5 岁左右初配，比同类大型牛略早熟，犊牛初生重比较大，公犊为 46 千克，母犊 42 千克，犊牛早期生长速度快，最高日增重可达 1.4 千克，幼龄公牛可用于育肥。经育肥的蓝白花牛，胴体中可食部分比例大，胴体中肌肉 70％、脂肪 13.5％、骨 16.5％。胴体一级切块率高，即使前腿肉也能形成较多的一级切块。肌纤维细，肉质嫩，肉质完全符合国际市场的要求。

（4）利用情况　蓝白花牛可作为配套系的父本品种，与荷斯坦牛或地方品种黄牛杂交。欧洲国家的试验表明，其杂交效果良好。我国山西省于 1996 年已少量引入该品种。河南省 1997 年引进 30 头，犊牛初生重达 50 千克以上。适于做商品肉牛杂交的"终端父本"。

（二）中、小型早熟品种

主产于英国，生长快，胴体脂肪多，皮下脂肪厚，体型较小，一般成年公牛体重 550～700 千克，母牛 400～500 千克，成年母牛体高在 127 厘米以下为小型，128～136 厘米为中型。

1. 海福特牛

（1）原产地及分布　海福特牛原产于英格兰西部的海福特郡，是世界上最古老的中、小型早熟肉牛品种，现分布于世界许多国家。

（2）外貌特征　具有典型的肉用牛体型，分为有角和无角两种。颈粗短，体躯肌肉丰满，呈圆筒状，背腰宽平，臀部宽厚，肌肉发达，四肢短粗，侧望体躯呈矩形。全身被毛除头、颈垂、腹下、四肢下部以及尾尖为白色外，其余均为红色，皮肤为橙黄色，角为蜡黄色或白色（图 3-5）。

图 3-5　海福特牛（公牛）

（3）生产性能　成年母牛体重平均 520～620 千克，公牛 900～1 100 千克；犊牛初生重 28～34 千克。该牛 7～18 月龄的平均日增重为 0.8～1.3 千克；良好饲养条件下，7～12 月龄平均日增重可达 1.4 千克以上。据记载，加拿大一头公牛，育肥期日增重高达 2.77 千克。屠宰率一般为 60％～65％，18 月龄公牛活重可达 500 千克以上。

该品种牛在干旱高原牧场冬季严寒（-50～-48 ℃）或夏季酷暑（38～40 ℃）条件下，都可以放牧饲养和正常生活繁殖，表现出良好的适应性和生产性能。

（4）与我国黄牛杂交效果　我国分别在 1913 年、1965 年从美国引进该牛，现分布于我国东北、西北广大地区，总数有 400 余头。与本地黄牛杂交，海杂牛一般表现为体格加大，体型改善，宽度提高明显；犊牛生长快，抗病耐寒，适应性好，体躯被毛为红色，头、腹下和四肢部位多有白毛。

2. 短角牛 短角牛原产于英格兰的诺桑伯、德拉姆、约克和林肯等郡。短角牛的培育始于 16 世纪末 17 世纪初，最初只强调育肥，到 20 世纪初，经培育的短角牛已是世界闻名的肉牛良种了。1950 年，随着世界奶牛业的发展，短角牛中一部分又向乳用方向选育，于是逐渐形成了近代短角牛的两种类型：即肉用短角牛和乳肉兼用型短角牛。在此重点介绍肉用短角牛。

（1）外貌特征 肉用短角牛被毛以红色为主，也有白色和红白交杂的沙毛个体，部分个体腹下或乳房部有白斑，鼻镜粉红色，眼圈色淡，皮肤细致柔软。该牛体型为典型肉用牛体型，侧望体躯为矩形，背部宽平，背腰平直，尻部宽广、丰满，股部宽而多肉。体躯各部位结合良好，头短，额宽平；角短细、向下稍弯，角呈蜡黄色或白色，角尖部为黑色，颈部被毛较长且多卷曲，额顶部有丛生的被毛。成年公牛平均活重 900～1 200 千克，母牛 600～700 千克左右；公、母牛体高分别为 136 厘米和 128 厘米左右（图 3-6）。

图 3-6 短角牛（公牛）

（2）生产性能 早熟性好，肉用性能突出，利用粗饲料能力强，增重快，产肉多，肉质细嫩。17 月龄活重可达 500 千克，屠宰率为 65%以上。大理石纹好，但脂肪沉积不够理想。

（3）与我国黄牛杂交效果 短角牛是世界上分布很广泛的品种。我国自 1920 年前后到新中国成立后，曾多次引入，在东北、内蒙古等地改良当地黄牛。杂种牛毛色紫红、体型改善、体格加大、产乳量提高，杂种优势明显。我国育成的乳肉兼用型新品种——草原红牛，就是用乳用短角牛同吉林、河北和内蒙古等地的土种黄牛杂交选育而成。其乳肉性能得到全面提高，表现出了很好的杂交改良效果。

3. 安格斯牛

（1）原产地及分布 安格斯牛属于古老的小型肉牛品种。原产于英国的阿伯丁、安格斯和金卡丁等郡，因此得名。目前世界大多数国家都有该品种牛。

（2）外貌特征 安格斯牛以被毛黑色和无角为重要特征，故也称无角黑牛，也有红色类型的安格斯牛。该牛体躯低矮、结实、头小而方，额宽，体躯宽深，呈圆筒形，四肢短而直，前后档较宽，全身肌肉丰满，具有现代肉牛的典型体型。安格斯牛成年公牛平均活重700～900 千克，母牛 500～600 千克，犊牛平均初生重 25～32 千克，成年公、母牛体高分别为 130.8 厘米和 118.9 厘米（图 3-7）。

图 3-7 黑安格斯牛

（3）生产性能 安格斯牛具有良好的肉用性能，被认为是世界上专门化肉牛品种中的典型品种之一。早熟，胴体品质高，出肉多。屠宰率一般为 60%～65%，哺乳期日增重 0.9～1.0 千克。育肥期日增重（1.5 岁以内）平均为 0.7～0.9 千克。肌肉大理石纹良好。该牛适应性强，耐寒抗病。缺点是母牛稍具神经质。

4. 兼用品种——西门塔尔牛

（1）原产地及分布　西门塔尔牛原产于瑞士西部的阿尔卑斯山区，主要产地为西门塔尔平原和萨能平原。在法国、德国、奥地利等国边邻地区也有分布。西门塔尔牛占瑞士全国牛只的 50%、奥地利占 63%、德国占 39%，现分布到很多国家，成为世界上分布最广、数量最多的乳、肉、役兼用品种之一。

（2）外貌特征　西门塔尔牛属宽额牛，角为左右平出，向前扭转，向上外侧挑出。毛色为黄白花或红白花，身躯缠有白色胸带，腹部、尾梢、四肢、在腓节和膝关节以下为白色。前躯较后躯发育好，胸深，尻宽平，四肢结实，大腿肌肉发达，乳房发育好。颈长中等，体躯长。西门塔尔牛属欧洲大陆型肉用体型，体表肌肉群明显易见，臀部肌肉充实，尻部肌肉深、多呈圆形（图 3-8）。

（公牛）　　　　　　　　　　　　　　　　（母牛）

图 3-8　西门塔尔牛

（3）生产性能　西门塔尔牛乳、肉用性能均较好，平均产奶量为 4 070 千克，乳脂率 3.9%。在欧洲良种登记牛中，年产奶 4 540 千克者约占 20%。成年公牛体重平均为 800~1 200 千克，母牛 650~800 千克。该牛生长速度较快，平均日增重可达 1.0 千克以上，生长速度与其他大型肉用品种相近。胴体肉多，脂肪少而分布均匀，公牛育肥后屠宰率可达 65% 左右。成年母牛难产率低，适应性强，耐粗放管理。

（4）与我国黄牛杂交的效果　我国自 20 世纪初就开始引入西门塔尔牛，到 1981 年我国已有纯种牛 3 000 余头，杂交种 50 余万头。西门塔尔牛改良各地的黄牛，都取得了比较理想的效果。各地的育肥结果见表 3-5。

表 3-5　西门塔尔改良牛的育肥结果

地点	开始月龄	代数	天数	头数	平均日增重（千克）	屠宰率（%）	净肉率（%）
通辽	17	一	40	11	0.864	53.47	41.4
	17	二	40	9	1.134	53.55	41.7
井径	15	一	56	4	0.995		40.2
赞皇	15	一	90	6	1.002	55.30	43.7
	15	二	90	6	1.230	57.70	45.5
承德	16	一	80	6	1.145		
	16	二	80	6	1.247	51.24	43.9
江西	18	一	80	6	0.879		

据许尚忠资料报道，杂交牛屠宰前活重 575 千克时屠宰率达 60.9%，净肉率 49.5%，排酸后肉的嫩度为 1.9，大理石纹达到美国二级标准。另据刘竹初报道，西门塔尔牛与当地黄牛杂交产生的 F_1 代、F_2 代 2 岁牛体重分别比当地黄牛体重高 24.18% 和 24.13%，其中 F_2 代牛屠宰率比当地黄牛高 9.25 个百分点。

在产奶性能上，从全国商品牛基地县的统计资料来看，207 天的泌乳量，西杂一代为 1 818 千克，西杂二代为 2 121.5 千克，西杂三代为 2 230.5 千克，产奶性能明显提高。

二、我国地方优良黄牛品种

中国地方良种黄牛品种，在某些肉用性状上，比国际上公认的肉牛品种更好，值得提倡和强化利用。我国黄牛中地方良种（秦川牛、鲁西牛、南阳牛）在高能量日粮育肥后，肌间脂肪丰厚，与欧洲肉用品种（西门塔尔、夏洛来、利木赞等）杂交后，腔脂量明显减少，优质肉块比例增大，有利于高档牛肉生产。

1. 秦川牛

（1）产地及分布　秦川牛因产于陕西关中地区的"八百里秦川"而得名。其中，渭南、蒲城、扶风、岐山等 15 县、市为主产区，尤以扶风、礼泉、乾县、咸阳、兴平、武功和蒲城 7 个县、市的秦川牛最为著名。据 2001 年统计，秦川牛在主产区的总存栏头数已达 280 万头以上。"九五"以来，农业部向全国重点推广秦川牛，秦川牛被调往黑龙江、吉林、辽宁、内蒙古、北京、河北、山东、河南、安徽、四川、贵州、江苏、浙江、广西、甘肃、宁夏、青海、新疆等省（自治区、直辖市），在这些地区生长发育及改良当地黄牛的效果良好。

（2）外貌特征　秦川牛体格高大，骨骼粗壮，肌肉丰满，体质强健，前躯发育好，具有肉役兼用牛的体型。头部方正，肩长而斜。胸部宽深，肋长而弓。背腰平直宽长，长短适中，结合良好。荐骨稍隆起，后躯发育中等。四肢粗壮结实，两前肢相距较宽，蹄叉很紧。角短而钝。被毛细致有光泽，毛色多为紫红色及红色；鼻镜呈肉红色，部分个体有色斑；蹄壳和角多为肉红色。公牛头大颈短，鬐甲高而厚，肉垂发达；母牛头清目秀，鬐甲低而薄，肩长而斜，荐骨稍隆起，缺点是牛群中常见有尻稍斜的个体。其体尺，体重情况见表 3-6，图 3-9。

表 3-6　秦川牛体尺体重

性别	头数	体高（厘米）	体长（厘米）	胸围（厘米）	管围（厘米）	体重（千克）
公	125	141.46	160.46	200.47	22.37	594.50
母	1 051	124.51	140.85	170.84	16.88	381.21

（公牛）

（母牛）

图 3-9　秦川牛

（3）生产性能　秦川牛的肉用性能比较突出，尤其经过数十年的系统选育，秦川牛不仅数量大大增加，而且牛群质量、等级、生产性能也有了很大提高。经短期（82 天）育肥后屠宰测定，18 月龄和 22.5 月龄屠宰的净肉率分别为 50.5% 和 52.21%，相当于国外著名的乳肉兼用品种水平；13 月龄屠宰的公、母牛其平均肉骨比（6.13∶1）、瘦肉率（76.04%）、眼肌面积（公）106.5 厘米^2，超过了国外同龄肉牛品种（表 3-7）。平均泌乳期 7 个月，产奶量 715.8 千克（最高达 1 006.75 千克）。

表 3-7　夏洛来、安格斯和秦川牛胴体组成的比较

品　种	屠宰月龄	头数	脂肪		肌肉		骨（%）	肌肉／骨
			千克	%	千克	%		
夏洛来	13	50	79.80	26.78	176.20	59.14	14.08	4.20
安格斯	11	98	96.18	32.72	161.30	54.88	12.40	4.43
秦川牛	13	16	12.21	7.42	130.34	79.25	13.33	5.95

（4）与其他品种牛杂交效果　秦川牛适应性良好，全国已有 20 多个省份引进秦川牛公牛以改良当地黄牛。其杂交效果良好。秦川牛作为母本，曾与荷斯坦牛、丹麦红牛、兼用短角牛杂交，杂交后代肉、乳性能均得到明显提高。

2. 南阳牛

（1）原产地及分布　南阳牛产于河南省南阳地区白河和唐河流域的广大平原地区，以唐河、邓州、新野、镇平、社旗、方城等县、市为主要产区。许昌、周口、驻马店等地区也有分布。

（2）外貌特征　体格高大、肌肉发达、结构紧凑、四肢强健，皮薄、毛细，行动迅速，性情温驯，鼻镜宽，多为肉红色，其中部分带有黑点。公牛颈侧多有皱襞，尖峰隆起达 8～9 厘米。毛色有黄、红、草白 3 种，以深浅不一的黄色为最多。一般牛的面部、腹部、四肢下部的毛色较浅。南阳牛的蹄壳以黄蜡色、琥珀色带血筋者较多。角型以萝卜角为主，公牛角基粗壮，母牛角细；鬐甲较高，肩部较突出，背腰平直，荐骨部较高；额微凹；颈短厚而多皱褶；部分牛只胸欠宽深，体长不足，尻部较斜，乳房发育较差。体尺、体重情况见表 3-8，图 3-10。

表 3-8　南阳牛成年体尺、体重

性别	头数	体高（厘米）	体长（厘米）	胸围（厘米）	管围（厘米）	体重（千克）
公牛	8	153.8	167.8	212.2	21.6	716.5
母牛	158	131.9	145.5	178.4	17.5	464.7
阉牛	472	139.7	151.3	188.0	19.4	541.9

（3）生产性能　该牛产肉性能良好，15 月龄育肥牛，体重达到 441.7 千克，日增重 813克，屠宰率 55.6%，净肉率 46.6%，胴体产肉率 83.7%，肉骨比 5.1，眼肌面积 92.6 厘米^2；表现出肉质细嫩，颜色鲜红，大理石纹明显，味道鲜美。泌乳期 6～8 个月，产乳量 600～800 千克。南阳牛适应性强，耐粗饲。

（4）与其他品种牛杂交效果　当地牛经南阳牛改良后的杂种牛体格高大，体质结实，生长发育快，采食能力强，耐粗饲，适应本地生态环境。这些牛四肢较长，行动迅速，毛色多

（公牛）

（母牛）

图 3-10 南阳牛

为黄色，具有父本的明显特征。

3. 晋南牛

（1）产地及分布 晋南牛产于山西省南部晋南盆地的运城地区。据统计，现有该品种牛80余万头。

（2）外貌特征 晋南牛属于大型役肉兼用品种，体格粗壮，胸围较大，躯体较长，成年牛的前躯较后躯发达，胸部及背腰宽阔，毛色以枣红为主，红色和黄色次之，富有光泽；鼻镜和蹄壳多呈粉红色。公牛头短，额宽，颈较短粗，背腰平直，垂皮发达，肩峰不明显，臀端较窄；母牛头部清秀，体质强健，但乳房发育较差。晋南牛的角为顺风角（图3-11）。成年牛体尺、体重见表3-9。

（公牛）

（母牛）

图 3-11 晋南牛

表 3-9 晋南牛成年体尺体重

性别	头数	体高（厘米）	体长（厘米）	胸围（厘米）	管围（厘米）	体重（千克）
公	9	138.6	157.4	206.3	20.2	607.4
母	551	117.4	135.2	164.6	15.6	339.4

（3）生产性能 晋南牛产肉性能良好，18月龄时屠宰中等营养水平饲养的牛只，其屠宰率和净肉率分别为53.9％和40.3％；经高营养水平育肥者屠宰率和净肉率分别为59.2％和51.2％。育肥的成年阉牛屠宰率和净肉率分别为62％和52.69％。

（4）与其他品种杂交改良效果 晋南牛用于改良我国一般黄牛效果较好。从对山西省其他黄牛的品种来看，改良牛的体尺和体重都大于当地牛，体型和毛色也酷似晋南牛。这表明晋南牛的遗传相当稳定。

4. 鲁西牛

（1）产地及分布 鲁西牛原产于山东省西南部的菏泽、济宁两地区，以郓城、鄄城、菏泽、嘉祥、济宁等县、市为中心产区。目前总头数发展到 100 余万头，除上述地区外，在鲁南地区、河南东部、河北南部、江苏和安徽北部也有分布。

（2）外貌特征 该牛体躯高大，结构紧凑，肌肉发达，前躯较宽深，具有较好的肉役兼用体型。被毛从浅黄到棕红都有，而以黄色为最多，占 70% 以上。一般前躯毛色较后躯深，公牛毛色较母牛的深。多数牛具有完全的"三粉特征"，即眼圈、口轮、腹下四肢内侧毛色较浅。垂皮较发达，角多为龙门角；公牛肩峰宽厚而高，胸深而宽，后躯发育差，尻部肌肉不够丰满，前高后低；母牛后躯较好，鬐甲低平，背腰短而平直，尻部稍倾斜，尾细长。高辕型牛，肢高体短，而抓地虎型牛则体矮，胸深广，四肢粗短（图 3-12）。成年牛体尺、体重见表 3-10。

（公牛）

（母牛）

图 3-12 鲁西牛

表 3-10 鲁西牛体尺、体重

性 别	头数	体高（厘米）	体长（厘米）	胸围（厘米）	管围（厘米）	体重（千克）
公牛	44	146.3	160.9	206.4	21.0	644.4
母牛	242	123.57	136.19	168.4	15.58	358
阉牛	384	138.17	150.24	190.24	18.77	511

（3）生产性能 该牛肉用性能良好，据菏泽地区测定，18 月龄的育肥公、母牛的平均屠宰率为 57.2%，净肉率为 49.0%，肉骨比为 6∶1，眼肌面积 89.1 厘米^2。该牛皮薄骨细，肉质细嫩，大理石纹明显，市场占有率较高。总体上讲，鲁西牛以体大力强，外貌一致，品种特征明显，肉质良好而著称，但尚存在体成熟较晚，日增重不高，后躯欠丰满等缺陷。

鲁西牛繁殖能力较强，母牛性成熟早，公牛稍晚。一般 2~2.5 岁开始配种。此外，自有记载以来，鲁西牛从未流行过绦虫病，说明它有较强的抗绦虫病的能力。

5. 延边牛

（1）产地及分布 延边牛产于吉林省延边朝鲜族自治州及朝鲜，尤以延吉、珲春、和龙及汪清等县著称。现在东北三省均有分布，约有 21 万头，属寒温带山区的役肉兼用品种。

（2）外貌特征　毛色为深浅不一的黄色，鼻镜呈淡褐色。被毛密而厚，皮厚有弹力。胸部宽深，体质结实，骨骼坚实，公牛额宽，角粗大，母牛角细长（图3-13）。其成年时平均活重：公牛465.5千克，母牛365.2千克；公、母牛体高分别为130.6厘米和121.8厘米；体长分别为151.8厘米和141.2厘米。

（公牛）　　　　　　　　　　　　　　　　（母牛）

图3-13　延边牛

（3）生产性能　18月龄育肥公牛平均屠宰率为57.7%，净肉率47.23%。眼肌面积75.8厘米^2；母牛泌乳期6～7个月，一般产奶量500～700千克；20～24月龄初配，母牛繁殖年限10～13岁。该牛耐寒、耐粗饲、抗病力强，适应性良好。

6. 蒙古牛

（1）产地及分布　蒙古牛广泛分布于我国北方各省份，以内蒙古中部和东部为集中产区，有近400万头牛。

（2）外貌特征　该牛毛色多样，但以黑色和黄色者居多，头部粗重，角长，垂皮不发达，胸较深，背腰平直，后躯短窄，尻部倾斜；四肢短，蹄质坚实（图3-14）。成年平均体重：公牛350～450千克，母牛206～370.0千克，地区类型间差异明显；体高分别为113.5～120.9厘米和108.5～112.8厘米。

（公牛）　　　　　　　　　　　　　　　　（母牛）

图3-14　蒙古牛

（3）生产性能　泌乳力较好，产后100天内，日均产乳5千克，最高日产8.10千克。平均含脂率5.22%。中等膘情的成年阉牛，平均屠宰前重376.9千克，屠宰率为53.0%，净肉率44.6%，眼肌面积56.0厘米^2。繁殖率50%～60%，犊牛成活率90%，4～8岁为繁殖旺盛期。

蒙古牛终年放牧，在−50～35℃不同季节气温剧烈变化条件下能常年适应，且抓膘能力强，发病率低，是我国最耐干旱和严寒的少数几个品种之一。

7. 温岭高峰牛

（1）产地及分布 温岭高峰牛产于浙江东南沿海的温岭县，现在毗邻诸县也有分布，总头数 1.5 万头左右。

（2）外貌特征 该牛前躯发达，骨骼粗壮；眼大突出，耳向前竖；耳薄而大，内生白毛，被毛黄色或棕黄色；尾帚黑色，鼻镜青灰色。温岭高峰牛的肩峰比较突出，分为两种类型：高峰型——形如鸡冠，峰高而窄，一般高 12～18 厘米；肥峰型——峰较低（10～14 厘米），形如畚斗（图 3-15）。成年平均体重、体尺见表 3-11。

（公牛） （母牛）

图 3-15 温岭高峰牛

表 3-11 温岭高峰牛体尺、体重

性别	头数	体高（厘米）	体斜长（厘米）	胸围（厘米）	管围（厘米）	体重（千克）
公	13	128.2	145.8	176.5	18.6	423.0
母	142	114.2	127.8	156.3	15.9	289.5

（3）生产性能 阉牛（3 岁）屠宰率平均为 51.04%，净肉率 46.27%，眼肌面积 69.28 厘米^2，肉质细，味鲜美。公牛 6～8 月龄性成熟，母牛 7～9 月龄性成熟；母牛 1.5～2 岁、公牛 2 岁开始配种；妊娠期 280～290 天。该牛对当地潮湿多雨的自然条件适应性强。

以上介绍的我国黄牛品种，均属我国大型的役肉兼用优良地方品种，具有 3 个明显的共同特征：首先是役用性能强。由于大都体格高大，四肢强健，目前仍然役用。其次是肉用性能良好。这些良种牛生长快，育肥效果好，肌肉丰满，品质细嫩，颜色鲜红，大理石纹明显，味道鲜美，屠宰率高。再次对周围的环境有着高度的适应性，耐粗放管理，抗病性能强，繁殖力高。这些具有特色的品种，其本身就是一座天然的基因库，是进行杂交优势利用和进一步培育高产、优质品种的良好原始材料。

8. 夏南牛

（1）品种培育 夏南牛是以法国夏洛来牛为父本，以我国地方良种南阳牛为母本，经导入杂交、横交固定和自群繁育 3 个阶段的开放式育种，培育而成的肉牛新品种。

（2）外貌特征 夏南牛毛色为黄色，以浅黄、米黄居多；公牛头方正，额平直，母牛头部清秀，额平稍长；公牛角呈锥状，水平向两侧延伸，母牛角细圆，致密光滑，稍向前倾；耳中等大小；颈粗壮、平直，肩峰不明显。成年牛结构匀称，体躯干呈长方形；胸深肋圆，背腰平直，尻部宽长，肉用特征明显；四肢粗壮，蹄质坚实，尾细长；母牛乳房发育良好（图 3 - 16）。

（公牛）

（母牛）

图 3 - 16　夏南牛

（3）生产性能　成年公牛体高 142.5 厘米，体重 850 千克左右，成年母牛体高 135.5 厘米，体重 600 千克左右。公犊初生重 38.52 千克，母犊初生重 37.90 千克。夏南牛生长发育快。在农户饲养条件下，公、母犊牛 6 月龄平均体重分别为 197.35 千克和 196.50 千克，平均日增重分别为 0.88 千克和 0.88 千克；1 周岁公、母牛平均体重分别为 299.01 千克和 292.40 千克，平均日增重分别达 0.56 千克和 0.53 千克。体重 350 千克的架子公牛经强化育肥 90 天，平均体重达 559.53 千克，平均日增重可达 1.85 千克。夏南牛体质健壮，性情温驯，适应性强，耐粗饲，采食速度快，易育肥；抗逆力强，耐寒冷，耐热性稍差；遗传性能稳定。

夏南牛肉用性能良好。据屠宰试验，17～19 月龄的未育肥公牛屠宰率 60.13%，净肉率 48.84%，肌肉剪切力值 2.61，肉骨比 4.8∶1，优质肉切块率 38.37%，高档牛肉率 14.35%。夏南牛耐粗饲，适应性强，舍饲、放牧均可。

第二节　双肌肉牛品种与高档牛肉生产

双肌（double-muscular）是部分动物的一种遗传性状，具有这种遗传特征的牛品种称为双肌牛。双肌是一个综合概念，除了双肌特征外它还包括物理学、生理学、组织学特征。双肌性状的表现随遗传背景、环境、营养、性别及生长发育阶段的不同而变化。

一、双肌牛的外貌特征

双肌牛最早由英国人 Cuelly 发现，并追溯到 1774 年欧洲大陆短角牛和荷兰种公牛。其典型特征是肌肉过度发达，特别是鬐甲部和后躯部的肌肉十分突出，周身肌肉膨大，肌肉块边缘及肌间沟明显。与正常牛相比，双肌牛具有皮薄骨量少、体脂肪含量少、肌肉含量多及牛肉中优质切块多的优点，是生产高档牛肉的选择品种。但双肌牛也存在一些缺点，如受胎率低、难产、犊牛生活力低、极易产生应激、易疲劳等。结合双肌牛的优点和缺点，双肌性状的研究目标，是在降低不利因素的同时，最大限度地利用双肌性状的优势。因此近年来双肌性状日益受到养牛生产者和研究人员的高度重视。

牛双肌性状的识别开始主要是通过外部特征，如肌肉过渡发育程度，肌间沟是否明显，尻倾斜度和尾根位置来判断（图3-17、图3-18）。随着分子生物学技术的发展，牛的双肌性状可以从基因水平上去研究和考察。

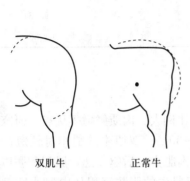

图3-17　双肌牛的臀部形状

（冯仰廉等，1995）

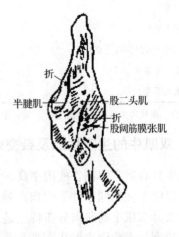

图3-18　双肌牛肌肉之间的凹陷沟痕

（冯仰廉等，1995）

肉牛的双肌性状由生长抑制素基因（myostatin）控制。生长抑制素基因是为生长抑制素编码的基因，生长抑制素是一种能抑制肌肉生长、分化的蛋白质。当生长抑制素基因突变时，它所编码的生长抑制素就不能产生，动物骨骼肌的生长失去控制过度生长而产生所谓的双肌。生长抑制素基因现已定位在牛的2号染色体上，在2号染色体的着丝点与微卫星标记TGLA44之间，距着丝点微卫星标记BTA 2~3厘米。

二、双肌肉牛胴体和肉质特征

与普通牛相比，双肌牛胴体有许多优良的特征，如肌肉发达、骨细、脂肪少，肉骨比比普通牛高30%。早期报道认为，双肌牛容易产生质地粗糙的深色肉，但Uytterhaegen等报道从正常的比利时蓝白花产生的牛肉要比普通牛肉肌纤维细，胶原含量低，肉质嫩，且易被消费者接受。另外，双肌牛产生的牛肉较瘦且颜色较淡，这与其肌肉中的白肌纤维较高、肌红蛋白含量较少有关。

双肌型牛后躯特别发达，胸部很宽厚，胴体与肌肉较一般的牛相比有极大的差别，胴体不长，而髋部厚，横径大，胸廓的内腔小而肉板敦厚。在胴体冷却失重、长度和容量等方面都显出极大的优势（表3-12）。

表3-12　双肌型和普通型皮埃蒙特牛胴体指标

牛品种	双肌型皮埃蒙特	普通皮埃蒙特
胴体长（厘米）	119.08	123.50
髋最大横径（厘米）	43.42	41.08
髋最大厚（厘米）	29.50	26.42
腰长（厘米）	59.83	61.58
髋最大围（厘米）	119.33	108.17

（续）

牛品种	双肌型皮埃蒙特	普通皮埃蒙特
胸总深（厘米）	59.42	61.58
半胴体重（千克）	152.71	142.92
半胴体重（24小时后）（千克）	150.35	140.67
前四分体重（千克）	77.49	75.63
后四分体重（千克）	69.30	61.58

注：引自《现代肉牛生产》（陈幼春，1999，中国农业出版社）。

三、双肌牛的生产性能及杂交效果

双肌牛具有屠宰率高、瘦肉率高、优质高价肉比例大、肉质鲜嫩等优点。研究表明，双肌性状可以使牛在相同条件下肌肉产量增加20%～30%。双肌牛的腿相对较短，管骨较细但骨骼较大。双肌牛的肌肉分布特点是外周和表层肉肥大，后躯发达，肌间和胴体脂肪窝的脂肪沉积较大，而普通牛的皮下脂肪沉积较多，双肌牛的脂肪沉积从内到外呈逐渐减少的趋势。

Authur（1998）比较了1岁双肌杂种公牛与普通牛的胴体性能，双肌杂种公牛胴体比普通牛胴体具有更大的眼肌面积和出肉率，但等级脂肪较少，脂肪厚度接近，肉骨比、肉脂比及瘦肉率较高，脂肪率和骨百分率较低。还有报道发现，普通牛与双肌牛的杂交后裔表现有双肌型、中间型和普通型3种性状。研究证明，用双肌公牛与普通母牛交配（DM×N），可将有关的繁殖障碍降到最低，其后代的生长速度和体重与N×N的后代表现相似或略低，但却保持了双肌牛的某些特征。在同龄或同体重条件下DM×N的后裔比N×N后裔的屠宰率高1%～3%，瘦肉率高3%～10%，脂肪量少13%左右，DM×N后代牛肉的嫩度比N×N的后代更嫩一些（剪切力小）。

表3-13　双肌牛杂交后代杂交效果

皮埃蒙特父系后代与海福特父系后代比较			皮埃蒙特与纯系弗里生公牛比较	比利时蓝白花与纯系弗里生公牛比较
屠宰率	脂肪	瘦肉率	产肉量	产肉量
高2%～3%	高30%～39%	高9%～12%	高12%	高10%

用双肌牛与一般牛配种，后代有1.2%～7.2%为双肌，随不同公牛和母牛品种有较大变化。如母亲是乳用品种，后代的肌肉量提高2%～3%；母亲是肉用品种或杂种肉用品种，则后代的肌肉量提高14%。双肌公牛与一般母牛配种所产犊牛初生重和生长速度均有所提高。

四、双肌性状突出的肉牛品种

许多牛品种都有双肌个体，除过上面提到的皮埃蒙特和比利时蓝白花外，还有海福特、弗里生、安格斯、夏洛来、利木赞、金黄阿奎登、曼安茹、南德文、圣格鲁迪、短角牛等，其中双肌性状发生较高的是皮埃蒙特和比利时蓝白花两个品种。用双肌牛与一般牛配种，后代有1.2%～7.2%为双肌，随不同公牛和母牛品种有较大变化。

通过对双肌牛的生长发育、激素水平、身体组成、肉质和遗传繁育等方面的研究，这两个品种的双肌基因的频率也得到了很大的提高。

因双肌牛繁殖力较差，妊娠期延长，难产增多，因此含双肌基因的品种如皮埃蒙特牛、比利时蓝白花牛等只适于作终端杂交公牛，应避免级进杂交。实践证明，我国黄牛及其杂种母牛产犊性能较好，用皮埃蒙特公牛作终端父本进行杂交，其难产率也较低。

五、双肌牛在高档牛肉生产上的应用

尽管双肌牛在其繁殖方面有一定的缺陷，但由于双肌牛具有生长发育快、初生重大、屠宰率高、瘦肉率高、优质高价肉比例大、肉质鲜嫩等优良的胴体品质，所以近年来得到了人们的广泛关注，引起人们对双肌牛合理地开发和利用，在肉牛生产上得到了广泛的应用，特别在欧洲双肌牛肉的价格极高的形势下，许多肉牛品种都导入了双肌基因。

1. 建立终端父本繁育体系 终端父本繁育体系（Terminal sire system）是指用双肌牛作为父本与非双肌母本选配，其所生 F_1 代全部肉用。这是双肌牛商品利用的最佳策略，可以保证母牛群的繁殖性能和肉用后代比较高的饲料报酬率、优良的肉质性状和高的产肉量。

2. 培育双肌牛 皮埃蒙特牛原产于意大利，该品种中双肌牛的比例逐年增加，1980 年种公牛中双肌牛占 57%，非双肌牛占 1%，中等牛占 42%；母牛中相应此例分别为 20%、12% 和 68%。意大利有系谱的肉用种公牛 100% 为双肌牛。比利时蓝白花牛双肌牛的研究和开发较早，经过多年的选育和改良，蓝白花牛的双肌基因频率和产肉性能均得到了较大的提高，种公牛从兼用型都变成了双肌型。法国也早就推广了双肌牛的人工授精，并专门培育了一个双肌夏洛来品系，从中选拔优秀双肌公牛。利木赞牛和金黄阿奎登牛中双肌基因的频率也较高。澳大利亚的安格斯牛和圣格鲁迪牛也有双肌基因但频率很低。1995 年澳大利亚又引进了皮埃蒙特牛和比利时蓝白花牛，以期改进牛肉产量、肉的嫩度和饲料效率。我国近些年来也开始引进和利用双肌基因。中国农业科学院畜牧研究所引进了一批皮埃蒙特牛的胚胎并通过胚胎移植技术产生了双肌牛；东北、河北、河南、山东等地也先后引进了夏洛来、利木赞、皮埃蒙特、比利时蓝白花牛等肉牛品种，其中有一定比例的双肌牛。由此看来，合理利用双肌基因对加强我国肉牛改良，推进高档牛肉的生产都具有十分重要的意义。

第三节　利用奶牛生产高档牛肉

利用奶牛生产高档牛肉就是将奶牛产业中不作种用的奶公犊经过全乳、脱脂乳和人工代乳品或配合饲料育肥及屠宰后所得的可食部分的肉类。这种牛肉与一般牛肉相比具有营养价值高、肉质细嫩、多汁，有浓郁的芳香味，是一种价格昂贵深受市场欢迎的高档奢侈牛肉制品。这种犊牛肉因其肉色呈白色或稍带浅粉红色，所以也称小白牛肉。根据欧洲和北美饲养方式、肉的色泽和品质将犊牛肉分为 3 种类型，幼仔犊牛白肉（Bob veal）、犊牛白肉（White veal）和犊牛红肉（Pink veal）。幼犊牛养殖过程中仅喂牛奶，屠宰年龄约 3 周龄，屠宰体重低于 68 千克，其产品肉质松软，呈微红色，称为幼仔犊牛白肉。犊牛全部用代乳料饲喂，当生长到 18～20 周龄，体重达 182～204 千克时屠宰出售，此时肉色为白色或粉红色，肉质柔软，有韧性，肉味鲜美，称为犊牛白肉。犊牛先喂牛奶，再喂谷物、干草加添加剂，通常饲喂至 5～6 月龄，体重达 204～270 千克时出售屠宰，肉色较暗，并有大理石纹，常有脂肪可见，这种犊牛肉称为犊牛红肉。

一、犊牛肉的营养价值

犊牛肉营养价值高，其蛋白质含量比一般的牛肉高，脂肪呈乳白色且含量低于普通牛肉，富含人体所必需的氨基酸和维生素，肌纤维纹理较细、致密、有弹性，肌肉易咀嚼，易消化，可以说小白牛肉是牛肉中的上品。另外，从牛肉的质量方面来考虑，初生犊牛肌纤维较细，结缔组织的成熟交联（crosslink）很少。虽然越小的动物其结缔组织相对比例较大，但造成嫩度差异的是由于结缔组织成熟交联的多少而并非结缔组织的数量。成熟交联越少，说明牛龄越小，肉也越嫩。而对消费者而言，评价牛肉质量最主要的是嫩度、多汁性和风味3个方面，其中嫩度最重要。

二、我国利用奶牛生产高档牛肉的可能性

近几年，奶牛业已成为我国快速发展的新兴产业，近5年的发展速度相当于1999年前的50年之和。2001年我国奶牛存栏数达到566.2万头，2002年、2003年又有新的增长，分别达到610万头和893.2万头，2004年奶牛存栏数出现了大的飞跃，达到1063万头。到2005年奶牛存栏量又有所增长。随着奶牛群体的迅速扩大，生产犊牛相应增多。据估计，我国每年约有产奶公犊牛200万头。母犊牛多自然是好事，但公、母各半的自然繁殖规律使公犊牛一样多起来，公犊牛的命运和出路便成为令人关注的新问题。将奶公牛当做肉牛进行专业化育成、再育肥，生产高档牛肉是一条前景十分诱人的光明大道。

奶牛和肉牛并没有本质上的区别，所有品种的牛都可以肉、奶兼用。肉牛也能产奶，奶味十足奶牛也能产肉，肉味鲜美。通过品种改良，肉牛可以变成奶牛；通过改变饲养方式，奶牛照样可以变为肉牛。在奶业发达国家的牛肉产量中，就有很大一部分来源于奶牛（育肥奶公牛和淘汰奶母牛）。用奶公牛生产牛肉，饲料利用率和经济效益都较高。除目前公犊牛价格特别便宜外，还因为奶公牛本身也是良种，不仅饲料转化率高，生长快，产肉较多，而且肉质鲜美，风味独特。奶犊牛育肥，不仅可行，而且是一个很有前途、亟待开发的新产业。

据育肥试验，在良好的饲养管理条件下，荷斯坦牛在10～11月龄时活重可达350～400千克，而且脂肪较少，瘦肉率较高，在喂谷物含量较高的日粮时，小公牛日增重1.13千克，料肉比为5∶1，而夏洛来等肉用品种牛在10～11月龄时活重可达345～390千克，日增重1.1千克，料肉比为6～7∶1。因此，在这个时期内奶公犊的生长率和饲料效率方面都超过肉用品种。奶公犊在8周内喂160千克牛乳，加上自由采食开食料，可取得满意的效果，在6月龄屠宰，活重可达230千克，料肉比为3～5∶1。如果在上述年龄不屠宰，继续用75%的青贮加25%的谷物料饲喂，则在15月龄时体重可达450～500千克，料肉比为6～7∶1。可见乳用公犊前期体重增长快，如果在生产中能抓住前期生长快的特点，就可提高其生产效率。

利用奶犊牛生产小白牛肉，效益可观。据付尚杰报道，1头犊牛饲喂全乳，在体重达170千克时可获纯利1005元，如果去掉人工、医药等费用，每头犊牛可获纯利800元。而将奶公犊直接卖出最多只能获利300元左右，而喂养一段时间，再经过屠宰、分级、包装后出售获利远高于300元。

奶公牛可以生产高档牛肉，针对目前我国肉牛资源紧缺的现状，对奶公牛进行集中育肥，无疑为增加牛源和牛肉供应找到一个新途径，也为农民增收开辟了一条新路子，还为消费者增添了一个有特色的牛肉新品种。

奶犊牛肉产业是一个朝阳产业，在中国的发展还刚刚开始，具有非常广阔的市场前景，同时也为调整我国牛肉产业结构，提高产品质量，改善人民膳食结构，逐步推进产品的规模化、组织化、规范化、安全化、档次化、优质化、人文化发展。

三、国外奶犊牛利用情况

奶业发达的国家，商品牛肉的很大一部分来自于乳用牛，尤其是奶公犊牛。

北美犊牛肉的生产在 20 世纪 70 年代已经开始发展。现在美国有 1 300 多个家庭式犊牛场，主要集中在印第安纳、密歇根、纽约、俄亥俄、宾夕法尼亚和威斯康星 6 个奶业大州，一般是购买体重 45 千克的荷斯坦犊牛，饲养 18～20 周，体重达 215 千克时屠宰，期间给予特别的饲喂。全美每年有 75 万头犊牛用于小牛肉生产，产量 13.6 万～18.2 万吨，占牛肉总产量 1.5%，年人均 1 千克，产值 6.4 亿～7 亿美元，是美国经济的重要组成部分。

欧盟是犊牛肉生产的发源地，在 20 世纪 40 年代就开始发展犊牛肉，目前也是最主要的生产和消费区域。主要品种是黑白花奶公犊、皮埃蒙特、西门塔尔、比利时蓝白花等肉用公犊牛。在欧盟，法国、意大利和比利时 3 个国家人均消费量比较高。目前，法国是欧盟中最大的消费国，意大利是最大的进口国，荷兰是最大的出口国。欧盟年宰犊牛 600 万头，产量 80 万吨左右，占牛肉总产量 10% 左右，法国、意大利一年人均消费在 4 千克以上，荷兰一年人均 1.38 千克。

20 世纪 90 年代以来欧盟开始全面推行系统安全与质量监控制度，步入犊牛白肉、红肉生产安全化、档次化、优质化发展阶段。荷兰每年约生产 220 万犊牛，一半左右为奶公犊牛，除部分留作种用外，主要用于生产犊牛肉，乳用品种牛肉占牛肉总产量的 90%。荷兰生产的小白牛肉向多个国家出口，价格昂贵，以柔嫩多汁、味美色白而享誉世界。但是荷兰本国的犊牛资源有限，每年不得不从周边国家进口 60 万～80 万头犊牛。法国的奶公犊牛基本上是作肉用生产小牛肉，肉价比普通牛肉高出很多。

第四节 中国黄牛生产高档牛肉

黄牛依然是中国肉牛业的主体，支撑着中国肉牛产业的发展。从总体来看，中国肉牛生产在一段时期内仍将处于杂交生产和利用地方良种并重的局面。中国具有丰富的黄牛资源，目前已达到 1 亿多头。有 52 个地方品种，4 个培育品种（三河牛、草原红牛、新疆褐牛、中国西门塔尔），12 个引入品种（西门塔尔、短角牛、海福特牛、夏洛来牛、皮埃蒙特牛、南德文牛、利木赞、安格斯、德国黄牛、丹麦红牛、荷斯坦牛、娟姗牛）。主要黄牛品种有 28 个，其中包括 6 大地方著名品种，即秦川牛、晋南牛、南阳牛、鲁西牛、延边牛和蒙古牛。另外，还有一些其他黄牛品种，如关岭牛、复州牛、温岭牛、渤海黑牛以及哈萨克牛等。形成了蒙古牛、华北牛及华南牛三大肉牛带和 3 个肉牛养殖区，即中原区、东北区、西南区，加上传统的西北牧区，4 个产区产量合计占全国牛肉总产量的 90% 左右。中国黄牛有其自身突出优点，耐粗饲、性情温驯、适应性强、肉质良好、长寿，特别是难产率很低，这是国外典型肉牛所不能比拟的长处。历史上，中国民间对黄牛的选育是以役用性能为主，所以形成今天黄牛典型的役用体型，即四肢强壮、胸深、后躯肌肉较瘦、体型较小、产肉性能不强，生长速度和饲料报酬不十分理想。改革开放30多年来，随着肉牛选育改良工作的不断开展，中国黄牛逐渐从役用向肉役或肉用方向转变，产肉性能不断提高，为中国肉牛业的发展奠定了坚实的基础。

中国黄牛的另外一个突出的优点是有着较好的肉质基因。具有代表性的五大良种黄牛秦川牛、晋南牛、南阳牛、鲁西牛和延边牛，产肉性能最高（表3-14），经过适当育肥，肉质多汁细嫩，风味浓郁，大理石纹好，肉味鲜美，某些肉用性能达到甚至超过有些国外专门化的肉牛品种，可用来生产高档牛肉。

表3-14 五大良种黄牛的产肉性能

黄牛品种	成年体重		屠宰率（%）	净肉率（%）
	公（千克）	母（千克）		
秦川牛	594.5±116.7	381.3±72.1	58.3	50.5
南阳牛	647.9±176.3	411.9±84.4	52.2	43.6
鲁西牛	644.4±108.5	365.7±62.2	58.1	50.7
晋南牛	607.4	339.4	52.3	43.4
延边牛	465.5±61.8	365.2±44.4	57.7	47.23

产于陕西八百里秦川的秦川牛，千百年来一直是陕西关中地区农业生产的主要劳动力和粪肥来源。新中国成立后，在广大科技工作者的努力下，运用先进的育种技术，选出优秀公牛，授配主产区大批秦川母牛，加速了秦川牛的选育，牛群质量、等级有了很大提高，使秦川牛尖尻、股部肌肉欠充实的一些缺点得到了改善，肉用体型已初步凸现，其产肉性能有了大幅度的提高，经短期（82天）育肥后屠宰测定结果表明，18月龄和24月龄屠宰的公牛、母牛、阉牛，其平均屠宰率分别为56.25%、49.91%和54.11%，净肉率分别为48.42%、41.10%和45.24%，相当于国外著名的乳肉兼用品种牛水平；其肉骨比、瘦肉率、眼肌面积各项指标，与世界著名的肉牛品种相比，也毫不逊色，甚或超过之。表3-7是13月龄屠宰的秦川牛与世界著名肉牛品种夏洛来、安格斯育肥后胴体组成的比较。由此表可看出，13月龄秦川牛胴体脂肪率比同龄夏洛来和安格斯牛分别减少19.26%和25.18%，瘦肉率比夏洛来和安格斯牛分别高20.11%和24.37%；肉骨比较夏洛来和安格斯牛分别高44.5%和36.7%。这些指标说明，经过科技工作者的长期选育，秦川牛已从役用逐渐地向肉用方向转变，肉用性能十分突出。

早在1992年，北京市农林科学院综合研究所蒋洪茂等也对中原地区4品种（秦川牛、晋南牛、鲁西牛、南阳牛）进行了育肥、屠宰比较试验，结果表明，27~28月龄的28头秦川阉牛，其平均屠宰率为64.32%，净肉率54.54%，肉骨比6.74，优质肉块产量在4品种中为最高；4品种均适于生产高档牛肉。说明经过30多年的系统选育，秦川牛已由纯役用型转变为肉役兼用型，成为我国良种黄牛中的佼佼者，被誉为"国之瑰宝"。

中国黄牛地方品种在以前、现在和将来都将是中国肉牛业的主体，不论从数量上说还是着眼于中国黄牛的地方适应性，中国地方黄牛都是我们的宝贵资源。由此看来，只要我们充分利用中国黄牛的优点，通过不同程度的选育提高和引进国外高产个体杂交改良，不断提高生长速度，克服存在的一些缺点，并积极培育中国自己的肉牛品种，中国优质高档牛肉的生产就大有希望，并将在国际肉牛市场上占据绝对优势。

第五节　杂交方式与高档牛肉生产

不同品种牛的遗传性存在差异，两品种杂交可以产生杂交优势，这是肉牛杂交改良的基本原理。杂交优势是指品种品系间产生的杂种，往往在生活力、生长速度、生产性能、适应性等方面在一定程度上优于两个亲本种群平均值的现象。肉牛的杂交改良可以在不同的本地品种之间进行，也可以在本地品种与国外的肉牛品种之间进行。本地品种与国外品种之间的遗传差异大，获得的杂交优势也比较明显，因此这种杂交改良的方式应用也较多。例如，我国引用外来品种与当地黄牛杂交，在杂交后代保留黄牛对当地自然条件的适应性、抗病力强、耐粗饲粗放管理的优点基础上，吸收了外来品种体躯高大、增重快、饲料利用率高、产肉性能好等优点而获得杂交优势。到一定程度通过近交育种，固定所希望的性状，经过长期选育就可培育出一个体型外貌好、生产性能高而且又能适应当地自然环境条件的新品种。

亲缘关系较远的个体间杂交，其基因优劣交错，长短互补。因为杂种能表现双亲的优点而掩盖双亲的缺点，所以杂种牛往往表现了明显优于双亲的杂种优势，其经济性能大大高于其双亲。据国外研究报道，通过品种间杂交，可使杂种后代生长快、饲养效率高、屠宰率高，比原纯种牛多产肉 15％左右。

除了品种间的杂交外，国内早就在不同牛种间进行杂交，如黄牛与牦牛间的杂交。美国曾以几个肉牛品种与美洲野牛杂交并培育出名叫比法罗的新的肉用牛品种，这种牛既耐热又抗寒，耐粗放，肉质好，增重快，肉的生产成本比普通牛低 40％。

在国际市场上，对肉牛的生产效率及牛肉质量的要求很高。例如，牛肉的质量包括嫩度、大理石纹、牛肉外包裹适量的脂肪、牛肉的货架期及牛肉的营养成分等。单一品种的肉牛所生产的牛肉难以满足很多指标的要求，因此对肉牛进行杂交改良，以取长补短，满足高档牛肉生产的需要。

一、肉牛杂交利用

按杂交目的，可把杂交分为育种性杂交和经济性（商品性）杂交两大类。前者包括级进杂交、导入杂交和育成杂交；后者包括简单经济杂交（二元杂交）、复杂经济杂交（如三元杂交）、轮回杂交和终端公牛杂交等。

（一）育种性杂交

1. 级进杂交　这是一种改造性杂交，以性能优越的品种改造或提高性能差的品种常用的杂交方法。具体做法是：以优良品种的公牛与低产品种母牛交配，所产杂种一代母牛再与该优良品种公牛交配，产下的杂种二代母牛继续与该优良品种公牛交配；按此法可以得到杂种三代及四代以上的后代。当某代杂交牛表现最为理想时，便从该代起终止杂交，以后即可在杂种公、母牛间进行横交，固定已育成的新品种。杂交模式如图 3-19 所示。

在肉牛生产上，级进杂交的代数不宜过高。因

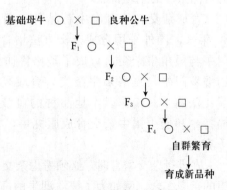

图 3-19　级进杂交示意图
（基础母牛指本地黄牛、杂种
母牛、荷斯坦牛母牛等）

为代数越高，虽然愈接近改良品种，但往往使杂种个体的生活力、适应性、耐粗饲的能力以及体质全面下降，结果适得其反。适宜的级进代数应该是在停止杂交时要求杂种牛的生产性能高，并保留适应当地自然条件的特征特性。一般杂交至 3～4 代，即含外血 75%～87.5% 为宜。

2. 导入杂交 这是一种改良性杂交。当某一个品种具有多方面的优良性状，但还存在个别的较为显著的缺陷或在主要经济性状方面需要在短期内得到提高，而这种缺陷又不易通过本品种选育加以纠正时，可利用另一品种的优点采用导入杂交的方式纠正其缺点，而使牛群趋于理想，杂交模式如图 3－20。导入杂交的特点是在保持原有品种牛主要特征特性的基础上，通过杂交克服其不足之处，进一步提高原有品种的质量而不是对原品种彻底改造。例如，秦川牛是我国著名的地方良种黄牛，具有体躯高大，结构匀称，遗传稳定，肌肉丰满，肉质细嫩，瘦肉率高，早熟等优点，但也有尖尻、斜尻，股部肌肉不充实等缺点。因此，十几年来，西北农林科技大学的育种专家和技术人员，对秦川牛进行了本品种选育和引入肉用短角牛、丹麦红牛、西门塔尔牛进行导入杂交，加强了秦川牛后躯的发育，基本克服了尖斜、尻缺点。

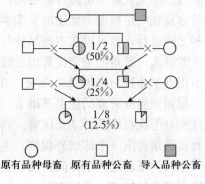

原有品种母畜　原有品种公畜　导入品种公畜

图 3－20　导入杂交

在应用导入杂交时，导入外血的量一般在 1/8～1/4 范围内。导入外血过高，不利于保持原品种特性。如原品种与导入品种在主要生产性能及特征特性方面差异不大时，再回交一代（含 1/4 外血）后就可暂时在引血群内横交；如差异过大，则应再回交二代（含 1/8 外血）后进行横交。

3. 育成杂交 这是一种常用来培育新品种的杂交方法，又叫创造性杂交。通过两个或两个以上的品种进行杂交，使后代同时结合几个品种的优良特性，扩大变异的范围，显示出多品种的杂交优势，并且还能创造出亲本所不具有的新的有益性状，提高后代的生活力，增加体尺和体重，改进外形缺点，提高生产性能，有时还可以改善引入品种不能适应当地特殊的自然条件的生理特点。

育成杂交在培育肉牛新品种、提高生产性能和改善肉质方面发挥了重要作用。近 30 年来，国外采用育成杂交方法培育肉牛新品种 21 个。例如，美国亚热带地区用婆罗门牛与短角牛杂交，育成了圣格鲁迪牛；用婆罗门牛与安格斯杂交，育成婆罗格斯牛；用婆罗门牛与夏洛来牛杂交，育成夏勃来牛；用美洲野牛、夏洛来牛及海福特牛育成了比法罗牛。南非以本地品种的血液为主育成了邦斯玛拉牛。加拿大用荷斯坦牛、海福特牛和瑞士褐牛杂交育成康丸牛，其犊牛平均日增重 1 600 克以上，周岁体重达 500 千克左右。

在进行杂交繁育时，必须考虑杂交亲本的特征特性及生产性能和适应性等，选出较为理想的杂交组合。例如为了把欧洲牛的高产性能和瘤牛适应热带及亚热带气候的特性结合起来，采用育成杂交的方法，育成了婆罗福特牛、肉牛王、辛地褐牛、抗旱王、邦斯玛拉牛等品种（表 3－15）。

表 3-15　国外肉牛品种及其亲本血液比例

品　种	品种杂交的亲本血液比例
肉牛王	1/2 婆罗门牛＋1/4 海福特牛＋1/4 短角牛
邦斯玛拉牛	5/8 非洲瘤牛＋3/16 海福特牛＋3/16 短角牛
勃来福牛	1/2 婆罗门牛＋1/2 海福特牛
圣格鲁迪牛	3/8 瘤牛＋5/8 夏洛来牛
墨瑞灰牛	1/2 安格斯牛＋1/2 短角牛
夏福特牛	1/8 婆罗门牛＋1/2 夏洛来牛＋3/8 海福特牛
辛地褐牛	3/8 辛地红牛＋5/8 瑞士褐牛
勃来格斯牛	3/8 婆罗门牛＋5/8 安格斯牛
夏勃来牛	13/16 夏洛来牛＋3/16 婆罗门牛

我国肉牛育种工作起步较晚，先后引进国外肉牛品种进行育成杂交培育出三河牛，中国草原红牛和新疆褐牛。三河牛是由呼伦贝尔草原的蒙古牛和许多外来品种经过半个多世纪的杂交选育而成的，含有西门塔尔牛、霍尔莫戈尔牛、西伯利亚牛和蒙古牛的血统。中国草原红牛是由内蒙古引进兼用型短角牛改良蒙古牛而育成的，具有体质结实、结构匀称、毛红色或深色、生产性能较高、遗传性稳定、适应性强及经济效益显著等特点，在以放牧为主的饲养条件下，18 月龄阉牛体重达 300 千克。屠宰率 52％以上，蛋白质含量 19％～20％。新疆褐牛是引用瑞士褐牛和阿拉托乌牛对本地黄牛进行杂交改良，经长期选育而成。

（二）经济杂交

1. 简单经济杂交　即两个品种之间的杂交，又称二元杂交，产杂种一代，不论公、母均不留作种用，全部作商品用。在我国主要用西门塔尔、利木赞、短角、夏洛来、皮埃蒙特、德国黄牛或比利时蓝白花牛作父本，授配地方良种黄牛，繁殖杂一代肉牛，将其中繁殖性能及体型良好的母牛作为三元杂交素材留用，其余肉牛全部育肥屠宰（图 3-21）。

本地黄牛(♀)×引入品种(♂)
↓
F₁(高档肉牛商品生产用)

图 3-21　二元杂交模式

2. 复杂经济杂交　即用 3 个或 3 个以上品种之间杂交，杂交后代亦全部作商品肉牛用。如三品种牛作经济杂交时，甲品种与乙品种牛杂交后产生杂种一代，其母牛再与丙品种公牛杂交，所产生的杂种二代，无论公、母，全部作商品肉牛出售。对于杂种一代公牛也均作肉牛处理（图 3-22）。

甲品种(♀)×乙品种(♂)
F₁(♀)×丙品种(♂)
F₂(高档肉牛商品生产用)

图 3-22　三元杂交模式

3. 轮回杂交　这是在经济杂交的基础上进一步发展起来的生产性杂交。国外在肉牛生产中广泛采用轮回杂交，如二元轮回杂交和三元轮回杂交。它是以两个或两个以上品种的公、母牛之间不断地轮流进行交配，其目的在于使杂交各代都可保持一定的杂交优势，具有较高的生活力和生产性能，表现为初生重大，生长发育快，产肉性能好，对环境的适应性强，饲料消耗少。

4. 终端公牛杂交体系　终端公牛杂交又称终端杂交，就是先用 B 品种公牛与 A 品种纯种母牛配种，F₁ 代母牛（BA）再用第三品种 C 公牛配种，F₂ 代无论公、母全部作经济用。

那么，C品种的公牛叫终端公牛，这种杂交方式叫终端公牛杂交体系。

近年来，国外肉牛生产采用将轮回杂交与终端公牛杂交体系相结合，即轮回杂交产生的母牛保留45％用作轮回杂交，其余55％的母牛，选用生长快、肉质好的母牛个体用另一品种公牛（终端公牛）配种，以期减少饲料消耗、增加牛肉生产效率。据研究，采用两品种轮回的终端公牛杂交体系，其所生犊牛平均体重增加21％，三品种轮回的终端公牛杂交体系可提高24％。

二、肉牛杂交改良的方向与原则

肉牛杂交改良必须坚持一定的方向和原则：要进行市场调研与预测，发展适销对路的商品肉牛；要有效地利用当地资源，充分发挥当地优势，特别是饲料资源优势应作为考虑重点；要保持当地牛的优良特性，例如耐粗饲、适应性强等特性；对引用的外来品种作父本，必须符合原种标准；一个区域采用品种不能过多，确定1～2个最佳组合予以推广；杂种后代母牛用作繁育母牛，公牛育肥屠宰，利用杂种母牛实施三元轮回杂交，效果更佳；杂交改良中注意发展和培育新的品系（品种）。

三、杂种优势的利用

（一）杂种优势的表现

杂种优势是指杂种后代（子一代）在生活力、生长发育和生产性能等方面的表现优于亲本纯繁群体。杂种优势是当今畜牧业生产中一项重要的增产技术，已广泛应用于肉鸡、蛋鸡、肉猪、肉羊、肉牛生产，为提高畜牧业经济效益作出了巨大贡献。

但也应注意到，杂种并不是在所有性状方面都表现优势，有时也会出现不良的效应。杂种能否获得优势，其表现程度如何，主要取决于杂交用的亲本群体质量和杂交组合是否恰当。如果亲本缺少优良基因，或双亲本群体的异质性很小，或者不具备充分发挥杂种优势的饲养管理条件等，都不能产生理想的杂种优势。

因此，杂种优势利用的完整概念，既包括对杂交亲本种群的选优提纯，又包括杂交组合的选择和杂交工作的组织，它是一整套综合措施。

（二）配合力测定与杂种优势的度量

1. 配合力测定　配合力是指种群通过杂交能够获得杂种优势的程度，即杂交效果的大小。各种群间配合力大小不一，只有通过杂交试验进行配合力测定才能选出理想的杂交组合。

配合力有两种，一种叫做一般配合力，另一种叫特殊配合力。一般配合力指的是一个种群与其他各种群杂交所能获得的平均值。如果一个品种与其他各品种杂交经常能够获得较好的效果，那么一般配合力就好。如我国荣昌猪与许多品种猪杂交效果很好，说明它的一般配合力好。一般配合力的遗传基础是基因的加性效应。特殊配合力是指两个特定种群之间杂交所能获得超过一般配合力的杂种优势。它的遗传基础是基因的非加性效应。一般杂交试验进行配合力测定，主要是测定特殊配合力。为了便于理解两种配合力的概念，可用图3-23加

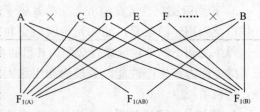

图3-23　两种配合力概念

以说明。

从图中可以看出，A 种群的一般配合力 $F_{1(A)}$ 为 A 种群与 B、C、D、F、E……各种群杂交产生的各杂种一代某一性状的平均值；B 种群的一般配合力 $F_{1(B)}$ 为 B 种群与 A、C、D、F、E……各种群杂交所产生的各杂种一代该性状的平均值；$F_{1(AB)}$ 为 A、B 两种群杂交产生的杂种一代该性状的平均值。那么，A、B 两种群的特殊配合力为：

$$F_{1(AB)} = \frac{1}{2} \left[F_{1(A)} + F_{1(B)} \right]$$

特殊配合力一般以杂种优势值表示。

2. 杂种优势的度量　杂种优势的大小，一般以杂种优势值来表示，即

$$H = \overline{F_1} - \overline{P}$$

式中　H——杂种优势值；

$\overline{F_1}$——一代杂种平均值；

$\overline{P}$——两亲本群体纯繁时的平均值。

为了便于多性状间相互比较，杂种优势值常用相对值来表示，即杂种优势率表示，其计算公式如下。

$$H = \frac{\overline{F_1} - P}{P} \times 100\%$$

（三）提高杂种优势的措施

1. 杂交亲本的选优与提纯　亲本的好坏和纯度直接影响杂种优势利用的效果，因为杂种从亲本获得优良的、高产的基因是获得杂种优势的基础。有了优秀的亲本和恰当的杂交组合，才能获得明显的杂种优势。

"选优"就是通过选择使亲本群体高产基因的频率尽可能增加。"提纯"就是通过选择和近交使得亲本群体在主要性状上纯合基因型频率尽可能扩大，个体间差异尽可能缩小。亲本群体越纯，杂交双方基因频率之差也越大，杂种优势就越明显。选优与提纯同步进行，才能有效提高杂种优势的效果。在猪、鸡生产中，由于事先选育出优良的近交系或纯系，然后进行科学杂交，从而获得了强大的杂种优势，取得了显著的生产效果和良好经济效益。

杂交亲本选优与提纯的主要方法是实行品系繁育和近交等。

2. 确定最佳杂交组合　有了优良的杂交亲本群体，还要通过杂交试验选出品种或品系间的最佳杂交组合。为了获得最优的杂交组合，应考虑选择那些在分布上距离较远、来源差别较大、类型特点不同的品种或类群作为杂交亲本。

在生产中，杂交亲本的选择应按照父本和母本分别选择。

母本的选择：要选择本地区数量多、适应性强的品种或品系作母本；良好的母本应具有繁殖力强、母性好、泌乳力强等特点。

父本的选择：首先要选择生长速度快、饲料利用率高、胴体品质好的品种或品系作为父本，如长白猪、约克夏猪等。其次要考虑适应性和种畜来源问题。一般父本多选择外来优良品种。

确定最佳杂交组合试验，可选择若干优良父本品种与母本品种（本地品种）杂交，筛选出优良组合。在生产中，许多地方通过试验筛选出了适于本地生产的最优杂交组合。如北京地区选出了杜×（长×黑）杂交组合（即杜洛克猪、长白猪和北京黑猪的三元杂交组合），

推广应用效果很好。

3. 建立专门化品系和杂交繁育体系 所谓专门化品系就是优点专一,并专作父本或母本的品系。利用专门化品系杂交可以获得显著的杂种优势。为了确保杂种优势利用工作的顺利开展,应特别重视建立杂交繁育体系,即建立各种性质的畜牧场。目前建立的杂交繁育体系有三级杂交繁育体系和四级杂交繁育体系:

三级杂交繁育体系即建立育种场、一般繁殖场和商品场。育种场的主要任务是选育和培育杂交亲本;一般繁殖场主要进行纯种繁殖,为商品场提供父母本;商品场主要进行杂交生产商品畜禽。这种繁育体系适宜于两品种杂交生产(图3-24)。

四级杂交繁育体系是在三级杂交繁育体系的基础上加建一级杂种母本繁殖场。开展三品种杂交的地区要建立四级杂交繁育体系。

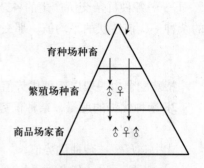

图3-24　畜群三级繁育体系
(箭头表示种畜输送途径)

四、肉牛杂交优势利用效果

(一)皮埃蒙特牛杂交效果

皮埃蒙特牛属中等体型肉牛,全身肌肉丰满,肌块明显暴露,颈短厚,身体呈现圆桶状,复背复腰,腹部上收,体躯较长,臀部外缘特别丰圆。该品种牛肉嫩,皮薄,骨细,结构紧凑,肉用性能好,屠宰率和瘦肉率高。早期增重快,0~4月龄日增重为1.3~1.5千克,饲料利用率高,成本低,肉质好。周岁公牛体重400~430千克,12~15月龄体重达400~500千克,每增重1千克体重消耗精料3.1~3.5千克。据测定,该品种牛屠宰率达60%~70%,净肉率60%,瘦肉率82.4%,骨量只占13.6%,脂肪极少(仅为1.5%),优于其他牛种(表3-16)。

表3-16　几个肉牛品种的肉用性能指标对比

项　目	皮埃蒙特	利木赞	夏洛来	西门塔尔	荷斯坦
屠宰率(%)	67~70	61	62	60.9	55
净肉率(%)	60	50	51	49.52	43
瘦肉率(%)	82.40	65.09	66.51	49.52	43
眼肌面积(厘米^2)	121.8	80.0	107.9	84.86	62.0

我国从1986年引进意大利皮埃蒙特牛后,通过冷冻精液和胚胎移植的方式,现已在河南、黑龙江、河北、吉林、山西、陕西、湖北、辽宁、安徽、江西、天津和北京等省、直辖市推广应用,其中以河南、陕西、山西、山东等省居多。从各地皮埃蒙特牛与本地黄牛广泛开展的杂交试验效果来看,皮×本杂交牛不仅在体重和日增重等生长性能指标上获得显著提高,屠宰后的各项指标也都有不同程度的提高,表现了明显的杂种优势,获得了较为显著的效果。

1. 杂交后代的初生重、平均日增重、周岁体重、屠宰率等均有不同程度的提高,经济效益显著 1990年河南省南阳市做了一次对比试验。用10月龄的皮埃蒙特×南阳牛 F_1 代牛 2 头，南阳牛 2 头进行育肥饲养，育肥期 8 个月。南阳牛始重 246 千克，终重 411 千克；皮×南 F_1 代牛始重 303 千克，终重 479 千克；平均日增重分别为 906 克、960 克；屠宰率以皮×南 F_1 代牛最高，达 61.8%。试验结果表明，以南阳牛作母本，皮埃蒙特牛作父本，杂交效果良好，且 18 月龄的育肥牛体重可达 500 千克，饲养报酬高；而南阳牛一般在 2.5～3 岁育肥体重才达 500 千克，山丘地区黄牛 3 岁体重只能达 300～350 千克。用皮埃蒙特牛杂交，可以提早出栏，降低饲养成本，带来的经济效益高。2000 年，通过对 30 头 5～6 月龄的皮、南杂交公牛和南阳公牛进行市场调查，显示前者平均每头售价 1 000～1 300 元，后者平均每头售价 800～1 000 元，前者比后者平均每头多卖 200～300 元。

陕西省西安市政府引进皮埃蒙特牛后，分别在西安市蓝田县李后乡、玉山乡及临渔区雨金乡与当地秦川牛进行杂交试验。从 1995 年下半年开始到 1997 年底已产皮埃蒙特×秦川 F_1 代牛 98 头，对所产杂种牛进行了生长发育测定、集中饲养育肥观察及屠宰试验测定。皮埃蒙特×秦川 F_1 代初生重及 6、12、18、24 月龄重分别比秦川牛高出 12.78%、4.76%、5.09%、12.06%、19.41%，充分说明皮埃蒙特×秦川 F_1 代初生重大，生长发育比秦川牛快，特别是 12 月龄后更为明显。在蓝田县采取同期、同龄、体重相似的皮埃蒙特×秦川 F_1 代、利木赞×秦川 F_1 代、秦川牛各 4 头，经过短期 130 天育肥试验后屠宰测定，屠宰率，皮埃蒙特×秦川 F_1 代比利木赞×秦川 F_1 代及秦川牛分别高 0.88% 和 3.73%；净肉率，皮埃蒙特×秦川 F_1 代比利木赞×秦川 F_1 代及秦川牛分别高 4.50% 和 7.05%。

2. 牛肉品质得以保持，并有提高的趋势　众所周知，皮埃蒙特牛瘦肉含量高，并且脂肪含量低，比一般牛肉低 30%，眼肌面积大，生产高档牛肉的价值最大。在意大利，皮埃蒙特牛的牛肉价格比普通牛肉一般高 40%，通过对杂交改良后代的观察，发现皮×本杂交后代也表现了很好的效果。

1989 年在北京对皮埃蒙特牛与南阳牛的杂交后代进行了 224 天的连续育肥，并作屠宰后的肉质对比试验。结果表明，眼肌面积为 114.1 厘米^2，比南阳牛（眼肌面积为 88.5 厘米^2）高出 28.93%。另外在理化性状、肉质和适口性方面，杂种牛保持了中国黄牛多汁、嫩度好、口感好、风味可口的特点，且脂肪含量低。

1997 年，中国农业科学院畜牧研究所营养分析中心试验室对皮埃蒙特杂交牛与鲁西黄牛的牛肉样品进行营养成分分析，结果表明，皮埃蒙特杂交牛牛肉比鲁西牛牛肉的蛋白质含量高 28.61%，脂肪低 30.61%；而人体营养需要的 8 种主要氨基酸和不饱和脂肪酸及亚油酸的含量，皮埃蒙特杂交牛牛肉均高于鲁西黄牛牛肉。因此，皮埃蒙特杂交牛牛肉具有高蛋白、低脂肪和多汁性等优点，同时营养水平亦较高，对人体健康有好处。

3. 杂交后代肉用体型明显改善　河南省新野县对皮埃蒙特×南阳 F_1 代 432 头犊牛进行了调查，并与南阳牛作对比，发现杂种牛较好地纠正了南阳牛前胸及后躯欠发达的不足之处。皮×南 F_1 代从初生重、日增重、体尺变化等各个方面与南阳牛相比有明显的提高，充分显示了杂种优势。皮×南 F_1 代犊牛初生重要比本地牛高出 25% 以上，毛色接近父本，皮×南 F_1 代腰身加长，后臀丰满。

（二）西门塔尔杂交利用效果

1. 国外杂交利用效果　西门塔尔由原产地瑞士引入他国后，形成了众多的种系。如德国和奥地利称为弗列克维牛，法国有蒙贝利亚牛、东方红白花牛和黄斑牛，俄罗斯称为西门塔尔牛和塞切夫牛，捷克称为红白花牛，等等。在东欧和西欧各国都是乳肉兼用型，引入北美和南美后培育成纯肉牛型，以加拿大和美国的西门塔尔牛体型最大，在美国还育成了全黑色西门塔尔牛和全黄色西门塔尔牛。在阿根廷和巴西等肉牛大国，为放牧类型。在南非、纳米比亚和博茨瓦纳，为肉乳兼用型。

在美国西门塔尔牛与婆罗门牛经复杂杂交育成了辛婆罗牛，是热带的主要肉牛品种。西门塔尔牛在世界肉牛生产体系中使用日益广泛。

2. 国内西门塔尔牛的杂交利用效果　西门塔尔牛是我国引入较早、育种工作做得较好的一个品种。20世纪50年代从苏联引进，70～80年代又从联邦德国、瑞士、奥地利大量引进，1987年又从法国引入西门塔尔牛（蒙贝利亚牛）。这些牛除在一些国有牛场纯繁外，还参与形成中国培育品种牛，主要用于改良我国黄牛，其杂交改良后代大约占我国各类杂交改良牛的50％。另外，经过多年的选育，我国育成了中国西门塔尔新品种。

3. 西门塔尔改良我国地方黄牛效果　孙鹏举、贾恩堂（1991）对通辽地区、王爱民（1992）对河北省黄牛杂交改良情况调查，西杂一代、二代、三代均具有父本特征。初生重、6月龄重、12月龄重、18月龄重、24月龄重杂交牛均比当地黄牛有所提高。西杂三代在常年放牧加短期补饲的条件下，18月龄的屠宰率为53.34％，36月龄时达57.33％；净肉率分别为41.74％和47.57％。短期强度育肥，宰前活重达到576千克时，屠宰率为61.7％，净肉率为51.9％。

（四）其他肉牛杂交改良效果

我国自20世纪70年代以来，除引入皮埃蒙特牛、西门塔尔牛外，还引入了许多肉牛品种如利木赞牛、夏洛来牛、海福特牛、安格斯牛等，在各地开展了杂交改良本地黄牛的研究与示范推广工作，使我国黄牛的数量、质量得以迅速发展，取得了明显成效，育成了三河牛、中国草原红牛、新疆褐牛等新品种，同时在各地还开展了广泛的经济杂交改良。杂交的主要方式是比较单一的二元杂交，杂交一、二代等不同代次的杂交牛相继出现在不同地区如西杂牛、利杂牛、夏杂牛、短杂牛、安杂牛等，取得了杂交一代在初生重、体型、日增重、肉质等方面明显的杂交优势。

朱芳贤等（2004）对云南省肉牛杂交改良效果进行调查研究，通过对农户饲养条件下的不同引入品种短角牛、西门塔尔牛、安格斯牛与本地牛的杂交后代及本地牛的初生重、6月龄、12月龄、18月龄、24月龄的体重、体尺测定和经济效益调查分析，结果表明，云南黄牛个体较小，后躯发育差，杂交改良后，胸围、十字部高、坐骨端宽等主要体尺都有了极显著提高，同时胸围和坐骨端宽与十字部高的比例也有了明显提高。初生重、6、12、18、24月龄平均体重：云南黄牛分别为13.1千克、91.0千克、123.3千克、159.5千克和176.0千克；短杂牛分别比云南黄牛高9.8千克、37.6千克、70.3千克、58.6千克和86.8千克；西杂牛分别比本地牛高11.68千克、17.38千克、81.82千克、80.70千克、137.18千克；安杂牛分别比本地牛高11.90千克、69.53千克、79.16千克、79.40千克、89.51千克。6月龄杂交牛的体重超过1岁云南黄牛的体重。1岁短杂牛、安杂牛和西杂牛的体重比2岁云南黄牛的体重还分别高17.6千克、31.0千克和24.7千克。养一头杂交牛的经济收入比养本地牛高49％～231％。短杂牛、安杂牛初生重和各阶段体重没有显著差异。西杂牛的体尺发育优于短杂牛，初生重比短杂高2.87千克，24月龄高48.64千克，差异显著，但6月龄、12月龄和18月龄体重无显著差异。杂交牛的早期日增重明显高于云南黄牛，出生到12月龄的日增重云南黄牛平均为302克，短杂牛比云南黄牛高166克，安杂牛比黄牛高185

克，西杂牛比黄牛高192克。从出生到24月龄云南黄牛平均日增重为223克，西杂牛、短杂牛和安杂牛日增重比本地牛分别多172克、106克和106克。

第六节　杂交组合与高档牛肉生产

一、杂交组合筛选

在肉牛生产中，国内外普遍应用杂交繁育，用于培育肉牛新品种或提高生产性能。当原有品种的体形外貌或生产性能不能适应生产发展的需要时，就可采用杂交繁育的方法，引进外来的优良品种与本地原有品种进行杂交繁育，育成一个体形外貌好，生产性能高，而且又能适应本地自然环境条件的新品种。我国地域广大，南北地区生态条件、地势、降水量、光照、农作物和牧草种类各不相同，经过长期的自然选择和人工选择，形成了适应各地生态条件的地方牛品种及类型，所以在改良过程中要考虑到外来品种特点和本地品种优良特性的良好结合，选出理想的杂交组合进行新品种的培育和经济杂交。

大量研究表明，不同的杂交组合其杂交利用效果各不相同。应通过设计科学的杂交组合试验，从中筛选出最优的杂交方式、方法及最优的杂交组合。例如中国农业科学院畜牧研究所遗传育种课题组在"农、牧区中国西门塔尔牛新品种推广和高效生产"项目中进行了西门塔尔牛、夏洛来牛、利木赞牛、安格斯牛、秦川牛、晋南牛和鲁西牛7个品种的7个杂交组合育肥试验，试验结果表明，无论屠宰率、净肉率还是眼肌面积大小、大理石纹级别，西门塔尔杂种牛均表现出较高的水平。

二、影响杂交优势的因素

肉牛杂交的目的就是要获得杂种优势，利用这些优势发展肉牛生产。杂种优势的产生往往受许多因素影响：如杂交种群的平均加性基因效应，有关种群的平均加性基因值越高，杂交效果越好；种群间的遗传差异，这种差异越大，杂种优势也就可能越大；性状的遗传力，一个性状的遗传力越低，杂种优势也就越明显；种群的整齐度，整齐度高的种群，其杂交效果也一般较好；母体效应，即母体在产前、产后对后代提供的生活条件，不同种群作为母本，母体效应不同，而最终的经济效益不同；其他如非线性优势，父母组合杂种优势等都影响杂种优势的产生。因此，不同品种、品系杂交组合所产生的效果是不同的。配合力好的品种、品系间的杂交能获得理想的杂种优势，反之不能获得杂种优势，甚至盲目杂交可能导致杂种劣势。所以在肉牛杂交生产中必须筛选出不同杂交组合，以应用于肉牛商品化生产或育种，提高经济效益。即要测定不同杂交组合的配合力，主要测定其特殊配合力，特殊配合力通常以杂种优势值和杂种优势率表示。

杂种优势值＝杂种平均值－亲本种群平均值

杂种优势率＝（杂种平均值－亲本种群平均值）/亲本种群平均值×100％

杂种优势率越高，杂种就越优于亲本，杂种的重要经济性状表现得越突出。

三、确定最佳杂交组合的步骤和方法

有了优良的杂交亲本群体，还要通过杂交组合试验选出品种或品系间的最佳杂交组合。为了获得最优的杂交组合，应考虑选择那些在分布上距离较远、来源差别较大、类型特点不同的品种或类群作为杂交亲本。

1. 母本的选择 要选择本地区数量多、适应性强的品种或品系作为母本。良好的母本应具有繁殖力强、母性好、泌乳力强等特点。

2. 父本的选择 首先要选择生长速度快、饲料利用率高、胴体品质好的品种或品系作为父本，如皮埃蒙特牛、西门塔尔牛等；其次要考虑适应性和种畜来源问题，一般父本多选择外来优良品种。

3. 确定最佳杂交组合试验 可选择若干优良父本品种与母本品种（本地品种）杂交，筛选出优良组合。在生产中，许多地方通过试验筛选出适用于本地区生产的最佳杂交组合，通过推广应用，效果很好。

四、一些杂交组合举例

夏洛来牛、西门塔尔牛、利木赞牛与本地牛杂交，其三元杂交后代的肉用性能差别很大。同样的 3 个品种杂交，杂交组合不同，肉用性能也会产生很大差异。万发春等（2002）对山东省 3 个肉牛三元杂交组合 6～18 月龄的生产性能进行了研究，挑选健康无病、膘情中等、年龄和体重相近的西门塔尔×利木赞×本地牛（西利本），夏洛来×利木赞×本地牛（夏利本），利木赞×西门塔尔×本地牛（利西本），利木赞×利木赞×本地牛（利杂二代）等 4 组杂交公牛。试验牛 365 天总增重和日增重，西利本、夏利本高于对照组利杂二代，利西本低于利杂二代。西利本与夏利本、利西本和利杂二代均差异显著；夏利本则与利西本和利杂二代差异显著；利西本和利杂二代间差异不显著（表 3-17）。

表 3-17 试验牛 6～18 月龄体重

（千克）

品种	始重	末重	总增重	日增重
利西本	182.45±17.26	485.88±13.09	304.00±13.88[b]	0.83±0.04[b]
西利本	197.65±21.02	541.38±23.53	341.94±17.42[a]	0.94±0.05[a]
夏利本	181.70±28.34	507.75±30.81	327.19±27.48[ab]	0.90±0.08[ab]
利杂二代	190.85±29.85	503.13±20.19	310.44±15.95[b]	0.85±0.04[b]

注：同一列中，标相同肩标者差异不显著。

由此可见，利用国外良种肉牛品种杂交改良我国本地黄牛，西利本、夏利本和利西本三元杂交改良要比利杂二代级进杂交效果好，其日增重和饲料报酬都比利杂二代得到明显改进。

2003 年李军祖对皮埃蒙特公牛×西黄杂种母牛（以下简称皮西黄）、西门塔尔公牛×当地黄牛、利木赞公牛×西黄杂种母牛（以下简称利西黄）两组合的三元杂交种幼牛肉用性能进行了研究。结果表明，皮西黄和利西黄的肉用性能良好，9 月龄体重分别达 288.4 千克和 259 千克；分别比同龄西黄育肥牛提高 30.26% 和 16.98%。育肥期平均日增重分别达 879.4 克和 846.1 克。产肉性能各项指标也有明显提高，皮西黄屠宰率、净肉率、胴体产肉率和熟肉率分别为 58.25%、47.50%、81.94% 和 65.4%；利西黄分别为 55.33%、45.67%、82.09% 和 67%。皮西黄肉骨比、肉脂比、胴体优质切块比例和眼肌面积分别为 4.55、10.86、35.12% 和 73.70 厘米²；利西黄分别为 4.61、10.23、33.38% 和 63.10 厘米²。皮西黄的胴体重、屠宰率、胴体产肉率、肉骨比、胴体优质切块比例和眼肌面积比周岁西黄分别提高 5.37％、7.87％、9.3％、4.77％、8.59％和48.59％。利西黄各项指标也相应提高，皮西黄产肉性能强于利西黄。皮埃蒙特牛和利木赞牛对二元母本西黄牛有较大改良效果，因此皮西黄和利西黄都可作为育肥牛较佳的三元杂交组合。

2004 年，王耕等试验表明，以皮埃蒙特牛为父本，以夏洛来牛×本地黄牛、西门塔尔牛×本地黄牛、利木赞牛×本地黄牛的杂交一代母牛为母本进行三元杂交，三元杂交牛从 12～18 月龄进行 6 个月的育肥试验，3 个杂交组合 6 个月的育肥平均体重达到 430 千克，平均屠宰率达到 59.33％，平均净肉率达到 50.03％，这三项指标均高于二元杂交牛的平均值。三元杂交牛的初生重 37.15 千克也高于二元杂交牛的平均值 31.34 千克。屠宰测定结果表明，皮埃蒙特牛×（夏洛来牛×本地黄牛）F_1 代 18 月龄宰前活重、胴体重、屠宰率、眼肌面积、净肉率、嫩度均高于其他两组杂交牛。

上述试验研究均表明，利用利木赞牛、夏洛来牛、西门塔尔牛、皮埃蒙特牛等肉牛杂交改良本地黄牛，杂交牛的生长发育明显加快。三元杂交牛的体型更趋向肉用型，体躯结构得到明显改善，外貌更趋向父本。三元杂交牛 6 月龄体重、体尺，12 月龄体重、体尺，日增重，产肉性能等指标都比二元杂交牛有不同程度的提高。试验研究表明肉牛三元杂交优于二元杂交，杂交改良效果更好，应提倡三元杂交。

在中国将来的杂交合成体系中：①充分利用中国黄牛是基本宗旨，这是由中国黄牛的群体的普遍存在和其独特的适应性决定的。②综合利用西门塔尔牛是必需的，从杂交合成体系的理论出发和从中国的得天独厚的实际情况出发，这也都是必须和可行的。在中国的肉牛群体中已经享有最多的西门塔尔牛杂交牛，这为在杂交合成体系中引入西门塔尔牛血液做出了良好的先导工作。③引入其他优质、高效肉牛专门化品种是必要的。根据全国各地的生产需要和市场需求，选择有特色的单个或多个品种的遗传种质，摒弃毛色的影响，一切以最优化的生产性能为重。

可以预见，中国未来的肉牛生产一定会在市场日益规范化的前提下向世界肉牛生产的高效性、专业性转化。我们一定会看到中国的肉牛业通过高档牛肉生产中质量等级与价格匹配政策和标准实现行业自由竞争；通过在各地实施多样的杂交合成的育种策略，产生出高品质性的商品个体，提高集约化养殖的效益；通过行业的标准化和利用中国黄牛独特的肉质特性面向世界牛肉市场。

第四章　肉牛屠宰及胴体分割与评定

第一节　肉牛宰前和宰后处理

一、肉牛宰前处理

肉牛宰前处理包括验收检验、待宰检验和送宰检验。宰前检验应采用看、听、摸、检等方法。

1. 验收检验　卸车前应索取产地动物防疫监督机构开具的检疫合格证明，并临车观察，未见异常，证货相符时准予卸车。卸车后应观察牛的健康状况，按检查结果进行分圈管理。合格的牛送待宰圈；可疑病牛送隔离圈观察，通过饮水、休息后，恢复正常的，并入待宰圈；伤残、病牛送急宰间处理。

2. 待宰检验　待宰期间检验人员应定时观察，发现病牛送急宰间处理。待宰牛送宰前应停食静养 12～24 小时，宰前 3 小时停止饮水。

3. 送宰检验　牛送宰前，应进行一次群检。测量体温是否正常，牛的正常体温是 37.5～39.5 ℃。经检验合格的牛，由宰前检验人员签发《宰前检验合格证》，注明送宰头数和产地，屠宰车间凭证屠宰。体温高，但无病态的，可最后送宰。

病牛由检验人员签发急宰证明，送急宰间处理。急宰间凭宰前检验人员签发的急宰证明，及时屠宰检验。在检验过程中发现难于确诊的病变时，应请检验负责人会诊和处理。死牛不得屠宰，应送非食用处理间处理。

肉牛屠宰前冲淋牛体，待宰牛体充分沐浴，体表无污垢。进行活体宰杀后，要经过 12 伏直流电电击 10 秒，促使血液排净。这样可以降低牛肉中的糖原含量和 pH，提高肉的鲜嫩程度。再经过去头蹄、扒皮、去除内脏、整修胴体、排酸、分割和－18 ℃冷藏。

二、肉牛宰后处理

肉牛屠宰后的处理包括头部检验、内脏检验、胴体检验和复验盖章。宰后检验采用视觉、嗅觉等感官检验方法。头、胴体、内脏和皮张应统一编号，对照检验。

1. 牛头部检验　剥皮后，将舌体拉出，角朝下，下颌朝上，置于传送装置上或检验台上备检；对牛头进行全面观察，并依次检验两侧下颌淋巴结、耳下淋巴结和内外咬肌；检验咽背内外淋巴结，并触检舌体，观察口腔黏膜和扁桃体；将甲状腺割除干净；对患有开放性骨瘤且有脓性分泌物的或在舌体上生有类似肿块的牛头做非食用处理；对多数淋巴结化脓、干枯变性或有钙化结节的；头颈部和淋巴结水肿的；咬肌上见有灰白色或淡黄绿色病变的；肌肉中有寄生性病变的将牛头扣留，按号通知胴体检验人，将该胴体推入病肉岔道进行对照检验和处理。

2. 内脏检验　在屠体剖腹前后检验人员应观察被摘除的乳房、生殖器官和膀胱有无异常。随后对相继摘出的胃肠和心、肝、肺进行全面对照观察和触检，当发现有化脓性乳房炎，生殖器官肿瘤和其他病变时，将该胴体连同内脏等推入病肉岔道，由专人进行对照检验和处理。

（1）胃肠检验　先进行全面观察，注意浆膜面上有无淡褐色绒毛状或结节状增生物、有无创伤性胃炎、脾脏是否正常；然后将小肠展开，检验全部肠系膜淋巴结有无肿大、出血和干枯变性等变化，食管有无异常；当发现可疑肿瘤、白血病和其他病变时，连同心、肝、肺将该胴体推入病肉岔道进行对照检验和处理；胃肠于清洗后还要对胃肠黏膜面进行检验和处理；当发现脾脏显著肿大、色泽黑紫、质地柔软时，应控制好现场，请检验负责人会诊和处理。

（2）心、肝、肺检验　与胃肠先后做对照检验。

（3）心脏检验　检验心包和心脏，有无创伤性心包炎、心肌炎、心外膜出血。必要时切检右心室，检验有无心内膜炎、心内膜出血、心肌脓疡和寄生性病变。当发现有蕈状肿瘤或见红白相间、隆起于心肌表面的白血病病变时，应将该胴体推入病肉岔道处理。当发现有神经纤维瘤时，及时通知胴体检验人员，切检腋下神经丛。

（4）肝脏检验　观察肝脏的色泽、大小是否正常，并触检其弹性。对肿大的肝门淋巴结和粗大的胆管，应切开检查，检验有无肝瘀血、混浊肿胀、肝硬变、肝脓疡、坏死性肝炎、寄生性病变、肝富脉斑和锯屑肝。当发现可疑肝癌、胆管癌和其他肿瘤时，应将该胴体推入病肉岔道处理。

（5）肺脏检验　观察其色泽、大小是否正常，并进行触检，切检每一硬变部分。检验纵隔淋巴结和支气管淋巴结，有无肿大、出血、干枯变性和钙化结节病灶。检验有无肺呛血、肺瘀血、肺气肿、小叶性肺炎和大叶性肺炎，有无异物性肺炎、肺脓疡和寄生性病变。当发现肺有肿瘤或纵隔淋巴结等异常肿大时，应通知胴体检验人员将该胴体推入病肉岔道处理。

3. 胴体检验　牛的胴体检验在剥皮后，按以下程序进行：观察其整体和四肢有无异常，有无瘀血、出血和化脓病灶，腰背部和前胸有无寄生性病变。臀部有无注射痕迹，发现后将注射部位的深部组织和残留物挖除干净。检验两侧髂下淋巴结、腹股沟深淋巴结和颈浅淋巴结是否正常，有无肿大、出血、瘀血、化脓、干枯变性和钙化结节病灶。检验股部内侧肌、内腰肌和肩胛外侧肌有无瘀血、水肿、出血、变性等症状，有无囊泡状或细小的寄生性病变。检验肾脏是否正常，有无充血、出血、变性、坏死和肿瘤等病变，并将肾上腺割除掉。检验腹腔中有无腹膜炎，脂肪坏死和黄染。检验胸腔中有无肋膜炎和结节状增生物，胸腺有无变化，最后观察颈部有无血污和其他污染。

牛的胴体复验在劈半后进行，复验人员结合初验的结果，进行一次全面复查。检查有无漏检；有无未修割干净的内外伤和胆汁污染部分；椎骨中有无化脓灶和钙化灶，骨髓有无褐变和溶血现象；肌肉组织有无水肿、变性等；膈肌有无肿瘤和白血病病变；肾上腺是否摘除。复验合格的，在胴体上加盖本厂（场）的肉品品质检验合格印章，准予出厂；对检出的病肉按照不合格品的规定分别盖上相应的检验处理印章。

4. 不合格肉品的处理　创伤性心包炎：根据病变程度，分别处理。心包膜增厚，心包囊极度扩张，其中沉积有多量的淡黄色纤维蛋白或脓性渗出物、有恶臭，胸、腹、腔中均有炎症，且膈肌、肝、脾上有脓疡的，应全部做非食用或销毁；心包极度增厚，被绒毛样纤维蛋白所覆盖，与周围组织、膈肌、肝发生粘连的，割除病变组织后，应高温处理后出厂（场）。

神经纤维瘤：牛的神经纤维瘤首先见于心脏，当发现四周神经粗大如白线，向心尖处聚集或呈索状延伸时，应切检腋下神经丛，并根据切检情况，分别处理。

（1）腋下神经粗大、水肿呈黄色时，将有病变的神经组织切除干净，肉可用于复制加工原料。

（2）腋下神经丛粗大如板，呈灰白色，切检时有韧性，并生有囊泡，在无色的囊液中浮有杏黄色的核，这种病变见于两腋下，粗大的神经分别向两端延伸，腰荐神经和坐骨神经均有相似病变，应全部做非食用或销毁处理。

牛的脂肪坏死：在肾脏和胰脏周围、大网膜和肠管等处，见有手指大到拳头大的、呈不透明灰白色或黄褐色的脂肪坏死凝块，其中含有钙化灶和结晶体等。将脂肪坏死凝块修割干净后，肉可不限制出厂（场）。

骨血素病（卟啉沉着症）：全身骨髓均呈淡红褐色、褐色或暗褐色，但骨膜、软骨、关节软骨、韧带均不受害。有病变的骨骼或肝、肾等应做工业用，肉可以作为复制品原料。

白血病：全身淋巴结均显著肿大、切面呈鱼肉样、质地脆弱、指压易碎，实质脏器肝、脾、肾均见肿大，脾脏的滤泡肿胀，骨髓呈灰红色，应整体销毁。

在宰后检验中，发现可疑肿瘤，有结节状的或弥漫性增生的，单凭肉眼常常难于确诊，发现后应将胴体及其产品先行隔离冷藏，取病料送病理学检验，按检验结果再作出处理。

种公牛健康无病且有性气味的，不应鲜销，可做加工原料。

有下列情况之一的病畜及其产品应全部做非食用或销毁：①脓毒症，②尿毒症，③急性及慢性中毒，④恶性肿瘤、全身性肿瘤，⑤过度瘠瘦及肌肉变质、高度水肿的。

组织和器官仅有下列病变之一的，应将有病变的局部或全部做非食用或销毁处理：①局部化脓，②创伤部分，③皮肤发炎部分，④严重充血与出血部分，⑤浮肿部分，⑥病理性肥大或萎缩部分，⑦变质钙化部分，⑧寄生虫损害部分，⑨非恶性肿瘤部分，⑩带异色、异味及异臭部分，⑪其他有碍食肉卫生部分。

5. 检验结果登记　每天检验工作完毕，应将当天的屠宰头数、产地、货主、宰前和宰后检验查出的病牛和不合格肉的处理情况进行登记。

经过屠宰后检验，冷却肉检验，冷冻牛肉检测，产品出厂检验，牛肉就可以上市了。

第二节　肉牛屠宰方式

肉牛屠宰的方式基本上可分为伊斯兰屠宰法、无痛枪击法、标准屠宰法。

（一）伊斯兰屠宰法

以锋利的刀迅速地在牛颈部深深切割，截断颈静脉及颈动脉以及气管和食管，心脏仍然跳动及身体急剧震动（这是脊髓的反射动作），使大量血液涌出身体。

（二）无痛枪击法

又称头部枪击法，被枪击后的牲畜明显地很快便进入无知觉的状态，心脏仍然跳动，血液涌出身体。

（三）标准屠宰法

肉牛标准屠宰法包括 3 个步骤：

1. 致昏 致昏的方法有多种，推荐使用刺昏法、击昏法、电麻法。刺昏法：固定牛头，用尖刀刺牛的头部"天门穴"（两角连线中点后移 3 厘米），使牛昏迷；击昏法：用击昏枪对准牛的双角与双眼交叉点，启动击昏枪使牛昏迷；电麻法：用单干式电麻器击牛体，使牛昏迷（电压不超过 200 伏，电流为 1～11.5 安，作用时间 7～30 秒）。以上 3 种致昏法，致昏要适度，牛要昏而不死。

2. 挂牛 牛挂起来后用高压水冲洗牛的腹部及肛门周围。用扣脚链扣紧牛的右后腿，匀速提升，使牛后腿部接近输送机轨道，然后挂至轨道链钩上。挂牛要迅速，从击昏到放血之间的时间不超过 1.5 分钟。

3. 放血 从牛后部下刀，横断食管、气管和血管，采用伊斯兰"断三管"的屠宰方法。刺杀放血刀应每次消毒，轮换使用。放血完全，放血时间不少于 20 秒。

第三节　肉牛胴体等级评定的原则

综观世界各国牛肉质量评定分级标准制定和修改过程，比较世界各国与地区现行牛胴体肉质量评定分级标准内容，可见世界各国与地区牛肉质量评定分级标准的制定均是对牛肉生肉外观质量加以评定分级，一般依据如下原则：

一、市场对牛肉质量需求原则

世界各国政治、经济、文化、历史背景、宗教信仰不同，各国市场消费者对牛肉质量需求不同。客观上牛肉生产的原料、品种、年龄、性别、体况、养殖环境与条件不同，产出的牛肉质量也不同。受这两种因素的影响，牛肉的产品质量是否符合市场对牛肉质量需则成了影响牛肉生产效益与发展的制约因素。为提高牛肉生产效益与促进牛肉生产发展，世界各国与地区则依据各自市场牛肉质量需求状况指定牛肉质量评定分级标准。具体体现在欧洲共同体牛肉质量评定分级标准为趋瘦型，美国、加拿大、澳大利亚、日本、韩国为趋肥型。

二、牛肉共性质量性状及需求程度差异原则

受消费者经济收入、宗教信仰、民族、饮食习惯等差异的影响，各国消费者评价牛肉质量优劣的性状差异很大，但因所在国家和地区政治经济文化背景相同或相近，存在着评价牛肉质量优劣的共性质量性状，并在共性质量性状需求方面存在着需求程度差异。为使牛肉产品质量满足各档次消费者的需求，根据对牛肉质量共性需求，各国牛肉质量评定分级标准均把各档次消费者评价牛肉质量共性性状作为牛肉质量评定进行不同分级。体现在美国、加拿大根据牛肉脂肪沉积度分别将牛肉分为 8 级、4 级，日本、韩国则根据脂肪沉积度、肉色、脂肪色将牛肉分为 3 类 5 级与 3 类 3 级，欧洲共同体则根据牛胴体肉轮廓与脂肪覆盖度将牛胴体肉分为 5 级。

三、分级图版化原则

限于文字解释常使评定分级人员在文字理解上产生差异、影响评定分级准确性和可

操作性较差的状况，各国牛肉质量评定分级标准均采用了质量性状评定分级图版化的方法。

制定肉牛胴体评定标准，对肉牛工业的发展具有指导性作用，将为我国牛肉走向国际市场奠定基础。通过对我国肉牛市场进行调查，掌握我国肉牛产业发展的特点，明确存在的问题，同时对牛肉分级的必要性和可行性进行论证，从而根据我国肉牛业发展的实际情况，研究出最能反映我国牛胴体质量的指标作为制订标准的基础，并确定我国在制订牛胴体及肉质标准时应考虑的指标，如牛的生理年龄、胴体重、背膘厚等；在制定牛胴体分级标准时，从诸多影响牛胴体质量和牛肉品质的因素中筛选出 3～4 个关键性状，并加以级别量化界定，找出我国牛肉随胴体性状与肉品质性状变化的规律，制订出应用于优质牛肉生产的胴体评定方法和分级标准。

由于我国肉牛品种繁多，各个肉牛品种从体形到肉质都有很大的不同，制订出来的标准要想对所有肉牛品种都适用，必须在标准的基础上得出影响牛胴体质量的回归方程，并确定用于各种不同肉牛品种的修正值。

标准应适合于我国黄牛及改良牛生产优质牛肉的等级评定，其核心是胴体质量等级及产量等级的评定方法和标准。质量级主要根据眼肌切面的大理石纹和生理成熟程度来评定，产量级主要以胴体重、眼肌面积和背膘厚进行预测。标准还应包括优质牛肉生产用的活牛等级评定方法和标准及肉块的分割方法及命名等。用肉色与脂肪色评级图谱评出肉色、脂肪色泽等级；用硫酸纸划出 12～13 肋上方的眼肌面积，用求积仪得出面积值。参照牛肉等级标准，根据眼肌部位、大理石纹、肉色、脂肪色等指标确定胴体质量等级，以 13 块优质分割肉为指标确定胴体产量等级。

第四节　肉牛胴体评定的方法

世界上凡是肉牛业发达的国家均有自己的牛肉等级评定方法和标准，目前在国际上影响较大的是美国和日本的牛肉等级标准，其他比较完善的还有加拿大、欧洲共同体牛肉等级标准、澳大利亚牛肉等级标准及韩国牛肉等级标准。这些国家的标准适应各自的国情，各有自己的特色，对本国牛肉生产的发展起到了极大的推动作用，如美国学者就将美国肉牛业的发展现状归功于美国肉牛等级标准的制定和推广应用，以下简单介绍上述国家的标准。

一、美国牛肉等级评定标准

1. 以胴体质量为依据的分级标准　在确定肉牛胴体等级时，必须考虑两个因素：一是产量级，以胴体出肉率为标准，胴体经修整、去骨后用于零售量的比例，简称 CTBRC（%），比例大，产量级就高；二是质量级，牛肉品质，包括适口性、大理石纹、多汁性、嫩度等。阉牛、未生育母牛的胴体等级分为 8 等：特优、特选、优选、标准、商用、可用、切碎和制罐；公牛胴体只有产量等级，没有质量等级；青年公牛胴体等级分为 5 等：优质级、精选级、良好级、标准级、可利用级。产量级标准以胴体出肉率为依据，可分为 1～5 级，1 级出肉率最高，5 级最低，详见表 4-1。

表 4 - 1　美国肉牛产量级标准

产量级	CTBRC
1	>52.3%
2	50.0%～52.3%
3	47.7%～50.0%
4	45.4%～47.7%
5	<45.4%

产量级的估测主要由胴体表面脂肪厚度（单位为英寸*），眼肌面积（单位为英寸），肾、盆腔和心脏脂肪占胴体的重量（单位为磅**）（KPH%）以及热胴体重量这 4 个因素决定，公式为：

$$YG = 2.5 + (2.5 \times 脂肪厚度) + (0.2 \times KPH\%) - (0.32 \times 眼肌面积) + (0.0038 \times 热胴体重)$$

2. 以牛肉品质为依据的分级标准　美国牛肉的品质等级评定主要依据大理石纹和生理成熟度（年龄）（表 4 - 2），依此将牛肉分为 7 个等级。其中大理石纹由第 12～13 肋骨处横切的眼肌面积中脂肪厚度来确定，以标准板为依据，分为丰富、适量、适中、少、较少、微量和几乎没有这 7 个级别。生理成熟度由年龄决定，年龄越小肉质越嫩，级别越高，共分为 A、B、C、D、E 5 级。A 级为 9～30 月龄；B 级为 30～42 月龄；C 级为 42～72 月龄；D 级为 72～96 月龄；96 月龄以上为 E 级。

表 4 - 2　大理石纹、生理成熟度和胴体质量等级间的关系

大理石纹等级	生理成熟度				
	A	B	C	D	E
丰富	特等		商售		
适量	优等				
适中					
少					
较少	优良				
微量			可用		
几乎没有	标准		切碎		

3. 美国对牛肉胴体等级标准的修订

（1）引入胴体坚挺度的内容　在根据牛肉大理石状程度和成熟度这两项指标确定不同屠宰年龄的肉质等级时，要加上肉块的坚挺度（图 4 - 1）。如大理石状程度稍丰厚与 A 级成熟度的肉必须是适度坚挺的，这在原标准中没有规定。又如成年牛，即 42 月龄以后的屠宰牛，大理石状程度在轻度级以下，牛肉出现水样或软的质地，为次低级，使等级与销售的关系更符合实际。

（2）引入整个胴体脂肪覆盖度的分值表达法　以整个胴体表面脂肪覆盖是否全面和有关部位脂肪层的厚薄为依据，提出 4 个档次的分值。具体如下：

4.9 分：整个胴体外表被脂肪覆盖。其中：腰部、肋部、后躯内侧的脂肪层厚度适中；臀部、腰角部、颈部的脂肪层厚，但胫、胁和肋下部的肌肉依然可见；腹胁部、阴囊部的脂肪层很厚。

＊　英寸为非法定计量单位。1 英寸≈2.54 厘米。

＊＊　磅为非法定计量单位。1 磅≈453.6 克。

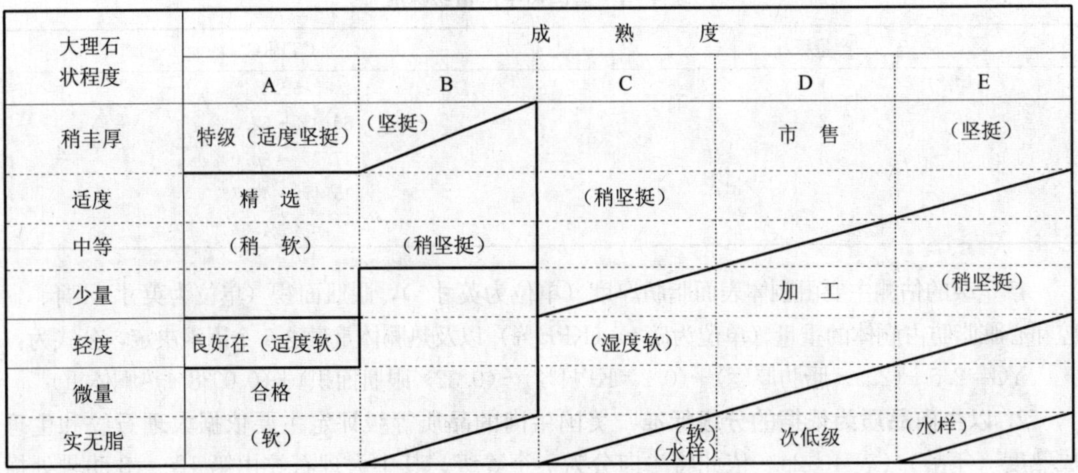

大理石状程度	成熟度				
	A	B	C	D	E
稍丰厚	特级（适度坚挺）	（坚挺）		市售	（坚挺）
适度	精选		（稍坚挺）		
中等	（稍软）	（稍坚挺）			
少量				加工	（稍坚挺）
轻度	良好在（适度软）		（湿度软）		
微量	合格				
实无脂	（软）		（软）（水样）	次低级	（水样）

图4-1 改进的美国农业部胴体牛肉等级标准

注：引自美国《牛胴体修订标准》，1997。

3.9分：整个胴体外表被脂肪覆盖。其中：腰部、肋部、后躯内侧的脂肪层较厚；臀部、腰角部、颈部的脂肪层适中，但颈下部和后躯内侧下部的肌肉可见；腹胁部、阴囊部的脂肪层稍厚。

2.9分：整个胴体外表几乎被脂肪覆盖。其中：腰部、肋部、后躯内侧的脂肪层稍薄；臀部、腰角部、颈部的脂肪层稍厚；但后躯外侧、鬐甲上部和颈下有整片肌肉可见；腹胁部、阴囊部的脂肪层稍厚。

1.9分：胴体许多部位上肌肉都可见。其中：腰部、肋部、臀部、颈部脂肪层薄；后躯外侧、鬐甲顶部和颈下脂肪层很薄；腹胁部、阴囊部的脂肪层稍好。

（3）引入肉色标记 在牛肉颜色上用一系列字母来表示红肉的不同深浅程度，为售价提供依据。具体为：P——鲜红，C——尚鲜红，G——稍红，S——稍暗红，CM——中等暗红，U、CU——暗红到很暗。以上自P到S的4种为A级，而CM和U、CU 3种根据其光泽各自可划为C级或E级。

除以上3种外，还对骨化程度和肌肉粗糙程度用字母作标记，对牛胴体质量进行更细的划分等级。这些动向都值得我们在制订本国的牛胴体等级标准时参考。

二、日本牛肉等级标准

自1979年日本肉品等级协会公布修订的牛肉胴体分级规格以后，极大地促进了肉牛业生产，使日本牛肉消费量急剧增加。在1988年4月日本肉品等级协会对原有的胴体分级标准又作了重大修改。

1. 现行分等标准的特点 现行分等标准是经过1985年提出的方案修正的，其修正内容涉及三方面：

（1）引入"产量等级"概念 提出一个回归公式，按百分率表示，分成A、B和C3等。

（2）修正"质量评分" 第一是放宽每个大理石状等级的最低要求范围；第二是根据以上放宽的情况修正每一项评分值，将其划分为5等。

（3）统一肋间切开部位　全日本统一按第 6 肋和第 7 肋间的断面做测定。

（4）等级划分和等级特征的变更　共分成 15 级。

2. 产量等级评定　产量评分用多重回归公式来估测，以百分率表示。公式为：

产量估测百分率（％）＝63.37＋（0.130×眼肌面积，厘米^2）＋（0.677×肋侧厚，厘米）＋（0.025×左冷半胴重，千克）－（0.896×皮下脂肪厚，厘米）

求测的胴体项目有 4 项。即：①第 6 肋与第 7 肋间背最长肌的眼肌面积，用平方厘米表示，用方格纸或尺量；②肋侧厚度，用厘米表示；③左胴重，用千克表示；④皮下脂肪厚，用厘米表示（图 4 - 2）。

如果被测的胴体是和牛的话，另加 2.049 分。当肌肉间脂肪太厚，与左胴重或眼肌面积相比极不相称；或者后臀太小，或形成前四分体与后四分体明显不相称时，有以上两种情况之一者，产量等级要下降一档。

产量评分可分成 3 等，分 A、B 和 C，如表 4 - 3。

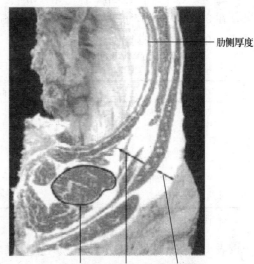

肋侧厚度

眼肌面积　肌间脂肪厚　皮下脂肪厚

图 4 - 2　日本肉牛胴体品质测量

注：引自《最新日本牛肉胴体信息》，1988。

表 4 - 3　产量等级表

等级	产量估计百分率标准	比率特点
A	72％和 72％以上	总产量切块高于平均值
B	69％，69％以上到 72％以下	平均范围内
C	69％以下	低于平均范围

注：引自《最新日本牛肉胴体标准》，1988。

产量百分数 72％以上的为 A 级，69％～72％为 B 级，69％以下为 C 级。

3. 肉质等级　肉质等级评分取决于：①牛肉大理石状，②肉质光泽、明亮度，③坚挺度和质地，④脂肪颜色和光亮度 4 个指标，每个指标均分为 5 级。大理石纹愈丰富愈好，从 1 级（微量）到 5 级（丰富）；肉的颜色从 1 级（劣等）到 5 级（很好）。除肉的质地主要靠评审者肉眼判断外，其他指标都依照标准板评判。肉质的最后定级是以 4 个指标中最低一个确定的由 1 级（最差）到 5 级（最好）。结合产量级和肉质评分最后得出质量的综合分，可将牛胴体分为 15 个等级。

具体内容包括：牛肉大理石状，根据肌间脂肪的交杂情况分成 12 个等级，设有专门的等级标准图。肉的颜色和光泽，共 5 个等级，其中肉色用牛肉颜色标准（B、C、S）评出，设有 7 个等级；光泽凭肉眼看，然后将两者综合起来考虑得出肉色和光泽的等级。肉的质地和坚挺度，共 5 个等级，其中均用肉眼对两因子作评定，各按 5 个等级划分，然后将两者综合，得出最终评分；脂肪的颜色和质地，共 5 个等级，其中脂肪的颜色用牛肉脂肪标准（B、F、S）评定，共分为 7 档；脂肪光泽和质地由目测决定，以综合评定来划分等级。最后方法是按四项的5个级别中最低一项作为肉质级别，表示方法为1、2、3、4、5，代表肉的级别。

（1）牛肉大理石状　据日本市场调查结果，大部分牛胴体的大理石状分布程度介于1^-和1分之间，这个分值范围属于3等。市场上约有40％牛胴体处于这个范围内。根据这个结果，在5等级中，分布于中间范围的大理石状应该是等级3。按照新的日本大理石状分成12个等级的标准，按其连续系列排列为表4-4。

表4-4　大理石状评定标准

等级	大理石状评定标准	牛肉大理石状标准
5　优	2^+和2^+以上	No.8～No.12
4　良	1^+到2	No.5～No.7
3　中	1^-到1	No.3～No.4
2　可	0^+	No.2
1　劣	0	No.1

注：引自《最新日本牛肉胴体标准》，1988。

按表4-4的排列，12个等级与评定标准之间有自然的联系，因此可用表4-5来排列其交互关系（彩图1）。

表4-5　评定标准与等级的关系

大理石状标准	No.1	No.2	No.3	No.4	No.5	No.6	No.7	No.8	No.9	No.10	No.11	No.12
评定标准	0	0^+	1^-	1	1^+	2^-	2	2^+	3^-	3	4	5
新等级	1	2	3			4				5		
旧等级		平			中			上		高	特选	

注：引自《最新日本牛肉胴体标准》，1988。

（2）肉的颜色和光泽　在此项目中，肉色用牛肉颜色标准（B.C.S）评出（彩图2），计有7个连续等级，光泽凭肉眼观看，然后将两者综合起来考虑，得出等级（表4-6）。

表4-6　肉色和光泽等级划分

等级	B.C.S色级	光泽
5　优	No.3～No.5	优
4　良	No.2～No.6	良
3　中	No.1～No.6	中
2　可	No.1～No.7	可
1　劣	除No.5到No.2以外的各级	

注：引自《最新日本牛肉胴体标准》，1988。

（3）肉的质地和坚挺度　在这个项目中用肉眼对这2个因子作评定，各按5个等级划分，然后将两者综合考虑，得出最终评分。其标准见表4-7。

（4）脂肪的颜色和质地　在这个项目中，脂肪的颜色用牛肉脂肪标准（B.F.S）评定，共分为7档（彩图3）。一般的牛肉，其颜色在No.1～No.6，列为3等或3等以上。而脂肪光泽和质地由目测决定，由一个综合评价来划定等级。最后由这3个因子决定综合分（表4-8）。

表4-7　坚挺度和肉质的分级表

等级	硬挺	质地
5	优	很细
4	良	细
3	中	一般
2	可	较粗
1	劣	粗

注：引自《最新日本牛肉胴体标准》，1988。

表4-8　脂肪颜色与光泽和质地评分表

等级	颜色	光泽和质地
5 优	No.1～N0.4	优
4 良	No.1～No.5	良
3 中	No.1～No.6	中
2 可	No.1～No.7	可
1 劣	除第No.5～No.2以外的各级	

注：引自《最新日本牛肉胴体标准》，1988。

（5）牛肉质量等级的综合评定　在获得以上项目的各自得分后，将其汇总到一起，按其中最低的等级确定质量等级（表4-9）。

表4-9　质量综合得分

肉质等级分	大理石状	肉的色泽	肉质及硬挺	脂肪色泽和质地
3	4	4	3	4

注：引自《最新日本牛肉胴体标准》，1988。

4. 胴体的最终评分　按照胴体的产量评分和肉质评分，合成能同时标志两者等级的合成分。产量分用英文字母，肉质分用阿拉伯数字（表4-10）。

表4-10　胴体最终评分

产量分等	肉质得分				
	5	4	3	2	1
A	A5	A4	A3	A2	A1
B	B5	B4	B3	B2	B1
C	C5	C4	C3	C2	C1

注：引自《最新日本牛肉胴体标准》，1988。

若产量等级得B，质量等级得3，按表4-10为B3。然后在牛胴背侧按该标志打上蓝戳印。

缺陷的标记：由于饲养管理不当，胴体上会有各种各样的缺陷，此时就在等级戳印的右

边打上标记。按不同的瑕疵类别打上相应的符号，如肌肉出血用"ア"（音阿），水肿用"イ"（音衣），肌肉用"ウ"（音乌），外伤用"エ"（音爱），缺损用"オ"（音奥），其他用"カ"（音卡）。

三、加拿大牛肉等级标准

加拿大的肉牛胴体评定标准研究工作始于 1929 年，但直到 20 世纪 70 年代初，加拿大农业部和全加养牛协会组织专家，对肉牛胴体生产与市场销售等级进行调查与研究，制订出新的"肉牛胴体评定标准"，并于 1972 年在全加正式颁布执行。按新标准将牛胴体划分为 3 类 5 等 15 级。"类"的划分主要依据屠宰年龄：2 岁以下，特别是 1 岁龄左右的公牛和青年阉牛划归为 M1 类；2～4 岁，生长速度大大降低的牛只划归为 M2 类；5 岁以上牛只胴体划归为 M3。而在"类"的范畴之中又按肉色、脂色、脂量、肌肉发育和胴体完整程度再细分为不同的"等"和"级"（表 4-11）。

表 4-11　加拿大牛肉胴体等级划分简表

类别	M₁			M₂		M₃
等级	A	B		C	D	E
	A₁ A₂ A₃ A₄	B₁ B₂ B₃ B₄		C₁ C₂	D₁ D₂ D₃ D₄	E

其中最高级为 A 等和 B 等，根据测量胴体第 11 至第 12 肋骨处的背部脂肪厚度分为 4 级（A_1、A_2、A_3、A_4 级），这样也可通过等级反映出背最长肌的瘦肉量。成年牛的胴体一般评分 C 等，奶牛胴体为 D 等，可根据肌肉发育程度和质量再细分。加拿大 A 等标准主要包括：肉色鲜红，牛肉纹理细致、结实，大理石纹适当，脂肪色泽呈白色或琥珀色，脂肪质地具有一定的硬度，胴体表面脂肪覆盖好，胴体表面无明显缺损等。其产量通过体重和脂肪量来估测，在每个等级中，合适的脂肪量的范围取决于胴体重（表 4-12），然而在体型结构和大理石纹上仅做很小的要求，但胴体和肉品明显的外观因素不能忽略。

表 4-12　加拿大牛肉等级体系中各等级范围内第 11～12 肋骨间背部脂肪厚

热胴体重（千克）	脂肪厚度（厘米）			
	A 等			
136.08～226.35	0.51～0.76	0.79～1.27	1.30～1.78	1.78 以上
226.80～317.07	0.51～1.02	1.04～1.52	1.55～2.03	2.03 以上
317.52 及其以上	0.76～1.27	1.30～1.78	1.80～2.29	2.29 以上
	B 等			
136.08～226.35	0.25～0.76	0.79～1.27	1.30～1.78	1.78 以上
226.80～317.07	0.25～1.02	1.04～1.52	1.55～2.03	2.03 以上
317.52 及其以上	0.51～1.27	1.30～1.78	1.80～2.29	2.29 以上

加拿大的牛肉等级体系由质量和数量两方面形成，其融合了现代肉牛等级体系中所有的重要特征，同时保留了本身简明性的特点。作为世界上最精确、最现代的等级体系，在为牛肉生产者确定市场动态和满足消费者的需求方面发挥着重要作用。

四、欧盟等级标准

欧盟交流频繁，1975 年就建立了通用的牛胴体分级标准。这个指标由两个方面的指标构成，一是体型结构，二是膘度（胴体的脂肪覆盖度）。体形结构用字母表示：E、U、R、O、P（分别为优、良、中、可、劣）；膘度用数字表示：5、4、3、2、1，分值高则膘厚。胴体形状是根据其纵剖面（沿脊柱切为两半）的形状（即长度和宽度之比）以及肌肉的发育程度进行评定；胴体脂肪的分级是根据胸腔内部的脂肪数量以及皮下脂肪的覆盖程度进行评定。进行评定时，胴体先按其形状分级以后，再根据胴体脂肪的等级来分类。此外，根据市场的实际需要，每一个基本等级可以进一步区分为若干个次等级，如+U、U、U−，+O、O、O−等。

按照上面两个方面的评定标准，确定某胴体等级，如 U4 以上为理想，而 P2、P1 为差和很差（表 4 - 13）。

表 4 - 13　欧盟牛胴体质量分析表

等级	肉质得分					
	1	2	3	4	5	总计
优（E）	—	0.1	0.1	0.1	—	0.3
良（U）	0.1	0.5	1.2	0.9	0.3	3.0
中（R）	0.3	2.3	6.1	4.3	1.0	14.0
可（O）	0.1	0.8	2.2	2.3	0.9	6.3
劣（P）	0.2	0.7	2.0	2.0	0.8	5.7
总计	0.7	4.4	11.6	9.6	3.0	29.3

欧盟所采用的肉牛胴体形状分级标准和肉牛胴体脂肪分级标准如表 4 - 14 和表 4 - 15。

表 4 - 14　欧盟肉牛胴体形状分级标准（胴体倒挂）

胴体形状分级	胴体半面、胸背腰发育状况的描述	某些特定部位的补充规定
优（E）	整个表面十分突出，肌肉特别发达	大腿：十分圆 背部：直到肩胛均宽而厚 胸部：十分圆 鬐甲：明显扩展 肩部：十分圆
良（U）	侧面全部凸起，肌肉发育很好	大腿：圆 背：直到肩胛宽而厚 胸：圆 鬐甲：明显扩展 肩：圆
中（R）	半边胴体直，肌肉发育好	大腿：发育好 背：厚，但胸部欠宽 胸：发育较好 鬐甲：稍圆 肩：稍圆

（续）

胴体形状分级	胴体半面、胸背腰发育状况的描述	某些特定部位的补充规定
可（O）	半边胴体直而微凹，肌肉发育中等	大腿：发育中等偏下 背：中等厚度或厚度不够 胸：中等发育或平板胸 肩：很直
劣（P）	整个胴体的半面外侧十分凹陷，肌肉发育差	大腿：发育很差 背：狭窄并可看到骨骼 胸：平，可以看到骨骼

表 4 - 15　欧盟肉牛胴体脂肪分级标准

脂肪覆盖	脂肪在胴体数量	胸腔及大腿脂肪数量
1. 无	没有一点脂肪覆盖	胸腔内部无脂肪
2. 少量	少量脂肪覆盖，肌肉到处可见	胸腔内部、肋骨之间肌肉明显可见
3. 中等	除腰部及胸部而外，几乎到处都覆盖着脂肪，胸腔有少量脂肪沉积	在胸腔内部、肋骨之间仍然可以看到肌肉
4. 多	肌肉为脂肪所覆盖，但在大腿部及胸部仍然可以部分地看到肌肉，胸腔内明显沉积脂肪	大腿部的脂肪明显突出同时在胸腔内部、肋骨之间的肌肉中渗透脂肪
5. 极多	整个胴体都为脂肪覆盖，大量脂肪沉积在胸腔中	大腿几乎全被脂肪覆盖；看不到任何缝隙；在胸腔内部及肋骨之间的肌肉全部渗入了脂肪

五、澳大利亚牛肉分级标准

　　澳大利亚原来没有统一的、正式的牛肉分级标准，只是对与肉质有关的指标如性别、年龄、重量、大理石纹、肉色、脂肪色等进行描述或进行等级划分。如肌肉颜色由浅到深分为7级；大理石纹由少到多分为7级；对指标只进行分级或描述，而不规定哪一种好，消费者可根据自己的需要自行判别和选择。

　　目前其他所有国家的标准都是针对胴体进行分级，而澳大利亚是对每一分割肉块进行分级，其标准中所包括的内容有胴体重、脊椎横突软骨末端的骨化程度、瘤牛血液所占的比重、胴体排酸时的吊挂方式、性别、大理石纹、背膘厚、肉色、最终 pH、成熟天数等指标。将这些指标按一定的公式计算最终可得到一个综合的值，根据计算所得到的值即可判断每块肌肉的等级。此外，标准中对每一等级的肉还规定了适宜的烹调方法。

六、韩国牛肉分级标准

　　韩国的肉牛业也是近年来随着韩国经济的腾飞，牛肉消费量的剧增而迅速发展起来的，其主要的品种是韩牛。韩国从 1992 年才开始在肉牛业生产中采用肉牛胴体等级评定标准。其牛肉等级标准也是分为质量级和产量级两部分。质量级中包括的指标主要有大理石纹、肉色、脂肪色等，根据这些指标的等级最后综合定级（表 4 - 16）。产量级也是以公式来预测胴体产肉率，包括的指标有胴体重、眼肌面积和背膘厚。其公式如下：

肉量标准指数（％）＝74.8－（2.001×背脂肪厚度，厘米）＋（0.075×背最长肌断面积，厘米^2）－（0.014×胴体重，千克）

肉用韩牛的肉量标准指数加算 1.58。

表 4－16　韩牛胴体等级标准

肉量等级	肉质等级		
	1	2	3
A	A－1	A－2	A－3
B	B－1	B－2	B－3
C	C－1	C－2	C－3

七、中国牛肉等级标准

中国牛肉等级标准经过南京农业大学、中国农业科学院畜牧研究所和中国农业大学 3 家单位科研工作者"九五"期间大规模的试验研究初步制定出来，在由南京农业大学承担的国家首批农业科技跨越计划项目的实施过程中得到了进一步的验证、修改和完善。该标准现已通过了农业部组织的专家评审，颁布为国家农业行业标准。该标准既符合中国国情又能与国际接轨，以胴体等级评定标准为核心，辅以活牛等级评定标准和分割肉块命名标准及肉块分割方法，标准的制定填补了中国在牛肉等级评定标准方面的空白。

中国牛肉等级评定包括胴体质量等级评定和产量等级评定。质量等级评定是在牛胴体冷却排酸后进行，以 12～13 脊肋处背最长肌截面的大理石纹和牛的生理成熟度为主要评定指标，以肉色、脂肪色为参考指标。根据眼肌横切面的肌间脂肪的多少将大理石纹等级划分如图 4－3：肌间脂肪极丰富为 1 级，丰富为 2 级，少量为 3 级，几乎没有为 4 级，介于两者之间设为 0.5 级（如介于 1、2 级之间为 1.5 级）。根据脊椎骨（主要是最后 3 根胸椎）棘突末端软骨的骨质化程度和门齿变化情况将生理成熟度分为 A、B、C、D 和 E 5 个级别（表 4－17）。肉色和脂肪色分别设有 9 个级别，其中肉色以 3、4 两级为好，脂肪色以 1、2 两级为好。胴体质量等级按牛肉质量等级图，根据大理石纹和生理成熟度将牛胴体分为特级、优一级、优二级和普通级 4 个级别（表 4－18），大理石纹越多，生理成熟度越小，即年龄越小，牛肉级别越高。此外，可根据肉色和脂肪色对等级作适当调整。

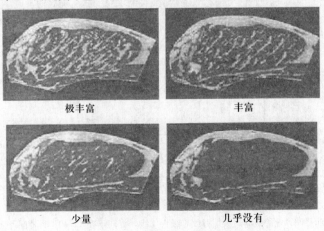

图 4－3　大理石纹等级参考图

胴体产量等级标准的评定以分割肉（共 13 块）重为指标，由胴体重和眼肌面积来确定：

$$Y（分割肉重）=5.9395+0.4003×胴体重+0.1871×眼肌面积$$

牛胴体产量等级由 13 块分割肉重确定，按 13 块肉重的大小将产量等级分为 5 级：分割肉重大于 131 千克为 1 级；介于 121 千克至 130 千克之间为 2 级；介于 111 千克至 120 千克之间为 3 级；介于 101 千克至 110 千克之间为 4 级；小于 100 千克为 5 级。13 块分割肉重可根据热胴体重、预冷后 12～13 肋间的眼肌面积和背膘厚度进行预测（图 4-4）。

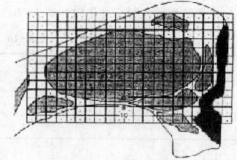

图 4-4 眼肌面积规定

表 4-17 生理成熟度与骨质化程度、门齿变化的关系

生理成熟度	A	B	C	D	E
	24 月龄以下	24～36 月龄	36～42 月龄	42～72 月龄	72 月龄以上
门齿变化	无或出现第一对永久门齿	出现第二对永久门齿	出现第三对永久门齿	出现第四对永久门齿	永久门齿磨损较重
荐椎	明显分开	开始愈合	愈合但有轮廓	完全愈合	完全愈合
腰椎	未骨化	点骨化	部分骨化	近完全骨化	完全骨化
胸椎	未骨化	未骨化	小部分骨化	大部分骨化	完全骨化

表 4-18 牛肉质量等级与大理石纹、生理成熟的关系

大理石纹等级	A (12～24 月龄)	B (24～36 月龄)	C (36～48 月龄)	D (48～72 月龄)	E (72 月龄以上)
	无或出现第一对永久门齿	出现第二对永久门齿	出现第三对永久门齿	出现第四对永久门齿	永久门齿磨损较重
5 级（丰富）	特级				
4 级（较丰富）		优级			
3 级（中等）			良好级		
2 级（少量）					
1 级（几乎没有）				普通级	

注：本图中给出的等级为在 11～13 肋骨间评定等级，若在 5～7 肋骨间评定等级时，大理石纹等级应再下降一个等级（见示例）。

示例：如果在 5～7 肋骨间评定等级时，大理石纹等级为 4 级，等同于在 11～13 肋骨间评定等级时的 3 级，最终大理石纹等级应为 3 级。

中国目前的标准主要是牛胴体通用等级标准，还没有建立小牛肉和分割肉块的质量等级评定标准和方法。由于小牛肉的肉质、颜色等指标与成年牛胴体肉存在较大的差异，因此不能用成年牛胴体等级标准来衡量小牛肉的品质。澳大利亚、加拿大以及欧洲共同体等牛肉生产国都有小牛肉的分级标准。例如，加拿大将去皮后胴体体重不满 150 千克的归为小牛胴体肉，根据肉色、肉质和脂肪厚度来对小牛肉进行分级。小牛胴体肉质良好并有少许乳白色脂肪的被列为加拿大 A 级；肉质次等且脂肪过厚的小牛胴体被列为加拿大 B 级；不如 B 级的则列为 C 级。然后对所有小牛胴体再以肉色来分级，评级员根据比色卡将肉色分为 4 个颜色等级。最佳品质的加拿大小牛肉来自 A_1 级胴体，最差品质的产自 C_4 级胴体。同一胴体的不同部位分割肉块并不会具有相同的食用品质。据统计，同一胴体不同部位肉食用品质的差异是不同胴体同一部位肉食用品质差异的 60 倍，因此迫切需要在胴体分级的基础上进一步确定各分割肉块的等级。

目前，国内外牛肉评级还是采用主观评定的方法对大理石纹、肉色、脂肪色等指标进行评定。不同的人评级的结果不同，主观性较强，容易造成评定等级的不一致性，因此许多国家的学者和专家正在积极地寻求一种客观的手段来衡量牛肉品质，确定牛肉等级。加拿大最近正在开发牛胴体评级计算机图像系统（CVS），该系统可以利用胴体整体图像来分析胴体组成，还可以分析 12～13 脊肋眼肌截面处图像以获得大理石纹信息等。美国也正在开发计算机自动分级系统，利用图像法、实时超声波技术、超声波弹性法、探针法及近远红外分光法来测定大理石纹、肉色、脂肪厚度、眼肌面积和宰后一天的剪切力值等指标，用以客观评定牛肉等级。最近澳大利亚开发出一种评级系统，输入指定的参数，如悬挂方式、性别、胴体重、生理成熟度、大理石纹得分、最终的 pH 和成熟天数等，该系统就会给出所分析的胴体及各分割肉块的食用品质等级，并给予相应的烹饪方式建议。中国目前也正在研究开发计算机自动评级系统，将图像处理技术、超声波技术等与微电脑技术结合，实现评级的客观性和一致性。

第五节 牛肉等级及各部位名称

中国在现代肉牛业于 20 世纪 80 年代进入较快的发展期之前，与英国、法国、德国、意大利等已有 100 多年的交流历史。牛胴体不同部位之间的肉质存在着较大的差别，这主要与各部位肉中胶原蛋白的含量不同有关。因此，若将整个胴体的肉不分部位，则不能满足不同消费者对不同牛肉质量的需求。胴体分割是根据用肉标准的要求进行，根据肉质可分为以下 4 个级别：

1. 特优级 里脊为 1 个。

2. 高档 上脑、眼肉、西冷共 3 个。

3. 优质 嫩肩肉、小米龙、大米龙、膝圆、针扒、尾龙扒共 6 个。

4. 一般 腱子肉、胸肉、腹肉共 3 个。

胴体分割应把握以下几个原则：部位准确，操作严格，划分细致，块型美观，低温分割，消毒彻底，包装精致。

现将同一切块不同名称列于表 4 - 19，以便牛胴体的分割。

表 4-19　牛胴体切块名称对照

序号	名称	同块异名、异块同名、误译名	英文
1	里脊	牛柳、菲力、腓力	Tenderloin
2	外脊	西冷、纽约客、后腰通脊肉	Striploin
3	眼肉	沙朗、肋眼肉	Ribeye
4	上脑		Highrib
5	嫩肩肉	肩胛里脊、黄瓜条、牛前柳	Chuck tender
6	小米龙	后腿眼肉、鲤鱼管、针扒、黄瓜条、银边	Eyeround
7	大米龙	外侧后腿板肉、外侧眼肉、黄瓜条、烩（牛）扒	Outside flat
8	膝圆	霖肉、和尚头、牛后腿肉、股肉、牛霖	Knuckle
9	臀肉	针扒、上内侧臀肉、上后腿肉、米龙、股内肉	Topside
10	荐腰肉	牛臀肉、腰脊臀肉、上后腰脊肉、腰肉、尾龙扒	Rump
11	胸肉	牛腩、前胸肉	Brisket
12	腹肉	肋腹肉、肋排、牛腩、元霖片	Short plate，feank
13	腱子肉	牛前（含后小腿肉时，统称腱子肉）、牛钱展、金钱展、小腿肉、牛月展	Shin/shank

第六节　肉牛胴体分割方法

　　牛胴分割的部位在各类性能的牛上大体相同。但是由于各部位肉块的性能不全相同，也出现不同的分割法。例如，安格斯牛以高丰富度的大理石状背部肉提供分割肉，皮埃蒙特牛以其肩肉、厚实的肋排、大块的霖肉、烩牛扒（大米龙）和针扒（小米龙）提供分割肉。

　　目前，我国尚未制定出牛胴体分割标准，就以普通肉牛胴体分割及秦川牛胴体分割法为例介绍肉牛胴体分割方法。

一、普通肉牛胴体分割

　　将两分体切成四分体（沿第 12～13 胸椎切割），并剥去肾及肾周围脂肪，然后分割下列肉块。

　　1. 牛柳（里脊）　沿耻骨的前下方把里脊头剔出，由里脊头向里脊尾逐个剥离腰椎横突，取下完整的里脊，并进行修整：①带脂肪带里脊附肌，留里脊表层肌膜，修去分割时的碎肉块，保留脂肪及里脊附肌；②不带脂肪不带里脊附肌，修去脂肪及里脊附肌，保留里脊表层肌膜，修去分割时的碎状肉块。

　　2. 西冷（外脊）　西冷的一头为胸肋第 12～13 节处，另一头为最后腰椎。分割步骤：沿最后腰椎切下，从背最长肌腹侧（距眼肌 5～8 厘米）用切割锯切下，在 12～13 胸肋处切断胸椎；逐个把胸椎、腰椎剥离，剥离时刀刃紧贴胸骨和横突。西冷修整方法：①修去西冷腹侧的碎块小肉；②修去西冷背面（脂肪面）血污点，如背脂厚度超过 10～20 毫米时，修正为背脂厚 10 毫米；③在西冷的前端（12～13 胸肋切断处）到后端保留部分牛腩肉，前端的宽度为距背最长肌 5 厘米，后端为 2 厘米，用切刀整齐切下；④两端均用切肉刀切齐。

3. 眼肉　眼肉的后端与外脊相接（12～13 胸肋切断处），它的前端是在第 5～6 胸椎处，用四分体锯锯下。剥离胸椎、抽去筋腱。眼肉修整方法：①修去背面（脂肪面）血污点；②修整眼肉腹面的碎肉块；③在眼肉的腹侧留前牛腩肉 8～10 厘米切下，并用切刀切齐眼肉的两侧和两头。

4. 上脑（嫩肩肉）　实际是背最长肌的最前端和斜方肌等。一端与眼肉相连，另一端在最后颈椎处。剥离时只需循眼肉横切面的肩部继续向前分割，得到一块圆锥形的肉，便是上脑（剥离胸椎，去除筋腱，在眼肌腹侧距为 6～8 厘米处切下）。

5. 大米龙（主要是臀股二头肌）　剥掉牛皮后在后臀部暴露最清楚的便是大米龙。顺肉块自然走向剥离，可得到完整的四方形肉块（又称会扒）。修整表面（保留脂肪或不保留脂肪）即可包装。

6. 小米龙（主要是半腱肌）　也称针扒、黄瓜条。紧靠大米龙，当后腱肉取下后处于最明显位置的一块圆柱形的肉便是小米龙。顺自然走向剥离，修整表面，包装。

7. 臀肉（主要包括半膜肌、股薄肌、内收肌等）　剥离大米龙、小米龙后，可见到一大块肉，随着肉块自然走向剥离，便可得到臀肉。臀肉的修整有两点：一是削去劈半时锯面部分的在排酸后的深颜色肉；二是修去臀肉块上的脂肪和碎肉块。

8. 膝圆（主要是股四头肌）　也叫和尚头或霖肉。当剥离大米龙、小米龙、臀肉后，便可见到一长圆形肉块便是。沿此肉块自然走向剥离，很易得到完整的膝圆肉块，适当修整即可。

9. 腰肉（包括臀中肌、臀深肌、股阔筋膜张肌）　在后臀部取出大米龙、小米龙、臀肉、膝圆后，剩下的 2 块肉便是腰肉。修整腰肉的要点是削去表面的脂肪层。腰肉形状如三角形。

10. 腱子肉（共 4 块，分前腱子肉和后腱子肉）　前腱子肉的分割从尺骨下端下刀，剥离骨头便可得到；后腱子肉的分割从胫骨上端下刀，剥离骨头取得。修整腱子肉主要是割削去掉末端一些污点。

11. 胸肉　在剑状软骨处，割下前牛腩肉时，胸肉也割下，随胸肉的走向剥离，去掉脂肪便是。

12. 臂肉　取下前腿，围绕肩胛骨分割，可得长方形肉块，便是臂肉。

13. 脖颈肉　沿最后一个颈椎骨切下，为颈部肉，带血脖，将肉剥离，分割剥离脖颈肉是整头牛最难之处。

14. 后牛腩肉　后躯取下臀肉、大米龙、小米龙、膝圆、腰肉、里脊、外脊肉之后，剩余部分便是后牛腩。

15. 前牛腩肉　前躯肉，在胸腹部。用分割锯沿眼肉分割线把胸骨锯断，由后向前直至第 2～3 胸肋处，剥去肋骨、剑状软骨后便是前牛腩肉。

16. 蝴蝶肉　在前牛腩肉，有块状如蝴蝶的一块肉取下。

17. 通脊肉　就是外脊肉和眼肉合二为一的一块长肉，不切断 12～13 胸椎，而从第 5～6 胸椎至最后腰椎。分割法与分割眼肉、外脊肉相同。

18. T 骨扒　不分割里脊、外脊。T 骨扒的分割步骤是：①在最后腰椎处，沿耻骨缘切下；②在腰椎的后 3～4 节，用分割锯锯下；③在距腰椎横突 3～4 厘米处用分割锯锯下；④用特制线锯切割腰椎，将横突中央垂直切下；⑤在腰椎骨横突的上方是外脊肉，横突的下方是里脊肉，食用后的剩余骨头呈 T 形，故称 T 骨扒。

二、秦川牛胴体分割

（一）胴体生产规范

1. 放血。

2. 剥皮。

3. 去除消化、呼吸、排泄、生殖及循环系统的内脏器官。

4. 胴体修整的步骤

（1）在枕骨与第一颈椎骨之间垂直切过颈部肉将头去除。

（2）在腕骨与膝关节间切开去除前蹄，跗骨与跗关节间切开去除后蹄。

（3）在荐椎和尾椎连接处去掉尾。

（4）贴近胸壁和腹壁将结缔组织膜分离去除。

（5）去除肾脏、肾脏脂肪及盆腔脂肪。

（6）去除乳腺、睾丸、阴茎以及腹部的外部脂肪，包括腹脂、阴囊和乳腺脂肪。

（二）肉块分割与修整操作规范

胴体分割根据分割精细程度的不同要求，分为四分体带骨分割和部位肉的去骨分割两部分。

1. 四分体带骨分割

（1）从脊椎骨中间将牛体纵向劈开分成二分体。操作时自胴体尾根部开始，沿脊椎骨正中间直到顶端，用刀将背部肉割开割透，再以专用的劈半电锯沿脊椎骨正中垂直劈开，将胴体分成两半。

（2）对悬挂的二分体紧贴在第 11～12 肋之间，用刀将二分体割开形成四分体。

2. 部位肉的去骨分割（图 4-5） 四分体按图上部分进一步分割而成的部位肉（剔净牛骨）共 14 块，具体分割与修整操作如下：

（1）牛柳 牛柳也叫里脊，即腰大肌。分割时先剥皮去肾脂肪，沿耻骨前下方把里脊剔出，然后由里脊头向里脊尾，逐个剥离腰横突，取下完整的里脊。修整时，必须修净肌膜等疏松结缔组织和脂肪，保持里脊头完整无损。保持肉质新鲜，形态完整。

（2）西冷 西冷也叫外脊，主要是背最长肌。分割时先沿最后腰椎切下，再沿眼肌腹壁侧（离眼肌 5～8 厘米）切下，并逐个将胸、腰椎剥离。修整时，必须去掉筋膜、腱膜和全部肌膜。保持肉质新鲜，形态完整（图中为西冷正反面）。

（3）眼肉 眼肉主要包括背阔肌、肋最长肌、肋间肌等。其一端与外脊相连，另一端在第 5～6 胸椎处。先剥离胸椎，抽出筋腱，然后在眼肌腹侧距离为 8～10 厘米处切下。修整时，必须去掉筋膜、腱膜和全部肌膜。同时，保证正上面有一定量的脂肪覆盖。保持肉质新鲜，形态完整。

（4）上脑 上脑主要包括背最上肌、斜方肌等。其一端与眼肉相连，另一端在最后颈椎处。分割时剥离胸椎，去除筋腱，在眼肌腹侧距离为 6～8 厘米处切下。修整时，必须去掉筋膜、腱膜和全部肌膜。保持肉质新鲜，形态完整。

（5）胸肉 胸肉即胸部肉，在剑状软骨处，随胸肉的自然走向剥离，取自上部的肉即为牛胸肉。修整时，去净脂肪、软骨、骨渣。保持肉质新鲜，形态完整。

（6）肋条肉 肋条肉即肋骨间的肉，沿肋骨逐个剥离出条形肉即可。修整时，去净脂肪、骨渣，保持肉质新鲜，形态完整。

（7）臀肉 臀肉也叫尾龙扒，主要包括半膜肌、内收肌、股薄肌等。分割时沿半腱肌上端至髋骨结节处，与脊椎平直切断上部的精肉即是臀肉。修整时，去净脂肪、肌膜和疏松结缔组织。保持肉质新鲜，形态完整。

（8）米龙 米龙又叫针扒，包括臀股二头肌和半腱肌，又分为大米龙、小米龙。分割时沿肌肉块的自然走向剥离。修整时必须去掉脂肪和疏松结缔组织。保持肉质新鲜，形态完整。

（9）膝圆 膝圆又叫霖肉或和尚头，主要是臀股四头肌。当米龙和臀肉取下后，能见到一块长圆形肉块，沿自然筋膜分割，很容易得到一完整的肉块就是膝圆。修整时，去净膝盖骨、脂肪及外露的筋腱、筋头，保持肌膜完整无损。保持肉质新鲜，形态完整。

（10）黄瓜条 黄瓜条也叫会牛扒，分割时沿半腱肌上端至髋骨结节处与脊椎平直切断的下部精肉。修整时，去掉脂肪、肌膜、疏松结缔组织和肉夹层筋腱，不得将肉块分解而去除筋腱。保持肉质新鲜，形态完整。

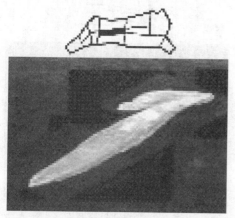

1. 牛柳（Tenderloin）

2. 西冷（Striploin）

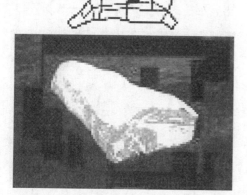

3. 眼肉（Ribeye）

4. 上脑（Highrib）

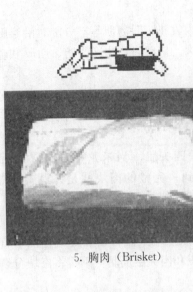

5. 胸肉（Brisket）

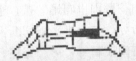

6. 肋条肉（Rib Cut）

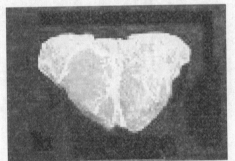

7. 臀肉（Beef Rump）

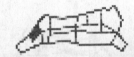

8. 米龙（Topside）

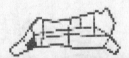

9. 膝圆（Knuckle）

10. 黄瓜条（Silverside）

11. 牛腩（Beef Flank）　　　　12. 牛前（Beef Neck）

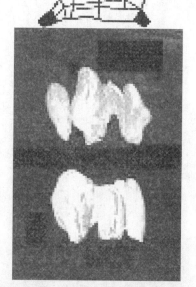

13. 牛前柳（Triangle Meat）　　14. 牛腱（Beef Shank）

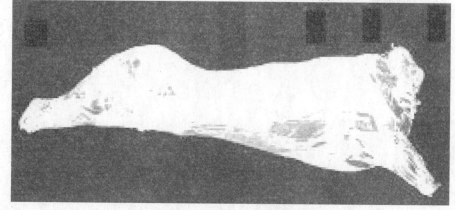

15. 牛胴体（Qinchuan Cattle Carcass）

图 4-5　秦川牛胴体部位名称

（11）牛腩　分割时自第11～12肋骨断面处至后腿肌肉前缘直线切下，上沿腰部西冷下缘切开，取其精肉。修整时，必须去掉外露脂肪，淋巴结，保持肉质新鲜，形态完整。

（12）牛前　修整时，必须去掉外露血管、淋巴结、软骨及脂肪，保持肉质新鲜，形态完整。

（13）牛前柳　也叫辣椒肉，主要是三角肌。分割时沿眼肉横切面的前端继续向前分割，可得一圆锥形的肉块，即是牛前柳。修整时，必须修掉脂肪、肌膜和疏松结缔组织。保持肉质新鲜，形态完整。

（14）牛腱　牛腱分为牛前腱和牛后腱。牛前腱取自前腿肘关节至腕关节处的精肉，牛后腱取自后腿膝关节至跟腱的精肉。修整时，必须去掉脂肪和暴露的筋腱，保持肉质新鲜，形态完整。

（15）牛胴体　牛胴体是去皮、蹄、头、血、内脏和尾后剩下的部分。

第五章 肉牛评估与市场营销

第一节 肉牛市场营销

肉牛营销是实现肉牛生产者利益的必然途径，营销水平直接影响肉牛生产利润，对肉牛业持续健康发展具有重要作用。肉牛营销模式多种多样，但其先进性与国家、地区的经济水平、科技水平、生产管理水平、规模集约化程度等因素有关。因此，发展中国家和发达国家肉牛营销模式和营销水平有较大差异。

一、发展中国家营销模式

发展中国家肉牛营销模式特点主要表现为肉牛信息不全、肉牛产品和营销渠道单一。在经济不发达的地方，由于人们的购买力有限，对附加值高的牛肉加工制品和标准化分割肉需求较低，牛肉需求量相对较低。因此，规模化肉牛交易较少，主要通过自然集市，买卖双方自由协商，或通过经纪人介绍交易。肉牛零星或小规模屠宰后，经过简单分割销售，缺乏专门的分销渠道，所以销售面窄，肉牛生产仅能满足当地低端冷鲜肉消费需求，肉牛生产利润低。

虽然有些国家肉牛生产量较大，但生产专业化程度、规模集约化程度、标准化分割水平等较低，缺乏高档优质牛肉，因此，营销模式较为简单，利润较低。比如，中国是世界第三肉牛生产国，活牛出口占有相当大的比重，肉牛销售模式就是建立肉牛外销基地，在主要出口对象香港、东南亚及中东建有活牛转用码头，将活牛出口到这些地方，然后由当地肉食加工企业进行分割，再销售到各消费市场；巴西是世界上最大的肉牛出口国，它的营销模式就是以肉牛初加工和新鲜肉牛产品为主；阿根廷为世界第五大肉牛出口国，其主要出口初加工的肉牛产品。发展中国家肉牛的这些销售模式，活牛交易利润较低，牛肉产品缺乏市场竞争力。

因此，发展中国家在肉牛营销模式上，一方面应努力做好低端市场，同时又应兼顾高端市场，以进一步提高肉牛生产的利润，推动肉牛产业良性发展。

二、发达国家营销模式

发达国家采用先进的电子设备，普遍建立了现代化、高效、规范的肉牛、架子牛及牛肉的交易市场体系，竞价拍卖，确保交易公平、公正。

以日本为例，日本全国各都府县均由农协建立了以肉牛为主的家畜交易市场。各个家畜交易市场每月的交易日期全国统一协调确定，合理错开，且把全国各个家畜交易市场的交易列成一览表，印制成精美的招贴画，散发给肉牛饲养、加工等相关业者。满足养牛户随时都能方便交易。具体交易形式是：在家畜市场内建有专门的交易大厅和台阶式坐席，以大型棚式肉牛展示场。在交易大厅安装有先进的电脑控制的大屏幕及交易电子系统。电子屏幕上不仅能反映正在交易肉牛的编号、品种名称、出生年月日、体重、系谱等情况，同时也能显示该肉牛的起点基准售价以及买卖双方竞价瞬间的变化。具体的竞价方法是：将该牛按次序移动至交易大厅中央，在此之前售牛业主还要向交易管理人员提交交易申请，包括该肉牛的基本情况及起点交易售价。购牛业主须向交易市场交纳购牛款，并可得到一个竞价号牌。售牛业主及购牛业主均坐在交易大厅台阶的坐席上。市场拍卖员宣布竞卖开始，竞价双方（当然购牛业主不止一个）立即按动手握式电子按钮，电脑大屏幕上显示肉牛价不断变化。当交易双方到某一满意价时，同时停止按钮时，该交易成功。电子大屏幕上显出成交价竞买者的牌号。当肉牛卖主的按钮停的比所有的买主都慢时，则不成交。成交结束后，肉牛卖主即可在市场财务部领取售牛款，牛款两清，没有拖欠，十分公平。牛肉交易方法类似肉牛交易，不过交易的场所在屠宰场内的交易大厅进行，该交易厅有冷藏设备，交易方式、方法与肉牛交易相同。牛肉销售以分割肉为主，比如美国将分割好的肉销给食品公司加工成食品，另一条渠道就是销售给各大经销商包括超市，还有就是制成冷冻肉装柜外销。

第二节　肉牛活体的评估与价格

　　目前市场上的牛肉价格正在平稳上升，所以把握好肉牛活体的评估与价格之间的关系，可以获得良好的经济效益。肉牛活体的评估主要包括大理石纹、背膘厚、眼肌面积、肌内脂肪含量等指标。肉牛业发达国家已将超声波探测用于活牛阶段牛肉商品质量状态，不仅可以实现早分级，而且可将宰后被动分级生产牛肉商品上升为宰前主动分级生产，这将实现根据市场需要人为控制各级产品生产比率，大幅度提高牛肉养殖屠宰加工效率与效益。

一、肉牛一般活体评估

　　肉牛一般活体评估主要包括：繁殖力、犊牛断奶重、育肥期增重及增重效率、周岁重、外形评分（图 5-1）和胴体质量等。

　　肉牛的繁殖力是指公、母牛繁殖的能力。主要包括公、母牛配种及受胎率、母牛的产犊率和犊牛断奶成活率。公、母牛的配种怀犊能力，主要表示母牛的受胎力以及种公牛的授精力。是反映公、母牛繁殖性能的主要指标之一。母牛的产犊率是指每年牛群中，母牛的产犊数与适繁母牛数的比率。它也是反映肉牛繁殖性能的重要指标

图 5-1　肉牛外形外貌理想型

之一。犊牛断奶成活率是指断奶时犊牛数占初生犊牛数的百分率。它既可以反映母牛育仔性能和仔畜生活力，也可以衡量饲养管理水平。生产中常以犊牛断奶成活率作为繁殖力高低的判定指标。

　　犊牛断奶重指犊牛实际断奶时的平均活重。它可以表示母牛泌乳力和母性能力的大小。最近国外研究报道，断奶重的大小以及哺乳期犊牛的平均日增重与 1.5 岁时的活重及育肥期

的增重强度并不呈正相关。

育肥期增重率指肉牛育肥期的平均日增重，它是很重要的肉用性能指标，遗传力值高达 0.57，直接选择就很有效。该指标与增重效率有明显的正相关，经济价值较高。其计算方法是将肉牛育肥阶段总的体重增加量除以育肥的天数。即为平均日增重，单位用每天增重（千克/天）来表示（图 5-2）。

图 5-2　秦川牛育肥牛

增重效率，该指标表示肉牛育肥期间每增重 1 千克活重所需消耗的总营养物质量（千克）或价值（元）。有时人们也用料肉比表示。料肉比是指每增重 1 千克体重所消耗的饲料（特别是精料）千克数。

周岁重，指犊牛生长到 365 日龄时的活重，是一个综合指标。

外形评分，肉牛的外形评分包括断奶时评分和宰前评分两种情况。断奶时评分遗传力为 0.25，宰前评分遗传力为 0.40，它们与产肉性能相关程度均较高。

胴体质量，肉牛的胴体质量性状主要包括胴体等级、眼肌面积、嫩度、脂肪厚度等。

二、肉牛宰前活体评估

1. 肉牛屠宰前活体评估内容　肉牛屠宰前活体评估内容主要包括大理石纹、背膘厚、眼肌面积、肌内脂肪含量等指标。这将实现根据市场需要人为控制各级产品生产比率（选需要级别活牛屠宰，不符合需要级别活牛不屠宰，可进一步进行饲养调整），大幅度提高肉牛养殖屠宰加工效率与效益。

2. 超声波探测确定牛肉质量　美国等国家已将超声波探测用于活牛阶段确定牛肉商品质量状态，不仅可以实现早分级，而且可将宰后被动分级生产牛肉商品上升为宰前主动分级生产。

超声波扫描仪最早应用于家畜是在 1950 年，此后，超声波在人类医学与家畜等方面均取得了很大的进步，在人类医学上常应用于妊娠鉴定和性别检测，后应用同样的技术和相同的设备用于牛的生殖方面的检测和胴体性状的预测，当时即认为超声波技术是非破坏性的、安全的技术，可以作为活体家畜肌肉和脂肪数量的测定。Robinson（1992）和 Herring（1994）先后将超声波扫描技术用于活体肉牛的背膘厚与眼肌面积的测定，改进了超声波用于活体肉牛肉用性状测定的方法和图像处理技术。Herring 和 Williams 等（1997）用测定的活体肉牛肉用性状估测了胴体组成，显示了较高的相关（图 5-3）。

在超声波的测定过程中，其准确性有待于进一步研究，

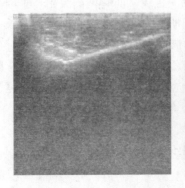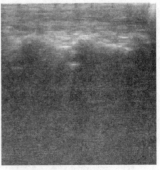

图 5-3　背膘仪测定活体肉牛眼肌面积与背膘厚

应采用不同人选，不同的测定方法来进行测定的校正，以尽可能减少人为的误差。目前，在发达国家每年由肉牛改良协会对超声波扫描仪的使用人员进行考查，对在背膘厚、眼肌面积、肌肉内脂肪百分含量的测定上达到一定准确性的，笔试成绩合格者，颁发超声波使用证书，合格技术师的名单都记录在地方大学后续教育中心和肉牛协会。

我国急需深入而普遍地开展超声波扫描仪对活体牛的测定工作，需要一批掌握超声波测定技术的专业人员，从而指导全国的肉牛育种和生产。国际上的竞争需要我们向优质的牛肉生产努力，早日把我们的牛肉生产与 WTO 分级规范接轨。

三、肉牛外形的评估

进行肉牛外形的评定，有助于对肉牛育肥度作出判断。

1. 肉牛一般外形的评定　整体看，体躯低垂，皮薄骨细，全身肌肉丰满，皮下脂肪发达，疏松而匀称。从侧视、俯视、前视、后视均呈丰满的圆筒形。从侧面看，由于颈短而宽，胸、尻深，腹线、背线平行，股后平直，肋骨弯曲，腹部饱满，形似圆筒形；从上面看，由于鬐甲宽平，背腰宽，尻部广阔，中、后躯向两侧凸出，形成俯视圆筒形；从前面看，胸宽而深，鬐甲平，肋骨开张，形似圆筒形；从后面看，尻部平，后裆宽，两腿深厚，股间肌肉发达，后视圆筒形（图 5-4、图 5-5）。

图 5-4　秦川牛育肥公牛　　　　　　　图 5-5　秦川牛育肥母牛

头宽、短，角质细致而光滑，眼睛大而明亮，鼻孔宽，口裂深，唇薄，下颚发达但不笨拙。颈部短粗，与鬐甲和肩的结合平滑、丰满。

鬐甲丰满宽厚，与背腰成一直线。前胸饱满突出，垂肉高度发育。胸宽，肩直立，肋骨弯曲、长，胸部长而深，肋间肌肉充实。背腰直而宽，腰长、丰满，脊柱两侧和背腰肌肉由于非常发达而呈复背、复腰，腰角宽且饱满。

腹部大小适中，腹线平，不下垂，不卷腹，前后协调，腹壁厚，肷窝丰满，不明显。

尻部长、宽、平，坐骨端宽，肌肉和脂肪丰满，常呈复臀。

四肢短，骨骼细，前后裆均很宽。

后裆乳镜靠下，股后肌群、股内外肌肉十分发达。

乳房发育中等，但脂肪组织比例较大。

肉牛要避免头粗，颈细长，胸窄，斜尻，腹中部下垂，后腹上收等，以提高屠宰率、净肉率和高档肉比例。

2. 肉牛外貌鉴定评分　我国肉牛繁育协作组制定的肉牛外貌鉴定评分列于表5－1。根据各部位分数总和，按表5－2评定等级。

表5－1　肉牛外貌鉴定评分

部位	鉴定标准	评分	
		公牛	母牛
整体结构	品种特征明显，结构匀称，体质结实，肉用体型明显，肌肉丰满，皮肤柔软有弹性	25	30
前躯	胸宽深，前胸突出、肩胛宽平、肌肉丰满	15	15
中躯	肋骨开张、背腰宽平而直、中躯呈椭圆形、公牛腹部不下垂	15	15
后躯	尻部长、平、宽，大腿肌肉突出延伸，母牛乳房发育良好	25	25
肢蹄	肢势端正，两肢间距离宽，蹄形正，蹄质坚实，运步正常	20	15
合计		100	100

表5－2　肉牛外貌等级评定

性别	特等	一等	二等	三等
公	85	80	75	70
母	80	75	70	65

四、活体等级与价格

肉牛活体的价格受到价值、市场供求关系、经济发展水平、人们的消费习惯、人均收入、季节、疫病情况等影响。肉牛活体的评估与价格是密切相连的，但首先是选好优质的牛，然后是对肉牛的活体评估，只有这样，才能把肉牛与价格充分的联系起来，产生更好的经济效益。

肉牛育肥结束后，体重应达到500千克以上，可分为优质牛和普通牛，优质活牛价格高于普通牛价格10%～20%。

育肥牛场的收入主要来源于出售经过充分育肥的肉牛。而在收入中占有大量份额的是由架子牛到育肥牛过程的增重，因为，一般架子牛的价格和育肥牛的价格相差不大，所以以架子牛的价格来说明肉牛活体的价格。列举2009年度国内主要市场几个肉用品种价格见表5－3。

表5－3　2009年度国内主要肉用品种价格

品种名	体高（米）	体重（千克）	价格（元）
秦川牛杂交牛	0.84～1.1～1.4	125～240～380	1 480～3 100～4 900
西门塔尔牛	0.85～1.0～1.2	125～160～250	1 450～1 900～3 000
三元杂交牛	0.85～1.2～1.5	125～250～400	1 470～3 050～4 800
夏洛来牛	0.9～1.0～1.2	120～180～200	1 200～2 060～2 800
利木赞牛	1.2～1.3～1.4	250～300～350	3 050～3 880～4 800
鲁西黄牛	0.7～1.0～1.3	100～150～260	1 100～1 660～3 130
安格斯牛	1.3～1.4～1.5	300～350～400	3 900～4 600～5 500

由上表可以看出，肉牛价格与品种、体重、体高等因素有关。当然影响价格的因素除了牛的因素外还有供需比例的变化、市场机制的变化，如山东济宁地区出售西门塔尔、利木赞

及夏洛来 3 个品种的肉牛，重量均为 500 千克左右，批发价格为 13 元/千克，市场销售状况良好。但是目前受经济危机影响，肉牛的价格与前期相比 1 千克下调了 0.50 元。另外，地理因素也很关键。据了解，陕西宝鸡一个肉牛养殖场从甘肃购回 400 千克的 100 头架子牛集中育肥，出栏牛价格为 15 元/千克。安秦牛生长速度快，每天增重可达 2～3 千克，因此，到育肥阶段效益是可观的。

第三节　胴体的评估与价格

由于我国肉牛业起步较晚，肉牛行业在诸多方面与发达国家相比还有较大的差距，其中一个主要方面就是我国尚无统一的牛肉系统评定方法和标准，这使得牛肉生产者、经营者和消费者对牛肉的质量不能达成共识，市场运行不够规范，很难形成优质优价，从而影响了国内牛肉的生产和对外贸易的发展。世界发达国家均有自己牛肉质量系统评定方法和标准，美国早在 1916 年就完成了肉牛胴体标准，1927 年首次建立了政府分级体系，日本、韩国、加拿大等国家也都有比较完善的标准，标准的制定对促进这些国家的肉牛业发展起了重要作用。因此，及早的统一及完善我国统一的牛肉胴体评定和分级标准对肉牛的育种、屠宰以及牛肉的流通等环节进行引导，有利于我国肉牛业沿着良性轨道发展。

胴体等级与价格密切相关，胴体等级越高，价格越高，二者呈正相关。

一、胴体质量等级评定标准

胴体质量等级标准指标是在胴体冷却后，在强度为 660 勒的光线下（避免光线直射），在 12～13（或 6～7）胸肋间眼肌切面处对下列指标进行评定（图 5-6）。

胴体质量等级主要由大理石纹和生理成熟度两个因素决定，分为特级、优一级、优二级和普通级。其中根据眼肌横切面的肌间脂肪含量将大理石纹等级分为 7 个等级：1 级、1.5 级、2 级、2.5 级、3 级、3.5 级和 4 级；根据脊椎骨（主要是最后 3 根胸椎）棘突末端软骨的骨质化程度和门齿变化情况将生理成熟度分为 A、B、C、D、E 5 级（图 5-7）。

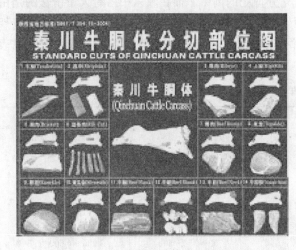

图 5-6　秦川牛胴体分切部位

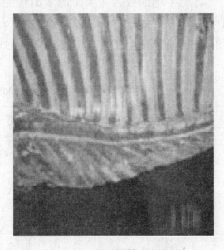

图 5-7　肉牛胴体内侧部位

肉的质量等级除前述两个因素以外，还可根据肉色和脂肪色对等级进行适当的调整。其中的肉色等级按颜色深浅分为 9 个等级：1A、1B、2、3、4、5、6、7、8 级，以肉色为 3、4 两级最好。脂肪色等级也分为 9 级：1、2、3、4、5、6、7、8、9，以脂肪色为 1、2 级最好。

凡符合上述等级的优 2 级（包括优 2 级）以上的牛肉都属优质牛肉，优 2 级以下的是普通牛肉。

二、胴体产量等级评定标准

胴体产量等级以分割肉（共 13 块）重为指标公式：

分割肉重＝5.9395＋0.4003×胴体重＋0.1871×眼肌面积

牛胴体产量分级以胴体分割肉重为指标将胴体等级分为 5 级。分割肉重等于和大于 131 千克为 1 级，分割肉重 121～130 千克为 2 级，分割肉重 111～120 千克为 3 级，分割肉重 101～110 千克为 4 级，分割肉重等于和小于 100 千克为 5 级。

三、胴体等级与价格

胴体等级越高，高档牛肉的产出率、数量、质量越高，价格就越高，反之亦然。展望肉牛业发展趋势，胴体分割越细致，各部位的切块价格越高。胴体分割后各个部位牛肉的价格差异很大，分为高档牛肉（牛柳、西冷、上脑、眼肉）、优质牛肉（针扒、尾扒、会扒、霖肉、牛展、牛腩）、普通牛肉（牛前、分割碎肉、肩肉、腹肉），一般来说，高档牛肉价位为 500～1500 元/千克，优质牛肉价位为 100～200 元/千克，普通牛肉的价格 30～60 元/千克（图 5-8）。

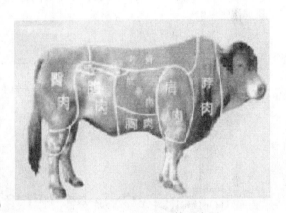

图 5-8 牛肉部位活体示意图

第四节 牛肉的市场价格与营销策略

从世界肉类生产上看，牛肉占有举足轻重的地位。1980 年牛肉产量占世界肉类总产量的 1/3，国际贸易量占世界肉类贸易总量的 44.6%；进入 21 世纪，牛肉生产与贸易量所占比重有所下降，但仍占世界肉类生产和肉类国际贸易总量的 1/4 和近 1/3。从肉类消费结构观察，发达国家以牛肉消费为主。我国肉类人均占有量已超过世界平均水平，然而，在肉类消费结构中，猪肉占 66.8%，是世界平均水平的 2 倍。从城乡消费水平比较、畜产品消费结构和动态发展来看，随着人民生活水平的提高，牛肉的消费量必将逐步增长，中国肉类市场蕴藏着巨大的潜力。

一、牛肉的市场价格

（一）牛肉的市场价格波动

过去我国牛肉价格很低且质量欠佳。随着经济的发展，引进了优良肉用牛种，品种改良和进口牛肉促进了产业发展，牛肉价格不断攀升。统计 1994 年 7 月至 2006 年 9 月共 147 个月的牛肉价格，平均为 14.97 元/千克，比美国低 30%～50%。我国育肥杂交牛肉质也很好，具有相当的竞争力。由于历史原因 1996—2006 年 10 年牛肉价格曲线呈 S 状（表 5-4），故盈亏临界点为 14.0 元/千克。

表 5-4　牛肉价格波动分析（14.0 元为盈亏标准）

市场波动	第 1 周期		第 2 周期		第 3 周期
波动方向	波峰期	波谷期	波峰期	波谷期	波峰期
间隔时间	—	7 个月	34 个月	51 个月	55 个月
平均价格（元）		12.40	15.45	13.24	16.60

第 1 周期数据不全，低谷 7 个月平均 12.40 元/千克。以后出现 34 个月 15.45 元/千克的波峰。牛肉市场有自己的规律，过剩的生产又使其跌入波谷，延续 51 个月，平均 13.24 元，低于界点（表 5-4）。牛肉价格波动仍存在，说明牛肉生产也需要分析市场需求，控制数量（图 5-9）。

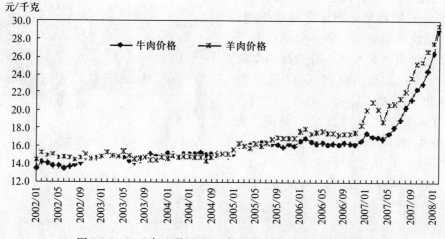

图 5-9　2002 年 1 月至 2008 年 2 月我国牛羊肉批发价格

2006 年 8 月的 55 个月处于第 3 波峰期，平均 16.60 元/千克。养牛盈利水平逐月上升。同期肉粮比价为 13.61：1，已有相当的盈利水平，但近期盈利形势略降，较 2006 年 6～9 月 3 个月平均下降 1.27%。可见，需要注意肥牛市场变化，调整存栏，选择市场。

2007 年，北京市 7 大农产品批发市场中牛肉（牛前腱、牛后腱）的上市量为 4133.63 万千克，比去年上升 52.9%，北京市、外埠牛肉的市场占有率分别为 8.4% 和 91.6%。牛肉的加权平均价格为 19.61 元/千克，比 2006 年上升 27.2%，是自 2002 年以来价格最高的年份。从年度内各月价格变化情况看，2007 年牛肉价格大体分为 3 个阶段，1～6 月走势基本平稳；7～10 月出现较快速的上升；11～12 月的增幅放缓，但仍维持高价运行，且均高于去年同期水平。

2008 年牛肉价格 2 月份再创新高，3 月份价格有所回落。2 月份我国牛肉批发价格突破每千克 29 元，达 29.13 元/千克，同比上涨 70.53%。2 月第 2 周我国牛肉价格首次突破 30 元/千克大关（达到 30.26 元/千克）。牛肉价格从 2 月第 4 周开始连续 5 周下降，但下降幅度不大，仍处于高价位。此外主产区与主销区价格涨幅均较大。1 季度牛肉主销区（包括北京、天津、上海、福建和广东）价格同比上涨 57.21%。牛肉主产区（包括河南、河北、山东、安徽、吉林、辽宁和黑龙江）价格同比上涨 79.20%。

奥运会前后，我国牛肉需求量有所上升，牛肉价格也受到一定的推动。同时，国际方面牛肉供应的不足、牛肉价格的走高，也逐渐地波及我国牛肉价格。

（二）牛肉市场价格分析

对牛肉市场价格主要分析 3 个方面：一是年际价格走势；二是季节性波动；三是区域性价格差异。

1. 年际价格走势　牛肉价格在 20 世纪 90 年代的前 5 年持续上涨，1995 年达到 16.8 元/千克的顶点；1996 和 1997 年有所下降，分别为 16.4 元/千克和 15.1 元/千克；1998—2000 年稳定在 14 元/千克；2002 年我国去骨牛肉平均价格为 14.36 元/千克，与上一年相比上涨了 7.41%，各个时期价格均高于上年同期水平。2002 年第四季度牛肉主销区（包括北京、天津、上海、福建和广东）去骨牛肉平均价格为 17.13 元/千克；牛肉主产区（包括河南、山东、河北、吉林等）去骨牛肉平均价格为 14.36 元/千克。牛肉产区价格上涨幅度大于销区。内蒙古 2000 年、2001 年和 2002 年牛肉价格分别为 12.09 元/千克、12.69 元/千克和 13.28 元/千克，价格呈递增趋势，但均低于全国同期的价格水平。

牛肉价格呈现以上变化的主要原因有：一是国民经济运行状况不佳，各项改革措施造成居民对未来支付预期的减少和货币储蓄倾向，从而导致有效需求不足，市场疲软。事实上这不仅是牛肉或农产品市场的问题，而是整个国民经济的问题，各种工业品市场同样表现出供过于求的局面。有效需求不足，必然导致产品价格的下跌。二是牛肉生产增长快，市场供应充足。自 20 世纪 90 年代以来由于中央和地方政府鼓励和扶持"秸秆养牛"，充分利用农区丰富的秸秆资源，开发青贮秸秆、氮化秸秆饲养技术，发展草食家畜生产，从而推动了全国养牛业和牛肉生产的快速增长。

2. 季节性波动　国内牛肉集市价格呈不明显季节性波动。每年的 1～2 月份价格会出现微微上扬；而每年的 8 月份，牛肉价格则会出现不太明显的下降。这是因为每年 2 月份春节前后是牛肉消费的高峰期，尤其是农村居民购买量大幅度增加。同时 2 月份为饲草料的匮乏期，农牧民在上年秋末已将牲口出售，从而使牛源减少。供求两方面因素决定了每年的这个季节价格会出现上扬。8 月份价格下降主要原因有：①秋季是牛羊腰肥体壮的时期，且农牧民在此期决定冬季存栏量，从而牲畜集中出栏较多，造成市场供应偏高，从而导致牛肉价格的下降；②气温下降的原因。屠宰户一般没有冷藏设备，夏季高温易造成腐烂损失，所以夏季屠宰量下降，牛肉市场供应量下降，8 月份秋季将到，天气转凉，屠宰量开始回升，从而造成市场供应增加，价格下滑；③由于夏季炎热，居民减少了牛肉等高热量的食品消费，从而导致价格下滑。近几年牛肉价格变化有两个明显的特点，一是季节性波动幅度逐年减小；二是 1995 年以后牛肉价格跌幅变小。主要原因是农牧户对市场有良好的预期的减少和个人经济实力增加。由于养殖已经积累了一定的资金和市场经验，在判断市场走向、确定合适的存栏数量和出栏时间方面具备了一定的能力，从而使市场供应日趋平稳。

3. 牛肉价格的区域性价格差异　牛肉价格在全国 31 个省、直辖市、自治区中，价格相差悬殊，广东、上海的牛肉价格在各省始终居前列。牛肉价格的区域分布有如下特征：①牛肉主产区价格差异较大，产肉区不一定是低价区。②据农业部农村经济研究中心资料，牛肉价格与人均消费数量似乎没什么关系，即主销区牛肉价格高低与消费量关系不大，这种说法并不夸张。主要原因是全国已经基本形成统一市场，由于大市场、大流通才会出现产区价格不低，销区价格不高的现象。各种形式的流通渠道可以在短时间内把牛肉运销到全国的每一个角落。市场流通渠道的畅通和运销业的发展，使全国各个区域很难形成封闭性的高价位或低价位。③东南沿海发达地区牛肉价格较高。牛肉价格排名的前10位几乎包括了中国大部分沿海省份。上海、广东、浙江、福建、江苏等发达地区价格一直高于其他地区。显然牛肉的价格与当地居民收入水平有关。可见，市场供求情况已不是牛肉价格高低的最主要决定因素，主要决定因素是居民的收入水平和牛肉的质量。

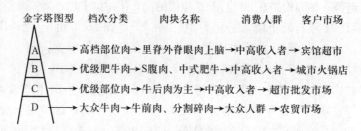

图 5-10　牛肉等级金字塔

二、牛肉的营销策略

（一）牛肉市场结构

根据牛肉部位切块、牛肉等级质量、风味和价格，将牛肉市场划分为四大块：高档牛肉、优级肥牛、优级牛肉和大众牛肉。用图形表示为"金字塔式"结构（图 5-10）。

高档牛肉指能加工成高档食品的牛肉，如烤牛排，适于星级宾馆、西餐、日本烧烤、韩国料理。主要肉块有：牛柳、西冷、眼肉等。主要客户为超市、星级宾馆、西餐店等。主要消费人群为中高收入者。

优级肥牛指用于涮烤的牛肉，主要包括腹肉、牛腩、上脑和适宜部位，其特点是大理石纹较好，适于涮锅，价格比高档牛肉低，但高于牛后部位肉，国产肥牛市价 22～50 元/千克。

优级部位肉主要指后部位肉，包括三扒一霖、腱子肉、肩胛肉等。国产优质部位肉市价 24～38 元/千克。

大众牛肉主要指由屠宰体况较差，达不到生产高档牛肉的牛，或者年龄大、体重轻（400 千克以下）、非肉用品种的牛生产出的牛肉。也包括生产高档牛肉、肥牛、优质部位肉之后的部位肉，如牛前、修割肉等。大众牛肉市价 18～30 元/千克。

（二）牛肉营销策略

1. 企业应把发展高档、优级牛肉作为企业发展的战略　肉牛企业属于资本肉牛业，投资肉牛业的目的是为获取更多的利润。因此，肉牛企业，尤其是屠宰加工企业，要把产品定位在中高端市场，开放高档牛肉、肥牛、优级牛肉，以增强产品竞争力，增加市场份额，提高企业经济效益。

2. 不断提高牛肉品级，把高档牛肉、优级牛肉、肥牛的产品水准定位到日本、美国牛肉水平　目前，国内一些企业也在生产高档牛肉，但由于牛源标准低，分割出的产品名不符实。有些企业硬是把 A 级当做 S 级，把 B 级当做 A 级。还有些企业用淘汰老母牛生产高档牛肉、肥牛，与真正的高档牛肉、优级肥牛、优级牛肉差距很大。这种思路要调整，要以名副其实的高档牛肉经营中高端市场，以此，才能达到替代进口牛肉的目的。

3. 肉牛企业应有自己的优质牛源基地　许多企业早已认识到，高档牛肉赚钱多，只是苦于没有优质牛源。靠牛贩子送牛，根本满足不了企业的需求。因为社会牛源是分散、零星、小规模的供应链，而加工企业是规模化经营。因此，肉牛企业要适应牛肉高端市场竞争，应建立自己可调控的优质牛源育肥基地，包括自己建育肥场和组织订单牛。有些成功企业采用"公司＋农户"模式组建优质牛源基地，是比较现实有效的选择。

第五节　高档牛肉的市场定位

一、高档牛肉的市场定位

2008 年，美国和巴西生产牛肉分别为 1 217 万吨和 912 万吨，消费分别为 1 302 万吨和 718 万吨。我国生产 791 万吨牛肉，消费 783 万吨。我国牛肉产量占世界牛肉产量的比重呈现良好的增长态势，然而我国牛肉质量却没有迅速提高，如牛肉纤维含量较西方牛肉高，牛肉口感差异大等，我国高档牛肉比重不足总产量的 5%。随着人们生活水平的提高，消费者对牛肉制品的质量提出了更高的要求，再加上西餐厅、各类中高档宾馆、日韩烧烤及中式涮肥牛等的发展，国内对高档牛肉的需求量迅速增加，国内市场每年需进口高档牛肉约 5 万吨。进口牛肉平均价格为 5~8 美元/千克。由于国内牛肉肉质较差，国内大宾馆、饭店及西餐厅所需的高档牛肉基本依赖进口。今后我国对进口高档牛肉的需求将有增无减。

二、国内高档牛肉缺乏的原因

（一）国内缺乏优良配套品种和现代化饲养技术

目前，我国还没有培育出自己的专门化肉用牛品种，虽然我国有十大黄牛良种（如秦川、南阳、鲁西、晋南等），也引进了不少世界性良种，如安格斯牛、西门塔尔牛等，但真正用于搞杂交优化，搞品种改良的不多。有的已引进五六年，尚未使用就已老化，有的虽已搞了一代杂交，但良种特征未巩固，即被当做育肥用架子牛出售。品种杂交改良工作进展迟缓，我国肉牛生产性能很低，包括出栏率、胴体重及产肉量等。饲养方式仍然以分散饲养为主，单方面追求高产而不是高质。

（二）兽医执法商品化，防疫工作落后

目前我国的畜禽防疫工作属各地区各级行政领导，为了避免因发现疫情带来的经济损失，有些地方采取不报告，大事化小，小事化了的态度。许多动物卫生检疫所的检查人员把肉类及其制品的检查看成是一种买卖行为，即只要交钱，不问是否合格，照样盖章放行。由于执法不严，目前我国疫病严重，动物传染病严重阻碍了我国肉类及其制品进入国际市场，农药、重金属、抗生素残留超标等质量问题尚未彻底解决。

（三）加工过程科技含量少，标准化程度低

2002 年，南京农业大学等单位共同制定了我国牛肉等级评定方法和标准，但由于普及率不高，国产牛肉供应商在部位分切、细分包装等方面各自为政，缺乏统一的行业规范，牛肉生产的一系列重要技术指标仍落后于发达国家，肉品深加工比例低而且多为手工作坊式生

产。目前，国际上牛肉加工制品产量占牛肉总产量的 10%～20%，一些发达国家达到 60%～70%。我国每年只有 200 万吨左右牛肉类深加工制品，占牛肉总产量的 4% 左右，而且多为中、低档产品。

（四）销售环节落后，品牌意识淡薄

有些中小型企业不守行业道德，不正当竞争扰乱了正常的市场秩序，加大了牛肉质量不稳定性，而且缺少包装牛肉的知名品牌。

（五）认识落后

国内大多牛肉加工企业单纯追求数量，而忽略各类肉牛之间的品质差异，如老牛、小牛、不同部位牛肉、不同加工工艺牛肉等，它们之间质量差别很大，但在市场上却不按"优质、优价"的思想进行分置、分割和销售。另外，一直把牛肉业当做"节粮型畜牧业"来发展，一味强调节粮，而在集约化肉牛饲养条件下，牛日粮一半以上是精料，不再是"节粮型畜牧业"。故广大饲养户及肉牛企业主应转变思想，抓住"市场导向"这根指挥棒来发展肉牛产业。

三、高档牛肉产业化发展模式

我国肉牛无论在数量还是生产总量上都居世界前列，但生产技术却始终徘徊在世界中下游水平。我国肉牛业要有长足的发展，步入高档优质肉牛行列，必须始终贯彻"高效、优质、高产"的思想。同时应用现代化的饲养、生产、营销技术，满足牛肉制品特殊的上市日期和质量标准，改变传统的肉牛饲养方式，达到最佳的生产性能和胴体质量，推动肉牛业的向前发展。

高档牛肉产业是低风险见效快的行业。根据国际市场对牛肉品质要求和国内牛肉产业发展现状，高档牛肉产业可采取如下发展模式。

（一）引进良种

可引进繁育优良肉牛品种，建立生产高档优质牛肉的牛种资源群（良种牛饲养、繁育用受体母牛）；建立优质肉牛繁育体系及高效制种、供种体系（人工授精、胚胎技术推广应用设施和技术队伍）。

在中高饲养水平下，以秦川、南阳、鲁西、晋南四大地方良种为母本，以夏洛来，安格斯、利木赞等为父本的杂交体系，在某些性能方面都取得了良好的效果。

（二）信息化管理

根据我国"龙头企业—农户—基地"模式的实际情况，借鉴北美的牧业电子设备和信息追踪技术，用科学的饲养方式育肥肉牛。

（三）贯彻国际市场通用质量标准

肉牛企业应切实将 GMP 和 HACCP 标准应用于生产的全过程，使我国的牛肉制品卫生标准与国际接轨。

（四）创建高档牛肉品牌

将南京农业大学等单位的肉牛等级标准与美国 USDA 标准进行有机结合，制定出一套统一的行业分级标准，使中国的肉牛企业按照标准进行屠宰和分割牛肉，逐步创建我国的高档牛肉品牌。

（五）建立我国高档牛肉产业链

建立全国高档肉牛数据库及高档牛肉销售网络，以便消费者在终端能了解所购产品的全部信息，并逐步形成我国高档牛肉产业链（表5-5）。

表5-5　高档牛肉产业链模型

实施对象	牛肉产业链	管理标准与手段
各地种畜繁育中心	育种	遗传管理数据库
分散农户	↓	个体档案：目标管理系统
肉牛育肥厂	饲养	饲料：科学配方与饲养规范
	集中育肥	饲料：科学配方与饲养规范
	↓	评估：引进自动评估系统
运输公司	运输	南京农业大学及美国 USD-choice 标准
屠宰厂、加工厂	屠宰、加工	南京农业大学及美国 USD-choice 标准
各级宾馆饭店	分割、销售	
专卖店、牛排店		

四、高档牛肉制品研发方向

虽然我国是仅次于美国的世界第二牛肉生产大国，但我国牛肉全年人均消费量尚不及世界平均水平的1/3，我国牛肉的出口量呈迅速增长的态势。然而我国目前在国内、国外销售的主要是未经深加工的"冻牛肉"，很少有精深加工的牛肉制品，其利润率很低。日本某包装牛肉产品每千克的价格相当于我国1头牛的水平。可以看出，牛肉制品存在着很大的科技加工创造经济效益的空间。要生产高档牛肉制品，主要应在"嫩"、"鲜"、"特"等方面深入研究和开发。

（一）用嫩化技术开发高档牛肉制品

嫩度是衡量牛肉档次的重要指标之一。为了保持甚至加强牛肉的嫩度，只单纯用滚揉方法并不能完全令人满意，要使嫩度差的牛肉变嫩，现在有一些先进嫩化技术可根据情况选择性应用。如，"重组嫩化法"，将牛肉切片，用食盐及磷酸盐进行"渗透压差处理"，使牛肉片渗透出黏液并重新黏成所谓的"重组牛肉块"；又如，对胴体通电，改善肉的嫩度，并配合其他嫩化措施形成嫩化的高档牛肉制品；还可以运用酶酵解牛肉嫩化技术，增加牛肉的嫩度，形成高档产品。

（二）用科学的保鲜技术开发高档牛肉制品

高档牛肉商品的另一特点是有相当的鲜度，是保鲜程度高的制品，就是食用品质好的高档产品。为了保持其鲜度，可选择性应用脱活性水（自由水）、低温冷冻（含低温真空冷冻）、灭酶、发酵、熏、酱、卤、抗氧化、辐照、真空或充惰性气体包装、镶嵌电磁波低温灭菌等技术对牛肉制品进行有效地保鲜。还可以根据具体的情况和需要，使用天然保鲜剂增加保鲜效果，肉类用保鲜剂是比较复杂的，一般来说用一两种保鲜剂的效果并不十分可靠，应根据制品的情况使用相应的保鲜剂复合配方。

（三）用现代食品科学开发有特色的牛肉制品

无论用什么工艺和何种配方，都应与牛肉的嫩化技术，有效的保鲜措施结合起来开发和生产，否则是难以生产出在国际市场上有竞争力的高档牛肉产品的。

高档牛肉利润很高，且在国内外的销量很大，是发展食品经济的一个重要增长点。

第六节　活牛与高档牛肉的销售方式

一、活牛与高档牛肉的生产与销售

我国年人均牛肉占有量 6.0 千克，而世界平均为 9.8 千克；我国牛肉产量占肉类产量的比重为 8.5%，世界平均为 26.19%；联合国粮农组织制订一个指标：用屠宰的头数，去除牛肉产量，计算每头牛平均多少重量，世界平均为 200 千克，我国为 134 千克；我国符合肉牛标准的活牛数量少，符合高档饭店消费标准的牛肉很少，符合出口的高档牛肉和优质肉块的产量更少。我国年出口牛肉平均 1.7 万吨，主要供给中国香港地区，部分出口东南亚、中东及俄罗斯等国，出口平均价为 1 373 美元/吨，而美国出口价为 3 593 美元/吨，澳大利亚出口到日本的高标准牛肉为 4 400 美元/吨。我国每年从美国、澳大利亚、韩国进口牛肉及牛杂碎 3.2 万吨，其中高档牛肉约 6 600 吨，10 万元/吨。我国肉牛多数是牧区放养和农区短期育肥的，用混合精料很少，这虽然保证了我国牛肉的安全性，但牛肉质量不如在饲料中添加了较多蛋白质的欧洲牛肉，其纤维较粗、口感较差，这是我国牛肉及牛肉制品出口很少以及高档牛肉仍需进口的主要原因。近些年，我国出现了牛肉出口热，出口的牛肉没有一次因为质量问题返回来的，可是我国牛肉价比国际市场低 1/3，从终端市场上看，相当于终端市场价格的 1/5。

肉牛业发达的国家牛肉制品的转化率为 30%～40%，肉制品种类上千种，而我国牛肉制品转化率仅 3%～4%，品种二三十种。深加工引进的生产线和配方与外国产品雷同，不合中国人口味，生产有特色的中国风味产品不多，传统的加工制品工业化水平低。近些年，肉牛市场十分稳定，价格不断上升，一头牛育肥 3～5 个月，纯利润达 300～500 元。农民养殖一头母牛，如果一年能产一头犊牛，就能收入 1 000～1 200 元。牛肉是绿色食品，随着人们生活水平的不断提高，对牛肉的需求量日益增大，导致近年肉牛价格持续上涨。

二、活牛与高档牛肉的销售方式

（一）在大众化市场进行活牛交易

大众化市场，即赶大集进行牛肉及活牛交易，这是我国传统的最主要的肉牛市场形式。它的特点是：品种不分、性别不分、年龄不分、部位不分、价格便宜。它不能体现不同档次牛肉的不同价值，尤其是高档牛肉的价值得不到真正的体现，养牛效益较低。人们将农户养牛然后到集市上卖掉形象地概括为"零存整取"。因为农户养牛大都不计生产成本，有啥喂啥。饲料主要是自产的玉米，不注重饲料的配合，牛的饲料转化率低，饲养周期长，卖牛所得"整钱"，实非利润，有的可能还不够成本。

目前，在很多地方建起了一批肉牛交易市场供外来肉牛进场交易，并已基本形成网络。而且，市场基础设施比较完善，均设有下车台、牛棚、简易办公场所和消毒设施，并配有管理人、经纪人、兽医人员、保安人员，有的设有客房、餐饮供送货人休息和住宿，并建有活牛寄养栏舍。畜禽入场后由经纪人联络买卖双方选牛、定价，再由经纪人估测每头牛出肉量，依出肉量定每头牛的总金额。货款由经纪人担保，由购牛者直接付给货主。大多数市场还规定，经纪人须向市场管理部门交纳数千元甚至上万元的保证金，如果经纪人违规操作或对所经手的买主拖欠货款，则对经纪人进行处罚，轻者罚款，重者取消入场当经纪人的资格。由于市场制度严格，许多外来贩运户普遍反映浙江肉牛市场管理较规范，多年来基本上没有发生运销户收不到货款的现象。而且各牛市收费比较规范统一，即每头进场交易的牛需交清理消毒费、检疫费、中介费和交易费，其中交易费由买、卖双方各出一半，总计1头牛成交后卖方需交各种费用13.5～14.5元，如暂时未卖出的牛可委托交易市场留养。

（二）活牛、牛肉出口

我国自20世纪80年代改革开放以来，每年向香港供应活牛的数量一直保持在20万头以上，另外还向中东地区及俄罗斯等出口大量分割牛肉：一般情况下，一头500千克重活牛出口，要比在国内销售增加利润1000元以上。在80年代有种说法："谁拿到出口指标，谁发大财"。我国养牛大王，河北的李福成便是一个典型代表，他靠架子牛易地育肥，将肥牛供应香港起家。也正是这种形式，尤其是活牛大量供应香港．启动和促进了我国肉牛业的迅速发展。无论现在还是将来，这种方式都是我国高效肉牛生产的重要途径。

（三）高档分割牛肉用于高级宾馆、饭店

随着我国人民生活水平的提高，来内地旅游观光的港澳台同胞以及来华外国客商逐年增加，涉外宾馆、饭店旅游服务事业日渐兴旺，"肥牛火锅"、牛排等高档牛肉消费日渐增多。这类牛肉原料以前主要靠进口。但实践已证明，我国地方良种黄牛及其杂交改良牛，经专门化育肥，同样可进行高档牛肉的生产。一头500千克重的优质活牛，可生产高档牛肉30千克，单这一项，即可卖到4500元左右。这是最高效的肉牛生产方式，这个市场的潜力会越来越大。

新鲜牛肉是我国主要消费倾向，国外不可能把新鲜牛肉用成本较低的船运送到中国港口，再用冷链输送投入内地市场，且国外现行牛肉价比我国高出83%。虽然这不能说明目前我国的牛肉能去国际市场竞争，但也至少说明在相当一个时期内，国外牛肉想进入我国中低档牛肉市场就比较难，因为除了在价格上抵不过外，在风味上中国人不欣赏洋牛肉而偏爱"土"牛肉。

第六章 牛场规划与设计

第一节 牛场设计的原则

在建设牛场时，要根据当地养牛的技术力量、牛群的质量、投资大小以及当地的气候条件综合考虑，确定合理的牛场规划建设方案，保证投产后获得预期的经济效益。

一、场址选择原则

牛场场址的选择要有周密的考虑，统筹安排和比较长远的规划，必须与农牧业发展规划、农田基本建设规划以及今后修建住宅结合起来，必须适应于现代化养牛业的需要。所选场址要有发展的余地，选址原则如下：

1. 地势高燥 肉牛场应建在地势高燥、背风向阳、地下水位较低，具有缓坡的北高南低，总体平坦地方。切不可建在低凹处、风口处，以免排水困难，汛期积水及冬季防寒困难。

2. 土质良好 土质以沙壤土为好。土质松软，透水性强，雨水、尿液不易积聚，雨后没有硬结，有利于牛舍及运动场的清洁与卫生干燥，有利于防止蹄病及其他疾病的发生。

3. 水源充足 要有充足的合乎卫生要求的水源，保证生产生活及人畜饮水。水质良好，不含毒物，确保人畜安全和健康。

4. 草料丰富 肉牛饲养所需的饲料特别是粗饲料需要量大，不宜运输。肉牛场应距秸秆、青贮和干草饲料资源较近，以保证草料供应，减少运费，降低成本。

5. 交通方便 架子牛和大批饲草饲料的购入，育肥牛和粪肥的销售，运输量很大，来往频繁，有些运输要求风雨无阻。因此，肉牛场应建在离公路或铁路较近的交通方便的地方。

6. 社会联系 应便于防疫，距村庄居民点 500 米下风处，距主要交通要道如公路、铁路 500 米，距化工厂、畜产品加工厂等 1 500 以外，交通供电方便。周围饲料资源尤其是粗饲料资源丰富，且尽量避免周围有同等规模的饲养场，避免原料竞争。符合兽医卫生的要求，周围无传染源。

7. 节约土地 选择牛场时必须节约土地，不占或少占耕地。

8. 避免地方病 人畜地方病多因土壤、水质缺乏或过多含有某种元素而引起。地方病对肉牛生长和肉质影响很大，虽可防治，但势必会增加成本，故应尽可能避免，造成经济损失。通过修建规范牛舍，为家畜创造适宜环境，将会防止或减少疫病发生。此外，修建畜舍时还应特别注意卫生要求，以利于兽医防疫制度的执行。要根据防疫要求合理进行场地规划和建筑物布局，确定畜舍的朝向和间距，设置消毒设施，合理安置污物处理设施等。

二、牛场设计原则

1. 创造适宜的环境　一个适宜的环境可以充分发挥牛的生产潜力，提高饲料利用率。一般说来，家畜的生产力 20% 取决于品种，50%～60% 取决于饲料，20%～30% 取决于环境，不适宜的环境温度可以使家畜生产力下降 10%～30%。此外，即使喂给全价饲料，如果没有适宜的环境，饲料也不能最大限度地转化为畜产品，从而降低了饲料利用率。由此可见，修建畜舍时，必须符合家畜对各种环境条件的要求，包括温度、湿度、通风、光照、空气中的二氧化碳、氨、硫化氢，为家畜创造适宜的环境（图 6-1）。

图 6-1　肉牛场一角

2. 要符合生产工艺要求，保证生产的顺利进行和畜牧兽医技术措施的实施　肉牛生产工艺包括牛群的组成和周转方式，运送草料，饲喂，饮水，清粪等，也包括测量、称重、采精输精、防治、生产护理等技术措施。修建牛舍必须与本场生产工艺相结合。否则，必将给生产造成不便，甚至使生产无法进行。

3. 严格卫生防疫，防止疫病传播　流行性疫病对牛场会形成威胁。

4. 要做到经济合理，技术可行　在满足以上三项要求的前提下，畜舍修建还应尽量降低工程造价和设施投资，降低生产成本，加快资金周转。因此栏舍修建应尽量利用自然界的有利条件（如自然通风，自然光照等），尽量就地取材，采用当地施工建筑习惯，适当减少附属用房面积。

三、规模选择原则

规模大小是场区规划与牛场建设的重要依据，规模大小的确定应考虑以下几个方面：

1. 自然资源　饲草饲料资源是影响饲养规模的主要因素，生态环境对饲养规模也有很大影响。

2. 资金情况　肉牛生产所需资金较多。资金周转期长，报酬率低。资金雄厚，规模可大可小，总之要量力而行，进行必要的运行分析。

3. 经营管理水平　社会经济条件的好坏，社会化服务程度的高低，价格体系的健全与否以及价格政策的稳定性等，对饲养规模有一定的制约作用，在确定饲养规模时，应予以考虑。

4. 社会经济环境　社会经济条件的好坏，社会化服务程度的高低，市场价格体系健全与否以及价格政策的稳定等，对饲养规模有一定的制约作用，应予以考虑。

5. 场地面积　肉牛生产、牛场管理，职工生活及其他附属建筑物等需要一定场地、空间。牛场大小可根据每头牛所需面积，结合长远规划予以计算。牛舍及其他房屋的面积为场地总面积的 15%～20%。由于牛体大小、生产目的、饲养方式等不同，每头牛占用的牛舍面积也不一样。育肥牛每头所需面积为 $1.6\sim4.6$ 米^2，通常育肥牛有垫草的每头牛占 $2.3\sim4.6$ 米^2，有隔栏的每头牛占 $1.6\sim2.0$ 米^2。

6. 架子牛的来源　规模饲养肉牛应选择杂交良种牛。杂交改良牛增重快、肉质好、饲料报酬高。农区应积极推广饲养夏洛来、安格斯、西门塔尔与南阳牛、秦川牛、晋南牛、鲁西牛等国内地方牛的杂交后代。

四、场区规划原则

牛场场区规划应本着因地制宜和科学饲养的要求，合理布局，统筹安排。一般牛场按功能分为四个区：即饲养生产区、粪尿污水处理和病畜管理区、管理区、职工生活区。分区规划首先从人畜保健的角度出发，使区间建立最佳生产联系和环境卫生防疫条件，考虑地势和主风方向进行合理分区。

1. 职工生活区　职工生活区（包括居民点），应在全场上风和地势较高的地段，依次为管理区、饲养生产区。这样配置使牛场产生的不良气味、噪声、粪便和污水，不致因风向与地表径流而污染居民生活环境以及人畜共患疾病的相互影响。

2. 管理区　包括经营管理、产品加工销售有关的建筑物。在规划管理区时，应有效利用原有的道路和输电线路，充分考虑饲料和生产资料的供应、产品的销售等。在牛场，有加工项目时，应独立组成加工生产区，不应设在饲料生产区内。汽车库应设在管理区。除饲料以外，其他仓库也应设在管理区。管理区与生产区应加以隔离，保证50米以上距离，外来人员只能在管理区活动，场外运输车辆严禁进入生产区。

3. 饲养生产区　饲养生产区是牛场的核心，对生产区的布局应给予全面细致的考虑。牛场经营如果是单一或专业化生产，对饲料、牛舍以及附属设施也就比较单一。在饲养过程，应根据牛的生理特点，对肉牛进行分舍饲养，并按群设运动场。与饲料运输有关的建筑物，原则上应规划在地势较高处，并应保证防疫卫生安全。

4. 粪尿污水处理、病畜管理区　设在生产区下风地势低处，与生产区保持300米卫生间距。病牛区应便于隔离，单独通道，便于消毒，便于污物处理，防止污水粪尿废弃物蔓延污染环境（图6-2）。

图6-2　标准化肉牛舍

五、牛场建筑物的配置要求

牛场内建筑物的配置要因地制宜，便于管理，有利于生产，便于防疫、安全等。统一规划，合理布局。做到整齐、紧凑，土地利用率高和节约投资，经济实用。

1. 牛舍　牛舍的形式依据饲养规模和饲养方式而定。牛舍的建造应便于饲养管理，便于采光，便于夏季防暑，冬季防寒，便于防疫。修建牛舍多栋时，应采取长轴平行配置，当牛舍超过4栋时，可以2行并列配置，前后对齐，相距10米以上。

2. 饲料库　建造地址应选在离每栋牛舍的位置都较适中，而且位置稍高，既干燥通风，又利于成品料向各牛舍运输。

3. 干草棚及草库　尽可能地设在下风向地段，与周围房舍至少保持50米以上远距离，单独建造，既防止散草影响牛舍环境美观，又要达到防火安全。

4. 青贮窖或青贮池　建造选址原则同饲料库。位置适中，地势较高，防止粪尿等污水浸入污染，同时要考虑出料时运输方便，减小劳动强度（图6-3）。

5. 兽医室、病牛舍　应设在牛场下风头，而且相对偏僻一角，便于隔离，减少空气和水的污染传播。

6. 办公室和职工宿舍　设在牛场之外地势较高的上风头，以防空气和水的污染及疫病传染。养牛场门口应设门卫和消毒室、消毒池。

图6-3　青贮制作现场

第二节　牛场设计应考虑的因素

设计牛场，需要考虑的因素有现有的牛的数量和今后的发展规模的大小、资金的多少、机械化的程度和相应设备的配备。同时，还应该符合畜牧兽医卫生、经济适用、便于管理和有利于提高利用率、降低生产成本等条件。

修建牛场的目的就是为了给牛创造适宜的生活环境，保障牛的健康和生产的正常运行。花较少的资金、饲料、能源和劳力，获得更多的畜产品和较高的经济效益。

一、牛场设计应考虑的因素

（一）地势因素

平坦干燥、背风向阳，排水良好；防止被河水、洪水淹没。地下水位要在2米以下，最高地下水位需要在青贮窖底部0.5米以下。

（二）地形因素

开阔整齐，理想正方形、长方形，尽量避免狭长和多边角。

（三）水源因素

要有充足的、合乎卫生要求的水源，取用方便，保证生活、生产、人畜饮水及防火等用水。水质良好，不含毒物，确保人畜安全和健康。

（四）土质因素

土质以沙壤土最理想，沙土较适宜，黏土最不适。沙壤土土质松软，抗压性和透水性强，吸湿性、导热性小，毛细管作用弱。

（五）气候因素

气候因素和地势因素有密切关系，是自然环境因素的主体，气候因素不仅对人类重要，而且对牛也有非常重要的意义，所以要综合考虑当地的气象因素，如最高温度、最低温度、湿度、年降水量、主风向、风力等，以选择有利地势。

（六）社会因素

牛场距村庄居民点500米下风处，距主要交通要道（公路、铁路）至少500米，距化工厂、畜产品加工厂等 1 500 米以外。

（七）其他因素

1. 山区牧场还要考虑到建在放牧出入方便的地方。

2. 牧道不要与公路、铁路、水源等相交叉，以避免污染水源和发生事故。

3. 场址大小、间隔距离等，均应遵守卫生防疫的要求，并应符合配备的建筑物和辅助设备以及牛场远景发展的需要。

4. 牛场大小可以根据每头牛所需的面积 160～200 米^2，结合长远规划计算出来。牛舍及房舍的面积为场地总面积的 10％～20％。

二、牛场布局

既要因地制宜，又要满足牛的生理特点需要，有利于生产，同时又能符合经久耐用、科学饲养、环保高效的要求，合理布局，统筹安排。考虑今后发展应留有余地，场地建筑物的配置应做到紧凑整齐，提高土地利用率，节约用地，不占或少占耕地，节约供电线路、供水管道，有利于整个生产过程和便于防疫灭病，并注意防火安全。生活区、办公区要与生产区分开，且在生产区的上风。场地建筑的配置要尽可能做到整齐、紧凑、美观。要安排好下水道，规划好道路，并植树绿化。还有牛场建筑物布局要考虑，要使各个建筑物在功能关系上建立最佳联系，在保障卫生防疫、防火、采光、通风前提下，供电、供水、饲料运送、挤奶奶牛行走路线应尽量缩短，功能相同的建筑物应尽量靠近集中。

三、牛场的公共卫生设施

合理设置消毒设施，合理安置污物处理设施可实现无废物、无污染的畜牧生产。为保证牛群的健康和安全，做好防疫工作，避免污染和干扰，应建立科学的环境公共卫生设施。

（一）场界与场内的卫生防护设施

牛场四周建围墙或防疫沟，牛场门口设门卫和消毒设施，牛场应制定完善的门禁及卫生制度，并严格贯彻执行。牛场或牛饲养区进口处应设有消毒池且结构应坚固，池底要有一定的坡度，池内设有排水孔，同时尽量延长人走过消毒池通道的时间。生产区与其他区要建缓冲带，生产区的出入口设消毒池、员工更衣室、紫外线灯、消毒洗手的容器。

（二）粪尿池

牛舍和粪尿池之间要保持 200～300 米的距离。粪尿池的容积应由饲养奶牛的头数和贮粪周期确定。必须防止渗漏，以免污染地下水源。场区内应有牛粪尿处理设施，牛舍与粪尿池应有一定的距离。

（三）病牛隔离舍

病牛隔离舍应设在牛舍的下风向的地势低洼处。要建筑在牛舍 200 米以外的偏僻的地方，以免疾病传播。

（四）场区的供、排水的系统

牛场的用水包括生活用水、生产用水、灌溉和消防用水。场内应有足够的生产用水，水压和水温均满足生产需要。如需配备贮水设施，应有防污染措施，并定期清洗、消毒。为保证场地干燥，需重视场内排水，排水系统应设置在各道路的两旁和运动场周边，多采用斜坡式排水沟。场区内应具有能承受足够大负荷的排水系统，并不得污染供水系统。

（五）养牛场的环境保护

养牛生产中产生的粪尿、污水等，都会对空气、水、土壤、饲料等造成污染，危害环境。养牛场的环境保护既要防止养牛场本身对周围环境的污染，又要避免周围环境对养牛场的危害。

1. 牛场的绿化　因地制宜的植树造林，栽花种草是现代化牛场不可缺少的建设项目。在牛舍四周和场内舍与舍之间都要规划好道路。道路两旁和牛场各建筑物四周都应绿化，种植树木，夏季可以遮阳和调节小气候。在进行场地规划时必须留出绿化地，包括防风林、隔离林、行道绿化、绿地等。绿化植物具有吸收太阳辐射，降低环境温度，减少空气中尘埃和微生物，减弱噪声等。

2. 妥善处理粪污，防止滋生蚊蝇　牛粪不及时清理或集中堆积在粪尿池，滋生蚊蝇，产生臭气，同时雨水冲洗产生的污水，如果处理不当就难免污染地面水源。牛舍中清粪方式应根据牛粪的数量，牛舍的类型、经济效益等来选择。牛粪收集后运输到粪污处理区可以用交通工具运输或管道运输。对牛粪的无害化处理及利用是必要的，牛粪堆肥化处理，生产沼气并建立"草—牛—沼"生态系统，综合利用。①堆肥发酵处理。牛粪的发酵处理是利用各种微生物的活动来分解粪中的有机成分，可以有效地提高这些有机物质的利用率。②牛粪的有机肥加工。利用微生物发酵技术，将牛粪经过多重发酵，使其完全腐熟，并彻底杀死有害病菌，使粪便成为有机肥。③生产沼气。既可以合理利用牛粪，又能防治环境污染。④蚯蚓养殖综合利用。

第三节　牛场设计的基本参数

一、牛舍建筑结构要求

1. 地基　土地坚实，干燥，可利用天然的地基。若是疏松的黏土，需用石块或砖砌好地基并高出地面，地基深80～100厘米。地基与墙壁之间最好要有油毡绝缘防潮层。

2. 墙壁　砖墙厚50～75厘米。从地面算起，应抹100厘米高的墙裙。在农村也用土坯墙、土打墙等，但距从地面算起应砌100厘米高的石块。土墙造价低，投资少，但不耐用。

3. 屋顶　肉牛舍常用双坡式屋顶，这种屋顶跨度大，使用于各种规模的牛群。屋顶材料要防水、隔热、耐火，结构轻便、造价便宜。

4. 门和窗　牛舍设置门和窗要向外开。门高2.1～2.2米，宽2.0～2.5米。南窗高1.2米，宽1米。北窗高1米，宽0.8米，窗台离地面高1.2～1.4米。

5. 牛床　肉牛育肥期因是群饲，所以牛床面积可适当小些，或用通槽。牛床坡度为1.5%，前高后低。牛床类型有下列几种：

（1）水泥及石质牛床：其导热性好，比较硬，造价高，但清洗和消毒方便。

（2）沥青牛床：保温好并有弹性，不渗水，易消毒，但遇水容易变滑，修建时应掺入煤渣或粗砂。

（3）砖牛床：用砖立砌，用石灰或水泥抹缝。导热性好，硬度较高。

（4）木质牛床：导热性差，容易保暖，有弹性且易清扫，但容易腐烂，不易消毒，造价也高。

（5）土质牛床：将土铲平，夯实，上面铺一层砂石或碎砖块，然后再铺一层三合土，夯实即可。这种牛床能就地取材，造价低，并具有弹性，保暖性好，并能护蹄。

6. 通风屋脊　现代散栏牛舍的最常用方式，是充分利用自然通风创造良好牛舍内环境的重要手段。通风屋脊的材料是阳光板，阳光板的厚度主要是 10 毫米和 16 毫米两种规格，个别情况下 6 毫米厚。屋脊通风的宽度应按照牛舍跨度每 3 米设 5 厘米宽的顶通风口来计算。常用的通风屋脊阳光板的宽度有 60、80、97、120、140、162 厘米等几种，此外也有 180、200、225、250 厘米宽度较大的通风屋脊。

7. 饲槽　肉牛舍多为群饲通槽喂养或拴系通槽喂养。每头牛槽宽 1.1～1.2 米，近槽地面稍高。饲槽以固定式水泥槽为最适用。饲槽上宽 0.6～0.8 米，底宽 0.35 米，槽底弧形。槽边近牛缘高 0.35 米，外缘高 0.6～0.8 米。也可用低槽位的道槽合一式饲槽。

8. 饮水池　牛舍的饮水池一般设在卧栏的一端。每一组奶牛应至少设 2 个饮水池。饮水池的长度应为 100、150、200、300 厘米，深度一般为 30 厘米，宽度为 60 厘米，容量分别为 180、270、360、540 升，供水管每分钟的流量在 50～60 升。

9. 尿粪沟和污水池　为了保护舍内的清洁和清扫方便，尿粪沟应不透水，表面应光滑。水粪沟宽 28～30 厘米，深 15 厘米，倾斜度 1：100～200。尿粪沟应通到舍外污水池。污水池应距牛舍 6～8 米，其容积以牛舍大小和牛的头数多少而定，一般可按每头成牛 0.3 米^3、每头犊牛 0.1 米^3 计算，以能贮满一个月的粪尿为准，每月清除一次。为了保持清洁，舍内的粪便必须每天清除，运到距牛舍 50 米远的粪堆上。要保持尿沟的畅通，并定期用水冲洗。

二、服务配套设施

(一) 门卫

门卫是一个牛场的咽喉，门禁是所有牛场的外围护结构，为防病从口入，牛场应制定完善的门禁及卫生制度，并严格贯彻执行。

(二) 消毒池

饲养区进口处应设消毒池，消毒池构造应坚固，并能承载通行车辆的重量。消毒池地面应平整，耐酸耐碱，不透水。池子的尺寸应以车轮间距确定，长度以车轮的周长而定，常用消毒池的尺寸为：长 3.8 米，宽 3 米，深 0.1 米。

消毒池如仅供人和自行车通行，可采用药液湿润，踏脚垫放入池内进行消毒，其尺寸为：长 2.8 米，宽 1.4 米，深 5 厘米。池底要有一定坡度，池内设排水孔。此外，在消毒池两侧也可设紫外线照射设备。

(三) 办公区

1. 经理办公室和财务生产室　经理办公室和财务室是一个牛场经营管理的指挥部，可根据牛场自身的规模和经济预算自行设计，以有利于高效办公和经济实用为原则。

2. 生产资料室　制定牛育种技术规范，负责生产表格设计、资料的收集、记录、分类整理和分析，及时汇总并定期上报场长、经理。

三、粪尿污水处理设施

畜舍粪便清除通常采用机械清除和水冲清除。

(一) 机械清除

当粪便与垫料混合或粪尿分离，呈半干状态时，常采用此法。清粪机械包括人力小推车、地上轨道车、单轨吊罐、牵引刮板、电动或机动铲车等。

采用机械清粪时，为使粪与尿液及生产污水分离，通常在畜舍中设置污水排出系统，液形物经排水系统流入粪水池贮存，而固形物则借助人或机械直接用运载工具运至堆放场。

1. 排尿沟 排尿沟用于接受畜舍地面流来的粪尿及污水，一般设在畜栏的后端，紧靠除粪道，排尿沟必须不透水，且能保证尿水顺利排走。排尿沟的形式一般为方形或半圆形。排尿沟向降口处要有 1‰～1.5‰ 的坡度，但在降口处的深度不可过大，一般要求牛舍不大于 15 厘米。

2. 降口 通称水漏，是排尿沟与地下排出管的衔接部分。为了防止粪草落入堵塞，上面应有铁算子，铁算应与尿沟同高。在降口下部，地下排出管口以下，应形成一个深入地下的伸延部，这个伸延部谓之沉淀井，用以使粪水中的固形物沉淀，防止管道堵塞。在降口中可设水封，用以阻止粪水池中的臭气经由地下排出管进入舍内。

3. 地下排出管 与排尿管呈垂直方向，用于将由降口流下来的尿及污水导入畜舍外的粪水池中。因此，须向粪水池有 3‰～5‰ 的坡度。在寒冷地区，对地下排出管的舍外部分需采取防冻措施，以免管中污液结冰。如果地下排出管从畜舍外墙至粪水池的距离大于 5 米时，应在墙外修一检查井，以便在管道堵塞时进行疏通。在寒冷地区，要注意检查井的保温情况。

4. 粪水池 应设在舍外地势较低的地方，且应在运动场相反的一侧。距畜舍外墙不小于 5 米。须用不透水的材料制成。粪水池的容积及数量根据舍内家畜种类、头数、舍饲期长短与粪水贮放时间来确定。粪水池如长期不掏，则要求较大的容积，很不经济。故一般按贮积 20～30 天、容积 20～30 米² 来修建。粪水池一定要离开饮水井 100 米以外。

（二）水冲清除

这种办法多在不使用垫草，采用漏缝地面时应用。这种清粪系统，由下述几部分组成：

1. 漏缝地面 所谓漏缝地面，即在地面上留出很多缝隙。粪尿落到地面上，液体物从缝隙流入地面下的粪沟，固形的粪便被家畜踩入沟内，少量残粪用人工略加冲洗清理。漏缝地面比传统式清粪方式，可大大节省人工，提高劳动效率，漏缝地面可用各种材料制成。

2. 粪沟 位于漏缝地面下方，其宽度不等，视漏缝地面的宽度而定，一般为 0.8～2 米，深度 0.7～0.8 米。倾向粪水池的坡度为 0.5‰～1‰。水冲清粪由于耗水量多、粪水贮存量大、处理困难，生产中为节约用水可采取循环用水办法，但循环用水可能导致疫病的交叉感染。此外，也可采用水泥盖板侧缝形式，即在地下粪沟上盖以混凝土预制平板，平板稍高于粪沟边缘的地面，因而与粪沟边缘形成侧缝。家畜排的粪便，用水冲入粪沟。这种形式造价较低，不易伤害家畜蹄部。

3. 粪水池（罐） 粪水池（罐）分地下式、半地下式及地上式三种形式。不管哪种形式都必须防止渗漏，以免污染地下水源。实行水冲清粪不仅必须用污水泵，同时还需用专用槽车运载。而一旦有传染病或寄生虫病发生，如此大量的粪水无害化处理将成为一个难题。许多国家环境保护法规规定，畜牧场粪水不经无害化处理不允许任意排放或施用，而粪水处理费用庞大。

第四节　放牧型牛场的设计

一、场址选择

首先需要选择一块牧草茂盛水源丰富的草地作为牧场，另外在附近寻找一个地势较高、相对平整和利于排水的地块用来进行牛场建筑物的布局。建筑物的室内地坪标高要高于室外地坪，以利于排水。各个建筑物之间的道路，应该保证在任何天气状况下都能够通行，并且在道路与运动场之间应设置排水沟。

二、场区具体规划

（一）牛舍的设计

牛舍应当从防风、除湿及冷热应激方面保护牛。另外应选在牧场旁边，这样牛群很容易到达运动场或者其他工作区域。无论牛舍采用保温型还是常温型，主要依据的是饲养规模、气候条件、牛卧床的可靠度、牛场的机械化程度和人员的选择。

保温型牛舍是指在冬季舍内的温度保持在 4 ℃以上。此类型牛舍必须有好的绝缘材料来保持牛舍的温度。同时要求通风系统（可采用机械通风或者自然通风）在冬季具有良好的除湿功能，在夏季能够排出舍内的热量。常温型牛舍是冬季舍内比舍外稍微暖和。自然通风系统能够除湿并保持舍内的温度比舍外的温度高 5～10 ℃。屋顶的绝缘材料能够减少冬季舍内热量的散失和夏季的热辐射。常温型牛舍的造价比保温型牛舍低，但其饮水系统必须采取保温措施以防止冻结。

（二）饲料区和运动场

可以草场直接作为运动场，同时也是牛的主要粗饲料采食区。

（三）产栏、畜牧兽医室和犊牛饲养区

这个区域可以设置在一个环境条件可以调节的牛舍内（或者部分在舍内），通常可能是改变现有牛舍中的设施。这个区域要求干净、保温、通风、光照好。每 20～25 头待产牛提供一个待产栏，规格为 3 米×3 米，或者提供一个没有槽的拴系式牛栏（在散放式牛舍中每 20～25 头牛设置一个拴系式处置栏）。3 月龄以下的犊牛需要在规格为 1 200 毫米×3 500 毫米的犊牛岛中饲养。3～10 月龄的小育成牛需要在 2.2 米²/头的育成牛群养栏（有卧床）中饲养。

（四）后备牛饲养区

一般采用散放式饲养后备牛，其有利于分开大群和较小的育成牛。如果不想分开，应当在采食区留一定数量的自由采食栏，当然不能让小育成牛钻出去。10～24 月的后备牛每头需要 3.2 米² 的牛舍（有卧床）饲养。

（五）粪污处理

散栏式牛舍中的牛粪通过刮粪板或者其他机械化工具将牛粪收集到牛舍的一端，然后用刮粪板或者粪车、泥浆泵通过管道抽到指定的区域。可采用人工或者用刮粪板将拴系式牛舍内的粪污从粪尿沟中清出。粪污直接堆粪或者发酵后制成有机肥，也可直接把粪尿作为肥料施到草场。

第五节　半放牧半舍饲型牛场的设计

半舍饲半放牧牛场的设计应在舍饲牛场的基础上，建立人工草地，以便牛群在放牧季节里进行有效的利用。

一、场址的选择

牛场场址的选择要有周密考虑、通盘安排和比较长远的规划，必须与农牧业发展规划、农田基本建设规划以及今后的需要相结合。所选场址，要有发展的余地。

1. 肉牛场应建在地势高燥，背风向阳，空气流通。地下水位较低，具有缓坡的北高南低、总体平坦地方。低洼下湿、山顶风口处不宜修建牛舍。

2. 牛场位置应选择在距离饲料生产基地和放牧地较近，交通发达，供水供电方便的地方。

3. 离主要交通要道、村镇、工厂 500 米以外，一般交通道路 200 米以外，还要避开对养殖场污染的屠宰、加工和工矿企业。符合兽医卫生和环境卫生要求，周围无传染源。

4. 要有充分的合乎卫生要求的水源，保证生产生活及人、畜饮水。水质良好，不含毒物，确保人、畜安全和健康。

5. 不占或少占耕地。

二、牛场的规划

牛场的规划和布局应本着因地制宜和科学管理的原则，以整齐、紧凑、提高土地利用率和节约基建投资，经济耐用，有利于生产管理和便于防疫、安全为目标。

一般牛场按功能分为 3 个区，即生产区、管理区、职工生活区。分区规划首先从人畜保健的角度出发，使区间建立最佳生产联系和环境卫生防疫条件，来合理安排各区位置，考虑地势和主风方向进行合理分区。

三、生产配套规划设施

1. 防疫设施　为了加强防疫，首先场界划分应明确，在四周建围墙活挖沟壕，并与种树相结合，防止场外人员与其他动物进入场区。牛场生产区大门以及各牛舍的进出口处应设脚踏消毒池，大门进口设车辆消毒池，并设有人的脚踏消毒池（槽）或喷雾消毒室、更衣换鞋间。如果在消毒室设紫外线杀菌灯，应强调安全时间（3～5 分钟）。一过式（不停留）的紫外线杀菌灯的照射，达不到消毒目的。

2. 运动场设施

（1）运动场是肉牛每日定时到舍外自由活动、休息的地方，使牛受到外界气候因素的刺激和锻炼，增强肌体代谢机能，提高抗病力。运动场应选择在背风向阳的地方，一般利用牛舍间距，也可设置在牛舍两侧。如受地形限制也可设在场内比较开阔的地方。运动场的面积，应保证牛的活动休息，又要节约用地，一般为牛舍建筑面积的 3～4 倍。

运动场地面处理，最好全部用三合土踏实，要求平坦、干燥有一定坡度，中央较高。为排水良好，向东、西、南倾斜。运动场围栏三面挖明沟排水，防止雨后积水运动场泥泞。每天牛上槽时进行清粪并及时运出，随时清除砖头、瓦块、铁丝等物，经常进行平垫保持运动场整洁。

（2）运动场围栏，运动场围栏用钢筋混凝土立柱式铁管。立柱间距3米一根，立柱高度按地平计算1.3～1.4米，横梁3～4根。

（3）运动场饮水槽，按50～100头饮水槽5×1.5×0.8（两侧饮水）。水槽两侧应为混凝土地面。

（4）运动场凉棚，为了夏季防暑，凉棚长轴应东西向，并采用隔热性能好的棚顶。凉棚面积一般每头成年牛、青年牛、育成牛为3～4米^2。另外可借助运动场四周植树遮阴，凉棚内地面要用三合土踏实，地面经常保持20～30厘米沙土垫层。

四、建立人工草场

半舍饲半放牧的集约化程度相对较高，是舍饲与牧养相结合，自然条件不利的季节实行舍饲养，自然条件较好的季节实行牧养，因而能兼舍饲与牧养的优点。在自然条件较好的春夏季节，对牛进行放牧饲养，营养比较全面，并有利于吸收，牛在户外采食，加大了运动力度，增强了牛的体质。

五、牛舍的设计

图6-4　散栏式牛舍

牛舍应建在场内生产区中心，尽可能缩短运输路线。修建数栋牛舍时，方向应坐北向南，采用长轴平行配置，以利于采光、防风、保温。牛舍超过4栋时，可两栋并列配置，前后对齐，相距10米以上。牛舍内应设牛床、牛槽、粪尿沟、通行道、工作室或值班室。牛舍前应有运动场，内设自动饮水槽、凉棚和饲槽等。牛舍四周和道路两旁应绿化，以调节小气候。

牛舍的基本类型一般分为拴系式、散栏式和散放式牛舍。拴系式牛舍在我国使用的比较普遍，每头牛有一个分开的牛床，在饲喂梳刷时都是针对单独个体的。散栏型牛舍通常适合饲养50头或更多的肉牛。牛舍内的采食区和休息区是独立的，肉牛不用拴系，牛舍内有采食通道和清粪通道，通道上的粪污可用刮粪板或者其他机械设备清除。拴系式牛舍的跨度通常在10.5～12米，檐高为2.4米，牛床的规格如表6-1。

表6-1　拴系式牛舍牛床的规格

牛体重（千克）	牛床宽度（毫米）	牛床长度（毫米）
400	1 000	1 450
500	1 100	1 500
600	1 200	1 600
700	1 300	1 700
800	1 400	1 800

第六节 舍饲型牛场的设计

一、舍饲型牛场的场址选择要求

牛场场址的选择要有周密的考虑，统筹安排和比较长远的规划，必须与农牧业发展规划、农田基本建设规划以及今后修建住宅结合起来，必须适应于现代化养牛业的需要。所选场址要有发展的余地，选址原则如下。

1. 地势 高燥、背风向阳，地下水位 2 米以下，具有缓坡坡度的北高南低、总体平坦的地方，绝不可建在低洼或低风口处，以免排水困难、汛期积水及冬季防寒困难。

2. 地形 开阔整齐，正方形、长方形，避免狭长或多边形。

3. 水源 要有充足的合乎卫生要求的水源，取用方便，保证生产、生活及人畜饮水。水质良好，不含毒物，确保人畜安全和健康。

4. 土质 沙壤土最理想，沙土较适宜，黏土最不适，沙壤土土质松软，抗压性和透水性强，吸湿性、导热性小。雨水、尿液不易积聚，雨后没有硬结，有利于牛舍及运动场的清洁与卫生干燥，有利于防止蹄病及其他疾病的发生。

5. 气候 要综合考虑当地的气候因素，如最高温度、湿度、年降水量、主风向、风力等，以选择有利地势。

6. 社会联系 牛场应便于防疫，距村庄居民点 500 米下风处，距主要交通要道如公路、铁路 500 米，距化工厂、畜产品加工厂等 1 500 米以外，交通供电方便，周围饲料资源尤其是粗饲料资源丰富，且尽量避免周围有同等规模的饲养场，避免原料竞争。符合兽医卫生的要求，周围无传染源。

二、场地规划与布局

牛场场区规划应本着因地制宜和科学饲养的要求，合理布局，统筹安排。一般牛场按功能分为四个区：即生产区、粪尿污水处理和病畜管理区、管理区、职工生活区。分区规划首先从人畜保健的角度出发，使区间建立最佳生产联系和环境卫生防疫条件，考虑地势和主风方向进行合理分区。

1. 职工生活区 职工生活区（包括居民点），应在全场上风和地势较高的地段，依次为生产管理区、饲养生产区。这样配置使牛场产生的不良气味、噪声、粪便和污水，不致因风向与地表径流而污染居民生活环境以及人畜共患疾病的相互影响。

2. 管理区 在规划管理区时，应有效利用原有的道路和输电线路，充分考虑饲料和生产资料的供应、产品的销售等。牛场有加工项目时，应独立组成加工生产区，不应设在饲料生产区内。汽车库应设在管理区。除饲料以外，其他仓库也应设在管理区。管理区与生产区应加以隔离，保证 50 米以上距离，外来人员只能在管理区活动，场外运输车辆严禁进入生产区。

3. 饲养生产区 饲养生产区是牛场的核心，对生产区的布局应给予全面细致的考虑。牛场经营如果是单一或专业化生产，对饲料、牛舍以及附属设施也就比较单一。在饲养过程，应根据牛的生理特点，对肉牛进行分舍饲养，并按群设运动场。与饲料运输有关的建筑物，原则上应规划在地势较高处，并应保证防疫卫生安全。

4. 粪尿污水处理、病畜管理区 设在生产区下风地势低处，与生产区保持300米卫生间距。病牛区应便于隔离，单独通道，便于消毒，便于污物处理，防止污水粪尿废弃物蔓延污染环境。

5. 生产配套规划设施

(1) 温度 适宜温度4～24℃，10～15℃最好，大牛5～31℃，小牛10～24℃。

(2) 湿度 适应范围50%～90%，较适合50%～70%，相对湿度不应高于80%～85%。

(3) 气流 冬季气流速度不应超过每秒0.2米。

(4) 光照 自然采光，夏季避免直射。

(5) 灰尘 来源空气带入、刷拭牛体、清洁地面、拌动饲料，微生物与灰尘含量有直接关系，尽量减少灰尘产生。

(6) 噪声 噪声超过110～115分贝时，生长速度下降10%，不应超过100分贝。

(7) 有害气体 氨不应超过0.0026%，一氧化碳不应超过0.0024%，二氧化碳不应超过0.15%。

三、牛舍建筑

牛舍应建在场内生产区中心，尽可能缩短运输路线。修建数栋牛舍时，方向应坐北向南，以利于采光、防风、保温。牛舍超过4栋时，可两栋并列配置，前后对齐，相间10米以上。牛舍应设牛床、牛槽、粪尿沟、通行道、工作室和值班室。牛舍前应有运动场，内设自动饮水器、凉棚和饲槽等。牛舍四周和道路两旁应绿化，以调节小气候。

(一)拴系式育肥牛舍

1. 拴系式栏舍的类型 栓系式育肥牛舍常称常规牛舍，每头牛都用链绳或牛枷固定拴系在食槽或栏杆上，限制活动，每头牛都有固定的槽位和牛床，互不干扰，便于饲喂和个体观察，适合当前农村的饲养习惯、饲养水平和牛群素质，应用十分普遍。如能很好地解决牛舍通风、光照、卫生等问题，是值得推广的一种饲养方式。

拴系式牛舍从环境控制角度可分为封闭式牛舍、半开放式牛舍、开放式牛舍(图6-5)和棚舍四种。封闭式牛舍四面都

图6-5 开放式牛舍

有墙，门窗可以启闭，另一面为半截墙；棚舍为四面均无墙，仅有一根柱子支撑梁架。封闭式牛舍有利于冬季保温，适合北方寒冷地区采用，其他三种牛舍有利于夏季防暑，造价较低，适合南方温暖地区采用。半开放式牛舍，在冬季寒冷时，可以将敞开部分用塑料薄膜遮拦成封闭状态，气候转暖时可把塑料薄膜收起，从而达到夏季通风、冬季保温的目的，使牛场的小气候得到改善。

按照牛舍跨度大小和牛床排列形式，可分为单列式和双列式。单列式只有一排牛床，跨度小，一般5～6米，易于建筑，通风良好，但散热面大，适合小型牛场采用。双列式有两排牛床，分左右两个单元，跨度10～12米，能满足自然通风要求。在肉牛饲养中，以对头

式应用较多，饲喂方便，便于机械操作，缺点是清粪不方便。

2. 拴系式牛舍的基本建筑要求　饲养头数50头以上者，可修建成单列式，50头以上者可修建成双列式，在对头式中，牛舍中央的通道为给饲道，宽1.5～2米。两边依次为牛床、食槽、清粪道。两侧粪道设有排尿沟，微向暗沟倾斜，倾斜度为1‰～5‰，以利于排水。暗沟通达舍外贮粪池。贮粪池离牛舍约5米，池容积每头成年牛为0.3米³，犊牛为0.1米³，牛场应是水泥地面，便于冲洗消毒，地面要抹成粗糙花纹，防止牛滑倒。牛床尺寸为：长150～200厘米，宽100～130厘米，牛床的坡度为1‰～5‰。牛床前设固定水泥饲槽，槽地为圆形，最好用水磨石建造，表面光滑，以便清洁，经久耐用。饲槽净宽60～80厘米，前沿高60～80厘米，内沿高30～35厘米，每头牛的饲槽旁离地面0.5米设自动饮水装置。

每栋牛舍的前面和后面应设有运动场，成年牛每头为15～20米³，犊牛5～10米²。运动场棚栏要求结实光滑，以钢管为好，高度为150厘米。运动场地面以三合土或沙质为宜，并要保持一定坡度，以利排水。建牛舍时地基深度要达到80～130厘米，并高出地面，必须灌浆，与墙之间设防潮层。墙体厚24～38厘米，即二四墙或三七墙，灌浆勾缝，距地面100厘米高以下要抹墙裙。牛舍门应坚固耐用，不设门槛，宽×高为2～2.2米，南窗规格100厘米×120厘米，数量宜多，北窗规格80厘米×100厘米，数量宜少或南北对开。窗台距地面高度100～120厘米，一般后窗适当高一些。

（二）围栏育肥牛舍

围栏育肥牛舍是育肥牛在牛舍内不拴系，高密度散放饲养，牛自由采食、自由饮水的一种育肥方式。围栏牛舍多为开放式或棚舍，并与围栏相结合使用。

1. 开放式围栏育肥栏舍　牛舍三面有墙，向阳面敞开，与围栏相接。水槽、食槽设在舍内，刮风下雨天气，使牛得到保护，也避免饲草饲料淋雨变质。舍内及围栏内均铺水泥地面。每头牛占地面积包括舍内和舍外场地5米²。顶层防水层用石棉瓦、油毡、瓦等。一侧应设活门，宽度可通过小型拖拉机，以利于运进垫草和清出粪尿，厚墙一侧留有小门，主要为人和牛的进出，保证日常管理工作的进行，门的宽度以通过单个人和牛为宜。这种牛舍结构紧凑，造价低廉，但冬季防寒性能差。

2. 棚舍式围栏育肥牛舍　此类牛舍多为双坡式，仅有水泥柱子作支撑结构，顶层结构与常规牛舍相近，只是用料更简单、轻便，采用双列对头式槽位，中间为饲料通道。

总之，修建牛舍的目的是为了给牛创造适宜的生活环境，保障牛的健康和生产的正常运行。花较少的资金、饲料、能源和劳力，获得更多的畜产品和较高的经济效益。

第七节　奶牛场中肉牛舍的设计

所谓"向奶牛要肉"，就是发展生产"奶肉牛"和"奶牛肉"。也就是说，应着眼于合理利用奶公犊牛资源，将奶公犊牛育肥肉用是合理利用这一资源的最佳途径，所以在奶牛场中有必要建立奶牛公犊牛舍，并对奶牛公犊进行分阶段分群饲养。

随着国内奶牛业的发展，奶牛公犊的数量逐渐增加。但由于刚出生犊牛的肌肉、脂肪和体躯等有商品价值的部分尚未发育，屠宰刚出生的犊牛作肉用很不经济。在我国，除少量用作培养种公牛的犊牛外，淘汰的乳用公犊大多经简单喂养后宰杀，其肉不能作为高档商品进入市场。从合理利用生物资源的角度而言，是一个极大的浪费。我国奶牛饲养业每年生产的公犊牛数目达 200 万头以上，如能学习国外的科学饲养方法，合理利用奶公犊牛资源，可以创造巨大的经济效益，奶公犊牛育肥肉用是绝大多数奶公犊牛的出路，所以基于此应该合理地将要育肥的奶公犊牛舍融入奶牛场。

奶牛场一般是由 3～4 个功能区构成，即生活区、管理区、生产区和粪尿污水处理、病畜管理区。牛舍应建立于生产区之中，首先确定牛舍的位置，应根据当地主要风向而定，避免冬季寒风的侵袭，保证夏季凉爽。北方建牛舍需要注意冬季防寒保暖，南方则应注意防暑和防潮。其次确定牛舍方位时，要注意自然采光，让牛舍能有充足的阳光照射。北方建牛舍应坐北朝南（或东南方向），或坐西朝东，但均应依当地地势和主风向等因素而定。牛舍还要高于贮粪池、运动场、污水排泄通道的地方。为了便于工作，可依坡度由高向低依次设置饲料仓库、饲料调制室、牛舍、贮粪池等，这既可方便运输，又能防止污染。

奶牛公犊的育肥处理大体应有两个方向：一是把乳用公犊当做肉用公犊来对待，按照各阶段对其进行饲养管理，用于普通肉牛的育肥。二是把乳用公犊当做肉用公犊来对待，生产高档牛肉。所以针对于奶牛处于犊牛阶段的时候，均可以将其放在原有的奶牛场中的犊牛舍中进行饲养，并且犊牛舍要求清洁干燥、通风良好、光线充足，防止贼风和潮湿。一般对于犊牛的饲养有以下几种形式：

1. 单栏（笼） 犊牛出生后即在靠近产房的单栏（笼）中饲养，每犊一栏（图 6 - 6），隔离管理，一般一月龄后才过渡到通栏。犊牛笼长为 130 厘米、宽 80～110 厘米、高 110～120 厘米。笼侧面和背面可用木条或钢丝网制成，笼侧面以向前方探出 24 厘米为宜，这样可防止犊牛互相吮舐，笼底用木制漏缝地板，利于排尿。笼正面为向外开的笼门，并采用镀锌管制作，设有颈枷，并在下方安有两个活动的铁圈和草架，铁圈可供放桶或盆，以便犊牛喝奶后，能自由饮水、采食精料和草。

2. 群栏 按犊牛大小进行分群采用散放自由牛床式的通栏饲养（图 6 - 7）。群栏的面积根据犊牛的头数而定，一般每栏饲养 5～15 头，每头犊牛占地面积 1.8～2.5 米^2，栏高 120 厘米。通栏面积的一半左右可略高于地面并稍有斜度，铺上垫草作为自由牛床。另一半作为活动场地。通栏的一侧或两侧，设置为饲槽并装有栏栅颈枷，以便于在喂乳或其他必要时对牛只进行固定。舍内的通栏布置既可为单排栏，亦可为双排栏等。每栏设置自动饮水器，以便让犊牛随时能喝到清洁的水。

图 6 - 6　奶牛公犊单栏

图 6 - 7　肉牛群栏

3. 室外犊牛栏 在气候温和的地区或季节，犊牛生后 3 天即可饲养在室外犊牛栏。室外犊牛栏是一种半开放的犊牛栏，由侧板、顶板及后板围成。侧板两块，四边长分别为 150 厘米、165 厘米、115 厘米和 145 厘米，是前高后低的直角梯形；顶板为 130 厘米×170 厘米的矩形，后板为 115 厘米×120 厘米的矩形。每头犊牛占用面积 5.4 米²。犊牛栏一般采用厚度不小于 1.25 米² 的木板制作，最好外包铁皮，也可用菱镁板制作。

当犊牛生长到一定的阶段，可以根据生产的需要对其进行下一阶段的分群饲养，如生产高档犊牛肉的就可以出栏，剩下的需要继续育肥的则可转入育肥牛舍。作为肉牛来育肥所需的牛舍主要有以下几种类型：

（1）半开放牛舍 半开放牛舍三面有墙，向阳一面敞开，有部分顶棚，在敞开一侧设有围栏，水槽、料槽设在栏内，肉牛散放其中。每舍（群）15~20 头，每头牛占有面积 4~5 米²。

（2）塑料暖棚牛舍 塑料暖棚牛舍属于半开放牛舍的一种，是近年北方寒冷地区推出的一种较保温的半开放牛舍（图 6-8）。与一般半开放牛舍比，保温效果较好。塑料暖棚牛舍三面全墙，向阳一面有半截墙，有 1/2~2/3 的顶棚。向阳的一面在温暖季节露天开放，寒季在露天一面用竹片、钢筋等材料做支架，上覆单层或双层塑料，两层膜间留有间隙，使牛舍呈封闭的状态，借助太阳能和牛体自身散发热量，使牛舍温度升高，防止热量散失。

（3）封闭牛舍 封闭牛舍四面有墙和窗户，顶棚全部覆盖，分单列封闭舍和双列封闭舍（图 6-9）。单列封闭牛舍只有一排牛床，舍宽 6 米，高 2.6~2.8 米，舍顶可修成平顶也可修成脊形顶，这种牛舍跨度小，易建造，通风好，但散热面积相对较大。单列封闭牛舍适用于小型肉牛场。双列封闭牛舍舍内设有两排牛床，两排牛床多采取头对头式饲养。中央为通道。舍宽 12 米，高 2.7~2.9 米，脊形棚顶。双列式封闭牛舍适用于规模较大的肉牛场，以每栋舍饲养 100 头牛为宜。

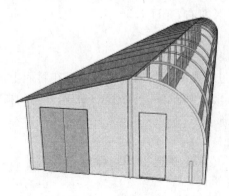

图 6-8 暖棚牛舍

图 6-9 封闭牛舍

第八节 牛场粪便处理系统的设计

近年来，随着我国畜牧业的迅速发展，畜禽粪便的处理成为棘手难题。相对于其他畜禽粪便来说，牛粪有明显的优势，可以通过各种渠道被再利用，变废为宝。

一、双孢菇种植技术

利用牛粪和秸秆栽培双孢蘑菇投入少、效益可观，具有广阔的市场前景。一般每棚占地100 米^2，投资 700 元左右，产值 6 000～8 000 元，每棚纯收入 5 000～7 000 元。100 米^2 需要麦秸 1 500 千克、牛粪 1 250 千克、磷肥 40 千克、石膏 4 千克、pH 为 7.5～8 的石灰 5 千克。其栽培技术如下：

（一）配料堆制技术

1. 麦秸预湿　根据配方取麦秸，分批用水浸泡，当麦秸均匀吸水后，分层堆放料场一边。

2. 麦秸处理　麦秸预湿第三天，在麦秸上铺一层石灰粉，喷淋一次水，再撒尿素，然后再铺一层麦秸，依此类推。预堆完，用尿素 25 千克、石灰粉 7.5 千克，料堆约23 米^3。

3. 建堆前的准备　建堆前把牛粪、饼肥分别粉碎过筛混合均匀，然后用 1‰石灰水预湿至手握能成团、落地能散时，把化肥、石膏、石灰粉碎后混合均匀，撒在牛粪上拌匀，用塑料布盖严待用。

4. 前发酵　麦秸预湿后第五天建堆，把预堆后的麦秸铺在堆料场上，厚 30 厘米、宽1.8～2.2 米、长 8～10 米，然后在料的表面撒一层牛粪混合料，以此类推，直至堆完，最后在料面上用粪肥混合料把麦秸盖严，再覆盖一层草。每天在草上喷 1～2 次水，建堆后第7 天翻堆，适当补水，边缘不能有水流出。再过 5 天进行第二次翻堆，同时用 15 千克石灰粉制成石灰水作补水用。第三次翻堆在第二次翻堆后 5 天进行，同时测酸碱度，用石灰水调pH 至 7.5～8，含水量保持在 65%，再停两天进棚。

5. 后发酵　将前发酵的培养料放在栽培床架上，用薄膜盖严，加温，当料温升至 58～60 ℃时维持 8～12 小时，然后降至 48～52 ℃维持 3 天，待料温降至 28 ℃时即可播种。发酵好的培养料，料色呈棕褐色，柔软有弹性，含水量 64%左右，pH 7.5～8，无粪块、粪臭、酸味、氨味。

（二）播种

盛菌种的容器、接种工具、操作者双手都必须经过消毒。先将菌种均匀撒播在料面上，然后用中指插入料中稍加振动，使菌种均匀落入料内 3～5 厘米处，再把余下的菌种均匀撒在料面上。用种量每平方米 1～1.5 瓶（150 毫升三角瓶）。

（三）培菌覆土

1. 播种后管理　播种后棚内保持温度 22～25 ℃，最高不超过 28 ℃，湿度在 75%左右，播种 7 天后，菌丝正常生长，经 20 天左右菌丝长满底部。

2. 覆土　覆土料配方为 100 米^2 需肥土 3 100～3 250 千克、磷肥 17.5 千克、碳酸钙 20千克、发酵麦糠 100～150 千克，要求粗土占 2/3，细土占 1/3。在覆土前 3 天，按每立方米加 5%甲醛 10 千克，边喷边搅拌，然后加薄膜，堆闷 24 小时，再用石灰水调湿，喷洒敌敌畏。先覆粗土于床面，1 周后待菌丝爬至粗土层的 2/3 时覆细土，以填补粗土之间的空隙和保持湿度。覆土厚度为 2.5～3 厘米，即培养料的 1/60。

3. 出菇管理　出菇棚内温度 14～16 ℃，空气温度 85%～90%。喷水要做到勤喷、少喷。当菇盖直径长到 2～4 厘米、边缘内卷、菌膜未破时采收，每采一批都要补营养液一次。

营养液配方：①土豆煮出液加食用菌营养素，②菇柄预煮液加食用菌营养素。在正常管理下，可采收 4～5 潮菇。

二、发酵牛粪饲喂生长育肥猪

由于大部分畜禽粪便中纤维含量高，因而纤维素的降解问题成为处理畜禽粪便的关键问题。目前，国内外对降解纤维素的真菌和细菌研究较多，而对分解纤维素的放线菌及其诱变研究尚少。发酵牛粪取代麦麸饲喂瘦肉型生长育肥猪。饲粮配方组成及营养水平：玉米60％、麦麸 8％、牛粪 8％、豆粕 20％、乳清粉 4％。饲料中应添加乳白金，具有药理功能、饲料功能、促生长功能。突破传统的香味剂、甜味剂的诱食技术，采用嗅觉因子的功能性诱食剂，具有优良的适口性，刺激猪群食欲，大大提高采食量，从而解决了哺乳仔猪补料困难的问题，添加乳白金可降低哺乳仔猪的腹泻率。

三、沼气发电

根据牛场粪污的特点，考虑经济实用性，包括废水处理设施的占地面积、运行成本等，本着投资低、运行费用低、产气效率高的原则，通过与其他几种方案的对比、论证，采用以升流式固体反应器（USR）处理为主的先进工艺。工艺设计分项说明如下。

（1）调节池　在牛场粪污的处理过程中，粪污的排放量因冲洗周期和冲洗时间的不同而变化较大。因此必须将粪污引入调节池内停留一定的时间，以保证后续处理构筑物进水水质、水量的均匀。其中污水是通过渠道流到调节池内，鲜粪是通过人工用机械的方式运到调节池，在调节池内设置搅拌机，使无机物与有机物分离通过机械强制搅拌，使鲜粪中大颗粒有机物尽可能的变为小颗粒物质，为下一步分离悬浮物（如麦秸）和漂浮物做准备。

（2）固液分离机　牛场粪污中含有大量的悬浮物和漂浮物，这些杂质很难发酵。设置固液分离机将这些杂质去除，以防止堵塞水泵、管道等处理设施。

（3）初沉池（钢砼结构）　由于牛粪污中含有一些泥沙等无机物，这些物质不能发酵，需要先去除，以免在厌氧反应器内沉积，影响去除效果。设初沉池可以先把这部分无机物去除，保证后续构筑物的正常运行。

（4）USR 反应器（搪瓷拼装结构）　USR 即上流式固体污泥床，是该污水处理工程的主体构筑物，比传统工艺提高了 COD 去除率，从而降低工程造价。

（5）贮渣池（钢砼结构）　经固液分离机分离出的悬浮物以及初沉池产生的无机沉淀进入贮渣池，作为垃圾及时外运。

（6）沼渣池（钢砼结构）　USR 反应器需定期将厌氧消化产生污泥和不能消化的固性物排出，通过脱水形成含水率低的块状污泥，这部分污泥可以通过专用设备脱水造粒作为肥料。

（7）储气柜（钢结构）　USR 产生的沼气先经过脱硫、脱水后，再进入储气柜储存。由于奶牛场用电高峰在 5～7、12～14、20～22 时段，故发电机组也需要在此时段集中发电，避免用电浪费，由于废料是连续进，沼气也是连续产出，故为了保证高峰时发电用气必须设一储气柜。

（8）发电机房（砖混结构）　采用的单一燃料燃气发电机组，其结构与柴油发动机相比，取消了原柴油机的燃油系统，增加了燃气调节与供给系统、点火系统及点火控制系统，对活塞进行了改进，降低了压缩比。

（9）沼液储存池（钢砼结构）　每天产生的沼液大部分作为农肥，由于是液体肥料运输有一定的难度，如遇到雨季，可将沼液放在沼液储存池，进行强化处理后达标外排，不会对外界造成污染。

第九节　牛场的绿化

一、牛场绿化的好处

1. 改善牛场小气候　影响牛场的小气候主要是空气的温度、湿度、风速和光照等，这些因素则直接影响着牛体温的调节、能量代谢和物质代谢。当这些因素超出了牛需要的适宜范围时，就会引起牛生长下降，或者发生各种疾病（如日射病、热射病、感冒、局部冻伤），甚至出现死亡。由于牛场绿色植被覆盖率高，树木栽植合理，树叶表面水分的蒸发可吸收周围空气中的大量的热，从而使牛场气温降低，同时也会增加空气中的湿度，减低空气的透明度，并使到达地面的日光能减少。还有树木的遮阴作用，可使树木附近与周围的空气造成一定的温差，由于冷热空气的对流而产生轻微的风，可起到协助牛体热的散发。植树环境的气温较建筑物多的地方或空旷地带低 10%～20%。

在炎热而干燥的时候，干热的空气会导致牛精神委靡不振，代谢机能降低。但经过绿化的牛场，树叶的蒸发表面一般比其所占土壤的蒸发面积约大 20 倍。树叶水分的蒸发，可使周围空气的相对湿度提高，较湿润的空气对牛的体温调节是非常有利的。

在寒冷的冬季，由于树木的生命活动，可以向周围施放一定的热量。冬季树干表层的温度可保持在 10 ℃，同时树木的挡风作用可以减弱低温气流的侵袭。

2. 有利于牛场防疫　绿化过的牛场，由于树木对空气中的尘埃有吸附作用，可减少空气中的灰尘，使空气得到清洁。树木生命活动中还会产生大量的臭氧，使空气中的有毒气体被氧化、分解，并可杀死病原微生物，使空气得到消毒。在牛场内的生产区、生活区等各区间栽植隔离林带，能够减低气流速度，减小风力，对空气流动时所带的病原微生物具有过滤作用，可以防止疫病的传播。

3. 有助于牛场防火　牛场内为牛贮备足够的干草、青贮料和精粗饲料。在草垛、青贮窖、饲料仓库周围植树绿化，由于树木枝叶含有大量湿气及其防风隔离作用，同时也具有防止火灾的发生和蔓延作用。

二、牛场绿化的原则及方法

在对牛场进行场区规划与布局时，应同时进行绿化带的设置。其原则和方法如下：

1. 牛场分区绿化带　牛场在进行分区规划后，对生活区、管理区、肉牛饲养区、多种经营区、粪尿处理区和病牛隔离治疗区除用围墙分离外，同时植树绿化，在围墙两侧各种植乔木、灌木 2～3 排，形成混合隔离林带。

2. 场内道路两侧绿化　在场区车道和人行道两侧，选择树干直立、树冠适中的树种，种植 1～2 排，树荫可降低路面太阳辐射热。同时在路旁种植绿篱美化环境。

3. 运动场遮阳林营造　在运动场南侧和东西两侧围栏外种植 1～2 排遮阳林。一般可选择枝叶开阔的树种，使运动场有较多的树荫供牛休息。这些绿化措施，不仅可以优化养牛场本身的生态条件，减少污染，有利于防疫。而且可以明显地改善场区的温度、湿度和风，改善环境空气质量。另外，在牛舍周围、运动场和道路旁种植快速生长林木，遮阳降温，减少阳光的直射，能降低高温的应激危害。同时，使人们在场区内能够舒适地工作，对人体健康也有好处。

　　一般而言，生态牛场绿化面积应不低于牛场总面积的30%。

第七章 肉牛的营养与饲料

第一节 肉牛营养的基本知识

一、牛的消化特点

牛属于反刍动物，其消化道的结构和生理功能比猪、鸡等单胃动物要复杂得多。牛的消化道主要包括口腔、食管、复胃、小肠、大肠及肛门等，其中前胃（瘤胃、网胃）发酵是反刍动物所特有的消化现象。

（一）口腔及唾液的分泌

牛没有上切齿和犬齿，采食时依靠上颌的肉质齿床，即牙床和下颌的切齿，与唇及舌的协同动作采食。口腔内有 3 对分泌能力极强的唾液腺。牛的唾液主要由腮腺、颌下腺和舌下腺组成。前者为浆液型，后两者属混合型。唾液一般具有润湿饲料、溶解食物和杀菌、保护口腔的作用。牛的唾液虽不含有淀粉酶，但含有大量的碳酸氢钠盐和磷酸盐。腮腺一天可分泌含 0.7% 的碳酸氢钠唾液约 50 升，即分泌碳酸氢钠 300~350 克。大量的缓冲物质，可中和瘤胃发酵中产生的有机酸，以维持瘤胃内的酸碱平衡。牛的唾液分泌受饲料的影响较大，喂干草时腮腺分泌量大；喂燕麦时，腮腺与颌下腺分泌量相似；饮水能大幅度降低唾液分泌。因为瘤胃 pH 取决于唾液分泌量，唾液分泌量取决于反刍时间，而反刍时间又决定于饲料组成，喂粗饲料反刍时间长，喂精料则反刍时间短。换言之，对牛饲喂高粗料日粮，反刍时间长，唾液分泌多，瘤胃内 pH 高，属乙酸型发酵；若喂高精料（淀粉），反刍时间短，唾液分泌少，瘤胃 pH 低，属丙酸型发酵，以至乳酸型发酵。

（二）复胃及瘤胃微生物

牛与其他反刍动物一样，有四个胃室，即瘤胃、蜂巢胃（亦称网胃或第二胃）、瓣胃（亦称重瓣胃或第三胃）、皱胃（亦称真胃或第四胃）（如图 7-1 所示）。其中以瘤胃和蜂巢胃的容量最大，成年牛的容量大型牛种可达到 200 升，小型牛为 50 多升，相当于皱胃体积的 7~10 倍。瘤胃中有为数庞大的微生物群落。据统计，瘤胃生存的细菌活菌数高达 10^{11} 个/毫升，瘤胃原虫数量达到 $10^4 \sim 10^6$ 个/毫升，瘤胃液中真菌孢子达到 $10^3 \sim 10^5$ 个/毫升。这些微生物在饲料降解、消化过程起着关键作用。因为牛采食的饲料种类不同瘤胃内微生物的种类和数量也会发生极大的变化，这些微生物能消化纤维素，因此牛能利用粗饲料，把纤维素和戊聚糖分解成醋酸、丙酸和丁酸等可利用的有机酸，这些有机酸也称挥发性脂肪

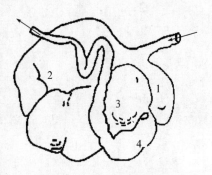

图 7-1 牛复胃的构成
1. 网胃 2. 瘤胃 3. 瓣胃 4. 真胃

酸。因为挥发性脂肪酸能通过胃壁被吸收，为牛体提供 $60\%\sim80\%$ 的能量需要。微生物的另一个作用是能合成 B 族维生素和大多数必需氨基酸，微生物能将非蛋白氮化合物，如尿素等转化成蛋白质。当这些微生物被牛消化液所消化时，也成为牛体可利用的蛋白质及其他营养物质。

（三）反刍

也叫倒嚼，在采食时，牛的进食速度很快，在采食完毕休息时，牛可以将已进入瘤胃的粗饲料由瘤胃返回到口腔重新咀嚼，后再吞咽进入瘤胃的过程，叫反刍。通常牛每天反刍需 10 小时左右，日粮中粗饲料比例越高，饲料的品质越差，反刍的时间越长。反刍不能直接提高消化率，但是饲料经过反复咀嚼后，饲料的表面积增大，有利于瘤胃微生物的发酵。

（四）嗳气

牛采食的饲料后进入瘤胃后，在瘤胃微生物的发酵作用下，会产生大量的二氧化碳、氢以及甲烷等气体，这些气体在反刍时通过食管排出体外的过程，称为嗳气。牛在采食不同的饲料时，嗳气的量会有很大差异，如果短时间内采食大量的易消化饲料，发酵的速度很快，此时如果嗳气不能迅速排出体外，就会引起牛发生瘤胃胀气等病变。

（五）食管沟

食管沟是犊牛所特有的一个消化道结构。犊牛出生时，尤其是新生幼犊，皱胃很发达，而前三个胃则出生后才发育，犊牛吸入的奶，通过食管沟直接进入皱胃，由皱胃产生的凝乳酶和其他酶进行消化。如果犊牛补饲过早，或由于其他原因引起食管沟闭合不全，吸食的奶或其他饲料则进入瘤胃，此时瘤胃微生物区系还没有得到充分的发育，此时则会引起犊牛消化道疾病。犊牛在开始啃食草料时后，食管沟会渐渐消失。此时，一些细菌随之进入瘤胃，并在那里定居，犊牛才开始倒嚼（或反刍）。

二、牛胃的生长发育及其影响因素

（一）牛胃的生长发育

犊牛开始采食固体饲料后，瘤胃和蜂巢胃很快发育（表 7-1），而真胃的相对容积逐渐变小（绝对容积增大），重瓣胃（第三胃）的发育较慢，达到相对成熟体积所需的时间比瘤胃或蜂巢胃要长。蜂巢胃在 $36\sim38$ 周龄以前，其相对容积一直在增加。犊牛瘤胃和蜂巢胃的相对生长速度，以 8 周龄以前为最快。

表 7-1 不同周龄牛复胃各胃室重量的变化

（克）

胃的构成	周 龄						
	0	4	8	12	16	20～26	34～38
瘤胃、网胃	38	52	60	64	67	64	64
瓣胃	13	12	13	14	18	22	25
真胃	49	36	27	22	15	14	11

随着牛胃的生长发育，各胃室的内容物所占的比例亦相应变化。据研究，成年牛各胃室内容物的百分比，瘤胃和蜂巢胃中为 $81\%\sim87\%$，重瓣胃中为 $10\%\sim14\%$，真胃中为 $3\%\sim5\%$。15 周龄犊牛各胃室内容物的百分比，各为 86%、7% 及 7%，与成年牛的比例相似。研究表明，$10\sim13$ 周龄犊牛，用不同类型的粗饲料日粮，各胃室的内容物的百分比也

有所变化。成年牛的肠长度，小肠为40米，盲肠为0.75米，结肠10～11米。

（二）影响牛胃生长发育的因素

牛胃的正常发育受内分泌调节，也受一些饲养条件的影响。许多研究已证明，液状奶或代乳料能延迟前胃的发育，瘤胃和蜂巢胃比同龄正常发育的要小，胃壁较薄，瘤胃乳头发育较差且颜色较淡。据试验，当犊牛由谷物—干草日粮改回喂奶，则瘤胃乳头的大小和数量均下降。犊牛喂液状日粮可以维持210～270天而增重良好，但在平均体重达到336千克屠宰时，瘤胃发育相对较差，占整个消化道的百分比，瘤胃—蜂巢为20.1%，重瓣胃为3.4%，真胃为7.7%，肠为68.8%。随母哺乳放牧的肉用犊牛，在9周龄时其瘤胃的重量、瘤胃内容物、乳头发育等方面还相对较差。

大量研究说明，采食粗饲料能促进瘤胃—蜂巢胃重量、组织的厚度、乳头等方面的发育。有研究认为，对幼龄犊牛，精饲料比粗饲料能更好地刺激瘤胃乳头的发育。瘤胃中的有机酸能刺激瘤胃乳头的发育，用挥发性脂肪酸盐以瘤胃瘘管注入喂奶犊牛的瘤胃中，结果能促进瘤胃乳头的正常发育。成年瘤胃的乳头色较深，而喂奶的犊牛瘤胃乳头色浅。乳头色素的来源尚不清楚，有研究认为乳头颜色变深是由于饲喂粗饲料的结果。此外，犊牛日粮中粗饲料量能影响消化道的长度和容量并延长了内容物在消化道中存留的时间。

三、瘤胃内环境及其影响因素

（一）瘤胃内容物

瘤胃内容物中的干物质通常占到10%～15%。瘤胃中保持着大量的水分。干物质含量既受饲料特性的影响，也与饮水量有关。食入饲料通过消化道的过程，唾液的分泌等因素也能影响瘤胃中干物质的百分率或干物质的重量。瘤胃、蜂巢胃不同部位的干物质有所不同，Evans等（1973）研究表明，奶母牛每日饲喂3、5或7千克干草，在蜂巢胃、瘤胃和背盲囊、腹囊的顶部末端、腹盲囊采样，发现不同饲养水平对背囊干物质的影响，高水平为14.1%，中水平为12.7%，低水平为11.1%。

据报道，瘤胃内容物的大小为0.8～9.3毫米×0.1～0.5毫米，个别的长30毫米，粗的部分主要在背囊。瘤胃内容物的比重平均为1.038（1.022～1.055）。放牧母牛为0.80～0.90，有的报道平均为1.01。瘤胃内容物的颗粒越大则比重越小，颗粒越小则比重越大。

（二）瘤胃温度

瘤胃正常温度为39～41℃。采食快的牛能提高瘤胃温度。饲料在瘤胃中的发酵能影响瘤胃温度，如饲喂苜蓿温度能上升到41℃，且瘤胃温度高于蜂巢胃。瘤胃温度变化比蜂巢胃大，部分原因是由于饮水温度较低，当饮入25℃水时，可使瘤胃温度下降5～10℃，饮水后往往经2小时才能达到正常温度。

（三）瘤胃pH

瘤胃pH受日粮特性和采食后测定时间影响较大。瘤胃pH的波动反映了有机酸量的变化以及产生的唾液量。当瘤胃中挥发性脂肪酸浓度降低时则瘤胃中pH升高。据研究，当饲喂粗料颗粒饲料喂量从体重的0.5%，提高到2.0%，则pH从6.9降到6.5；当按同样的量饲喂精料日粮，则pH从6.2～5.7。饲料颗粒的大小能影响pH，饲料细时能提高发酵速度和促使发酵完全，从而降低了pH。环境温度能影响pH，据试验，当母牛饲喂高粗料日粮，室温低时pH为6.48，室温高时pH为6.09；饲喂高精料日粮，室温低时pH为6.08，室温高时 pH 为 5.56。瘤胃 pH 低于 6.5 时对纤维素的消化不利。一般喂后 2～6 小时达最低值。昼夜间明显地出现周期性变动。如测得水牛采食干草后，由于有大量唾液进入瘤胃，瘤胃 pH 先上升（由微酸性反应变为微碱性反应），随着饲料发酵，产生有机酸，瘤胃 pH 均匀地下降，午夜又逐渐上升。瘤胃 pH 平均为白昼 6.93，夜间 6.77，白天较夜间高。

影响瘤胃 pH 变化的主要因素如下：

1. 饲料种类 当喂粗饲料时，瘤胃 pH 较高；喂苜蓿较喂禾本科草时瘤胃 pH 高（因瘤胃液具有较强的缓冲能力）；喂精料和青贮料时，瘤胃 pH 较低。

2. 饲料加工 粗饲料经粉碎或制成颗粒后，由于唾液分泌减少，微生物活性增强，挥发性脂肪酸（VFA）产量增加，pH 降低，精饲料加工后，也呈上述反应。

3. 饲养方式 增加采食量、饲喂次数以及长时间放牧均可使瘤胃 pH 降低。

4. 环境温度 高温抑制采食和瘤胃内发酵过程，导致瘤胃 pH 升高。

5. 瘤胃部位 背囊和网胃 pH 较其他部位高。

（四）缓冲能力

瘤胃 pH 在 6.8～7.8 时具有良好的缓冲能力，超出这个范围则缓冲力显著降低。缓冲力的变化与碳酸氢盐、磷酸盐、挥发性脂肪酸的浓度有关。在通常瘤胃 pH 范围内，重要的缓冲物为碳酸氢盐和磷酸盐。饲料粉碎后对缓冲力的影响很小。饮水的影响主要是稀释了瘤胃液。在瘤胃 pH 调节方面，对绝食的牛，碳酸氢盐比磷酸盐更重要。当瘤胃 pH<6 时，磷酸盐相对比较重要。

（五）渗透压

瘤胃内渗透压比较稳定，但并不是恒定不变，渗透压出现差异是由于溶质存在离子或分子的结果。肉牛瘤胃渗透压为 350～400 毫升/千克，接近血浆水平。瘤胃内渗透压主要受饲喂的影响，渗透压的升降还受饲料性质的影响。通常在饲喂前比血浆低，饲喂后比血浆高，进食第 1 小时达到高峰期，历时数小时。此时水分也由血液转运到瘤胃内，饮水使瘤胃渗透压降低，数小时后逐步上升。饲喂粗饲料时，渗透压升高 20%～30%，食入易发酵饲料或矿物质后升高幅度更大。饲料在瘤胃内释放电解质以及发酵产生低级挥发性脂肪酸和氨等，是瘤胃渗透压升高的主要原因。所以吸收 Na 和 VFA 是调节瘤胃渗透压的主要手段，溶质被吸收后，渗透压逐渐下降；于 3～4 小时后降至饲喂前的原水平。

瘤胃液的溶质包括无机物和有机物，溶质来源于饲料、唾液和由瘤胃壁进入的液体及微生物代谢产物，主要是钾和钠离子，这两种离子变化呈反比例关系。

（六）氧化还原电位

瘤胃内经常活动的菌群，主要是指厌氧性菌群。瘤胃内氧化还原电位经常保持于 400 毫伏左右。这样的环境适宜于厌氧菌群的栖息。氧化还原电位能够稳定保持，其过程是因摄食、饮水以及反刍时再吞咽，使大气中的氧进入瘤胃，随唾液流入碳酸氢盐与发酵产物挥发性脂肪酸中和，产生大量二氧化碳。随唾液进入瘤胃的氧，被少量好氧菌利用，因而维持氧化还原电位的低水平，造成瘤胃乏氧环境，使厌气性微生物继续生存和发挥作用。

瘤胃液的氧化还原电位还与 pH 间存在着密切的关系。瘤胃细菌是电子接受者，纤毛虫数量的变动与氧化还原电位基本一致，所以氧化还原电位值可反映瘤胃微生物的活动程度。

四、瘤胃微生物

瘤胃微生物由于数量大，种类多以及宿主日粮不同，种群的变化也十分剧烈。在同一种日粮下，因个体差异，变化也非常显著。

瘤胃提供非常有利于微生物生长的环境。在良好的饲养条件下，反刍动物瘤胃中所发酵的干物质为瘤胃容量的 12%～16%，即相当于每天有 12%～16% 基质批量发酵，这种高转化主要是微生物作用的结果。瘤胃内微生物有很多种类，典型的胃微生物应具有下列条件：

（一）必须厌氧生活

1. 必须能生成瘤胃内所见的终产物类型

2. 每克内容物中细菌数量必须达到 100 万以上

（1）瘤胃纤毛原虫　瘤胃原虫主要是纤毛虫，少量是鞭毛虫。鞭毛虫一般在幼年反刍动物纤毛虫区系建立前或由于某种原因纤毛虫区系消失时存在。当犊牛的瘤胃 pH 接近中性时，鞭毛虫开始繁殖，然后出现纤毛虫。

（2）纤毛虫的种类及形态特征　纤毛虫虫体为 40～200 微米，数量为 20 万～200 万/毫升。纤毛虫的种类概括地分，可分为全毛和贫毛两类。

① 全毛虫　全身均匀覆盖纤毛，常见纤毛虫有两种形态，一种为椭圆形，口在细胞前端，一种为蛋形，口在细胞一侧后端（或中点之间）。

密毛虫仅有一种，体型较纤毛虫小，口在细胞末端。

全毛虫的运动比贫毛虫快，在有氧环境中，存活时间比其他原虫长。在幼年反刍动物瘤胃内最先建立区系。

② 贫毛虫　虫体局部有高度分化的纤毛带，功能是运动和摄食。虫体中部有消化囊，前接胸胞口，后通肛门，消化囊周围为内浆层，内外浆间有膜分开，外浆含核、骨板和伸缩泡。贫毛虫主要有内毛属、双毛虫属、前毛虫属和头毛虫属。

3. 影响纤毛虫种群的因子　影响纤毛虫种群的因子很多，主要有：

① 反刍动物种别　据资料报道，绵羊瘤胃纤毛虫只有 20 多种，牛有 31 种，其中 15 种为共有种。

② 日粮　以放牧和干草为主的反刍动物由于可溶性糖类比较丰富，全毛虫很多。日粮内淀粉含量高时，则内毛虫数量增加。放牧＋补草＋补谷物时，双毛虫数量较高。饲喂苜蓿和谷物时，头毛虫和前毛虫数较高。饲料中补加尿素，纤毛虫数增加。日粮中盐类水平高时或投给亚麻仁油时，纤毛虫数量减少。

③ 饲喂次数　日饲喂 2 次时，纤毛虫数适中，1 日饲喂 3 次时，纤毛虫数增加，日喂 4 次时，纤毛虫数增加 1 倍多。

④ 饲料加工　喂粉碎后的饲料时，饲料在瘤胃内的周转率较快，同时发酵率增加；酸度上升，抑制了纤毛虫的发育。饲料颗粒化热加工后饲喂，纤毛虫的发育则受到抑制。

⑤ 生理状况　妊娠与泌乳期间，纤毛虫数增加，饥饿时纤毛虫数下降，而细菌数未受多大影响。

⑥ 周期性变化　昼夜间变化主要受饲喂的影响，一般饲喂后 2 小时纤毛虫数达最高值，其中全毛目变动大，而贫毛目变动数小。季节性变化主要是由饲料的变化所致。光照和温度也可影响瘤胃微生物的变化。

（二）瘤胃细菌

瘤胃内细菌种类繁多，通常对细菌采取形态学、革兰氏染色反应及菌种代谢、培养方法及现代分子生物学方法等进行鉴定分类。

1. 纤维素分解菌　这类细菌除反刍动物外，在其他动物的肠道内亦广泛存在。这类细菌能产生纤维素酶，还可利用纤维、双糖。以纤维素为主要日粮的反刍动物瘤胃内纤维素消化菌数量最大，主要的纤维分解菌有产琥珀酸拟杆菌、黄化瘤胃球菌、白色瘤胃球菌、湖头梭菌、溶纤维乳杆菌等。

2. 半纤维素分解菌　半纤维素含戊糖和己糖以及糖醛酸。能水解纤维素的细菌一般可利用半纤维素，但许多能利用半纤维素的细菌则不能利用纤维素。半纤维素的细菌有溶纤维丁酸弧菌、居瘤胃拟杆菌等。

3. 淀粉分解菌　当喂给淀粉含量较高的日粮时，淀粉分解菌的比例较大。淀粉分解菌主要有嗜淀粉拟杆菌、解淀粉琥珀酸单胞菌、居瘤胃拟杆菌、反刍兽新月单胞菌，乳酸分解新月形单胞菌和牛链球菌，许多纤维分解菌具有消化淀粉的能力，但淀粉水解菌不是都对纤维素起分解作用。

4. 糖类细菌　大多数能利用多糖的细菌也能利用双糖和单糖。植物含大量水溶性碳水化合物能被此类细菌利用。死菌、被溶解菌或荚膜物质的糖类，也能被此类细菌利用。其中某些细菌含有 β-葡萄苷酶，还能利用纤维双糖。在幼畜的瘤胃中存在着可利用乳糖的大量乳糖菌。

5. 酸利用菌　许多细菌能利用乳酸，除了异常状态外，正常瘤胃内的乳酸含量不多。有些细菌能利用琥珀酸，有些细菌能利用甲酸，而有些细菌能利用乙酸。

6. 蛋白分解菌　许多瘤胃细菌能利用氨基酸作为主要能源。具有分解蛋白质能力的细菌有嗜淀粉拟杆菌、产芽孢梭菌。

7. 产甲烷菌　瘤胃内气体甲烷占 25%，但对产甲烷菌知之不多。已知的产甲烷菌有反刍兽甲烷杆菌、甲酸甲烷杆菌、索氏甲烷杆菌、甲烷八叠球菌属等。

8. 脂肪分解菌　细菌的混合悬液能利用甘油和从脂肪分子中水解甘油，有些菌氢化不饱和脂肪酸。

9. 维生素合成菌　瘤胃细菌单独菌种合成维生素的研究还不多，但从研究中发现有些细菌能合成 B 族维生素。从近年来研究结果看，瘤胃内微生物生活领域有 3 种：①瘤胃液；②附着于饲料颗粒的表面（靠外多糖纤维固定在饲料）；③附着于瘤胃壁上皮。

（三）瘤胃噬菌体

已知牛瘤胃中的噬菌体有 6 种，对链球菌等有抗御能力。在噬菌体作用下，瘤胃细菌开始解体。瘤胃内噬菌体数量的变化较大，1 克瘤胃内容物含噬菌体 5×10^7 个。瘤胃内主要细菌都吸附有噬菌体，吸附的噬菌体通过注射核酸入细菌内，使细菌解体，并释放噬菌体的后代。

（四）瘤胃微生物的生态系统（纤毛虫—细菌—寄主间的相互关系）

在一定的饲养制度及比较稳定的瘤胃内环境条件下，瘤胃微生物区系维持相对的稳定性，即微生物与寄主、纤毛虫与细菌之间达到动态平衡。构成瘤胃微生物的生态系统外来微生物包括一些病原菌，在正常情况下，不易在瘤胃内大量繁殖，如大肠杆菌和沙门氏菌在瘤胃内数量很少。这是由于瘤胃内微生物种群的限制，加之瘤胃液内存在噬菌体或抗生素，对大肠杆菌和枯草杆菌等细菌有溶解之故，所以这些细菌在瘤胃内不能生存。

反刍动物（牛、羊等）瘤胃纤毛虫的种群存在 A、B 两型：A 型有多甲多泡双毛虫、双甲双毛虫和头毛虫；B 型主要由真双毛虫、前毛虫、单甲双毛虫和坚甲双毛虫组成。这两种类型的纤毛虫在自然条件下相互排斥。人工接种后 A 型和 B 型不能在一起形成稳定的种群。在绵羊中 A 型占优势，其原因是 A 型多甲多泡双毛虫捕食 B 型中前毛虫、真双毛虫、单甲双毛虫和坚甲双毛虫的结果，使这些纤毛虫从瘤胃区系中消失。

颉颃作用除捕食外，还有寄主种别特征的原因，如将牛的前毛虫和坚甲双毛虫转移入山羊瘤胃后，则不能生存；绵羊瘤胃的头毛虫和坚甲多泡双毛虫在牛瘤胃中不能繁殖。

除颉颃作用外，瘤胃纤毛虫间还存在着相互协同作用。例如，绵羊瘤胃内三环刺型头毛虫与多甲多泡双毛虫之间就存在这种关系。在乳牛瘤胃中也观察到有尾头毛虫与多甲多泡双毛虫和单甲三尾双毛虫之间的协同作用。

（五）细菌之间的相互作用

各种瘤胃细菌的密度和相对比例，随日粮的品质和组成而变异。从细菌的营养角度来看，基本上可区分为两大类：一是以发酵饲料为主要营养，二是以发酵前者的产物为营养。第二类细菌依靠第一类细菌的代谢终产物，并将必需要素循环回归给第一类细菌，在第二类细菌中，发酵不同饲料组分的各类细菌，如纤维素分解菌与非纤维素分解菌之间，亦存在相互作用。这类相互作用进一步影响发酵产物的分布。以产琥珀酸拟杆菌与反刍兽新月状单胞菌相互作用为例，作为纤维素分解菌的厌气性产琥珀酸拟杆菌，将纤维素发酵产生琥珀酸、乙酸和甲酸。新月状菌靠糖的分解产物和琥珀酸供给营养，琥珀酸是产生丙酸的代谢中间产物。这两种菌在联合培养下产生丙酸、乙酸和二氧化碳。新月状单胞菌是厌气性拟杆菌二氧化碳的供给者。

上述变化主要反应是菌种间氢的转递。瘤胃内氢转递时，对产甲烷杆菌非常重要，利用甲烷产生使氢浓度降低。

（六）纤毛虫与细菌间相互关系

当瘤胃微生物种群中没有纤毛虫而只有细菌时，细菌的数量则明显增加。仔畜早期与母畜隔离，是防止瘤胃内纤毛虫繁殖的有效办法。

一般来说，纤毛虫不但捕食外界侵入细菌，也捕食瘤胃细菌，加之二者争食，有纤毛虫存在时，细菌数则减少。研究表明，内毛虫能选择性捕食多种细菌，每小时捕食量可达到4 100个。常见被捕食的瘤胃细菌有溶纤维弧菌、牛链球菌等。各种纤毛虫的捕食速率不同，但捕食的细菌数则非常可观。瘤胃纤毛虫每分钟可捕食 1% 的瘤胃细菌。瘤胃细菌被纤毛虫捕食后，在其体内可存活一段时间。细菌被消化后大部分转变为纤毛虫蛋白质（动物性蛋白）。

瘤胃细菌在纤毛虫体内存活时间，对纤毛虫的代谢尤其是对利用摄取的可溶性食物颇为重要。当纤毛虫以抗生素处理杀死所有体内细菌后，纤毛虫因丧失结合可溶性化合物的能力而濒临死亡。

纤毛虫不能直接用非蛋白氮合成蛋白质，不过瘤胃细菌被纤毛虫捕食后，既是纤毛虫蛋白质的主要来源，同时它们的酶系也有助于纤毛虫的营养代谢，显然纤毛虫的生长繁殖有赖于瘤胃细菌。纤毛虫也具有细菌繁殖的作用。以瘤胃微生物分解纤维素能力为例，纤毛虫和细菌单独存在条件下，纤毛虫对纤维素消化率为 6.9%，细菌为 38.1%，而二者共同存在时，纤维素消化率提高至 65.72%，远远超过二者单独存在时对纤维素消化率的总和（45.0%）。纤毛虫经高压消毒杀灭后加入细菌培养中，纤维素的消化率仍达 55.6%。由此可见，纤毛虫体内含有不被高温高压破坏的、能促进细菌生长繁殖的刺激素。

（七）瘤胃微生物与反刍动物的关系

瘤胃的生理生化状况为多种微生物区系提供良好的栖居繁殖环境。反刍动物所摄取的饲料为这些微生物生存的主要条件。同时靠微生物的消化代谢作用，饲料的营养成分被畜体充分利用。尤其是微生物的代谢终产物，如 VFA 是反刍动物营养的主要来源。寄主摄食日粮的改变，必然引起瘤胃微生物发生相应变化，反之瘤胃微生物种群失去平衡，必须导致瘤胃的代谢扰乱。因此，瘤胃微生物与反刍动物间存在着密切关系。

五、肉牛的瘤胃发酵与营养供应

（一）肉牛的瘤胃发酵

瘤胃发酵是指在瘤胃微生物的作用下，将饲料中的碳水化合物、蛋白质以及脂肪等营养物质降解成微生物和牛可以利用的营养小分子并合成新的营养物质的过程。瘤胃体积最大，其表面积也很大，有大量的乳状突起，对食团具有搅拌和吸收的作用。蜂巢胃的内表面呈蜂窝状，食入物暂时逗留于此，微生物在这里充分消化饲料中的碳水化合物并产生二氧化碳和挥发性脂肪酸，如醋酸、丙酸和丁酸。当被瘤胃吸收后，牛得到大量能量。当喂精料过多时，会产生大量乳酸，使瘤胃 pH 降低，抑制一些微生物的活动，不利于消化而引起牛停食，形成急性消化病。饲料中的类脂化合物在瘤胃微生物的作用下分解成脂肪酸和甘油，其中甘油主要转化为丙酸和长链脂肪酸，运行到小肠内被吸收。在饲料蛋白质中的高度可溶性蛋白质被迅速分解，形成细菌蛋白质；而高度不溶性蛋白质则相对完整地下行，与细菌蛋白质一起进入肠道。在蛋白质分解时产生的氨一部分被胃壁吸收，另一部分为细菌蛋白质的合成提供氮原。如果日粮中糖和淀粉成分高，氨的浓度就低。瘤胃细菌能合成维生素 K 和 B 族的维生素，同时产生的维生素 C 可以部分地由瘤胃中得到补充，成年牛不需由饲料来提供。犊牛的维生素 K 和维生素 B 族从牛奶中获得。

（二）肉牛的碳水化合物营养

1. 碳水化合物的性质 碳水化合物是含有碳、氢、氧的有机化合物，是自然界来源最多，分布最广的一种营养物质，是植物性饲料的主要组成部分。一般占到总干物质的 50%～75%。在家畜日粮中与其他营养物质相比，碳水化合物数量居于首位。

（1）碳水化合物的性质 碳水化合物在动物营养上是一组物质的总称，包括粗纤维素与无氮浸出物两大类。从营养学角度看，这两类物质的营养价值差异很大。

粗纤维素：粗纤维是组成植物细胞壁及其支持组织的一种结构物质，也是饲料中最难消化的营养物质。主要有下列几种：

① 纤维素：纤维素主要是六碳糖的聚合物。不溶于水、乙醚、稀酸和稀碱，而溶于浓酸，为植物所特有，是组成植物细胞壁的主要成分。哺乳动物消化道内没有分解纤维素的酶，动物对它的消化主要是依靠瘤胃和盲肠内微生物所分泌的纤维素酶和纤维二糖酶，作用的终产物为乙酸，可作为动物的能源用。

② 半纤维素：工业名词，不是纯化合物，成分不定，主要是五碳糖和六碳糖的聚合物，还有一些非碳水化合物。通常看作为植物的贮备物质与支持物质的中间类型，分布很广，能被稀酸、稀碱水解。在家畜体内也依靠消化道微生物分解为木糖、阿拉伯糖、甘露糖、半乳糖，终产物也是乙酸。

③ 果胶：果胶在植物的木质化细胞中较少，只占1%，而果实、根茎和幼嫩植物中含量

多。部分溶于稀酸和稀碱溶液，也靠微生物分解而被动物利用。

④ 木质素：木质素是植物细胞壁中最坚韧、最稳定的化学物质，72％的硫酸和浓盐酸不能使它分解，但可被稀碱溶液分解。木质素既不能被家畜消化酶分解，也不受消化道内的微生物作用。相反，日粮中含量多时，还会影响消化道内微生物的活动，降低饲料中其他养分的消化率。严格讲，木质素并不是碳水化食物，但是它经常与纤维素同时存在，并且又不易将它们分开。

（2）无氮浸出物　一组相当复杂的化合物，包括很多化合物：淀粉、可溶性的单糖、双糖及少量的果胶、有机酸、木质素、不含氮的糖苷、苦涩物质丹宁及色素等。在植物性的精料中，无氮浸出物以淀粉为主；青绿饲料中以五碳糖的聚合物为主。干粗饲料中淀粉和糖均很少，而无氮浸出物却为 30％～40％，显然在干粗饲料中无氮浸出物不是淀粉及单糖、双糖。

无氮浸出物中的淀粉与单糖、双糖具有较高的消化性，能被动物消化、吸收、利用，营养价值较高。而其他成分的利用情况则大大低于淀粉和单、双糖。因此，在论及无氮浸出物时，必须进一步了解它来自哪一类物质。

秸秆中的粗纤维与无氮浸出物含量较多，前者约为 38％左右，后者约为 45％左右，粗纤维中含有大量的纤维素与半纤维素。例如，小麦秸含有 35％的纤维素和 24.5％的半纤维素。小麦秸秆无氮浸出物中含有 53.8％的戊聚糖，32.5％的木质素。

2. 碳水化合物的营养作用

（1）形成体组织，为组织器官不可缺少的部分。例如，五碳糖是细胞核酸的组成成分。许多糖类与蛋白质化合成糖蛋白，与脂肪化合成糖脂。低级羧酸与氨基化合物形成氨基酸。

（2）是肉牛热量的主要来源。任何碳水化合物在畜体内分解为葡萄糖后被吸收，在细胞内进行生物氧化而放出热能，以此来维持体温、各器官的正常活动和劳役时的能源等。消化道中微生物正常的活动也需由碳水化合物提供热能。

（3）饲料中的碳水化念物除供上述各项能源之外，倘有多余时，可被家畜转化为乳糖和脂肪。这种脂肪主要是体脂，对泌乳家畜来说也是形成乳脂的原料。

（4）部分碳水化合物可转变成肝糖原、肌糖原先贮备起来。

由上可以看出，一部分碳水化合物以化合态（能源形式）贮备起来，一部分构成体组织，一部分生热保持体温，而大部分则以动能形式（力）或潜能形式（体脂或乳脂）用于畜牧生产。饲料中碳水化合物是肉牛能量最经济的来源。在饲养实践中，如果饲料中碳水合物不能维持肉牛的生命需要时，肉牛为了保持正常的生命活动就开始动用体内贮备物质，首先是糖原和体脂。如若再不足，则用蛋白质代替碳水化合物，以解决所需热能。这样，机体开始消瘦、体重减轻。这说明碳水化合物在家畜机体营养中的重要性。

3. 碳水化合物在瘤胃中的降解与代谢　肉牛的瘤胃容积大，饲料在此停留时间长，为瘤胃微生物发酵提供了有利条件。饲料中碳水化合物在瘤胃中发酵的终产物不是以葡萄糖为主，而是以低级脂肪酸（VFA）为主，因而反刍动物的血糖浓度低于单胃动物。挥发性脂肪酸经瘤胃壁吸收，一部分进入肝脏，一部分直接运送到体组织，作为能源或构成体组织的原料。

低级挥发性脂肪酸是瘤胃纤维素和其他碳水化合物的主要产物，其总量为 90～150 毫克/升，其成分主要是乙酸、丙酸和丁酸。在正常情况下，这三种酸的比例为 70：20：10。日粮结构发生改变时，这三种酸的比例相应会发生改变。

生产实践证实，由于肉牛日粮类型不同，引起瘤胃中 VFA 比例变化，可影响牛肉、牛奶的生产。粗料型日粮，乙酸比例高，丁酸较少，但由于能量供应不足，产奶量可能下降；精料型日粮，VFA 水平增高，但乙酸相对减少；丙酸增加，乳脂率降低，生产中往往追求乳产量，大量使用精料，在一定条件下固然可以提高产乳量，但乳脂率不高，长期下去，牛的利用年限会缩短。近年来，国外屠宰肉牛时发现内脏显著恶化者增多，主要表现为瘤胃壁黏膜脱落、出血、糜烂、角化不全、溃疡和肝病。其主要原因是由于精料过多，而引起瘤胃代谢发生变化。临床上常见到由于精料过多而引起消化道疾病。

瘤胃中未消化的淀粉、可溶性糖及细菌性多糖类在小肠被消化液分解为葡萄糖被吸收，参与代谢或蓄存于肝脏待用或形成脂肪。

瘤胃中未经消化的纤维素，到盲肠和结肠后受细菌的作用，分解为 VFA 参与代谢。

（三）肉牛的蛋白质营养

饲料中含氮化合物总称为粗蛋白，包括纯蛋白质和非蛋白质的含氮化合物（NPN），又称氨化物。

1. 蛋白质的构成及其营养作用

（1）构成蛋白质的物质　蛋白质主要由磷、氢、氧、氮、硫等元素构成，其中碳的比例最高，占到 59%～55%；其次是氧，占 21%～24%；以下依次为氮占 15%～18%，氢占 6%～7%，硫占 0～3%。此外，尚有少量的磷、铁等元素。构成蛋白质的基本单位是氨基酸。氨基酸共有 20 多种，由于各种氨基酸之间排列组合的不同，构成自然界中数以千计的蛋白质。

（2）氨基酸的分类　就氨基酸的性质可分为中性氨基酸、酸性氨基酸和碱性氨基酸三大类。一般而言，常将氨基酸分为必需氨基酸和非必需氨基酸。所谓必需氨基酸，即在肉牛体内不能合成或合成的数量很少，不能满足家畜正常需要而必须由饲料来供给；所谓非必需氨基酸，即在家畜体内可以合成或需要量较少，不一定由饲料提供亦能保持家畜正常生长，这些氨基酸统称为非必需氨基酸。

单胃畜禽维持生命所需的有以下 8 种必需氨基酸：赖氨酸、蛋氨酸、色氨酸、苯丙氨酸、亮氨酸、异亮氨酸、缬氨酸和苏氨酸。对生长期肉牛必需氨基酸有 10 种，即除上面所列外，还有甘氨酸、胱氨酸等。对成年肉牛来讲，一般不划分必需与非必需，因为它们瘤胃中微生物可以合成某些必需氨基酸。

（3）蛋白质的营养作用　蛋白质是一切生命现象的物质基础，是所有生活细胞的基本组成成分，也是碳水化合物和脂肪所不能替代的，其主要功能如下：

① 蛋白质是构成体组织、体细胞的基本原料。肌肉、神经、结缔组织及皮肤、血液等都由蛋白质构成。此外，各种保护组织如毛、蹄、皮、角等也都由蛋白质构成，还有机体内各种酶、抗体、色素的基本成分也是蛋白质。

② 蛋白质是修补及组织更新所需要的基本物质。蛋白质在机体内处动态平衡状态。它必须通过新陈代谢作用，不断更新组织。研究测定结果表明，机体内的蛋白质在 6～7 个月即可更新一半，肌肉蛋白在 3 个月就可更新一半。饲料蛋白质供应不足时，会导致机体蛋白质合成蛋白开始分解，表现生长停滞、生命力减退、抗病力下降，进而出现体重降低等。

③ 蛋白质是形成畜产品的主要成分。无论是肉、蛋、奶还是毛、皮等畜产品，都是以蛋白质为组成成分，这些产品都是由饲料中蛋白质转化而来。换句话说当饲料蛋白质不足时，首先影响这些产品的产量，可见蛋白质营养在肉牛饲养中具有重要地位。

2. 瘤胃中蛋白质的降解与合成　瘤胃内主要的微生物（细菌、原虫和真菌）都具有很高的蛋白质水解活性，能将饲料蛋白质经过一系列酶的作用，分解成肽、氨基酸、氨及少量的挥发性脂肪酸，并以其中的肽、氨基酸和氨作氮源，以 VFA 作碳架合成微生物蛋白（MCP）。早在 1938 年，人们就发现瘤胃细菌能分解蛋白质，但是瘤胃内专营分解蛋白质的细菌种类并不是很多，占细菌总数的 12%～38%。目前，普遍认为数量上占优势的瘤胃蛋白质分解菌主要是糖类水解菌，包括居瘤胃杆菌、丁酸弧菌等。细菌的蛋白酶是一种类似胰蛋白酶的复合酶，其最适 pH 为 6.5～7.0，由肽链端解酶和肽链内切酶构成，大多与细胞膜结合在一起，有 20%～30%游离于基质中，因此当可溶性蛋白质与细菌接触时，能迅速被降解。但有些可溶性蛋白质如白蛋白、γ-球蛋白等降解却很缓慢，这是由于其分子中的二硫键（—S—S—）不能被蛋白质分解菌作用而造成的。

饲料蛋白及其降解产物，如氨基酸、肽类、VFA、氨等亦可被微生物利用合成微生物蛋白（图 7-2），用于微生物的生长和肉牛小肠蛋白质的供应。

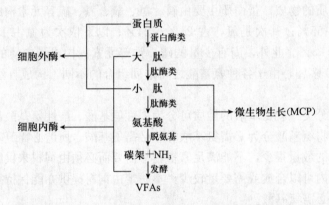

图 7-2　瘤胃内蛋白质的降解途径

注：引自孙维斌硕士论文，1999。

3. 肉牛的脂肪营养

（1）脂肪的分类　各种饲料以及畜体和畜产品均含有脂肪，从脂肪的性质而言，可分为两大类，即中性脂肪（也称真脂）和类脂物质。中性脂肪由甘油和高级脂肪酸构成，脂肪酸包括硬脂酸、软脂酸和油酸。硬脂酸和软脂酸属高级饱和脂肪酸，而油酸则是含有双链的不饱和脂肪酸。不饱和脂肪酸含量愈多，油的熔点愈低，硬度愈小；动植物油比较，植物油含不饱和脂肪酸多。

（2）肉牛的脂肪营养　肉牛脂肪的需要量不多，各种饲料均含一定粗脂肪，所以一般情况下肉牛并不会有脂肪缺失。饲料中脂肪的饱和程度对体脂的饱和程度无多大影响。青草中的不饱和脂肪酸含量占脂肪酸总量的 80%以上，而饱和脂肪酸则不到 20%。然而肉牛的体脂肪中不饱和脂肪酸和饱和脂肪酸的含量分别为 30%～40%与 60%～70%。

（3）脂肪在瘤胃中的代谢　肉牛瘤胃内脂肪在微生物作用下，发生两种变化：一是水解作用，二是氢化作用，作用产物为甘油和脂肪酸，在小肠被吸收，运送到体脂肪组织中贮存。

饲料脂肪可以直接转变为体脂、乳脂，当采食过多脂肪饲料时，会影响瘤胃发酵，特别是降低粗纤维瘤胃消化率。因此，肉牛饲料中的一般不添加脂肪，需要添加时也要进行保护处理，否则会使其微生物区系发生变化，引起消化紊乱，影响正常的瘤胃发酵。

第二节　肉牛的营养需要

一、能量需要

牛保持体温、各种生理活动，生产肉、奶等产品，都需要一定的能量，这些能量均需从饲料中得到供给，供需之间应达到平衡。同时，为了把饲料的各种营养物质的价值统一在相同的比较尺度上，饲养上用"卡[①]"或"焦耳"来表示。肉牛的能量需要包括维持能量（维持净能）需要和增重净能需要。

（一）育肥肉牛

根据国内所做绝食呼吸测热试验和饲养试验的平均结果，生长育肥牛在全舍饲条件下维持净能需要为每千克代谢体重 322 千焦。当气温低于 12 ℃时，每降低 1 ℃，维持能量需要增加 1%。肉牛的能量沉积就是增重净能。增重的能量沉积用下列公式计算（Vanes，1978）：

$$RE（千焦）=(2\,092+25.1W)×增重/(1-0.3×增重)$$

（二）繁殖母牛

根据国内的饲养试验结果，妊娠母牛的维持净能为每千克代谢体重 322 千焦，每千克增重需要的维持净能为：NE_m（兆焦）$=0.197\,69×$妊娠天数减-11.671。哺乳母牛的维持净能需要为每千克代谢体重 322 千焦，泌乳净能需要为每千克 4% 乳脂率的标准乳 3 138 千焦。代谢能用于维持和产奶的效率相似，所以维持和产奶净能需要都以维持净能表示。总维持净能需要经校正后即为综合净能需要。

二、蛋白质营养需要

蛋白质是由各种氨基酸构成的复杂的有机化合物，蛋白质也可由非肽物质提供。蛋白质分为两类：粗蛋白（CP），一般饲料的平均含氮量为 16%；非蛋白氮（NPN），如尿素等。

（一）育肥肉牛

根据国内的饲养试验和消化代谢试验结果，维持需要的粗蛋白质为每千克代谢体重 5.5 克。根据国内的生长阉牛氮平衡试验结果，增重的粗蛋白质沉积与英国 ARC（1980）公式计算的结果相似，生长阉牛增重的粗蛋白质平均利用效率为 0.34，所以生长育肥牛的粗蛋白质需要为：

$$CP（克）=5.5\,克代谢体重+增重\,(168.07-0.168\,69W+0.000\,163\,3W^2)×$$
$$(1.12-0.123\,3×增重)/0.34$$

（二）繁殖母牛

1. 妊娠后期母牛的粗蛋白质需要　按维持需要加生产需要计算，维持的粗蛋白质需要为每千克代谢体重 4.6 克；妊娠第 6~9 个月时，在维持基础上分别增加 77 克、145 克、

---

① 1 卡＝4.2 焦。

255 克和 403 克粗蛋白质。

2. 哺乳母牛的粗蛋白质需要　维持的粗蛋白质需要为每千克代谢体重 4.6 克，生产按每千克 4％乳脂率的标准乳需要粗蛋白质 85 克。

三、矿物质营养需要

矿物质为无机元素，但可以无机或有机的形式存在。因为牛对不同元素的需要量不同，可分为常量元素，如钠（Na）、氯（Cl）、钙（Ca）、磷（P）、镁（Mg）、钾（K）、硫（S）等以及微量元素，如铬（Cr）、钴（Co）、铜（Cu）、氟（F）、碘（I）、铁（Fe）、锰（Mn）、钼（Mo）、镍（Ni）、硅（Si）、硒（Se）、锌（Zn）等。

（一）常量元素

1. 食盐（氯化钠）　牛以食草为主，牧草中钾含量很高，必须喂盐以抵消钾含量高的不良作用。血液中含氯 0.25％，钠 0.22％，钾 0.02％～0.022％。氯是最主要的元素。

每千克牛奶中含氯 1.14 克，钠 0.64 克。钠是调节组织中渗透压的元素，与氯一起参与尿和汗的排泄。钠参与葡萄糖和某些氨基酸的输送，形成胆汁和促进肌肉收缩。氯在胃中形成盐酸，并激活许多消化酶进行消化。缺乏食盐时牛出现异嗜，丧失食欲，被毛粗糙，眼睛无光，不能正常生长，严重时也能引起死亡。

2. 钙　为骨骼的主要成分，动物体内 98％的钙在骨骼中。血钙含量约为 10 毫克/100 毫升，缺钙不能正常生长，而血钙量正常时心跳节律才能正常。缺钙能导致产后母牛昏迷。生长中的犊牛因缺钙会形成佝偻病，但钙过多会引起磷和锌的吸收不足，引起尿石症等病。

3. 磷　磷是脂肪代谢的必要成分，也是遗传信息如核糖核酸和脱氧核糖核酸的组成成分。缺磷也会引起佝偻病，降低繁殖能力。牛的钙磷需要量之比为 1∶1～2。

4. 镁　镁主要存在于骨中，约占 60％，其余在软组织及体液中。镁的功能常与钙有联系。如参与骨组织的形成。缺镁易引起抽搐症，在泌乳阶段尤为重要。镁参加高能磷酸盐的代谢，并对一些酰酶起活化作用。镁缺乏则引起血压降低、神经兴奋和四肢抽搐。

5. 钾　主要存在于肌肉和奶中，牛一般不缺钾，因为牧草中含量高，但吸收过多会妨碍钙的吸收。

6. 硫　以蛋氨酸和胱氨酸等的形式存在。在毛中含量很高，也是维生素 B_1（硫胺素）和维生素 H（生长素）的组成成分。胰岛素和谷胱甘肽等能量代谢的调节剂都含硫，为必需元素。

（二）微量元素

1. 钴　钴是瘤胃微生物繁育和合成维生素 B_{12} 的必需元素，因此钴的添加是十分必要。牛饲料中钴含量为 0.1 毫克/千克即可满足牛的需要。缺钴则牛毛倒立，皮肤脱屑，母牛乏情、流产、食欲不振、消瘦。饲料中含钴低于 0.07 毫克/千克时会出现钴缺乏症。

2. 铜和铁　这两种元素共同参与血红蛋白的组成。大量存在于肝和脾中，对氧的代谢、过氧化酶的作用、肌肉和神经作用都十分重要，为代谢所必需，缺铜易引起腹泻，缺铁易引起贫血。

3. 氟　一般情况下不会缺氟，但缺乏时影响泌乳。多氟则影响钙磷代谢，使骨质疏松，牙齿松动，对产犊母牛影响尤为严重，解除氟中毒要多加磷酸钙类添加剂。水中氟含量超过 3～5 毫克/千克会出现中毒症状，产奶母牛往往引发佝偻病。严重时出现肋骨和尾骨软化，肢骨疏松症状。

4. 碘　碘主要存在于甲状腺中，少量地存在于肾、唾液腺、毛发、胃、皮肤、乳腺和卵巢之中，含碘量适中可缓解以上器官的病情，并降低患病机会。缺碘则甲状腺肿大，生长缓慢，皮肤干燥，毛发易脆；妊娠母牛出现流产、死胎和发情异常。饲喂碘盐是最好的补充方法。

5. 硒　硒是与维生素 E（生育酚）共同作用于繁殖的元素，缺硒易引起不孕。犊牛缺硒表现为白肌病，缺硒对育肥牛生长也有不利影响。适宜的饲料含硒量为 0.1 毫克/千克。

四、维生素营养需要

（一）维生素 A

维生素 A 通常以酯的形式存在于动物体内。维生素 A 与视觉有关，又与正常的生长及骨髓和牙齿的正常发育有关，还能保护皮肤、消化道、呼吸道和生殖道上皮细胞的完整。其计量单位用国际单位（IU）表示。胡萝卜素是维生素 A 的前体，牛将胡萝卜素转化为维生素 A 的效率很低，仅为 25%。1 毫克胡萝卜素转化为维生素 A，牛能得到 400 国际单位。因为牛的品种、个体的差异，胡萝卜素类型的不同，其转化率不同。

（二）维生素 D

维生素 D 又称抗佝偻病维生素，实际上是类固醇激素，由 7-脱氢胆固醇转化而来。若牛有足够的时间接触阳光时，紫外线能将皮肤中的微量 7-脱氢胆固醇转化成维生素 D。其计量单位为国际单位，1 毫克胆固醇相当于 40 000 国际单位维生素 D。维生素 D 的功能是促进肠道磷钙的正常吸收，消除肾脏内的磷酸盐及改进锌、铁、钴和镁等矿物质的吸收效率。

（三）维生素 E

维生素 E 又称抗不孕维生素，是一种生育酚。其活性的衡量单位为国际单位，共有 8 种。初乳维生素 E 是提高初生犊免疫力的因素之一。维生素 E 还有抗毒、抗肿瘤和抑制亚硝基化合物形成的作用，且能保护维生素 A。

（四）维生素 K

维生素 K，也称抗凝血素，广泛存在于饲料中，如维生素 K_1。瘤胃能合成足够的维生素 K_2。维生素 K 存在于凝血酶中，与磷钙代谢、谷氨酸代谢有关。

（五）B 族维生素

可在瘤胃中合成。犊牛一般在 6 周龄后，瘤胃内微生物发酵就可以形成足量的 B 族维生素。B 族维生素包括维生素 B_1（硫胺素）、维生素 B_2（核黄素）、维生素 B_6（吡哆醇）和维生素 B_{12}（钴胺素）。只要给牛喂以充分的蛋白质，为瘤胃微生物提供足够的氮素，一般不会缺乏。

（六）维生素 C

又称抗坏血酸。牛体组织有合成维生素 C 的能力，通常不发生坏血症。

五、水的需要

水是牛体的组成部分，是生理作用的重要物质，如起溶解营养物质和促进整体呼吸和代谢的作用。水在牛体内占的比重极大，如在新生牛犊体内水占 74%，而牛奶中更多，占

86％左右，可见水的重要。因此，饮水量是牛场建设的重要考虑因素。饮水量因牛的年龄、体重和天气而异，有不同的需要。肉牛一般自由饮水。

第三节　适合于高档牛肉生产的粗饲料及其加工调制

在肉牛生产中，常用粗饲料包括干草、青贮料、作物秸秆等纤维素含量较高，能量和蛋白含量较低的饲料。

一、青干草

青干草是肉牛生产中的基本饲料。青草的来源广且数量较大，在尚未结籽前收割晒干，仍能保持较高的营养价值，是肉牛在冬季最重要的储备饲料。

（一）青干草的营养价值

青绿饲料经过晒干后调制成青干草。优质青干草含水量范围为14％～17％，含水15％以下的干草不易发霉。禾本科青干草通常含纤维素18％，粗蛋白6％～9％。用豆科牧草晒制的干草，如苜蓿或紫云英，其干物质中粗蛋白质含量15％～20％，而粗纤维含量低于18％，属蛋白质干草饲料，是十分优良的饲料。这种优质干草必须保留叶、嫩枝和花蕾。一般叶部的蛋白质含量相当于茎秆的1～1.5倍，胡萝卜素含量高10～15倍，而纤维素少50％。晒制良好的干草具有独特的清香味。干草的营养成分因刈割时期不同而异。如黑麦草，生长盛期干物质中含粗蛋白质18.6％，粗脂肪4.1％，粗纤维20.1％，无氮浸出物43.4％，粗灰分13.8％，钙0.46％，磷0.35％；到开花期干物质中含粗蛋白质13.8％，粗脂肪3.0％，粗纤维25.8％，无氮浸出物49.6％，粗灰分7.8％。

（二）青干草的加工调制

优质干草晒制要使草的水分迅速下降到15％以下，以抑制各种霉菌的繁衍，并使各种酶失活。另外要防止干叶脱落，在晒制过程中，一般为早晨6～7点割倒，铺成条状，约需3小时，在水分降到40％时，细胞濒于死亡，这时要翻一次，使阴面暴露在上面。4～6小时后水分降到20％以下，开始堆垛，即堆成约1米高的小垛。在南方堆垛时干草的水分必须在15％以下，这就必须将晒晾时间延到第二天上午，先堆成小垛，青干草5天后才能堆成大垛。

在青干草的加工调制过程中，防雨非常重要，干草受潮后营养严重下降，会降到作物秸秆的水平，甚至发霉变质，失去饲用价值。因此，刈割要安排在无雨的日子，制作优质干草以机械化作业为好。

1. 青干草的制作原理　影响青干草成分的重要因素之一是干草的调制技术。制干的过程越快营养丧失越少。晒制过程中"氧"是降低养分的主要因素，大多数牧草都是在生长很快的时候收割晾晒，青草割倒后其细胞还在呼吸，并且要继续相当长的一段时间，不停止呼吸，就会继续引起损失。制干能制止呼吸过程，避免养分进一步损失。因此，收割晒制干草必须有晴朗的天气，牧草在割倒后遇到夜露或小雨会复苏呼吸作用，可溶性糖类就会损失，首先蔗糖和葡萄糖会受到损失，时间长了淀粉和糊精也会受到破坏。刚割下来的牧草水分自体内散发得很快，在晴朗天气下，5～8小时可使青草的水分从80％～90％降低到40％～50％；若不遇到受潮的情况，牧草的水分继续下降到40％左右时，细胞开始死亡，到水分下降到15％～17％时，其失水速度减慢，植株内的生理作用停止。但茎叶内的酶仍参与一些生化过程，如蛋白质、氨基酸及色素的分解，营养会继续受破坏。一般情况下，营养成分损失为青草总营养成分的 5%～10%。

豆科牧草调制时有一个值得注意的现象，如在苜蓿风干凋萎初期，当干物质含量从10%或20%上升到35%～50%时，其含糖量从4%上升到7%，是制青贮最好的时候，而继续风干时糖分又会下降。牧草制干过程中损失大概有以下两种：生理损失占总营养成分的5%～10%；机械损失对禾本科牧草来说比较小，占2%～5%，而对豆科牧草来说就比较大，可以达到15%～35%，其中叶片损失可占全株重的12%，而蛋白质损失达40%。因此，在豆科牧草收割时应当用现代化的收割工具。光的化学作用造成的损失，阳光直射能使胡萝卜素、叶绿素、维生素C等受到破坏，胡萝卜素的损失可达50%以上。虽然在紫外线的作用下部分胡萝卜素能转化成维生素A，但是各种维生素的损失要远远的高于合成量。雨淋的损失对晒干草的危害最大，淋雨后碳水化合物的损失可达67%，磷素的损失可达30%，碳酸钠的损失达65%。

2. 干草制作要领 调制干草的方法很多，在我国由于能源缺乏，常常用自然干燥法，这种干燥法在操作不规范时，营养成分损失很大，为避免这种情况出现，必须掌握以下要领：

（1）遮盖 任何粗料，水分达到12%～15%，在不遭受雨淋等情况下可以长期保存其营养成分，所以要学会鉴别水分，其方法如下：①水分15%左右。在一束干草被成束握紧时发出沙沙响声和破裂声，搓拧或拧曲时草茎断裂，松开手后草辫立即松开，叶片干而卷曲，是保存时最理想的水分。②水分17%～18%。将一束干草拧紧时无干裂声，草束散开缓慢，有部分不散开，叶片不全散开，茎不被折断，这样的干草也可较好地保存。③水分19%～20%。在握紧干草把时无清脆的响声，很容易拧成草把，经搓拧草不折断，这样的干草没有制好。一旦有这样的草捆混入草垛，会发热，甚至起火。因此，草垛存放处必须四面通风，以避免火灾。④水分23%～25%。手抓这样的草把会出水珠，手心有凉感，绝对不能保存。因此，在晒干草时，万一天气有变化，要将草拢成小草垛，待天晴时再摊晒；若遇比较大的雨就得搂成大垛，而起到遮盖作用。在已经垛成大垛时，要理顺顶部草料，使其成帽状或覆盖防雨材料等。

（2）扎捆 在干草已达到理想水分时，打捆是非常好的保存办法。最好用捆草机操作。草捆内部能保持长期青绿，湿空气不易透入，不会长霉，能长期保存原有的营养成分。

（3）制粒 这是把干草磨碎后再压缩成的产品。其优点是体积小于其他包装形式，只相当于长草的1/5或铡短草的1/3，便于运输和贮藏。在饲养时可以防止家畜挑食，排除浪费。颗粒干草可避免尘土的污染，是犊牛的理想饲料。

（4）堆垛 机械化的办法是将草捆垛成大垛，草垛的大小是宽3.5～5米，长4～11米，高4～5.5米。在大量开展牧草生产的地方应当用机械化方式。在干草达到要求的水分时要实行捆包运输和收贮。当捆包运输作业遇到不好天气时，须使用高性能的捆包机，同时马上运输收贮，最好实行连续作业的机械化体系。即收割压碎—摊散翻草—集草—捆包—集垛运输—收贮等一系列机械化作业。

在贮藏初期，应实行储藏干燥法，用塑料大棚贮藏库时，于库底垫好竹帘或草帘在其下安鼓风机，将草垛湿气吹出。或在草帘上堆草，高度为1～1.8米，在侧面安放鼓风机，对未全干的堆贮草垛实行3～4天的昼夜送风。此后要实行白天晴天送风6～7天，以保证全干和安全。

二、草地放牧和刈割青草

草地放牧是牛饲养的最原始方式，但在现代肉牛业中草地依然是非常重要的资源利用方式。带犊母牛在管理良好的草地放牧不需要补饲精料，足以满足母子的全部营养要求，一头母牛每天采食 50 千克青草，能够维持其生命需要及 8～10 千克的产奶需要。无论是建立永久性草地或者临时性草地，通常可种苏丹草、粟草及黑麦草、燕麦草、红三叶草等一年生牧草，也可播种苜蓿、多年生黑麦草、猫尾草、苇状羊茅、鸭茅等多年生牧草，建立人工牧草地。这种草地要求有一定的雨量，采取补施肥料和补播等措施以保证其高产。草地因牧草生长季节不同，营养成分在不断地发生变化。

（一）常用牧草品种

草地上的品种主要有禾本科、豆科、菊科、莎草科、藜科、十字花科，还有百合科、蓼科、伞形科、唇形科等。除前三种以外，其余属于杂草。如果前三种所占比例不高，形不成主体就成为退化草地。该草地应当列为人工改良的对象。

（二）牧草的分类

1. 按牧草生育期的长短牧草可分为 4 类

（1）一年生牧草　播种当年能完成整个发育过程，在开花结实后死亡的牧草。常用的牧草有苏丹草、山黧豆、紫云英、毛苕子等。

（2）二年生牧草　播种当年不开花，在第二年开花结实且枯死的牧草。例如黄花草木樨、白花草木樨等。

（3）多年生牧草　分为短寿牧草和中寿牧草。短寿牧草平均繁育 3～4 年，如多年生黑麦草、高燕麦、披碱草、红三叶等。一般在第三年开始产量下降，所以当年补播可以保持平稳的产量；中寿牧草平均繁育 5～6 年，如猫尾草、苇状羊茅、鸭茅、沙打旺、白三叶等，产量在第四年开始下降。

（4）长寿牧草　平均寿命 10 年以上，有无芒雀麦、紫羊茅、草地早熟禾、小糠草、苜蓿和山野豌豆等。

2. 根据需水量不同可分为 3 类

（1）喜水牧草，要求较多的水分和低温地，如意大利黑麦草、杂三叶、白三叶等。

（2）中等喜水牧草，有鸭茅、多年生黑麦草、紫花苜蓿、红三叶。

（3）耐旱牧草，例如冰草、鹅观草、胡枝子等。耐旱牧草在水分充足时产量增高。建植人工草地能使产草量比天然草场增产 2.5～10 倍。

（三）牧草的生态效益

1. 改良土壤，提高肥力　牧草能以强大的根系在土壤中积存大量的腐殖质，促进土壤微生物增殖，形成水稳性团粒结构，提高肥力。特别是豆科牧草，以苜蓿为例，播种的第一年根系量达 560 千克/亩，可增加氮素 4.4 千克；第 3 年鲜根达 2600 千克/亩，每亩增加氮素 19 千克。种植三叶草每亩可固定氮素 17.0 千克（12.6～23 千克）。

2. 保护环境，防止水土流失　生长繁茂的草地可减少雨水冲刷，保土效益达 80%～90%。据山西省栽培草木樨的报道，可减少地表径流量 43.8%～61.5%，减少土壤冲刷量 39.9%～99.5%。

3. 促进农牧结合　农、林、草、牧，或果、水、农、牧结合是合理利用光和热，水和时间的手段。已过牧的草地通过人工牧草的栽培可以改善环境，促进农业持久发展。

（四）高产青饲作物介绍

1. 饲用玉米　将玉米在乳蜡熟期收割，取代玉米先收籽粒再全部风干秸秆利用，其在营养成分产量上表现出巨大的优势（图7-3）。

当玉米以每亩平均收获350千克籽粒计算时，秸秆产量按1.3：1估产，可得455千克秸秆。在折算成绝对风干物的量时，分别为310.5千克和416.8千克，各占总绝干物的42.7%和57.3%。按所得粗蛋白质含量计算，分别得到29.8千克和32.1千克，如果玉米秸秆烧掉，则一大半粗蛋白质白白地浪费了。尽管玉米粒的蛋白质可消化率高达67.6%，秸秆被牛利用消化率达32.4%，但猪鸡不能利用其

图7-3　青贮玉米

秸秆，至少浪费1/3。能量以代谢能计算，玉米粒占51.4%，若秸秆不利用，能量浪费将近一半。将玉米在乳蜡熟期刈割作为牛的青饲料，其总收获量以绝对风干物质折算，当亩产鲜草4 500千克时，其粗蛋白质产量达87.8千克，比收籽粒加秸秆的粗蛋白质总产量高出15.9千克，即高出42%；比单独收获籽粒高出195%，即将近2倍。玉米适时青割，比收获籽粒加枯黄秸秆或者比单纯地收获籽实的蛋白质总产量高2～3倍，可消化蛋白质也达到同样增产水平。收获青饲玉米的能量较低，为8 846.2兆焦，但比玉米成熟后分别收籽粒和秸秆的总能量8 244.8兆焦要高7%。因此，种植玉米这样的饲粮兼用作物，在生物产量达营养成分最佳的时候收获，比收粮要划算得多。将饲用玉米留作青贮是养牛的良好青饲料，宜于大力推广。饲粮兼用作物是农牧结合高产高效的理想中介作物。

2. 甜高粱　甜高粱是新育成的品种，可用以酿酒、制砂糖和做青贮料（图7-4）。一亩地的谷实产量为200～400千克，茎叶产量4 000～7 000千克。甜高粱抽穗前的干物质中含粗蛋白质8.2%，粗脂肪0.5%，粗纤维3.0%，无氮浸出物8.9%，粗灰分10.8%，钙0.79%，磷0.25%。籽实中含粗蛋白质8.2%，粗脂肪2.6%，粗纤维3.6%，无氮浸出物72.7%，粗灰分3.9%，钙0.07%，磷0.24%。茎秆中含糖分50%～70%，垂度14%～23%。每亩地的茎秆可制砂糖150千克，其废液可酿醋约250千克。茎秆用固体发

图7-4　甜高粱

酵，每亩可产60度白酒200千克。酒渣是粗饲料，也可以生产纤维素，加工成纤维板。

3. 小黑麦　小黑麦适宜于小麦不宜种植的地区，是粮饲兼用作物，有春性和冬性两种（图7-5）。其营养成分在抽穗前干物质中含粗蛋白质23.2%，粗脂肪5.3%，粗纤维21.3%，无氮浸出物39.4%，粗灰分10.8%，钙0.29%，磷0.15%。籽实的干物质中含粗

蛋白质 20%，粗脂肪 1.6%，粗纤维 3.4%，无氮浸出物 72.1%，粗灰分 2.9%，钙 0.08%，磷 0.64%。无论做青贮或者干草都十分适宜，是发展畜牧业的一种新的牧草与粮食兼用的品种。

小黑麦种子的氨基酸成分，除色氨酸低于小麦，亮氨酸低于高粱以外，其余都高于小麦、玉米等籽粒。其中赖氨酸平均为 0.51%，比小麦高 50%。1 千克小黑麦精料提供能量 17.03 兆焦，比鱼粉高 13%，比豆粉高 31%。

在播种较早时，小黑麦越冬后的鲜草产量每公顷达 25～60 吨，播种较迟时每公顷产量可达 45～60 吨。小黑麦秸秆的草粉含蛋白质量比黑麦高 10%～15%。小黑麦胡萝卜素比黑麦高 34%，

图 7-5　小黑麦

其胡萝卜素含量为 0.85～1.1 毫克/100 克。当小黑麦青草每公顷产量达 45 吨时的能量相当于早稻谷实每公顷产量 6 吨的能量，而蛋白质含量却大大超过稻谷。

4. 籽粒苋　籽粒苋是新开拓的作物品种之一，尤其是含蛋白质和赖氨酸的成分很高，有利于发展畜牧业（图 7-6）。

籽粒苋植株的茎叶营养价值高于一般的青饲料，在开花初期生长到 1.5 米时，叶片的营养成分，按干物质计算，含蛋白质 21%～28%，平均为 24.47%，赖氨酸 0.52%～0.72%，平均 0.60%；茎秆含蛋白质 8%～16%，平均 13.35%；赖氨酸为 0.19%～0.30%，平均 0.23%。与苜蓿相比，如公农 1 号苜蓿开花期叶子含蛋白质 26.6%，茎秆含 10.2%。籽粒苋在一年收割 2～3 茬时，鲜茎叶每公顷产量达 112.5～150 吨。相当于干重 19～25.5 吨，且刈割后再生分蘖能力很强（图 7-6）。按干茎叶中含粗蛋白质平均 20% 计算，每公顷可提供 3 825～5 100 千克蛋白质，比种玉米收谷实

图 7-6　美国籽粒苋

得到的每公顷蛋白质产量 450 千克要高 10 倍，比饲用玉米青割每公顷产 1 317 千克蛋白质高 4 倍，被认为是 21 世纪最有希望的饲用作物之一。

三、青贮饲料

（一）青贮饲料的优点

1. 能够最大比例地保留原有作物的营养成分，如牧草青贮一般能保存 85% 以上的养分；制作干草最好时能保存 80% 的养分，一般只能保存 50%～60%。

2. 给牛喂玉米青贮比喂玉米籽粒加枯玉米秆的饲养价值至少高 30%～50%。

3. 在气候恶劣的情况下能制作优质青贮，但不能晒制干草。

4. 整株加工玉米比收获玉米粒与切铡玉米秸秆节省工时一半以上。

5. 贮存青贮饲料比保存干草占有的空间少 50％。

6. 青贮料不会有火灾之忧。

7. 极为有效地控制玉米螟的发生。

8. 有利于机械化生产。

9. 可长期保存。

10. 将甘蓝叶、甜菜叶等不能食用的废叶与玉米混合，加工成营养价值高的青贮饲料。

青贮料的饲喂量一般以干草重量的 4 倍估算，如可将每日喂 5 千克干草，改为每日喂 2 千克干草，与 12 千克青贮料。

（二）青贮饲料的制作

1. 青贮制作的原理　青贮是在密封厌氧条件下自然发酵后，原料变酸而达到保存其原有营养价值的方法。成功地制作青贮饲料要注意四点，即青贮原料的含糖量、含水量、切铡长度和制作过程中排除空气的程度。

原料含糖量是先决条件，制作过程中排尽空气是保证条件，再加上操作中切铡长度和水分调节恰当，才能防止腐败，而且能够长期保存。青贮发酵变酸产生足量的乳酸要依赖厌氧条件下乳酸菌的繁殖，使乳酸量不断积累，饲料 pH 下降，抑制能引起原料腐败的梭状芽孢杆菌的生长。

收割后的青贮原料中存在大量的好氧微生物，如果青贮料镇压不紧实，梭状芽孢杆菌等腐败菌种会大量繁殖，原料过度发热，其养分被迅速消耗，青贮就会失败。青贮制作过程中的设施，无论是窖、罐、袋、塔，其结构都要有利于抑制好氧微生物的活动，才能顺利制作青贮。无论采取何种青贮方法，装填后的原料中都会有残留的空气，只能尽量压实。入封后的青贮料中虽然还会有未排出的空气，因为残留得较少，经过好氧微生物的作用，氧气很快耗尽，厌气微生物得以迅速繁衍，使青贮料 pH 由 6.5 下降到 5。当原料中含糖量很高时，乳酸菌等厌氧微生物生长繁衍良好，约在两天左右的时间，使青贮料的 pH 进而下降到 4.2～4.4，此时梭状芽孢杆菌得到彻底的抑制，此酸度为青贮的长期保存创造了条件。镇压原料可造成无氧条件，但是过干的玉米秸秆或其他草料不容易压实，达不到排气目的，此时加水是十分必要。加水能提高糖分的溶解度，使糖分均匀分配，有利于乳酸菌的生长。潮湿的秸秆一般含 60％的水分最易制作成功，湿润的原料在镇压后才能达到理想的致密度，故不可忽视。

糖分是乳酸菌繁殖的营养剂。当青贮料中空气多，糖分缺乏的时候，乳酸发酵过程会中断，有害菌类很快占上风，产生大量丁酸，青贮料中的蛋白质被降解成营养价值较低的非蛋白氮，pH 上升，营养成分大量损失。因此，什么草易于制成青贮料，什么草不易用于青贮制作，主要取决于其含糖量。一般来说，糖分高于 6％的容易做成青贮，而低于 2％的就比较困难。

2. 青贮原料的选择和处理

（1）选料　各种饲用作物所含的蛋白质、碳水化合物和脂肪等营养物质的量不同，其比例对青贮制作起着重要作用。豆科牧草含蛋白质比例较高做青贮较难成功，而禾本科牧草含碳水化合物比例较高，易于成功。各种作物或牧草青贮制作的成功率，因含蛋白质成分不同，所需的最低含糖量并不一致。糖分中一般水溶性的糖分起主要作用，只有当实际水溶性含糖量超过最低含糖需要量时，成功率才会提高。

（2）水分调节　作物不同生长期其含水量不同，一般在抽穗或抽穗前的收割，含水量在 85%～90%，不宜立即青贮，如玉米等在割倒后应该晒半天，再铡短入窖。而玉米乳蜡熟期时可边收割边铡短入窖。玉米收获籽粒后的枯黄茎叶，含糖量依然较高，但水分较少，在铡短后加水至 60%～65% 的湿度，才可做很好的青贮。

（3）刈割时间　牧草在下午收割一般有较高的含糖量，对于不易制作青贮的牧草，要考虑刈割时间。而玉米这类含糖量在 4% 以上的作物，刈割时间可以不作为制作青贮的考虑因素。刈割季节也是青贮时需考虑的因素之一，通常秋季的茎叶中含糖量比较少，非禾本科的牧草或作物，在籽粒成熟后，就难以再用作青贮原料。

（4）凋萎　青贮原料在收割后令其发蔫，使之失去较多的水分而萎缩。凋萎的原料较易被制成青贮，这就创造了新的青贮方法，即半干青贮，后来成为豆科牧草，如苜蓿保存的新方法。自 20 世纪 60 年代初期半干青贮法问世以来已成为欧美各国草料的主要贮藏方法。凋萎是水分蒸发，并非汁液渗出，养分不减少，原料的糖分变浓，除有利于乳酸菌的厌氧发酵外，其体积和重量均减少，减少了窖贮体积，加快了从田间到窖边的运输，可降低成本。

制作青贮饲料时，水分越多的原料渗出液越多，损失也增加。茎叶的水分与渗出液的量之间，存在如下关系：每吨青贮原料含水 70% 时，渗出液为 10 升；含水 78% 时，渗出液为 50 升；含水 82% 时，渗出液 100 升；含水 84% 时，渗出液 150 升；含水 96% 时，渗出液 200 升。这说明，干物质越少的原料，渗出液越多，做青贮越不理想。比较理想的青贮原料应含 60%～65% 的水分。这样的青贮料大约 1 千克绝干物含 10 兆焦的代谢能，是比较好的能量饲料。但一般情况下，在田间操作没有仪器可供测试，靠手感决定。十分简单而且有效的办法是用手捏，即抓一把铡碎的青贮原料，用力捏时只湿手心不出水滴，为适宜湿度。

凋萎会增加田间损失，青贮原料割倒后，第 1 天的损失不会超过 5%，第 2 天的损失累计不会超过 10%，第 3 天累计不超过 12%。即使有雨，只要不是连阴雨，经晾晒 1 天的青贮料，其干物质含量可达 25%。只要摊晾均匀，渗出液不会很多。装运填窖时要加快速度，一次完成一窖的装填。

（5）切铡长短和碾压　在有联合收割机的情况下最好在田间进行青贮原料的切铡，再由翻斗车拉到青贮窖直接装窖并镇压，可以提高青贮质量。中小型牛场常在窖边切铡秸秆或草料。切短后可打碎硬秆减少原料内空隙，加速厌氧菌繁殖发酵。铡短在装窖时使原料断面的渗出液增加，如玉米秆节结被铡开的机会增加，这些节结是多糖部位，切铡时糖分随渗出液被挤压到其他铡碎料中，被分撒在青贮窖内的原料中，使糖分分布均匀，为全窖的优质发酵提供条件。填窖时紧填密封，层层镇压紧实，有利于排尽空气。无论是带穗青玉米青贮，或是去穗黄秸秆青贮，镇压紧实为青贮成功的关键。它能促使入窖青贮料的植物细胞及早停止呼吸，迅速发酵形成足够的乳酸。秸秆青贮碾压能摊匀原料的混合程度，使加入的水分充分渗入干原料中，尽早开始全窖的均匀发酵过程，并尽快完成此发酵过程。切短的长度，细茎牧草一般以 7～8 厘米为宜；而玉米、高粱等秸秆较粗的作物以 1.5～2 厘米为宜。

（6）碾压和撕碎　新型青贮切碎机含撕裂、铡短两个工序。碾压主要针对粗秆作物，将其节结部压扁，排尽空气，避免由于硬节结中间空隙大引起霉变。在做黄贮时碾压的作用更大且更有效。在切铡时不能同时做到碾压的情况下，用拖拉机镇压窖内原料是个较好的弥补办法。

3. 青贮添加剂 青贮添加剂是为保证青贮料质量和提高青贮料营养成分的化学物质，共分为三类：第一类是营养性的，第二类是抑菌性的，第三类是调节发酵作用的。实际上许多添加剂兼属，如尿素、氨、双缩脲、矿物质都属于纯营养性的；而葡萄糖、蔗糖、糖蜜、谷类、乳淀粉渣等属促进发酵的，同时也是增加营养的；乳酸菌是纯粹的促进发酵专用剂；甲酸、乙酸、乳酸、苯甲酸、丙烯酸、甘氨酸、硫酸、苹果酸、山梨酸、硝酸钠、二氧化硫、二硫酸铵、氯化钠、二氧化碳、二硫化碳、乌洛托品、氢氧化钠等都属发酵抑制剂；而丙酸、己酸、山梨酸等是好气性腐败菌抑制剂。

青贮添加剂主要用于以下情况：

（1）青贮料水分过高，糖分过低。如当水分高于 75%，其湿原料中的糖分不足 2% 时。

（2）豆科牧草为主但不能预先制干，含水量较大时。

（3）因农作物接茬的需要，或者遇早霜等不利天气不得不提前收割全株时。

（4）调制条件十分不利，如装窖不能当日完成，或牧草受雨淋等。

（5）为了提高青贮品质。

（6）因作物施氮肥过量，水分不易下降。

（7）要提高适口性或消化率。

4. 优质青贮制作要领 要制作优质青贮，除了青贮窖大小适中，结构完好以外，青贮料必须适期收获，切割长度适中，入窖青贮的水分含量适当，必要时使用某种合适的保存剂。要装窖迅速，踩踏紧实，分装均匀，密封完好。按青贮制作的程序应掌握好几个方面：

（1）成熟适期收获 成熟适期是保证产量和养分达到最高时的收割时期。以玉米为例，最适宜的青贮收割期是生理成熟时，此时玉米籽粒尖端有数层细胞变黑，形成"黑层"，即在玉米尖端劈开时可看到黑层。在玉米粒外观出现凹痕，表面有釉光，植株下部的 $4\sim6$ 片叶子变成棕或黄褐色时，全株的含水量为 $60\%\sim67\%$，可以立即收割。如果土壤养分充足可以在 1 周内收割，最晚不得超过 2 周。高粱的收割应该在籽粒开始变硬时进行，其他牧草要在籽粒开始成熟时收割。

（2）铡碎的长度 切铡的长度会影响装窖的填实程度而与青贮质量直接有关。切割的长度因作物种类和当时的含水量不同而异。玉米和高粱一类的作物适宜切铡长度为 3.5 厘米，或略短一些；其他短秆牧草为 3 厘米或更短些。较干燥或已萎蔫的牧草及茎秆空心大的牧草，应切得更短，以利于在填实时排除空气。

（3）控制含水量 适宜的含水量为 $60\%\sim67\%$。水分含量过高有许多弊端，如重量大，装卸费力，入窖后容易产生丁酸和其他不符合需要的酸类，制出的青贮料黏滑易腐败，渗出液过多，甚至影响窖壁使用的耐久性。如果不得不刈割较高含水量的牧草时，在含水量高达 $75\%\sim80\%$ 时就收割，则必须使水分降低 $10\%\sim15\%$ 后再入窖。

（4）快速装窖 青贮切铡装窖要一次完成，以免长时间暴露受到不必要的损失。为此，装窖前要按窖的大小估计需用的青料重量，算出应割草的面积，最好一天装好一窖，至少在两天之内装满一窖。入窖可先向一端填装，踩实窖角，然后快速装填。

（5）均匀摊料 装填时为了避免出现气穴，要层层填压，要将每层边角踩实，中央部可以略高。对于较干的茎秆务必踩踏紧实，大型的青贮窖可用拖拉机镇压。

（6）青贮窖封口和封顶 封窖是最后一项重要工作。窖在贮满之后。必须在窖的上沿多添出 1 米以上的青料，用黑色塑料布覆盖，四壁四角必须踩实，也可覆上潮湿的杂草后再盖塑料布，布面要大于窖面，上压重物。加重时使用废旧轮胎是很好的选择。上层压得不紧实易腐败，损失很大。

5. 青贮塑料的取用　按以上操作要求进行封窖后，入贮的草料可以数年不坏。但是一旦启封，必须按计划用完，在不十分寒冷的地方，青贮启封不得早于入窖后的 4 周。启封不得法会导致窖内青贮料腐败或营养成分大量损失。

6. 青贮设施　贮存青贮的设施有很多种，常用的有以下几种：

（1）青贮窖　我国最常见的青贮窖多为地下式、半地下式或地上式（图 7-7）。用哪一种方法取决于地下水位的高低，在地下水位不高时地下式比较实用；若地下水位较高为避免窖底渗水，以半地下式较好。无论哪一种青贮方法，其窖底距地下水位应在 0.8～1 米以上。窖壁以光滑为度，土质窖面只要整平即可，但要长期利用的窖，以砖砌加水泥抹光为好。合理的窖壁应倾斜，面口大，底口小，成窖后呈斗形。倾斜度为每深 1 米收缩 5～7 厘米，斗形或倒梯形窖的优点在于装满青料后，在自身重量作用下原料可继续下沉，原料在有斜度的坡壁上越往下越紧贴窖壁，能自动将空气排净。使用这种窖壁结构，青贮成熟后在壁部很少有变质料。而直立式窖壁，原料下沉时往往呈向心下降，使窖壁与原料间出现空气层，

图 7-7　青贮窖

是使窖壁青贮料发霉腐败的原因。直壁的青贮窖在填装时要加倍注意窖四边的踩踏，但生产中往往疏忽这一工序，所以最好是建成斗形的青贮窖。

大型牛场的青贮窖一般要求深 3 米以上。设计地下窖时，为了防止雨水或地面水流入地面，宽 4～6 米，长度不等，按牛头数多少而定，窖沿要高出地面 0.5～1 米。一端以斜坡接地。

（2）青贮坑　一家一户养牛头数少时，往往挖一个圆坑，够大半年喂用（图 7-8）。此时窖坑的深度不宜超过 2 米。

（3）青贮塔　这是节省地面且高效的贮存设施，因造价高，我国在 1950 年前建的牛场有继续使用的（图 7-9），目前很少新造。但美国等发达国家多用搪瓷或水泥的青贮塔，可电脑控制装卸和饲喂。

图 7-8　青贮坑

（4）青贮堆　这是极为简便的方法，只要有一块平坦的水泥地面，或其他光滑不透气的地方，将切短的青料堆在一起，压实，严密地盖上塑料薄膜，使其不透光，用泥土或重物压紧。也可先四周垒上临时矮墙，铺上塑料薄膜后再填青料，按上述青贮操作顺序进行。此法也称地上青贮。

（5）青贮袋 用青贮袋制作青贮料又称袋式青贮（图7-10），是目前国内外正在推行的一种方法。这种方法投资少，料多则多贮料，少则少贮，比较灵活。必要的条件是要将青贮原料切得很短，喷入塑料袋。入装青料要湿度适中，抽尽空气，并压紧后，扎口即可。如果无抽气机，就应装填紧密，加重物压紧。常用的青料有青叶、青玉米秸、豆秧、花生秧、甜菜叶、甘薯藤、胡萝卜等。小型青贮袋能容纳几百千克，大型青贮袋容纳量达数百吨。我国尚未有这种大型袋式青贮。国内有长、宽各1米，高2.5米的塑料袋，可装750~1 000千克玉米青贮。一个成品塑料袋能使用两年，在这时期内可反复使用多次。

图7-9 青贮塔

7. 半干青贮 半干青贮亦称低水分青贮。当原料中含蛋白质量高，含可溶性碳水化合物量低时，只要使其干物质量提高，就能调制出优质青贮。这是青贮技术发展后的新方法，应用前景广阔。应用这个方法难于制作青贮料的豆科牧草，如苜蓿等就可以充分地利用。其基本原理是将青草晾晒至含水量50%左右时，形成对微生物不利的生理干燥和厌气环境，同时植物细胞形成高渗透压，使生命活动受抑制，发酵过程变得缓慢，在无氧的条件下保持青贮料长期不变质。如沙打旺在嫩绿期刈割，晾晒约一天，出现凋萎，水分降到55%以下就可以进行青贮。

图7-10 青贮袋

半干青贮的调剂。以苜蓿为例，在刈割后要在田间晾晒至半干状态，晴朗天气约24小时，一般不超过36小时，使水分降到55%或降至45%，含水量的感观评定要凭经验。参照的标准为：当苜蓿晾晒至叶片卷缩，出现筒状，未脱落，同时小枝变软不易折断时，水分为50%左右。入窖时要求切碎，长度为2厘米左右。

禾本科牧草也适宜制作半干青贮，其饲喂效果一般比喂干草要好。半干青贮还适宜于多雨潮湿不易晒制干草的地区。这种情况下，割倒的牧草在晒半天后可以搂成小草堆，再晾晒6~7小时；若小堆的草已经比较干只需再晾晒2~3小时。最后铡短入窖。

8. 青贮质量评定标准 青贮质量评定曾由中国农业科学院畜牧研究所总结并提出，国际上评定方法众多，现在较通用的有以下几种：

（1）简易感官评定法 由色、味、嗅和质地4项定出优、中、劣3等。

（2）感官评分法及划等标准 根据嗅觉、结构和色泽三项，得出单项评分，相加后得出总分。与简易感官评定法相比，优等和中等两个等级是彼此相符的。按此评分法又可将劣等的细分成两种，有"可"与"劣"之分。

9. 几种特殊饲料的青贮

（1）高水分谷实的青贮 做高水分谷实青贮起因于作物遭受霜冻或虫害，或生长期不足，或籽粒收获时受雨淋等需用青贮的方法进行保存，这时谷实的含水量 24%～40%。这样的饲料是高能饲料，对肉牛育肥十分有效。在生产中，可避免谷实受潮变质甚至长霉，保留了原有的营养价值。虽然在青贮发酵过程中会消耗掉少量糖分，但增加了微生物的菌体蛋白。此法比脱粒后，再用烘干或晒干的办法来达到脱去 7%～32%水分以保存谷实更为经济有效。

（2）籽粒苋青贮　籽粒苋是高蛋白质的高产作物，每亩鲜草产量一般 9 000 千克左右。全株蛋白质含量占绝干物的 14%～17%，是玉米蛋白质亩产量的 2 倍。鲜割籽粒苋全株青贮时，因水分含量大，要制作成功必须调整水分，一般可以用干玉米秸或麦秸进行调制。当青贮的适宜水分定在 60%～65%，鲜割籽粒苋全株水分为 88%，欲添加的干草水分为 12%时，要加的干草量应该为 43%～58%，约 50%，即 1 千克鲜籽粒苋全株加 0.5 千克干草。考虑干玉米秸含糖分较高，有助于青贮发酵，可用干玉米秸 30 千克、麦秸 20 千克，与 100千克鲜籽粒苋刈割料共同青贮。这样制成的青贮料色黄绿，呈酸香味，质地柔软，三种草的叶脉清晰。据观察，未经调教的牛只，初次喂用时，在闻到其味后立即埋头大口采食。在窖底的麦秸浸透了籽粒苋汁液，味香，有轻度酸味，色黄褐。牛采食混合青贮料时，先吃籽粒苋，最后吃麦秸。

10. 二次发酵及其防止对策　青贮料启窖后由于管理不当引起霉变而出现温度再次上升的现象，称作青贮二次发酵。专指霉菌丛生引发青贮料品质败坏的现象，科学上称做好气性腐败。这是原来保持在无氧状态下稳定的青贮料开始接触空气后，细菌和酵母活动旺盛所致，在夏季高温天气和颜色、香味良好的青贮容易发生。

二次发酵出现的升温有二次高峰。第一次在最初 1～2 天出现，由酵母菌引起。第二次在第 5～6 天，由霉菌引起。但是也有启窖后窖内青贮料温度持续上升的情况，主要原因是由于在厌氧条件下形成的乳酸及残留的糖分接触到渗入的氧气后，给微生物以营养及滋生条件而产生高温。此时即使 pH 很低也不能防止败坏的作用。

要防止二次发酵，制作好的青贮料密度应该是每立方米 600 千克以上，所以入窖时至少要保证每立方米青贮料为 550 千克，待自然压紧时，可达到预期的密度要求。环境温度与二次发酵也有关系，空气温度越低，出现二次发酵的机会越少。

四、其他粗饲料的调制

其他粗饲料包括农作物收获后的副产品，如藤、蔓、秸、秧、荚、壳等都属这一类型。主要有三类，一是干物质中粗纤维含量大于或等于 18%的，二是干物质中粗纤维小于 18%的，三是干物质小于 18%而且粗蛋白质含量大于 20%的，分别属于能量饲料或蛋白质饲料。粗饲料调制主要是对粗纤维含量大的一类饲料的调制。粗饲料的加工调制是十分重要的提高营养价值的必要措施。常见的调制方法有化学的、物理的和生物的 3 大类。

（一）碱化处理

严格意义上讲这是用苛性钠处理麦秸的方法，苛性钠即氢氧化钠，能破坏细胞壁将木质素转化成易于消化的羟基木质素。碱化处理时先将秸秆铡短到 6～7 厘米，将 1%～2%的氢氧化钠溶液均匀地喷洒在秸秆上，使之湿润。一般可以按 100 千克麦秸喷 6 升 1%～2%的氢氧化钠计算。喷过的麦秸拌匀后堆放 6～7 小时，在冬天要延长到 10～14 小时。为了安全起见，碱化麦秸可在水中浸洗一遍，捞出后即可喂用。处理过的麦秸营养价值可以提高一倍。

（二）石灰水处理

这是碱化处理的一种。石灰水处理简便可行，取材容易，很多地方都可使用。一般用生石灰 3 千克，配成 200 升石灰水，浸泡 100 千克秸秆，12～24 小时，碱化后的秸秆即可用于饲喂牛、羊等反刍家畜。但因加工时所处的季节不同，掌握的喂用时间也不一样，冬季的碱化时间要在一天之后。喂养前处理过的秸秆要清洗一次，方法同碱化处理。为了提高适口性，可在石灰液中加入 0.5～1.0 千克的食盐。熟石灰也能用于处理秸秆，使用时可用熟石灰 4 千克配成 200～250 升石灰水，其效果相同。

（三）氨化处理

目前氨化处理是国内应用最广的一种方法。氨化处理的原理基本上同碱化处理。基本方法是：在每 100 千克秸秆中加 12 升 20％～25％的氨水，拌匀后在池子里密封一周，夏天只要 1～2 天，而寒冷天气要延长到 15 天，饲喂前要先打开晾 1 天。

（四）热压处理和膨化处理

1. 热喷加压法　这是用专门的机械加工秸秆的方法。用过热饱和蒸汽向热喷机内喷入后又突然减压，使秸秆从机内喷爆到空气中，改变秸秆的物理和化学结构与成分，提高饲用价值，同时可以消毒、除臭、脱毒，达到加工的目的。

2. 高压蒸汽法　这是用热压使纤维素和木质素之间的紧密结构得到破坏的方法。由专门设备（加拿大），可以连续生产。在我国尚未应用。

（五）尿素处理

使用尿素提高秸秆营养价值的方法是氨化法的一种。因为操作方便，容易普及。尿素是非蛋白氮，牛瘤胃中微生物能利用这种非蛋白氮，将其转化为微生物蛋白。尿素是广泛使用的非蛋白质来源，用以处理作物副产品。

饲喂尿素的考虑因素：①日粮中缺蛋白质的多少；②尿素的利用率；③中毒的危险；④加工和利用的经济效益及其他饲料蛋白的来源。尿素可用于以下几种情况：

1. 加入精料中　饲养生长中的青年牛，体重在 250 千克以上的牛。一般每天按 50 克尿素，拌入精料。但是必须注意，拌入尿素的精料不能用水拌湿，只能拌入湿的粗料，如青贮等，立即喂用。

2. 加入糖蜜等多糖饲料　在用糖渣育肥肉牛时，加尿素很有效，且没有危险，但是必须控制饲喂量，以免采食过多。

3. 加入青贮料中　常规的青贮料中，干物质为 35％～40％，可按湿料 0.5％的重量加尿素。此时，可使青贮料提高 5％的蛋白质含量（按干物质计算）。

无论采用什么方法，为提高效果和避免中毒，①彻底混匀尿素，②限定用量，③保证谷物饲料水平，④保持钙、磷、钴、锌等元素的平衡，⑤使氮硫比不大于 15：1，⑥保证日粮含 0.5％食盐，⑦有 6～7 天的适应期。

五、粗饲料的粉碎

粉碎法是十分重要的加工法，既可以用于优质牧草的调制，又可以用于作物秸秆的调制。优质牧草的草粉是有效的蛋白质添加剂，常用于肉牛的日粮配制。牧草粉加工以豆科牧草为主要对象，主要有苜蓿、沙打旺、草木樨、野豌豆、红豆草等。使用的机械是一般的粉碎机。草粉是粉碎饲料，颗粒小，表面接触空气面积大，容易被氧化，营养物质易受破坏。

同时草粉容易吸收水分，贮藏过程中易于产热和发生霉变而丧失饲用价值。因此，贮存是草粉加工后的技术关键。贮存的条件是草粉含水量保持在12％左右，贮藏温度低于15℃，一般要用编织袋、塑料袋或麻袋包装。如果要较长时间的保存，就要在密封仓内保存。

六、粗饲料的盐化处理

盐化是指在秸秆中加食盐处理的方法。这是处理过程十分简单的加工办法。如要处理100千克稻草，可以先将其铡短（不长于7厘米），再将0.6千克食盐溶解在20千克的水中，然后均匀地泼到稻草堆中。草堆要堆在有塑料薄膜铺底的平地上，为使盐水浸润草料，必须将草堆压紧，用塑料薄膜盖严，用土将四边压紧。夏季只要24小时即可喂用。冬季因气温而异，最好放在温暖的房间里，在温度高于10℃时，一天即可。如温度在0℃左右，大约需48小时。这种处理可使稻草变得柔软，具有清香味，可促使牛提高食欲，增加采食量。

七、粗饲料的微生物处理

微生物处理法是利用微生物在发酵过程中产生的酶，将动物难消化的粗纤维分解成易于消化的物质，国内外有不少研究，但是在实验室条件下尚未证实其效果。常用的微生物菌种有纤维毛壳菌、木素木霉、解脂假丝酵母、白腐真菌及黑曲霉等。经处理的粗饲料质地软化，提高了适口性，得到一定的应用。

制作过程：先将作物秸秆铡短（5～8厘米），秸秆必须用不霉烂，且没有混入沙土。菌种按商品销售的每袋3克，可处理麦秸、稻草或玉米秸1吨。菌剂要先倒入2千克水中，充分溶解后，加入白糖20克，再加入菌种，在常温下放置1～2小时使菌种复活，当天用完。在菌剂内加0.8％～1％食盐水可以提高效率。此菌剂可以处理1000千克稻秸或1000千克麦秸或1000千克干黄玉米秸或2000千克的青玉米秸。在处理青玉米秸时不用加水，其他需加水，如干黄玉米秸用800升水，稻秸或麦秸用1200升水。拌好菌剂的秸秆要压紧压实，蒙上塑料布，再压上草和土。微生物贮存时间大约30天左右。制作成功与否可凭感官评定。

在雨水多的地方做微贮，应在草垛周围挖排水沟，以防进水。另外，混合菌剂在加水时同时加入一些麦麸则效果更好。

八、复合处理

复合处理是指将以上某两种或两种以上方法合并使用。主要复合方式有：

1. 将氨化法与盐化法结合，也可以再加第三种方法，如碱化法。麦秸用氨化、盐化加造纸废液综合处理可取得良好效益。尿素氨化加氢氧化钙的复合处理法，经复合法处理的稻草消化率达71.25％，麦秸消化率达66.3％。复合处理是提高营养价值更为有效的方法。

2. 在青贮时加纤维素分解酶和淀粉分解酶，可以促进乳酸菌的发酵作用。在青贮苜蓿时加入鸡尾酒酶可以使青贮的pH从5.38降到4.10，每千克干物质中的乳酸含量由57克提高到151克。苜蓿及红三叶草青贮添加0.25％的黑曲酶制剂，与一般青贮饲料比较，可使纤维素减少29.1％～36.4％，含糖量保持0.47％，保证乳酸发酵的完成。青贮中直接添加乳酸菌剂或乳酸菌培养物，按每吨青贮料加入450克制剂（德氏乳酸菌，按每克含10万到

100万菌体计算），可提高青贮的成功率。

3. 青贮中直接加尿素和磷酸脲。按0.3%～0.5%的比例添加，尿素和磷酸脲可使玉米青贮的粗蛋白质含量由6.5%提高到11.7%。可使青贮料的pH快速降到4.2～4.5，有效地保存青贮料中的养分。在1吨青贮原料中添加硫酸铜2.5克，硫酸锰5克，硫酸锌2克，氯化钴1克，碘化钾0.1克，硫酸钠0.5千克，能提高饲喂效果。

九、颗粒处理和压块处理

颗粒处理是将已经粉碎的草粉，经过机械加工制成颗粒的方法，广义上讲草块制作也属于这一种。颗粒饲料的优点是具有全价性和可用性，在制作颗粒的过程中可以按营养要求配制成全价饲料，并能克服草粉粉尘大，不易操作，易于损失等弊病。压制成草块更适于养牛，特别适合大型的育肥牛场，对提高工效是一项关键的工艺。

十、揉碎处理

揉碎处理是依靠机械加工使粗糙的秸秆破碎的办法，尤其适合玉米秸和高粱秸的处理。加工后的秸秆被揉成丝状，长度不超过8～10厘米，提高了牛对粗饲料的采食量。以玉米秸全株计算，采食量从原来的50%提高到了95%以上。经过这种处理不会在饲槽里大量出现残留物而造成浪费。揉碎处理是一种辅助的加工方法，值得推广。但是这种方法加工细度大，耗能也大，在做青贮时不必使用。

第四节 肉牛补充饲料的类型及其利用

一、谷实类饲料

谷实饲料又称精料，指消化率比较高、能量较高的饲料。据测定，5千克大麦谷粒所含的能量相当于8千克干草或25千克青贮料所含的能量。肉牛高产性能的发挥离不开精料，精料和粗料都是日粮的主要组分。

谷实饲料价格较高，但是按每个饲料单位提供的能量、可消化率和其他成分计算时，在价格上比较合算。精料在饲用时必须精细加工，一般必须磨碎，整粒饲喂会降低利用率。另外高精料日粮易引起各种各样的消化紊乱，如皱胃变位、酸中毒等；精料含钙很低，大多低于0.1%，易引起磷钙不平衡，在饲养管理中要特别注意。所有的精料，除黄玉米外，都缺少胡萝卜素，故精粗搭配是重要的饲喂技术。

1. 玉米 玉米是含能量最高的饲料，含丰富的碳水化合物和脂肪，但赖氨酸和色氨酸的含量甚低，蛋白质含量不足。玉米含脂肪量达4%，是大麦和小麦脂肪含量（2%）的一倍，高脂肪含量不仅使玉米成为高能饲料，而且其适口性和饲养品质都提高。

2. 大麦 精料中含蛋白质较高的饲料，比玉米含蛋白质量明显要高（12.2%比9.7%），是肉牛饲养上产生优质肉块和脂肪的原料。生产高档牛肉时大麦被认为是最好的精料。饲喂时碾压成片或蒸煮是较理想的加工方法。

3. 高粱 高粱用作饲料变得日益重要，高产且含糖量丰富的高粱品种正在从美国不断引进，对畜牧业尤其是养牛业会起到越来越大的作用。但其适口性较差，其营养价值相当于玉米的90%～95%。但高粱抗旱、耐涝，可因地制宜的选种。饲用时要进行磨碎和碾压加工。

4. 高水分谷物 因早霜、受冻不能完全成熟的，或者晾晒时受雨淋、浸湿以及其他原因引起的，谷实含水量在20％～40％时不得不收获，进行窖贮的谷物，统称为高水分谷物。由于受潮后谷物中的淀粉和脂肪加速溶解和氧化，营养成分会加速破坏，继续曝晒，不但谷物的光泽和成色变劣，且出现芽苞，则人不能食用，此时应不失时机地将其制作为高水分谷物青贮，才可保持其原有的营养价值。

5. 其他谷实 一切不能留种和加工成人用食品的籽实，甚至是整粒的棉籽等都可作肉牛的饲料。

二、糠麸类饲料

糠麸类饲料是谷实加工的副产品。通常不作人类的食品，是肉牛营养性饲料中的重要组成部分。这类饲料含蛋白质的成分往往比谷物高，含磷量尤其突出，成为调剂日粮蛋白质和磷元素比例时十分重要的手段。除小麦麸以外，米糠、玉米皮、大豆皮等都是蛋白质或磷等营养的有效补充物，作为当地资源，是养肉牛的精料配方中常用的组分。

三、饼粕类饲料

植物性饲料一般含蛋白质的量不高，但肉牛瘤胃中微生物发酵所需的氨基酸大多来自植物性饲料，饼粕料可以提供一般植物性饲料所不足的氨基酸。除此以外，油料作物籽实可以用来提炼浓缩的蛋白质和能量饲料。常见的饼粕类饲料主要包括以下几种：

1. 大豆饼 这是最受欢迎的饼类饲料，蛋白质含量因加工工艺而异，高达41％～50％不等。

2. 棉籽饼 棉区最重要的蛋白质来源之一，其蛋白质含量高达36％～48％。棉酚是一种萘类衍生物，对血液、神经等有损害作用，过量时会中毒。一般每日喂量1.5～4千克，使用时必须要跟踪观察牛的反应，以防中毒。

3. 菜籽饼 高蛋白质饲料，其氨基酸成分不亚于大豆饼，但适口性差，含有菜籽饼毒（噁唑烷硫酮和异硫氰酸盐），但牛对此毒的敏感性较低，使用时要限量，每天1～2千克的饲喂量不会出现中毒症状。

4. 胡麻饼 也称亚麻仁饼。其蛋白质含量略低，约为35％，是很好的轻泻剂，可调节肠道畅通，使牛被毛光亮，用作修饰日粮。但含有氢氰酸，能致牛中毒。预防方法是用凉水浸泡或高热蒸煮，以减弱或破坏亚麻酶分解亚麻糖苷形成氢氰酸的作用。成年牛的用量以不超过3～4千克为度。

5. 花生饼 这是适口而优质的蛋白质补充料，蛋白质含量为41％～50％，脂肪含量为4.5％～8％，但含蛋氨酸、赖氨酸、色氨酸以及钙、胡萝卜素和维生素D的量均低，且不宜越夏久藏，应使用新鲜的花生饼。

6. 椰子饼 用椰子肉制造椰子油的副产品，平均蛋白质含量为21％，因含类脂肪成分的不饱和脂肪酸，对育肥牛的肉质具有良好的作用。

7. 葵花籽饼 这类饼粕的产量虽不大，但在部分地区有实用意义。其中以去壳后榨油的一种质量最好，蛋白质含量可达44％，整粒榨油的仅含28％，用螺旋压榨法制成的向日葵饼含蛋白质28％～45％。

四、糟渣料类饲料

酒精、啤酒、白酒、淀粉、制糖、酱坊、醋坊、粉丝、造纸以及屠宰等行业的副产品，及深加工的羽毛、血粉、革粉等都可用做饲料。这类饲料因主产品的原料不同，副产品的营养成分各异，但优点是价格比较低廉，有的含有相当可观的粗蛋白质，有的具有很高的能量，且可提供某些特殊的维生素。

1. 酒糟　白酒的酒糟是中国传统产品，近年来啤酒酒糟量增加。这两类副产品是粮食经过发酵的产物，按绝干物含量计算，粗蛋白质达 15％～25％，粗脂肪 2％～5％，无氮浸出物 35％～41％，粗灰分 11％～14％，钙 0.3％～0.6％，磷 0.2％～0.7％，而纤维素为 15％～20％，适宜于养牛。

2. 糖渣　由甘蔗或甜菜生产的糖渣、糖蜜以及柑橘糖等，大多为通过酶或酸脱水以及其他精炼工艺后的副产物，是重要的能源饲料，微量元素等成分也极丰富。按干物质量计每 2 千克甜菜渣相当于 0.8 千克玉米的营养。糖蜜是十分有用的饲料，除直接饲喂以外，尚用于饲料调味剂、颗粒饲料结合剂、舔砖的结合剂等。在牛的日粮中一般控制在 10％～15％。

3. 粉渣　我国常用的淀粉用玉米、甘薯、木薯、小麦等制作，这些浆状物经过滤或脱水后是良好的饲料。酱油渣、饴糖渣等都属此类。此外，羽毛粉、血粉、鱼粉、草粉等在用于养猪、养鸡有富余时也应加以利用。

五、特殊饲料

特殊饲料主要包括动、植物脂肪、鸡粪等。与精料拌匀，可增加日粮的热能，提高饲料的适口性，因而可极大程度地提高育肥效果，使日增重大幅提高。近年来，由于疯牛病等的原因，大多数国家已经严禁牛羊的动物油脂在饲料中的应用。因此，现在肉牛饲料中如果要使用油脂多用植物性油脂。

1. 鸡粪　鸡粪已被证明可大量用作饲料。鸡粪与哺乳动物粪便不同，是禽类泌尿道和胃肠道排泄物的混合物，由泄殖腔排出。鸡粪可被反刍动物瘤胃中的微生物利用而成为一种蛋白质饲料。鸡粪喂牛在氮素转化上比喂鸡有更高的生物效率，而且更加卫生。在喂牛时可以代替 50％～55％的豆饼。鸡粪常常用烘炉干燥后分装出售，成为商品。鸡粪还可与秸秆、草粉、糠麸等拌和做发酵青贮，是一种简便而节能的办法。

2. 脂肪　植物油脂是人类食品，一般不做牛的饲料，而屠宰厂的废脂肪也常用作工业原料。其实，动物脂肪在民间是良好的肉牛填肥饲料。这些下脚料价格低廉，在现代肉牛饲养中有几种用处：①做某些饲料的均质剂和稳定剂；②可以做保护瘤胃的脂肪系统。

当饲料中的蛋白质被甲醛键合后经脂肪处理，可在瘤胃中不受微生物分解和消化，在皱胃中被胃酸分解，使蛋白质直接通达小肠，与单胃动物相似在真胃中被消化，可以提高蛋白质的利用效率。

第五节　生产高档牛肉的日粮配方

一、日粮配合的原则

根据肉牛饲养标准和饲料营养成分价值，选用若干饲料按一定比例相互搭配而成日粮。

肉牛日粮是指 1 头牛一昼夜所采食的各种饲料的总量。具体配合时应掌握以下原则:

(一) 饲料要搭配合理

肉牛是反刍家畜,能消化较多的粗纤维,在配合日粮时应根据这一生理特点,以青、粗饲料为主,适当搭配精料。

(二) 注意原料质量

选用优质干草、青贮饲料、多汁饲料,严禁饲喂有毒和霉烂的饲料。所用饲料要干净卫生,同时注意各类饲料的用量范围,防止含有有害因子含量超标的饲料出现。

(三) 因地制宜,多种搭配

应充分利用当地饲料资源,特别是廉价的农副产品,以降低饲料成本;同时要多种搭配,既提高适口性又能达到营养互补的效果。

(四) 日粮的体积要适当

日粮配合要从牛的体重、体况和饲料适口性及体积等方面考虑。日粮体积过大,牛吃不进去,体积过小,可能难以满足营养需要,即使能满足需要,也难免有饥饿感觉。肉牛对饲料在满足一定体重阶段日增重的营养基础上,喂量可高出饲养标准的 1%～2%,但也不要过高。饲料的采食量大致为 10 千克体重 0.3～0.5 千克青干草或 1～1.5 千克青草。

(五) 日粮要相对稳定

日粮的改变会影响瘤胃微生物。若突然换日粮组成,瘤胃中的微生物不能马上适应这种变化,会影响胃发酵、降低各种营养物质的消化吸收,甚至会引起消化系统疾病。

二、肉牛日粮配合的方法和步骤

肉牛日粮的配制是肉牛饲养的一项日常工作,日粮配方并不是一成不变的,因为饲喂的对象在生长,草料的质量随着存放时间的延长要变化,各种草料的价格行情也是变动的,选定价廉物美的饲料种类,调整日粮成分是常规的工作。即使是单一的育肥牛场,因投入育肥的个体体重、年龄、膘情、健康状况等都不相同,不可能一个配方适合所有牛群。为了达到最高的肉牛生长和育肥速度,配制日粮时既要降低成本,又要满足各种养分的需要。要选择在经济上最低廉和营养上最全面的配方,找到既满足肉牛的全面营养需要,又最便宜的饲料,在现今可以用电脑运算来达到。

计算肉牛饲料配方的方法有多种,下面仅介绍其中常见的试差法。

试差法又称凑数法,是目前养殖场和一些小型饲料厂常用的方法。试差法是根据肉牛饲养标准的有关营养指标,首先粗略配制一个日粮,然后按饲料营养成分表计算每种饲料中各种营养成分,最后把各种营养成分的总量与饲养标准对比,看是否符合或接近饲养标准要求。若与饲养标准有差距再对日粮进行反复调整,直至使饲料配方基本符合饲养标准的要求。在应用试差法配合日粮时一般先在初拟配方时确定食盐、微量元素、维生素等添加剂或预混料及含有毒素、营养抑制因子的原料用量。调整配方时,可先以能量和蛋白质为目标,使其基本满足要求,然后考虑矿物质元素的需要。矿物质不足时,先以含磷高的原料满足磷的需求,然后计算钙的含量,不足部分以低磷高钙原料补足。

下面举例说明试差法的具体计算步骤。例如,为体重 300 千克的生长育肥牛配制日粮,要求每头牛日增重 1.2 千克,饲料原料用玉米、棉子饼、麦麸和小麦秸等。步骤如下:

第一步:根据饲养标准查出 300 千克肉牛日增重 1.2 千克所需的各种养分。列入表

7-2：从"肉牛常用饲料成分及营养价值"表中查出所用饲料营养成分含量列入表7-3。

表7-2 营养需要

体重 （千克）	日增重 （千克/天）	干物质 （千克）	肉牛能量单位 （个）	粗蛋白质 （克）	钙 （克）	磷 （克）
300	1.2	7.64	5.69	860	38	19

表7-3 饲料原料营养表成分

饲料	干物质（%）	肉牛能量单位（个）	粗蛋白质（%）	钙（%）	磷（%）
玉米	88.40	1.00	8.6	0.08	0.21
麸皮	88.60	0.73	14.40	0.18	0.78
棉籽饼	89.60	0.82	32.50	0.27	0.81
青贮玉米	22.70	0.12	1.60	0.10	0.06
磷酸氢钙				23.20	18.60
石粉				33.98	

第二步：初步计划各种饲料原料用量。计算初配日粮养分，并与营养需要比较（表7-4）。

表7-4 初定日粮中养分含量

饲料	用量 （千克）	干物质 （千克）	肉牛能量单位 （RND，个）	粗蛋白质 （克）	钙 （克）	磷 （克）
玉米	2.16	1.91	2.16	185.8	1.73	4.54
麸皮	0.862	0.764	0.629	122.1	1.55	6.72
棉籽饼	0.853	0.764	0.699	277.2	2.30	6.91
青贮玉米	18.51	4.20	2.22	296.2	18.51	11.10
合计	22.39	7.64	5.71	883.3	24.09	29.27
与标准比较		0	+0.02	+23.3	-13.91	+10.27

第三步：调整。由表7-2可见，初定日粮中能量达到标准，而粗蛋白质超过标准，钙不足、磷超量。调整方法：因为麸皮和棉籽饼所含的能量差别不大，而粗蛋白质含量的差别较大，所以可用麸皮等量取代棉籽饼，使粗蛋白质符合标准，其取代量为：

23.3÷（325－144）＝0.129（千克）。将调整后的日粮列出计算养分含量，如表7-5所示。

表7-5 调整后的配方

饲料	用量 （千克）	干物质 （千克）	肉牛能量单位 （个）	粗蛋白质 （克）	钙 （克）	磷 （克）
玉米	2.16	1.91	2.16	185.8	1.73	4.54
麸皮	0.991	0.878	0.723	142.7	1.78	7.73
棉籽饼	0.724	0.649	0.594	235.3	1.96	5.86
青贮玉米	18.51	2.20	2.22	296.2	18.51	11.10
合计	22.39	7.64	5.71	860	23.98	29.23
与标准比较		0	+0.01	0	-14.02	+10.23

矿物质中虽未添加磷酸氢钙，磷却已超量，按照钙、磷比为2∶1的饲养标准，应将钙补充到58.46克，故应添加石粉的量为（58.46－23.98）÷339.8＝0.10（千克）。混合精料

中应添加1%的食盐，约40克，还要添加1%的肉牛预混料，约40克。

利用营养试差法设计饲料配方时一般都要有一定的配方经验。初拟配方时，可先将矿物质、食盐及预混料等原料的用量确定，并对原料的营养特性有一定的了解，对含有毒素、营养抑制因子等不良物质的原料可根据生产上的经验将其用量固定。为防止由于原料质量问题而导致产品中营养成分的不足，配方营养水平应稍高于饲养标准。

三、部分肉牛饲料配方实例

1. 犊牛饲料配方　犊牛的日粮配方见表7-6和表7-7。

表7-6　犊牛在育肥期的日粮组成

（千克）

周龄	体重	日增重	喂全乳量	混合精料	青草或干草
0～4	40～59	0.6～0.8	5～7	—	
5～7	60～79	0.9～1.0	7～7.9	0.1	
8～10	80～99	0.9～1.1	8	0.4	
11～13	100～124	1.0～1.2	9	0.6	自由采食
14～16	125～149	1.0～1.3	10	0.9	
17～21	150～199	1.2～1.4	10	1.3	
22～27	220～250	1.1～1.3	9	2.0	

表7-7　犊牛在育肥期的混合料配方

编号	玉米	豆饼	燕麦或大麦	鱼粉	油脂	骨粉	食盐	维生素A添加剂（万国际单位/千克）	土霉素（毫克/千克）	适用季节
1	60	12	13	3	10	1.5	0.5	—	99	夏秋
2	60	12	13	3	10	1.5	0.5	1～2	22	冬春

2. 青年牛日粮配方实例　青年牛又称大育成牛。表7-8为肉用牛（150千克）日粮配方实例。

表7-8　肉用青年牛（体重150千克）配方

（千克）

日粮组成	配方1	配方2
玉米（千克）	0.65	0.65
麸皮（千克）	0.20	0.20
亚麻饼（千克）	0.10	0.10
骨粉（千克）	0.02	0.02
食盐（千克）	0.02	0.02
脂肪酸尿素（克）		55.00
玉米秸（千克）	1.80	1.90
青贮玉米（千克）	1.55	1.53

（续）

日粮组成	配方 1	配方 2
酒糟（千克）	1.27	1.27
干物质（千克）	3.91	3.99
消化能（兆焦）	42.68	43.51
粗蛋白质（千克）	0.24	0.35
平均日增重（千克）	0.50	0.60

表 7 – 9　青年牛不同体重阶段的日粮配方

（千克）

饲料种类	体重范围				
	80～160	161～280	281～410	411～510	511～610
豆饼粉	2.6	1.2	1.0	1.0	1.0
谷实类	1.5	0.8	1.5	1.5～1.8	2.0～2.5
青贮玉米	8	12～15	16～20	20～23	21～23
干草	0.5	—	—	—	—
无机盐类	—	0.10	0.10	0.10	0.10

3. 成年牛日粮配方实例　肉用成年牛在育肥期的日粮配比及混合精料配方见表 7 – 10 和表 7 – 11。

表 7 – 10　成年牛育肥期日粮配比

（千克）

体重	日增重	不同粗饲料时混合精料喂量			
		各种青草和作物青刈	各种青贮料（不包括多汁青贮料）	各种干草、玉米秸、谷草、氨化秸秆、化秸秆	麦秸、稻草、豆秸、枯草之类
	0.6	2.7	3.1	3.9	5.0
350	1.0	3.7	4.2	5.1	6.4
	1.4	4.8	5.3	6.4	7.8
	0.6	3.0	3.4	4.3	5.5
400	1.0	3.9	4.5	5.5	6.9
	1.4	5.3	5.8	6.9	8.4
	0.6	3.3	1.8	4.7	6.0
450	1.0	4.3	1.9	6.0	7.5
	1.4	5.5	6.2	7.5	9.1
	0.6	3.5	1.1	5.1	6.5
500	1.0	4.7	5.4	6.6	8.1
	1.4	6.0	6.7	8.1	9.8

（续）

体重	日增重	不同粗饲料时混合精料喂量			
		各种青草和作物青刈	各种青贮料（不包括多汁青贮料）	各种干草、玉米秸、谷草、氨化秸秆、化秸秆	麦秸、稻草、豆秸、枯草之类
	0.6	3.9	4.5	5.6	7.0
550	0.9	4.8	5.5	6.7	8.3
	1.2	6.1	6.8	8.1	9.8
	0.6	4.2	4.8	6.0	7.5
600		5.5	6.1	7.2	8.7
	1.0	6.8	7.4	8.5	10.0
	0.6	4.5	5.2	6.4	8.0
650	0.8	6.0	5.7	7.8	9.4
	1.0	7.4	8.0	9.2	10.7
	0.6	4.9	5.6	6.8	8.5
700	0.8	6.6	7.2	8.4	10.0
	1.0	8.4	9.0	10.1	11.5
混合精料配方号		1, 5, 6	2, 5, 6	2, 5, 6	3, 4

表7-11 肉用成年牛混合精料配方

（%）

配方编号	玉米	麸皮	油饼	高粱	石灰石贝壳粉	骨粉	食盐	尿素（克/千克）	硫酸铵（克/千克）	适用下列粗料日粮
1	68	10	5	14	2	0	1	0	0	青草青刈和青贮料（不包括玉米、水涝地草和豆科饲草）
2	67	10	15	5	2	0	1	0	0	玉米、水涝地草等的青刈、青贮
3	50	10	30	7	2	0	1	0	0	各种秸秆、枯草和枯树叶
4	60	10	5	22	2	0	1	0	0	各种秸秆、枯草和枯树叶数和＞100
5	58	25	0	15	0	1	1	0	0	苜蓿、紫云英、三叶草等豆科牧草的青刈草、青贮、干草以及氨化秸秆
6	83	0	0	15	1.5	0	0.5	0	0	以青绿饲料为主

第八章　肉牛的饲养管理

第一节　肉牛的生物学特性

一、肉牛对环境有较强的适应性

从外地引进的肉牛，只要自然环境接近，能较快地适应新环境。在易地育肥时，如果产地与引入地的环境条件一致，有助于肉牛的生长。肉牛对低温的适应能力强于高温，当环境温度超过 27 ℃时，采食量减少，影响生长。温度过低也会影响增重，环境温度低于 10 ℃时，肉牛的维持需要增加，可使肉牛对干物质的采食量增加 5%～10%，浪费饲料。因此，牛舍要注意夏季防暑降温，冬季防寒保温，舍内温度控制在 10～21 ℃为好。

二、肉牛喜欢吃新鲜干净的饲料

肉牛喜欢吃青绿饲料、精料和多汁饲料，其次是优质青干草、低水分青贮料；不喜欢吃长时间放置的精、粗饲料，特别是经拱食黏附鼻镜黏液的饲料。因此，喂料时要做到少喂勤添，如有剩料时要将料槽中剩余的饲料及时清扫，晾干后再喂。

三、肉牛采食速度快，咀嚼不细致

肉牛由于采食饲草料速度快，一般采食时咀嚼不充分，当喂给整粒谷料时，未被嚼碎的谷粒沉于瘤胃底而转往瓣胃、皱胃，而常常不被反刍，而肉牛的皱胃和小肠的淀粉酶活性较低，对未嚼碎的料又往往消化不完全，这就易造成饲料浪费（粪便中见到整粒未消化的粒料）。当给牛喂给大块块根茎类饲料时，则常会发生食管梗塞，危及生命。对于块根块茎类饲料在饲喂前要切成小块。

如果饲料中混有铁钉等尖锐之物，也常会被吞下，造成网胃和心包创伤，甚至造成死亡。因此，给饲喂时要特别注意，避免铁钉及其锐物混入草料中；精料在喂前要碾碎压扁。肉牛适于放牧饲养，由于没有上门齿，不会啃吃太短的牧草，牧草长度未超过 5 厘米时不要放牧。肉牛采食还有竞争性，自由采食时也会相互抢食，可利用这一点增加肉牛对粗饲料的采食量。

四、肉牛有反刍的特性

反刍是牛消化饲料时具有的一个特殊的消化现象。反刍时，食物逆呕到口腔，经过再咀嚼，然后再被吞咽入瘤胃进行发酵。反刍时的咀嚼比采食时的咀嚼细致得多。在对逆呕食团进行再咀嚼过程中，不断有大量唾液混入食团，其分泌量超过采食时的分泌量。唾液分泌有两种生理功能，一是促进食糜形成，有利于食物被消化；二是对瘤胃发酵具有巨大的调控作用。唾液中含有大量盐类，特别碳酸氢钠和磷酸氢钠，这些盐类具有缓冲剂的作用，使瘤胃的 pH 稳定在 6.0～7.0，为饲料粗纤维的瘤胃微生物发酵创造良好条件。同时，唾液中含有大量内源性尿素，对提高氮素利用效率起着重要作用。据统计，每头牛每日的唾液分泌量为 100～200 升，在每个食团反刍咀嚼期间有时可咽下唾液 2～3 次。反刍活动开始到暂停，进入间歇期，称为一次反刍周期。成年肉牛每天有 10～15 次反刍周期，每个反刍周期持续 40～50 分钟，一昼夜反刍时间 7～8 小时。白天放牧、夜间舍饲的肉牛，一般晚上反刍时间较白天多，约占 2/3。肉牛睡眠时间较短，因此夜间放牧或饲喂也能保证有较多的反刍时间。

第二节 高档牛肉生产应强调人性化饲养管理

人性化饲养管理，是在肉牛生产中保障动物福利权利的一个具体体现，其出发点是充分认识肉牛各阶段生理特点和生长发育规律，在强调提高生产效率、经济效益的同时，给予适合肉牛其发挥生产潜能的环境条件。总体而言，借鉴国外农场动物福利法，在肉牛生产中进行人性化饲养管理，保障肉牛的动物福利权利应从以下几个方面着手：

一、肉牛的饲养

肉牛饲养包括肉牛的喂养、环境及其健康管理等方面。牛场不得以使肉牛受到额外伤害的方式饲养肉牛，应为肉牛提供一定的良好环境条件。在育肥场，肉牛的饲养密度不能过大，保障每头肉牛都有充足的活动空间，要有充足的清洁饮水。另外，在饲养场周围应该有充足的绿化面积。

二、肉牛的运输

在运输过程中，肉牛应得到充足的草料和休息时间。如果出现肉牛患病、受伤及引起额外痛苦，就必须立即隔离饲喂，并停止运输。在运输途中必须保持运输车的清洁，要按时饲喂和供应饮水，运输时间超过 8 小时要休息 24 小时。

三、肉牛的手术等伤害性行为

对肉牛进行必要的手术时，必须使用麻醉剂，减少肉牛的痛苦，禁止会引起肉牛疼痛而又不使用麻醉剂的手术，也禁止涉及肉牛致残的手术。在利用肉牛进行科学试验时，应该尽量减少其痛苦。

四、肉牛的屠宰

肉牛屠宰时，在屠宰间应保证肉牛的基本安全，其结构、设备和工具不会引起肉牛的应激、痛苦及伤害。肉牛屠宰场应远离肉牛养殖场，屠宰前进行电麻醉、二氧化碳麻醉等措施。在黑暗的屠宰间实行单头次屠宰。

第三节 肉牛的饲养管理原则

为了进行高效的肉牛生产，获得较大经济效益和社会效益，在肉牛饲养管理过程中，应该遵循以下原则：

一、科学配制日粮，满足肉牛的营养需要

在肉牛生产中，不管处于哪个生理阶段或什么生产目的，粗饲料是肉牛的基础饲料，充足的粗饲料供应对于肉牛的生长和消化器官的发育必不可少。但是，仅靠粗饲料不能完全满足肉牛的营养需要。因此，在进行日粮配制时，要做到精、粗、青饲料的合理搭配。在饲料种类多样化的同时，保证饲料的适口性要好，易于消化，配制的日粮要做到营养全价平衡。断奶犊牛要及早放牧或补饲植物性饲料，以促进前胃的发育和前胃机能的完善，提高身体素质和对外界环境的适应能力。给肉牛生长提供尽可能多的粗饲料，补饲少量精料，促进肉牛骨架的饲养周期，提高出栏率和商品率。

饲喂要做到"四定"，即定时、定量、定序、定人。根据每天的饲喂次数，将饲喂时间固定某几个阶段时间，不要随意更改。定量，就是按饲养标准的要求，确定每天的饲喂量，一般精料用量在某一阶段是不变的，粗料可酌情放开，少喂勤添，真正做到使每头肉牛都能吃饱饮足。喂料顺序也应确定，一般采用先粗后精再饮水的做法，饲喂顺序一旦确定也不能随意变动。

二、加强兽医卫生，做好肉牛的防疫检疫工作

制订牛舍及肉牛场的消毒清洗计划，减少病原微生物，控制疾病的发生。制订科学规范的免疫程序，严格按操作规程办事，及时做好疾病防治工作，防止疾病特别是传染病的发生。对断奶犊牛和育肥前的架子牛要驱除体内外寄生虫。要定期坚持进行牛体刷拭，保持牛体清洁。定期进行称重和体尺测量；做好多项必要的记录工作，做到牛、卡相符、一致。

三、搞好饲养管理，提高肉牛生产水平

在生产中要求饲养员做到"五看五注意"，即看牛吃料注意食欲、看牛肚子注意是否吃饱、看牛动态注意精神、看牛粪便注意消化机能、看牛反刍注意是否异常，发现异常情况要及时与技术人员联系。做好夏季的防暑降温和冬季的防寒保暖工作。夏季要加大通风，定时饮水，并给牛体牛头淋水降温。冬季可采取封堵墙体缝隙等漏风口，加垫草、关门窗等措施提高舍内温度，饮用温水。牛舍湿度要控制在75%左右。运动有利于牛的新陈代谢，促进消化，增强对外界环境急剧变化的适应能力，防止牛体质衰退和肢蹄疾病的发生。对于母牛，适度运动能有效预防难产的发生。对于公牛，运动更是非常重要的一项管理措施，能提高公牛体质和精液品质，锻炼肢蹄，并防止不良习惯的发生。

第四节　小白牛肉牛的饲养管理

小白牛肉又叫白牛肉，是指犊牛生后14～16周龄内，完全用全乳、脱脂乳或代用乳饲喂，哺乳期3个月，在体重达到95～125千克屠宰，生产的牛肉细致软嫩，味道鲜美，肉质全白稍带浅粉色，营养价值比较高，蛋白质含量比一般牛肉高63%，脂肪低95%，人体所需的氨基酸和维生素含量丰富。因此，小白牛肉生产不仅饲喂成本高，而且售价是一般牛肉的8～10倍。

一、犊牛选择

犊牛要选择优良的肉用品种、乳用品种及兼用品种或杂交种牛犊。要求初生重在 38~45 千克，生长发育快；3 月龄前的平均日增重必须达到 0.7 千克以上。身体要健康，消化吸收机能强。最好选择公牛犊。

二、饲养管理

犊牛生后 1 周内，一定要吃足初乳；至少出生 3 日后应与其母牛分开，实行人工哺乳，每日哺喂 3 次。生产小白牛肉，每增重 1 千克牛肉约需消耗 10 千克奶。近年来，采用代乳料加人工乳喂养越来越普遍。平均每生产 1 千克小白牛肉约消耗 13 千克代乳料或人工乳。在管理上应严格控制乳液中的含铁量，强迫犊牛在缺铁条件下生长，这是小白牛肉生产的关键技术。

哺乳期使用的圈舍为特殊单圈，宽 65 厘米、长 165 厘米，采用漏缝地板，不给垫草，也不喂草料，以保持一直用单胃消化。由于这种生产成本高，目前在我国还不能普及，但随着国际旅游业和人们消费水平的提高，发展这种白牛肉的生产已为期不远。

第五节　小牛肉牛的饲养管理

小牛肉是犊牛出生后饲养至 1 周岁之内屠宰所生产的牛肉。小牛肉富含水分，鲜嫩多汁，蛋白质量高而脂肪含量低，营养丰富，是一种自然的理想高档牛肉。犊牛在 1 周岁内屠宰，生长时间短。因此，为了提高小牛肉的生产效率，对犊牛的饲养和育肥应尽量按照营养需要和饲养标准进行。

一、品种选择

生产小牛肉应尽量选择早期生长发育速度快的牛品种，肉用牛的公犊和淘汰母犊是生产小牛肉的最好选材。在国外，奶牛公犊也是被广泛利用生产小牛肉的原材料之一。目前，在我国还没有专门化肉牛品种的条件下，应以荷斯坦奶牛公犊和西门塔尔牛高代杂种公犊为主。利用奶牛公犊前期生长快、育肥成本低的优势，以利组织生产。

总之，生产小牛肉，犊牛以选择公犊牛为好，因为公犊牛生长快，可以提高牛肉生产率和经济效益。体重一般要求初生重在 35 千克以上，健康无病，无残疾。

二、饲养管理要点

小牛肉生产实际是育肥与犊牛的生长同期。一般犊牛出生后 3 日内可以随母哺乳，也可采用人工哺乳，但小牛肉生产中出生 3 日后必须改由人工哺乳，1 月龄内按体重的 8%~9% 喂给牛奶。在国外，为了节省牛奶，广泛采用代乳料（表 8-1）。精料给量从 7~10 日龄开始，逐渐增加到 0.5~0.6 千克，青干草和青草任犊牛自由采食。1 月龄后喂奶量保持不变，精料和青干草则继续增加，直至育肥到 6 月龄为止，也可继续育肥至 7~8 月龄或 1 周岁出栏。出栏时间的选择，根据消费者对小牛肉口味喜好的要求而定，不同国家并不相同。

小牛肉生产为了保证犊牛的生长发育潜力尽量发挥，代乳品和育肥精料的饲喂一定要数量充足，质量可靠。国外采用代乳品喂养完全是为了节省用奶。实践证明，采用全乳比用代用乳品喂养日增重高。在采用全乳还是代用乳饲喂时，国内可根据综合支出的成本高低来决定采用哪种类型。因为代乳品或人工乳如果不采用工厂化批量生产，其成本反而会高于全乳。因而在小规模生产中，使用全乳喂养可能效益更好。1月龄后，犊牛随着月龄的增长，日增重潜力逐渐提高，营养的需求也逐渐由以奶为主向以草料为主过渡。因此，为了提高增重效果，减少疾病发生，育肥精料应具有高热能、易消化的特点，并加入少量抑菌药物。表8-2推荐2例犊牛育肥的混合精料配方。在饲喂过程中，每千克精料加土霉素22毫克作抗菌剂，冬春季节因青绿饲料缺乏，可每千克精料加10～20国际单位的维生素A。

表8-1　犊牛代乳料配方

（%）

序号	类别	代乳品配方	采用国家
1	代乳品	脱脂奶粉60%～70%，玉米粉1%～10%，猪油 15%～20%，乳清15%～20%，矿物质＋维生素2%	丹麦
2	代乳品	脱脂奶粉10%，优质鱼粉5%，大豆粉12%，动物性脂肪71%，维生素＋矿物质2%	日本
	前期人工乳	玉米55%，优质鱼粉5%，大豆饼38%，维生素＋矿物质2%	
	后期人工乳	玉米42%，高粱10%，优质鱼粉4%，大豆饼20%，麦麸12%，苜蓿粉5%，糖蜜4%，维生素＋矿物质3%	
3	人工乳	玉米＋高粱40%～50%，鱼粉5%～10%，麦麸人工乳＋米糠5%～10%，亚麻饼20%～30%，油脂	日本

表8-2　犊牛育肥混合精料配方

（%）

序号	玉米	豆饼	大麦	鱼粉	油脂	骨粉	食盐	麸皮	干甜菜渣	磷酸钙
1	60	12	13	3	10	1.5	0.5	—	—	—
2	42	15	—	2.5			0.2	25	15	0.3

小牛肉生产应控制犊牛不要接触泥土。所以育肥牛栏多采用漏粪地板。育肥期内，夏季可饮凉水。犊牛发生软便时，不必减食，饮温开水，但给水量不能太多，以免造成"水腹"。若出现消化不良，可酌情减喂精料，并用药物治疗。

三、小牛肉生产指标

小牛肉分大胴体和小胴体。犊牛育肥至6～8月龄，体重达到250～300千克，屠宰率58%～62%，胴体重130～150千克称小胴体。如果育肥至8～12月龄，屠宰体重达到350千克以上，胴体重200千克以上，则称为大胴体。西方国家目前的市场是大胴体比小胴体的销路好。

牛肉品质要求多汁，肉质呈淡红色，胴体表面均匀覆盖一层白色脂肪。为了使小牛肉肉色发红，许多育肥场在全乳或代用乳中补加铁和铜，这样还可以提高肉质和减少犊牛疾病的发生，如同时再添加些鱼粉或豆饼，则肉色更加发红。但在生产小白牛肉时，乳液中绝不能添加铁、铜元素。

第六节　利用架子牛生产高档牛肉的饲养管理

一般认为 12 月龄以后的牛为架子牛。250～300 千克为小架子牛，300～400 千克为大架子牛。小架子牛的育肥期为 5～6 个月，大架子牛的育肥期为 3～4 个月。在肉牛生产中，目前国内肉牛主要是国外优良肉牛品种与本地黄牛杂交生产的杂交改良牛和我国地方良种黄牛品种，这些牛通过科学饲养，特别是后期集中 3～5 个月催肥，使其具有良好的肉用性能，18～27 月龄体重 450 千克以上，而生产高档牛肉的优质肉牛体重要求达 500～600 千克。架子牛的快速育肥是指犊牛断奶后，在较粗放的饲养条件下喂养到一定的年龄时，采用强度育肥方式，充分利用牛的补偿生长能力，以求达到理想体重和膘情。这种育肥方式成本低，精料用量少，经济效益较高，目前在我国应用比较普遍。

一、架子牛的分级

目前我国肉牛生产还没有建立起统一的架子牛分级制度。以下主要介绍美国架子牛的分级制度，以供参考。为了准确判断架子牛的特性，美国 USDA 修订了架子牛等级标准，新的等级评定标准对肉牛业的优点：（1）作为买卖双方市场议价的基础；（2）便于架子牛的分群；（3）便于架子牛市场的统计。

美国新的标准把架子牛大小和肌肉厚度作为评定等级的两个决定因素。架子牛共分为 3 种架子 10 个等级，即大架子 1 级、大架子 2 级、大架子 3 级；中架子 1 级、中架子 2 级、中架子 3 级；小架子 1 级、小架子 2 级、小架子 3 级和等外（图 8-1 和图 8-2）。

大架子：要求有稍大的架子，体高且长，健壮。

中架子：要求有稍大的架子，体较高且稍长，健壮。

小架子：骨架较小，健壮。

1　　　　　　　2　　　　　　　3

图 8-1　架子牛骨架大小分级

1. 大架子　2. 中架子　3. 小架子

1 级：要求全身的肉厚，脊、背、腰、大腿和前腿厚且丰满。四肢位置端正，蹄方正，腿间宽，优质肉部位的比例高。

2 级：整个身体较窄，胸、背、脊、腰、前后腿较窄，四肢靠近。

3 级：全身及各部位厚度均比 2 级要差。

等外：因饲养管理较差或发生疾病造成不健壮牛只属此类。

 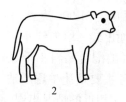 

图8-2 架子牛肌肉厚度分级
1.1级 2.2级 3.3级

二、架子牛的选择

获得高的日增重和取得较好的经济效益是架子牛育肥的目的。因此，要选择有育肥潜力的架子牛入栏。要求健康无病，后躯发育良好，性情温驯，皮松毛细。具体操作时要考虑品种、年龄、体重、性别和体型外貌等。

1. 品种 应选择杂交牛，在相同的饲养条件下，杂种牛的增重、饲料利用效率和产肉性能都优于我国地方黄牛。据试验，西门塔尔牛、利木赞牛和夏洛来牛杂交改良本地黄牛，18月龄体重西杂牛平均提高29.0%，利杂牛提高34.0%，夏杂牛提高39.4%；18~24月龄肉牛育肥日增重平均提高41.9%。

2. 性别 对于肉牛育肥性能的影响主要表现在公牛的生长速度和饲料利用效率，明显高于阉牛和母牛。一般认为，公牛的日增重高于阉牛10%~15%，阉牛高于母牛10%。因此，在短期快速育肥选择架子牛时，首先应选公牛，而后才选阉牛和母牛。

3. 年龄和体重 根据生产计划和架子牛来源而定。目前，在我国农牧区较粗放的饲养管理条件下，1.5~2岁肉用杂种牛体重多在250~300千克，2~3岁牛体重多在300~400千克，3~5岁牛体重多在350~400千克。因此，3个月短期快速育肥最好选体重350~400千克的架子牛。而采用6个月育肥期，则选择年龄1.5~2.5岁、体重300千克左右的架子牛为佳。高档牛肉的生产条件是12~24月龄的架子牛，一般牛年龄超过3岁就不具备生产高档牛肉的条件，因为牛肉品质下降，并且优质牛肉块比例也会降低。

另外，选择架子牛时还要注意牛的体型外貌和健康状况。应选体型大、脊背宽、顺肋、生长发育好、健康无病的架子牛。牛皮要松软、有弹性，用拇指与食指捏起一拉像橡皮筋，用手插入后裆一拉一大把，这样的牛易育肥、增重快。而对于被毛粗糙、膘情不好的牛，则要仔细观察其反刍及粪便等是否正常，并通过与畜主交谈了解膘情不好的原因。因饲养管理不当或患某种寄生虫疾病造成膘情不好的架子牛，只要反刍正常就可选购，这种牛通过驱虫和健胃即可治愈，育肥后可以得到较好的效益。

三、架子牛的快速育肥

一般架子牛快速育肥需120天左右，分为3个阶段，即过渡驱虫期，1~5天；育肥前期，约45天；育肥后期，约60天。

1. 过渡驱虫期 这一时期主要是让牛熟悉新的环境，适应新的草料条件，消除运输过程中造成的应激反应，恢复牛的体力和体重，观察牛只健康，健胃、驱虫、决定公牛去势与否等。日粮开始以品质较好的粗料为主，不喂或少喂精料。随着牛只体力的恢复，逐渐增加精料，精粗料的比例为 30 : 70，日粮蛋白质水平 12%。如果购买的架子牛膘情较差，此时可以出现补偿生长，日增重可达到 800～1 000 克。

2. 育肥前期 日粮中精料比例由 30% 增加到 60%。具体操作时，可按牛只的实际体重每 100 千克喂给含蛋白质水平 11% 的配合精料 1 千克；粗饲料自由采食，在日粮中的比例由 70% 降到 40%。这一时期的任务主要是让牛逐步适应精料型日粮，防止发生瘤胃胀病、腹泻和酸中毒等疾病，防止精粗料比例相近的情况出现，以避免淀粉和纤维素之间的相互作用而降低消化率。这一时期日增重可以达 1 000 克以上。

3. 育肥后期 日粮中精料比例可进一步增加到 70%～85%，生产中可按牛的实际体重每 100 千克体重喂给含蛋白质 9.5%～10% 的配合精料 1.1～1.2 千克。粗饲料自由采食，日粮中精料比例由 40% 降到 15%～30%，日增重可达到 1 200～1 500 克。这一时期的育肥常称为强度育肥。为了让牛能够把大量精料吃掉，这一时期可以增加饲喂次数，原来喂 2 次的可以增加到 3 次，并且要保证充足饮水。

四、架子牛育肥的注意事项

1. 加强运输管理，减少掉膘和死亡 架子牛在运输过程中，由于生活环境及规律的变化，导致生理活动的改变，造成运输应激反应。肉牛所受到的应激越大，损失也越大，掉膘也越多。运输中的体重损失包括牛的排泄物和体组织的两部分损失。据研究，减重中排泄物和体组织的两部分损失大约各占一半。运输后体重的恢复所需平均时间，犊牛为 13 天，1 岁牛为 16 天。运输过程中如过度拥挤、气温过高或过低、风雨等都会引起减重增加。因此，要想方设法减少运输应激反应，以减少掉膘。常用的方法有：①合理装载，不超量或装运不足；②运输过程中忌对牛粗暴鞭打；③装运前 3～4 小时停喂具有轻泻性的青贮饲料、麸皮、鲜草等，装运前 2～3 小时不能超量饮水；④运输前 2～3 天，每日每头牛口服或注射维生素 A 25 万～100 万国际单位；⑤装车前半小时可注射镇静剂，此法在短途运输时效果更好；⑥长途运输时，每千克日粮中添加溴化钠 3.5 克，或在运输前 3～4 天，每千克日粮添加 5～10 毫克利血平；⑦运输前 2 小时及运输后进食前 2 小时饮补液盐溶液，每头牛 2 000～3 000 毫升。配方为：氯化钠 3.5 克、氯化钾 1.5 克、碳酸氢钠 2.5 克、葡萄糖 20 克，加凉开水至 1 000 毫升。

2. 加强新到架子牛的管理

（1）新到架子牛应在干净、干燥的地方休息；

（2）新到架子牛肌内注射维生素 A、维生素 D、维生素 E 和土霉素；

（3）提供清洁饮水；

（4）提供适口性好的饲料。

3. 把握好饲料用量与饲喂方式 目前有两种方法，一种方法是架子牛到育肥场后以精料自由采食为主直到屠宰，另一种方法是架子牛到育肥场后前期限制饲养，后期用精料育肥。

4. 架子牛育肥时的科学管理

（1）牛舍消毒 将引进育肥的架子牛饲养在固定的牛舍内。冬季使舍内温度保持在 5 ℃以上，夏季应保持通风良好，并搭凉棚。架子牛入舍后应用 2% 火碱溶液对牛舍消毒，器具用 0.1% 高锰酸钾溶液洗刷，然后再用清水冲洗。

（2）坚持"四定"　整个饲养期，育肥牛坚持"四定"，即定时上下槽、精粗饲料定量、定位（室内、外都要拴在固定的位置限制牛运动）、定刷（每天喂牛后，把牛拴在背风向阳处，由专人刷拭牛体1次，促进血液循环，增进食欲）。

（3）驱虫与健胃　对购进的架子牛要用驱虫药物驱除体内外寄生虫，3天后对架子牛灌服健胃药。

（4）称重　每月底定时称重，填表记录，以便了解掌握每头肉牛的生长情况。

（5）防疫和治病　制订免疫程序，做到无病早防。对牛舍每天打扫一次，保持槽净、舍净。要注意观察肉牛的采食、饮水、反刍情况，发现病情及时治疗。

（6）注意安全　公牛记忆力强，防御反射力强，饲养人员要通过喂饲、饮水、刷拭等途径培养人畜亲和力，确保饲养人员的安全。

（7）不同季节的饲养方法　①夏季饲养。夏季气温高，肉牛食欲下降，增重缓慢。在环境温度8～20℃时，牛的增重速度较快。因此，夏季育肥时要注意适当提高日粮的营养水平，喂粥样饲料，延长饲喂时间；气温30℃以上时，要采取防暑降温措施。②冬季饲养。在冬季要给牛加喂高能量饲料，提高肉牛的防寒能力。饲料加温，减少能量消耗，防止饲喂带冰的饲料和饮冰冷的水。

（8）及时出栏或屠宰　肉牛超过500千克后，虽然采食量增加，但增重速度明显减慢，继续饲养不会增加收益，要及时出栏。

第七节　国外"大麦牛肉""燕麦牛肉"等高档牛肉的生产

一、"大麦牛肉"的生产

（一）大麦的营养价值

大麦具有两个明显的特点，即饱和脂肪酸含量高和脂肪含量低。大麦是肉牛生产中一种很重要的谷物饲料。在肉牛饲养中，育肥后期饲喂大麦对脂肪颜色和脂肪硬度都有极为良好的作用，其原因是：

（1）在代谢过程中，牛瘤胃能把不饱和脂肪酸变成饱和脂肪酸，饱和脂肪酸色洁白且硬度好，屠宰后胴体脂肪硬、挺。大麦本身富含饱和脂肪酸，且叶黄素、胡萝卜素含量都较低，在屠宰前期饲喂大麦对改善牛肉品质有其他饲料不能替代的功能。

（2）大麦本身的脂肪含量极低，仅2%，而淀粉含量很高，由淀粉直接变成饱和脂肪酸。基于此，大麦在加拿大、欧洲以及美国北部不适合于种植玉米的地区是一种十分重要的肉牛谷物饲料。在这些地区的肉牛饲料中，大麦是肉牛重要的能量和蛋白质来源。大麦与玉米等饲料原料的营养价值比较见表8-3所示。大麦的蛋白质含量高于玉米，但是由于大麦中含有较高的粗纤维，因而大麦的总可消化养分（TDN）、维持净能（NE_m）及生长净能（NEg）浓度比玉米低。

（二）大麦饲喂肉牛前的加工处理

一般来说，大麦加工处理后饲喂肉牛能提高肉牛的生产性能。由于大麦的粗纤维量较高，加工处理后能够提高其消化率。未经加工处理的大麦，其消化率低于玉米。因此，为了提高肉牛的饲料效率，大麦在饲喂前必须要进行加工处理。大麦在饲喂肉牛时的处理方法主要有：

表 8 - 3   大麦的营养价值（NRC，1996）

指标	大麦	玉米	小麦	燕麦	高粱
总可消化养分（%）	88	90	88	77	82
维持净能（兆卡/千克）	2.06	2.24	2.18	1.85	2.00
生长净能（兆卡/千克）	1.40	1.55	1.50	1.22	1.35
粗蛋白（%）	13.2	9.8	14.2	13.6	12.6
过瘤胃蛋白（% of CP）	27	55	23	17	57
中性洗涤纤维（%）	18.1	10.8	11.8	29.3	16.1
酸性洗涤纤维（%）	5.8	3.3	4.2	14.0	6.4

1. 干压扁法   干压扁法可以将大麦的消化率由 52.5% 提高到 85.2%。未经处理的大麦饲喂肉牛时，有 48% 的大麦从粪便中排出而不被消化。Mathison 等（1991）研究发现，饲喂压扁大麦时肉牛的日增重可由 1.30 千克/天提高到 1.37 千克/天，饲料转化效率也由 6.28 提高到 7.2。

2. 蒸汽压片法   大麦通过高压蒸汽处理的同时进行压扁处理后，能够提高育肥肉牛的采食量以及牛肉的大理石评分。

（三）大麦饲喂肉牛的利用方式及育肥效果

大麦饲喂肉牛主要有以下几种方式：

1. 与其他谷物饲料混合饲喂   利用不同的谷物饲料之间的协同效应，将大麦与玉米、高粱等谷物饲料混合加工后饲喂肉牛。不同谷物来源的淀粉在瘤胃中的降解速度不同，这样有利于提高瘤胃微生物对谷物淀粉的利用率。实践表明，将大麦和适量玉米混合饲喂育肥肉牛，可以减轻肉牛酸中毒疾病的发生。

2. 与适量植物油脂混合饲喂肉牛   在美国加利福尼亚州，人们在肉牛饲料中直接添加植物油脂，对肉牛的粗饲料消化具有显著的抑制作用，从而降低肉牛的饲料利用率。但是将 4%～8% 的植物油与大麦混合后再饲喂肉牛，饲料报酬和日增重则显著提高，同时肉牛瘤胃发酵产生甲烷显著降低，提高了饲料的能量利用率。

3. 饲料酶处理后饲喂给肉牛   由于大麦中含有较高的粗纤维，且消化率较低，因而在饲喂前应用一定的饲料酶处理大麦，有利于提高大麦的消化利用率。经过酶处理以后，在没有增加采食量的情况下，大麦的消化率可以提高 20%～30%。

4. 以啤酒生产的副产品—啤酒糟的形式饲喂肉牛   啤酒糟是啤酒工业的主要副产品，是以大麦（啤酒大麦）为原料，经糖化提取籽实中可溶性碳水化合物后的残渣。啤酒糟干物质中含粗蛋白 25.13%、粗脂肪 7.13%、粗纤维 13.81%、灰分 3.64%、钙 0.40%、磷 0.57%；在氨基酸组成上，赖氨酸 0.95%、蛋氨酸 0.51%、胱氨酸 0.30%、精氨酸 1.52%、异亮氨酸 1.40%、亮氨酸 1.67%、苯丙氨酸 1.31%、酪氨酸 1.15%；另外，还含有丰富的锰、铁、铜等微量元素。由于啤酒糟中粗纤维含量较高，主要作为肉牛的补充饲料。

Fredrickson 等（1993）研究了大麦、玉米、小麦及高粱等谷物饲料对于肉牛的采食量的影响，发现不同的谷物饲料对于肉牛的自由采食量没用显著影响。许多研究评价了大麦作为青贮饲草的补充料饲喂肉牛的效果，结果发现打捆的大麦添加到以青贮饲料为基础日粮的肉牛饲料中可以改善饲料的利用效率。Brake 等（1989）用占体重 1.1％的大麦和玉米分别饲喂肉牛，结果发现饲喂大麦时，肉牛的采食量较高，饲料的中性洗涤纤维也较高。Galloway 等（1993）给放牧肉牛补充体重 1.0％的玉米或 1.07％的大麦时，发现饲喂大麦的阉牛生长速度更快。Duncan 等（1991）用经蒸煮的压捆大麦代替高湿玉米饲喂肉牛，结果发现肉牛日增重无显著变化，但是饲料的采食量显著减低，饲料的利用效率显著提高。

二、"燕麦牛肉"的生产

燕麦是一种低能量大容积的饲料原料。饲用燕麦中通常含 24％～30％以上的外壳。由于在相对较凉爽地区燕麦产量和质量均较好，因而美国燕麦生产主要分布在中部平原区，并广泛用于肉牛的饲料中。

（一）燕麦的营养价值

燕麦通常含有 11％～14％的粗蛋白，有些新品种的粗蛋白含量也可达到 10％左右。燕麦中粗纤维的含量为 11％或更高。与玉米、大麦等谷物相比，燕麦中钾的含量较低。由于含有较多的外壳，燕麦的钙含量较高，约为 0.10％，而磷的含量约为 0.33％。

（二）燕麦的加工处理

燕麦饲喂肉牛时常用的处理加工方式有以下三种：

1. 粉碎　在 10 月龄之前，犊牛一般能够充分的咀嚼所采食的燕麦，因此饲喂犊牛的燕麦一般无需粉碎。对于青年牛或者育肥肉牛而言，将燕麦粉碎后饲喂主要是便于精饲料的配合。

2. 压扁　燕麦具有外壳，压扁后燕麦的消化率可以提高 5％以上。饲养试验证明，燕麦粉碎后饲喂肉牛可以提高其饲料效率。

3. 高湿燕麦　含水量通常在 23％以上，主要用于育肥牛的补充料。

（三）燕麦在肉牛饲养中的应用

1. 在犊牛开食料中的应用　燕麦含有丰富的燕麦壳，纤维素的含量较高。许多美国肉牛生产者都用燕麦作为断奶犊牛的唯一的或者主要的开食料。饲喂一段时间以后，断奶犊牛逐渐适应了精料的采食，才逐渐过渡到玉米等高能量谷物饲料。与其他谷物饲料相比较，具有较大的容积和较低能量的燕麦非常有助于犊牛瘤胃的发育以及对高精料饲喂的适应能力。在美国肉牛生产中，犊牛饲料中的燕麦从开食到完全适应粗饲料阶段饲喂，饲料中燕麦的比例从 50％～70％下降到 23％～30％。

2. 犊牛的补饲　整粒燕麦是美国肉牛生产中最常用的犊牛补饲饲料，虽然比不上商品犊牛专用补饲料的效果，但用整粒燕麦饲喂犊牛可以节省饲料的加工处理费，从而得到比较满意的饲喂效果而受到很多养牛场的欢迎。

3. 后备青年母牛的补饲　在北美肉牛生产中，一般不用自动饲喂器给青年后备母牛直接饲喂燕麦。因为这样饲喂容易使青年母牛过肥而影响后期的产犊及产后的泌乳。饲喂青年母牛时，一般将燕麦与切碎的粗饲料拌匀后再饲喂。

4. 生长育肥肉牛的饲喂　燕麦对生长牛来说是一种较好的饲料，但是由于其能量含量较低，而较少用于育肥牛的饲养。特别是在育肥期最后即使用 100％的燕麦饲喂，也达不到玉米、大麦等饲料的育肥效果。在某些情况下，育肥肉牛的日粮中用燕麦代替部分玉米大麦等精饲料只是为了补充部分易消化的纤维素而已。

第八节 利用秸秆饲料资源生产高档牛肉

近年来，我国肉牛业连续增产，取得了巨大成绩，不仅牛肉总产量，而且增产的速度也在世界名列前茅。但在各类牛肉产量迅速增加的同时，也存在着严重的隐患，其主要问题之一就是我国牛肉生产的饲料资源短缺问题。由于人口的不断增加和耕地的不断减少，使得粮食生产已成为我国国民经济增长的薄弱环节。因此，如果不及时解决饲料资源短缺问题，今后我国养牛业的发展必然会受到很大限制。肉牛由于其特殊的生理功能，较单胃畜禽更多、更有效地利用纤维性饲料。因此，根据肉牛特殊的生理功能和营养特性，充分利用秸秆饲料资源，就可以少用精料，节约粮食，也就能够建立起节粮型畜牧业。

农作物秸秆作为一种非竞争性资源，在我国具有数量大、分布广、种类多、价格低廉的特点。目前全国年产秸秆约为 7 亿吨，而用于饲料的不足 10%。由于秸秆自身的理化特性，使其作为饲料存在着很多问题。秸秆的茎秆粗硬，且在消化道停留的时间长，影响家畜的采食量和适口性；秸秆含氮量低，一般含粗蛋白仅 3%～5%；秸秆的粗纤维含量高达 35%～50%，且粗纤维中的纤维素与木质素结合成较为坚固的结构，动物难以消化利用。一般来讲，反刍动物对秸秆的消化率仅有 20%～30%。

针对秸秆类饲料的适口性差、采食量和消化率及营养价值低的特点，为了提高其利用率、增加肉牛的生产中高档牛肉的产量，长期以来人们在改善秸秆的适口性、提高消化率、增加其营养价值等方面进行了大量深入的研究和生产实践，取得了很大的进展。

一、秸秆的营养构成及其理化特性

秸秆是由大量的有机物和少量的矿物质及水构成，有机物的主要成分为碳水化合物，此外还有少量的粗蛋白质和粗脂肪。秸秆中的碳水化合物由纤维性物质和可溶性糖类组成，其中纤维性物质占较大比例。秸秆中的矿物质由硅酸盐及其他少量矿物质组成，大约为 6%。农作物成熟后，秸秆中的维生素差不多全部被破坏，因而秸秆中很少含有维生素。秸秆作为重要的生物质资源，总能量基本和玉米、淀粉的总能量相当。秸秆燃烧值约为标准煤的50%。秸秆蛋白质含量约 5%，纤维素含量 30%左右，还含有一定量的钙、磷等矿物质，1吨普通秸秆的营养价值平均与 0.25 吨粮食的营养价值相当。秸秆由于其作物种类、部位、收获时期等的不同，其营养价值会有较大差异，其营养的共同特点是蛋白质、可溶性碳水化合物、矿物质和胡萝卜素含量低，而粗纤维含量高，粗糙、坚硬、适口性差，动物难以消化，采食量小。

二、秸秆类饲料饲喂肉牛前的加工与处理

高档牛肉是指制作国际高档食品的优质牛肉，要求肌纤维细嫩，肌肉间含有一定量脂肪，所做食品既不油腻，又鲜嫩可口。由于高档牛肉的生产对饲料条件有较高的要求，因此应用秸秆饲料进行高档牛肉生产必须对秸秆饲料进行处理加工，以提高其营养价值和利用率。提高秸秆利用率的途径主要有两个方面：一是改善适口性，增大容重，提高肉牛对秸秆的采食量；二是提高肉牛瘤胃微生物对秸秆有机物的降解率。迄今为止，有关改善秸秆类低质粗饲料营养价值的研究报道较多，可归纳为物理性的、化学性的、生物学的以及系统组合

营养技术的应用等几大类。

（一）物理处理方法

1. 切短和粉碎 切短和粉碎是很简单但也是很重要的一种处理方法。切短和粉碎能提高家畜的采食量和消化率，其原理是由于处理破坏了纤维素的晶体结构，部分地分离了纤维素、半纤维素和木质素的结合，从而使饲料更容易受到消化酶的作用。经过切短和粉碎的秸秆，不但便于家畜咀嚼，减少耗能，而且也可减少饲料浪费，便于同其他饲料混合。切短与粉碎的程度应根据使用的目的和家畜的种类而定，一般喂牛时切短至 3～4 厘米。

2. 浸泡 秸秆饲料浸泡后质地柔软，能提高其适口性。将粗饲料切碎后，加水浸泡拌精料，可以改善饲料利用率。Holzer 等研究表明，浸泡处理可改善饲料采食量和消化率，并提高代谢能利用效率，增加体脂中不饱和脂肪酸比例。这些现象与瘤胃发酵的变化有关，因为浸泡处理将减弱瘤胃内的氢化作用，增加挥发性脂肪酸（VFA）生成速度，并减低乙酸、丙酸的生成比。

3. 膨化 膨化处理是将秸秆类粗饲料适当切短、加湿，装入耐压罐内，再通入 1 兆帕以上压力的过热蒸汽（可达 200 ℃）10～30 分钟，然后骤然开罐，物料随蒸汽一同喷爆出来，植物细胞结构裂解疏松，木质素和纤维素等高分子物质可发生部分分解和结合键的断开。

4. 碾青 碾青就是先将秸秆类粗饲料铺在地面上厚约 1/3 米，上面再铺上一层同样厚度的收割不久的青绿饲料（如青苜蓿等），青绿饲料之上再压约 1/3 米的秸秆类粗饲料，然后用碌进行碾压。这样就会使得青绿饲料的汁液由秸秆吸收，处理后的粗饲料适口性和营养价值明显提高。

（二）复合化学处理

对于秸秆的加工利用，目前应用最普遍的是秸秆的化学处理。主要有氨化（尿素、无水氨、碳酸氢氨、硫酸铵等）、碱化 [$NaOH$、$Ca(OH)_2$] 等。

1. 氨化处理 氨化的原理是含氮量较低（<1%）的低质粗饲料与氨相遇时，有机物与氨发生氨解反应，其中的木质素与多糖间的酯键结合遭到破坏，并形成铵盐，铵盐可以作为氮源促进瘤胃微生物的生长、繁殖。氨溶于水后形成的氢氧化铵对粗饲料有碱化作用。经氨化处理的秸秆，其含氮量增加 1～2 倍，粗纤维消化率可提高 6.4%～11.7%，有机物质的消化率比一般秸秆提高 4.7%～8.0%，蛋白质消化率提高 10.6%～12.2%，改善了秸秆的营养价值，使其接近中等品质的干草。

（1）液氨处理 将秸秆水分调整为 20%～30%，用聚乙烯薄膜将秸秆堆密封，然后向堆中注入占秸秆干物质含量 3% 的液氨，放置一个月左右。由于使用液氨需要专门的压力罐、使用设备和货源无法充足供应，所以限制了液氨的使用。

（2）氨水处理 即用氨的 10%～20% 的水溶液，采用喷洒或垛顶倾注法，加入占秸秆干物质重量 3%～5% 的纯氨量的氨水。由于氨水含有水分，在处理半干秸秆时，可以不向秸秆中洒水。

（3）尿素氨化处理法 秸秆中含有尿素酶，当在秸秆中加入尿素，用塑料膜覆盖后，尿素在尿素酶的作用下可分解出氨，对秸秆进行氨化。方法是一般将尿素配成 5%～10% 的水溶液，按秸秆干物质重量加入含 3%～5% 尿素的水溶液，均匀地喷洒在秸秆上。高腾云等用尿素氨化处理花生壳及麦秸，结果表明对肉牛具有良好的饲养育肥效果。对花生壳以

3.5％的尿素和4％的$Ca(OH)_2$进行综合化学处理，其效果优于单纯的氨化处理。

2. 碱化处理 碱化处理能使饲料纤维内部的氢键的结合变弱，使纤维素分子膨胀，而且能皂化糖醛酸和乙酸的酯键，中和游离的糖醛酸，使细胞壁中的纤维素与木质素间的联系削弱，从而使消化液和细菌酶类能与纤维素起作用，将不溶的木质素变为易溶的木质素。一般可分为氢氧化钠处理、石灰水处理两种。

（1）氢氧化钠处理 用氢氧化钠处理秸秆的原理是氢氧化钠的氢氧根可使纤维素与木质素之间的联系破裂或削弱，引起初步膨胀，以适于反刍家畜瘤胃中分解粗纤维的微生物活动，因而提高了秸秆中有机物质的消化率。氢氧化钠处理方法有湿法和干法两种。①湿法：传统的湿法是指以1.5％的NaOH溶液将秸秆在室温下浸泡10～12小时，多余的碱用水冲掉。此法可使秸秆的有机物消化率由45.7％提高到71.2％，但会造成水的浪费和环境的污染。Sundstol提出将秸秆浸入1.5％ NaOH溶液30～60分钟，然后取出再贮存熟化4～5天，无需用水处理。该方法能增加有机物消化率20％～25％，降低干物质损失并把污染降至最低。②干法：干法处理较简便易行，且成本低廉。用30千克1.5％的NaOH溶液直接喷洒在100千克切短的或未打捆的长秸秆上，边喷洒边搅拌。处理后的秸秆可以堆在仓库或地窖中，也可以制成颗粒料，饲喂前无需清洗。在国外干法处理已发展为工业化处理方法，大大提高了秸秆的消化率和能值。

（2）石灰水处理 指用1千克生石灰或3千克热石灰，加水200～250升，处理100千克切碎的秸秆，处理后在水泥地上摊放1天以上即可饲喂家畜。为了增加适口性，可在石灰水中加入0.5％的食盐。石灰水中的氢氧化钙是对环境无害的化学物质。秸秆中多余的钙对家畜以及环境不会造成污染。但由于其碱性较弱，与秸秆发生化学反应的时间比氢氧化钠要长。

3. 生物学处理方法

（1）青贮 青贮的原理就是在适宜的条件下，主要通过植物本身所带有的乳酸菌的发酵，将青贮原料中的碳水化合物（主要是糖类）变成有机酸（主要是乳酸）造成酸性环境，抑制了有害细菌的生长和繁殖，达到长期保存饲料的目的，同时可提高饲料的适口性、消化率和营养价值。

但是，一般用作青贮的原料是刚刈割的青绿饲料，因为青贮原料要求60％～75％的含水量和8％～10％的含糖量，而秸秆类饲料一般都达不到这些要求，只有玉米秸适合于青贮。此外，随着青贮添加剂的广泛应用，许多原来不适宜青贮的原料也可用作青贮，这样就可以使许多秸秆类饲料通过青贮提高其营养价值和利用率。现在常用的青贮添加剂有以下几类：①微生物制剂，主要是乳酸菌；②抑制不良发酵的添加剂，主要有酸类添加剂和防腐剂，如硫酸、盐酸等无机酸，甲酸、乙酸等有机酸和亚硝酸钠、硝酸钠、甲酸钠、甲醛等防腐剂以利于青贮料的保存和防止变质；③营养型添加剂，主要有尿素、碳水化合物等改善发酵过程的物质和石灰石、硫酸铜、硫酸锌、硫酸锰、氯化钴等补充青贮料矿物质元素不足的无机盐类；④纤维素酶类添加剂，这类酶主要有半纤维素酶、纤维素酶、果胶酶等。

（2）酶制剂的应用 酶制剂是近年来研究较多的一种黄（青）贮添加剂，主要是纤维素酶，另外还有半纤维素酶、β-葡聚糖酶、植酸酶及果胶酸酶等。随着酶工程技术的不断发展，国内有关酶制剂在秸秆类饲料青贮中应用的研究报道已开始增多。朱国生等添加纤维素酶制作玉米青贮饲料喂肉牛，结果表明肉牛的体增重、饲料利用率及经济效益等指标均优于不添加纤维素酶的对照组。

（3）微生物处理 微生物处理主要是通过加入有益微生物对秸秆进行发酵作用，使秸秆软化、体积变小、适口性改善、消化率提高。生产中最常见的微生物制剂是乳酸菌接种剂。这种制剂发酵贮存秸秆，主要依靠乳酸菌发酵，使 pH 下降，抑制有害菌的繁殖，并且在发酵后由于粗硬秸秆变软，有酸香味，能刺激家畜的食欲，从而提高家畜的采食量。

（4）复合生物发酵处理秸秆 针对单纯用微生物制剂发酵贮存秸秆效果的缺点，对秸秆先进行化学预处理，再利用筛选的一些特异性菌株进行秸秆的发酵，即秸秆的复合生物处理技术。这种方法不仅很大程度上改善了秸秆饲料的适口性，而且降低了秸秆的纤维性物质，同时也提高了秸秆 DM、NDF 的瘤胃降解率和营养价值。李大鹏、高玉荣等在粉碎揉搓松散的玉米秸秆中按一定比例加入玉米粉、尿素、水混合均匀，并按一定比例接种一定量的绿色霉菌、酵母菌、曲霉菌，经过特定的发酵工艺处理，发酵的玉米秸秆中纤维含量由原来的40.2%降至13.6%，降低了66.2%。粗蛋白由2.8%提高至28.8%，同时无氮浸出物及粗灰分都有一定的提高。发酵好的饲料有一定的酸香味，适口性好。采用高效发酵剂进行生物发酵，应用于多种植物秸秆和果渣发酵，并取得了较好作用，玉米、小麦秸秆粗蛋白提高到8%～10%，粗纤维从33%～35%降解到18%～22%，而且酵解后秸秆具有极好的酸香苹果味，适口性较好。通过对四种玉米青贮料进行饲料常规成分分析，结果表明，加酸和加酶两种处理方法能明显降低青贮玉米秸秆粗纤维的含量，降低幅度分别为4.25%、5.30%；明显提高粗蛋白的含量，提高幅度分别为5.82%、7.73%。因此，适宜的秸秆复合生物发酵贮存从营养价值，饲喂效果和经济效益等方面都有很大的实用价值。

三、秸秆饲料饲喂肉牛时应注意的问题

1. 秸秆饲料中蛋白质及维生素含量显著低于到其他饲料，钙磷比例也不适应，在以秸秆为主的肉牛饲料中必须补充蛋白质、维生素、青绿饲料、矿物质元素等，尽可能满足肉牛生长发育及生产高档牛肉产品的需要。为满足肉牛的营养需要，日粮中的粗蛋白质含量不应低于11%。饼类富含蛋白质，是理想的补饲饲料；谷物（如玉米）是能量饲料，不如棉籽饼的效果好，价格也比较高，不应作为首选补饲精料。尽量以廉价饼粕补饲，棉籽饼、菜籽饼含有某种毒素，喂猪、喂鸡受到严格限制，而肉牛则有较大耐受力。使用棉籽饼、菜籽饼补饲，可以降低成本。此外，利用秸秆进行牛肉生产需要有一个合理饲料配合体系。特别是以秸秆粗饲料为主饲喂肉牛时，应加强对肉牛的精料补饲，补饲精料的数量应根据饲草、饲料以及牛价而定，若精料相对便宜、牛价高，则可多补饲一些；反之，若精料昂贵、牛价低，则少喂一些。通常每头牛每日补饲精料不应超过2～3千克。但是，肉牛出栏前的快速育肥期，精料可以更多一些。耕牛和"吊架子"的牛，则不必用过高精料。

2. 秸秆的饲喂量不宜过大，以避免日粮粗纤维含量过高，蛋白质和能量不足从而降低肉牛的生长速度。粗饲料饲喂量过大，容易造成肉牛胃肠蠕动缓慢、消化不良等消化道疾病的发生。

3. 经过碱化、氨化、青贮等方式处理过的饲料在开始饲喂时，要逐步过渡。开始饲喂时由少到多，经过1～2周的适应期后达到正常的饲喂量。在停止饲喂时，也应该有一个由多到少的逐步过渡阶段。避免由于肉牛瘤胃对饲料变化的不适应而引起消化机能的紊乱，而会出现拒食、腹泻甚至酸中毒等现象的发生。

4. 秸秆在粉碎后饲喂肉牛时，宜注意秸秆粉碎的粒度要大小适中，一般在 0.7～1.2 厘米为佳，过细会咀嚼不全，唾液分泌量少，从而造成饲料的过瘤胃速度加快、发酵不全而降低秸秆饲料的利用率，还有可能使牛在采食时将饲料粉尘吸入呼吸道，引起炎症。这时应将粉碎的饲料用水拌湿或进一步压制成颗粒饲料，以避免这一情况的发生。

5. 饲料在经过氨化处理后饲喂时，应该注意氨化后的秸秆取出氨化池后，有较强的刺激性气味，应摊开晾晒后再饲喂给肉牛，以避免氨对肉牛的眼睛、呼吸道等造成不良刺激，引起炎症，进而影响生产。

6. 用经过氨化、碱化、青贮等处理过的秸秆饲料饲喂肉牛时，应注意对犊牛和妊娠母牛限制饲喂量。犊牛的瘤胃发育机能不全，不能利用非蛋白氮饲料，且消化粗纤维的能力很差。饲喂量大时，容易造成消化道障碍，还可能因此犊牛的腹泻、酸中毒、氨中毒等疾病，而母牛则会引起流产。因此，对于母牛和犊牛应控制饲喂量，妊娠后期的母牛应该停止饲喂氨化饲料。

7. 青贮饲料酸度过大时，应该减少饲喂量，同时可以用 5%～10% 的石灰水中和酸后再饲喂，这样还可以增加饲料中钙的含量。或者在饲料中添加 12% 小苏打，以降低瘤胃中酸度，有利于微生物的活动及其对纤维素的降解能力。

8. 秸秆饲料饲喂肉牛前，应注意仔细清除其中霉变部分以及泥土、石块、铁丝等杂物，防止肉牛在采食时将上述杂物摄入到瘤胃。尖锐的杂物会刺伤牛的瘤胃、网胃等引起创伤性的网胃炎、腹膜炎、心包炎等疾病。塑料等杂物在牛的胃中难以消化，会堵塞食管、网瓣口，造成消化道疾病甚至引起死亡。

第九章 肉牛繁育

第一节 肉牛繁育目标

随着人们生活水平的提高和饮食结构及饮食观念的转变，对优质高档牛肉的需求不断增加，从过去单纯追求牛肉产量逐渐向追求牛肉质量转变。这就对育种工作者提出了一个新的更高的要求，在增加牛肉产量的同时，必须不断提高牛肉的质量。肉牛繁育的目标就是通过育种和繁殖两种手段，培育更多的生长发育快，产肉性能高，牛肉品质优良，繁殖性能良好，遗传性能稳定，符合肉牛体型外貌特征，能进行批量化生产的多种优良肉牛群体。就畜牧生产而言，育种目标可以理解为：通过各种繁育措施的实施，在育种群中培育出优良的肉牛品种、品系，或选育出优秀的种畜个体，使其遗传优势得到传递和扩展，以期在未来的生产条件和市场需求下，在生产群中获得最大的产品产量和质量。因此，肉牛繁育的目标应该是：

1. 提高肉牛生长发育速度　生长速度较快的肉牛品种，通过育肥，出栏快，育肥周期短，饲料报酬高，肉质鲜嫩，经济效益高。

2. 培育产肉性能高的肉牛品种　高档牛肉占牛胴体的比例最高可达12%，高档牛肉售价高，因此提高高档牛肉的出产率可大大提高饲养肉牛的生产效率。

3. 改善牛肉品质　高档牛肉是指制作国际高档食品的优质牛肉，要求肌肉纤维细嫩，肌肉间含有一定量脂肪，所做食品既不油腻，也不干燥，鲜嫩可口。高档牛肉主要指牛柳、西冷和肉眼三块分割肉，且要求达到一定的重量标准和质量标准，有时也包括嫩肩肉、胸肉两块分割肉。肉品优质的牛肉，受到人们的青睐，市场需求大，售价高，能产生很大的经济效益。

4. 提高繁殖性能　要扩大良种数量，扩大肉牛数量，繁殖性能是重要的影响因素之一。要求终身稳定的高受孕率，体型较小，性成熟较早而不易难产，良好的泌乳性能，抗逆性强，体质结实，利用年限长，高饲料报酬，良好的肉质。

5. 培育满足市场需求的专门化肉牛良种　从整体来看，培育出来的肉牛品种应具有良好的体型外貌特征。体躯低垂，皮薄骨细，全身肌肉丰满、浑圆、疏松而匀称。前视、侧视、背视和后视均应呈长方形或圆筒状（图9-1）。

由于肉牛体形方正，在比例上看前躯较长而中躯较短，全身粗短紧凑。皮肤细薄而松软，皮下脂肪发达，尤其是早熟的肉牛，其背、腰、尻及大腿等部位的肌肉中间具有丰富的脂肪。被毛细密而富有光泽，是优良肉用牛的特征。

图9-1　肉牛理想的外貌特征

确定繁育目标是培育优良肉牛品种的首要工作，是研究育种规划的基础。育种者希望通过科学确定繁育目标实现种群经济利益的最大化和遗传进展的稳步或者显著提高。目前确立繁育目标已由追求理想型的体质外貌和生产性能发展到用货币单位表示的综合育种值，反映了育种技术的进步。在过去的相当长时期内，选种工作处于单纯地、片面地追求良好的体型外貌与高的生产性能的结合，许多新的理论方法没有得到很好的应用。动物育种理论和方法的建立，改变了人们传统的繁育观念，繁育目的不再是单纯地、片面地追求性状值的提高，而是追求育种的综合经济效益最大化。

第二节　提高高档牛肉的生产效率

人工授精技术（AI）自 20 世纪 40 年代问世以来，在家畜繁殖中得到了广泛的应用。近几十年来，人工授精技术不断发展和完善，尤其是精液冷冻保存技术的成熟，使人工授精技术成为在家畜育种中最重要的生物技术，树立了家畜繁殖史上的第一座里程碑。在人工授精技术应用于牛的繁育后，国外畜牧业发达国家经过多年探索和实践，形成一套以人工授精技术为基础的育种体系，称之为"AI 育种体系"。

在我国大面积开展黄牛改良的工作中，母牛的人工授精技术已成为提高高档肉牛生产效率的一项现代科学繁殖技术，并且已在全国范围内推广应用。人工授精技术是人工采集经过生产性能测定了的育种值较高的验证公牛精液，经精液品质检查并稀释、处理和冷冻后，再用输精器械将精液输入发情母牛的生殖道内，使母牛受精后妊娠，最终产下人们期望的具有肉用特点的犊牛，以便扩大优质肉牛的数量和质量。

一、利用人工授精技术提高高档牛肉生产效率的可行性

（一）人工授精技术提高了优秀种公牛的配种效率，扩大了与配母牛的头数

在自然交配的情况下，一头公牛只能配 40～100 头母牛，而采用人工授精技术，一头公牛则可配 6 000～12 000 头母牛，成千上万倍地提高了种公牛的利用效率，可减小公牛的饲养头数，节约成本。

（二）加速了母牛育种工作进程和繁殖改良速度

通过冷冻精液利用人工授精技术使优秀种公牛获得大量的后代，扩大了其优良遗传特性和优质基因在群体中的影响，加速优质高效肉牛业的发展。

（三）扩大了种公牛的配种范围

冷冻精液的成功，使精液的传播和运输不受时间、地域、国度的限制，配种工作随时随地可以进行。可以说，一头优良公畜的精液可以在全国各地都得到利用。

（四）提高了配种母牛的受胎率

人工授精是直接将公牛的精液输入母牛生殖道的最合适部位，使精子顺利到达输卵管壶腹部，提高了受精率。人工授精所用精液要经检查合格。输精过程中便于发现母牛繁殖障碍并及时采取相应的措施，还能克服公、母牛自然交配时体格相差太大而难于交配的困难。

（五）避免了疾病传播

由于公、母牛生殖器官不直接接触，且人工授精必须遵守严格的技术操作规程，由专门技术人员实施操作，使参加配种的公、母牛之间减少或避免疾病的传播。

二、肉牛生产中人工授精技术的操作规程

（一）冷冻精液生产

1. 种公牛的质量要求 种用肉用型公牛，其体质外貌和生产性能均应符合本品种的种用畜特级和一级标准，经后裔测定后方能作为主力种公牛。肉用性能和繁殖性状是肉用型种公牛极其重要的两项经济指标。种公牛须经检疫确认无传染病，体质健壮，对环境的适应性高及抗病力强。

2. 采精 采精场应选择或建立在宽敞、平坦、安静、清洁的房间中，不论什么季节或天气均可照常进行工作，温度易控制。采精场内设有采精架以保定台牛或设立假台牛，供公牛爬跨进行采精。室内采精场的面积一般为 10 米×10 米，并附设喷洒消毒和紫外线照射杀菌设备。

（1）台牛的准备 采精时用活台牛效果最好，选择健康体壮、大小适中、性情温和、四肢有力的淘汰母牛或阉割过的公牛作为台牛。采精前对台牛的尾根部、外阴部、阴门彻底清洗，再用干净的布抹干。用假台牛采精则更为方便且安全可靠。假台牛可用木材或金属材料制成，要求大小适宜，坚实牢固，表面柔软干净，用牛皮伪装。

（2）采精技术 公牛多采用假阴道法采精。假阴道法是利用模拟母牛阴道环境条件的人工阴道（图 9-2），诱导公牛射精而采集精液的方法。

① 假阴道的结构 假阴道是一筒状结构，主要由外壳、内胎和集精杯三部分组成。外壳为一硬橡胶圆筒，上有注水孔；内胎为弹性强、薄而柔软无毒的橡胶筒，装在外壳内，构成假阴道内壁；集精杯由暗色玻璃或塑料制成，装在假阴道的一端。外

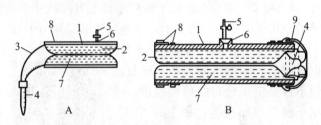

图 9-2 牛用假阴道
A. 欧美式牛用假阴道 B. 苏联式牛用假阴道
1. 外壳 2. 内胎 3. 橡胶漏斗 4. 集精管（或集精杯）
5. 气嘴 6. 水孔 7. 温水 8. 固定胶圈 9. 集精杯固定套

壳和内胎之间可装温水和吹入空气，以保持适宜的温度（38～40 ℃）和压力。

② 理想的假阴道应具备五个条件 A. 适当温度，采精时假阴道内腔温度应保持在 38～40 ℃，集精杯保持 34～35 ℃；B. 适当压力，压力不足不能刺激公牛射精，压力过大则使阴茎不易插入或插入后不能射精，注入水和空气来调节压力；C. 适宜润滑度，用消毒过的润滑剂对假阴道前段 1/3～1/2 处至外口周围的内表面加以润滑；D. 无菌，凡是接触精液的部分和内胎、集精杯均须消毒；E. 无破损漏洞，外壳、内胎、集精杯应检查，不得漏水或漏气。

③ 假阴道的准备 假阴道在使用前要进行洗涤、安装内胎、消毒、冲洗、注水、涂润滑剂、调节温度和压力等步骤。

④ 采精操作 采精时将公牛引至台牛后面，采精员站在台牛后部右侧，右手握持备好的假阴道，当公牛爬跨台牛而阴茎未触及台牛时，迅速将阴茎导入假阴道（呈 35°左右的角度）内即可射精。射精后，将假阴道的集精杯端向下倾斜，随公牛下落，让阴茎慢慢回缩自动脱出；阴茎脱出后，将假阴道直立、放气、放水，送化验室对精液进行检查合格后稀释。

在向假阴道内导入阴茎时，只能用掌心托着包皮，切勿用手直接抓握阴茎。同时，牛交配时间短促，只有数秒钟，当公牛向前一冲后即行射精。因此，采精动作力求迅速敏捷准确。

⑤ 采精频率　1头种公牛1周内采精2~3次，每次连续采取2个批次射精量。

⑥ 精液品质检查　精液品质检查的目的是避免劣质精液冷冻和输精。正常精液要求见表9-1。

表9-1　正常肉用种公牛的精液特性

平均每次射精量（毫升）	平均每次射出精子总数（亿）	精子活率（%）	正常精子率（%）	畸形率（%）	顶体异常率（%）
4~8	50~100	0.5~0.8	65~90	6~18	3~6

A. 感观检查　肉牛的射精量一般为每次4~8毫升。若射精量太多，可能是由于副性腺分泌物过多或尿液混入；如过少，可能是采精技术不当、采精过频或生殖器官机能衰退。正常的精液颜色是乳白色，不透明黏稠，有时为乳黄色。若精液颜色异常，应该弃去或停止采精。正常精液略有腥味。

B. 精子密度检查　精子密度指每毫升精液中所含有的精子数目。由此可计算出每次射精的总精子数，它直接关系到输精剂量的有效精子数。

估测法：通常与检查精子活率同时进行。一般压制标本，在显微镜下根据精子分布的稀稠程度，将精子密度粗略分为"密"、"中"、"稀"三级（图9-3）。此法在生产上常用，但有一定的主观性。

血细胞计数法：是对公牛精液作定期检查的一个方法，可准确测定每单位容积精液中的精子数。一般采用血细胞计进行。

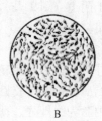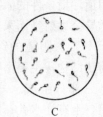

图9-3　牛精子密度
A. 密　B. 中　C. 稀

3. 精子活率检查　精子活率是指在精液中呈直线前进的精子数占精子总数的百分率。检查时，因牛精液密度较大，通常用生理盐水或等渗稀释液稀释后，取一滴精液于载玻片上制成压片标本，置38℃恒温显微镜载物台上在400倍下观察。对种公牛的精子活率采用十级评分法：视野中100%直线运动者评为1.0；90%者为0.9；80%者为0.8，依此类推。牛的精液（原精）活率一般在0.8~0.9，低于0.6不能用来制作冷冻精液。冷冻精液解冻后的活率不能低于0.3，低于0.3者不能使用。

4. 精子形态学检查　精液形态正常与否对受精率有密切关系。如果精液中含有大量畸形精子和顶体异常精子，则受精能力就会降低。

畸形率：指精液中畸形精子所占的比例。凡是形态不正常的精子均为畸形精子，如无头、无尾、双头、双尾、头大、头小、尾部弯曲，带原生质滴等（图9-4）。这些畸形精子都无受精能力。检查方法是将精液1滴放于载玻片的一端，用另一边缘整齐的盖玻片呈30°~35°角把精液推成均匀的抹片。待干燥后，用0.5%龙胆紫酒精溶液染色2~3分钟，用水冲洗。干燥后，在 600 倍以上高倍显微镜下计数 300～500 个精子，计算畸形精子百分率。肉牛正常精液畸形率不得超过 18%。

顶体异常率：顶体异常一般表现有膨胀、缺损、部分脱落、全部脱落等情况。顶体异常的精子失去受精能力。因此，精子顶体异常率是评定保存精液，尤其是冷冻精液品质的重要指标之一。正常情况下，牛的顶体异常率不超过 5.9%。

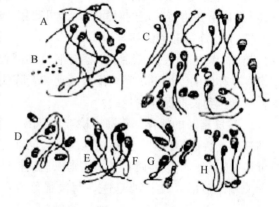

图 9-4 畸形精子

A. 正常精子　B. 游离原生质滴　C. 各种畸形精子
D. 精子头部脱落　E. 精子附有原生质滴
F. 精子附有远侧原生质滴　G. 精子尾部扭曲　H. 精子顶体脱落

5. 精液的稀释

（1）冷冻稀释液　冷冻稀释液的成分一般应含有低温保护剂（卵黄、牛奶）、防冻保护剂（甘油、乙二醇等）、维持渗透压物质（糖类、柠檬酸钠）、抗生素及其他添加剂。根据配制要求和稀释的需要将冷冻稀释液配制成基础液、Ⅰ液、Ⅱ液三种溶液，以便于在生产中使用。表 9-2 为几种常用的牛精液冷冻稀释液配方。

（2）稀释　采出的精液在等温条件下立即用不含甘油的第Ⅰ稀释液作第一次稀释，根据精液品质作 1～2 倍稀释。然后，经 40～60 分钟缓慢降温至 4～5 ℃，再加入等温的含甘油的第Ⅱ稀释液，加入量为第一次稀释后的精液量。

表 9-2　牛用冷冻稀释液配方

稀释液名称		柠檬酸钠液	乳-柠液	葡-柠液	糖类稀释剂
基础液	蒸馏水（毫升）	100	100	100	100
	柠檬酸钠（克）	2.9	2.75	1.4	—
	乳糖（克）	—	2.25	—	12.0
	葡萄糖（克）	—	—	—	3
Ⅰ液	基础液（毫升）	80	80	80	80
	卵黄（毫升）	20	20	20	20
	青霉素（单位）	10 万	10 万	10 万	10 万
Ⅱ液	Ⅰ液（毫升）	93	93	93	93
	甘油（毫升）	7	7	7	7

注：Ⅰ液用作精液的第一次稀释；Ⅱ液用作精液的第二次稀释。

6. 冷冻

凡作冷冻保存的精液均需按头份进行分装。目前广泛应用的剂型为细管型。

以长 125～133 毫米、容量为 0.25 毫升的聚乙烯塑料细管，在 2～5 ℃温度下，通过吸引装置将平衡后的精液进行分装，用聚乙烯醇粉末或超声波静电压封口。事先调整液氮罐中冷冻支架和液氮面的距离（1～2 厘米），使冷冻支架上的温度维持在 -130～-135 ℃。将封好口的精液细管平铺在冷冻屉上，注意彼此不得相互接触，再放置于液氮罐中的冷冻支架上。以液氮蒸气迅速降温，经 10～15 分钟，使细管精液遵循一定的降温程序。当温度降至 −130 ℃以下并维持一定的时间后，即可收集于精液提筒内，直接投入液氮中。

（二）冷冻精液的保存与运输

制作的冷冻精液，要存放于盛有液氮的液氮罐内保存和运输。液氮的温度为 −196 ℃，精子在这样低的温度下，完全停止运动和新陈代谢活动，处于几乎不消耗能量的休眠状态之中，从而达到长期保存的目的。

1. 冷冻精液的保存　将抽样检查合格的冷冻精液妥善包装后，还要做好品种、种牛号、冻精日期、数量等标记，然后放入超低温的液氮内长期保存备用。在保存过程中，必须保存温度恒定不变、精液品质不变的原则以达到精液长期保存的目的。

冻精取放时，动作要迅速，每次最好控制在 5～10 秒，并及时盖好容器塞，以防液氮蒸发或异物进入。在液氮中提取精液时，切忌把包装袋提出液氮罐口外，而应置于罐颈之下。

液氮易于气化，放置一段时间后，罐内液氮的量会越来越少，如果长期放置，液氮就会耗干。因此，必须注意罐内液氮量的变化情况，定期给罐内添加液氮，不能使罐内保存的细管精液或颗粒精液暴露在液氮面上，平时罐内液氮的容量应该达到整个罐的 2/3 以上。拴系精液包装袋的绳子，切勿让其相互绞缠，使得精液未能浸入液氮内而长时间悬吊于液氮罐中。

2. 冷冻精液的运输　冷冻精液需要运输到外地时，必须先查验精子的活力，并对照包装袋上的标签查看精子出处、数量，做到万无一失后方可进行运输。选用的液氮罐必须具有良好的保温性能，不露气、不露液。运输时应加满液氮，罐外套上保护外套。装卸应轻拿轻放，不可强烈震动，以免把罐掀倒。此外，防止罐被强烈的阳光曝晒，以减少液氮蒸发。

（三）冷冻精液的解冻

从液氮罐中迅速取出 1 支细管，立即投入温度在 37～40 ℃的水浴中快速解冻，解冻时间大约 10 秒钟。解冻后用灭菌小剪剪去细管封口再装入输精器中准备输精。

（四）输精

掌握适宜的配种时机，适时配种，是提高受胎率的很重要环节。母牛输精的时间一般在母牛表现发情后 10～20 小时内进行，前后输精两次。通常清晨发情的母牛在下午输精，近中午发情的母牛在晚上输精，而傍晚发情的母牛则在第二天上午输精。然后间隔 8～10 小时进行第二次输精。输精部位和方法也影响母牛的受胎率，牛冷冻精液输精采用直肠把握深部输精法。直肠把握输精法是输精人员手臂插入母牛的直肠，把握固定好子宫颈，另一手将输精器经母牛阴道插入到子宫颈内口后注入精液。这种输精方法的特点是，用具简单、操作安全、母牛无痛感而且对初配牛也很适用，并且受胎率高。输精时，要做到轻插、试探、缓注、慢出。

（五）预产期确定

妊娠期就是从受精卵形成开始到分娩为止。由于准确的受精时间很难确定，故常以最后一次受配或有效配种之日算起，母牛妊娠期平均为 285 天（范围 260～290 天），不同品种之间略有差异，表 9-3 列出了几个品种母牛的妊娠期。

表 9－3　几个肉牛品种和中国黄牛的妊娠期

（天）

品种	妊娠期（范围）	品种	妊娠期（范围）
夏洛来牛	287.5(283～292)	秦川牛	285(±9.3)
利木赞牛	292.5(292～295)	南阳牛	289.8(250～308)
海福特牛	285(282～286)	晋南牛	287.6～291.8
安格斯牛	279(273～282)	鲁西牛	285(270～310)
短角牛	283(281～284)	温岭高峰牛	280～290
西门塔尔牛	278.4(256～308)	闽南牛	280～295

对于肉牛预产期的计算（按妊娠期 280 天计）："月减 3，日加 6"即为预产期。

例 1　一母牛 2003 年 9 月 10 日配种妊娠，那么 9 减 3 为 6（月），10 加 6 为 16（日），该牛预产期为 2004 年 6 月 16 日将产犊。

例 2　一母牛 2003 年 2 月 27 日配种妊娠，那么 2（月）减 3 不够，可借 1 年 12 个月，然后减 3，这里为：（2＋12）减 3，得 11（月）；"日加 6"，这里 27 加 6 得 33，超过 30 天，则算为 33 减 30 得 3 号，而月份须加 1，所以这头牛的预产期为 2003 年 12 月 3 日。

计算出预产期后，为了安全起见，应在预产期前 3～5 天仔细观察母牛的表现，做好接产准备。

三、实施人工授精技术提高肉牛繁殖力的措施

母牛的繁殖力主要指生育和哺育后代的能力。影响繁殖力的因素很多，应针对影响繁殖力的因素，采取积极有效的措施，最大限度地提高母牛的繁殖潜力。

（一）适时配种

技术人员应经常仔细观察母牛的发情情况，并作必要的记录，应抓住适宜的配种时间，肉牛的最佳配种时间应在排卵前 7～8 小时，即发情"静立"后的 12～20 小时，此时受胎率最高。

（二）娴熟的配种技术

在对母牛进行人工授精时，应使用品质好、符合标准的冷冻精液，输精操作技术规范熟练，输精器械消毒彻底，保持母牛生殖道清洁卫生，均能促进母牛受胎。

（三）克服和减少母牛的繁殖障碍

对于不发情、异常发情、子宫内膜炎、屡配不孕，受精障碍、胚体、胎儿生长、死亡等繁殖障碍母牛，应积极预防。对于先天性和生理性不孕，如母牛生殖器官发育不正常、子宫颈狭窄、位置不正、阴道狭窄、两性畸形、异性孪生犊、种间杂交后代不育、幼稚病应注意选择、淘汰，能治疗的做好综合防治和挽救工作，以减少无繁殖能力肉牛头数。同时要做好饲养场地环境清洁卫生，减少疾病传播。

（四）供给全面均衡的饲料

营养水平低，尤其是蛋白质、矿物质、维生素缺乏，母牛膘情太差，都影响母牛不发情或发情不明显；营养过剩，又会发生卵巢囊肿等疾病及引起死胎现象，影响繁殖力。因此，要使母牛正常发情必须调整营养水平，抓住母牛增膘措施，特别是带犊母牛应加强饲养管

理。全面均衡的营养供给是保证肉牛繁殖力的重要措施。

(五) 采取措施，调节环境温度

夏季炎热和冬季严寒时，肉牛的繁殖力最低，死胎率明显增高。春、秋两季气温适宜，光照充足，繁殖效率最高。高温季节应适当增加饲料浓度，选择营养价值高的青粗饲料，延长饲喂时间，增加饲喂次数，降低牛舍温度，增加排热降温措施。

(六) 加强犊牛的培育

对新生犊牛应加强护理，产犊时应及时消毒，揩净犊牛嘴端黏液，让犊牛及时吃上初乳。同时要注意母牛的饲养，供给其充足的营养以供生产牛乳，供小牛食用。另外还要作好圈舍消毒，不给小牛饲喂不干净、发霉变质的草料。冬天产房要注意保暖，防止贼风吹袭小牛。犊牛生后两周，应供给优质的精粗饲料训练其吃食。发现疾病应及时诊治，避免不必要的损失。

(七) 开发母牛潜在的繁殖力

近年来，随着胚胎工程技术的发展，繁殖技术在提高母牛的繁殖力上已发挥出重要作用。比如已采用超数排卵、体外受精和胚胎移植等新技术，加快了肉牛的繁育速度，提高了良种数量。

四、利用胚胎移植技术提高高档牛肉的生产效率

胚胎移植 (ET) 被称为继人工授精之后牛繁殖技术的又一次技术革命。牛胚胎移植自Willett (1951) 用手术法获得成功，特别是 Sugie 开发的非手术法移植成功以来，得到较快的发展，并作为一种有效的技术应用到畜牧业生产中。Wilmut 用冻胚移植成功产犊，胚胎超低温保存技术有了突破，使胚胎移植不受时间、地域的限制，为技术的应用推广提供了便利条件。由于牛的经济价值高，胚胎移植的研究与应用近 30 年来发展最快，一些畜牧业发达国家早在 20 世纪 70 年代就进入了商业化运作阶段。不少国家成立了商业性的胚胎移植公司，胚胎流通广域化，技术服务和学术交流国际化。据报道，目前全世界共储备有数十万余枚牛冻胚供流通，年产胚胎移植牛已超过 35 万头，胚胎移植技术在各国牛良种扩繁、品种改良方面发挥了重要作用，并产生巨大的经济和社会效益。

(一) ET 技术在肉牛生产中发挥的重大作用

随着胚胎移植技术的日趋成熟和产业化的不断深入，将在养牛业中发挥越来越大的作用，推广应用胚胎移植技术也成为必然趋势，对良种肉牛的扩繁和产业化具有重要作用。

1. 发挥优秀母牛的繁殖潜力，提高利用率和繁殖效率　人工授精最大限度地提高了优秀种公牛的利用率，而胚胎移植技术则充分发挥优秀母牛的繁殖潜力，提高利用率。通过超排处理，优良供体一次获多枚胚胎，并可重复处理。郭志勤等报道，自 1988 年至 2001 年超排肉牛 407 头，头均获可用胚 6.16 枚，移植妊娠率 50.11%。国外已利用重复超排在一年中成功地从一头供体牛获得 60 头犊牛，国内已有从一头供体最多获得 23 头犊牛的报道。而采用传统的自然交配和人工授精技术，一头优秀母牛一生最多只能生产 10 头左右的牛犊。因此，应用胚胎移植技术比自然情况下能增殖若干倍，从而可极大地增加优秀个体的后代数，充分发挥优秀母牛的遗传和繁殖潜力。

2. 缩短世代间隔，加快遗传进度　通过 MOET (超数排卵和胚胎移植) 可使供体繁殖的后代增加 7~10 倍，可增加选择强度，缩短世代间隔，从而加快遗传进展。研究证明，通

过 MOET 可使牛生长性状的年遗传进展提高 33%。近年来，美国、加拿大、英国、法国等国参加后裔测定的青年公牛中有 80% 以上是胚胎移植牛。在我国，肉牛及良种杂交改良肉牛占 10%～20%。采用传统的级进杂交改良育成一群良种牛需要 15～20 年，难以在短期内实现良种牛数量的增加和质量的根本提高，牛的品种改良任务仍然艰巨。因此，在肉牛育种中，根据育种和生产需要采用胚胎生物工程技术，选择优良供体生产胚胎，利用低产奶牛、黄牛、杂交牛等作受体移植高产纯种牛胚胎生产后代，可在几年时间内实现提高肉牛生产性能和群体的遗传品质，进而提高经济效益。

3. 诱导肉牛双胎，提高生产效率 牛是单胎动物，自然状态下双犊率极低，牛双犊率遗传力仅为 0.03，世代间隔长，仅靠传统的遗传选择法等来提高牛的双胎率十分困难。目前较普遍采用人工授精（AI）＋胚胎移植（ET）法和 ET 法（移植 2 枚整胚或 2 枚分割半胚）生产一胎双犊。在国内，采用在人工授精的第 7 天，移植 1 枚 IVF（体外受精）鲜胚，双胎率达 65.4%。在黄牛人工授精的第 7 天移植 1 枚体外受精胚胎，获 AI＋ET 诱发黄牛一胎双犊获得成功。人工授精＋胚胎移植、移植 2 枚胚胎和移植 2 枚分割半胚三种方法的妊娠率达 50.6%、双胎率达 48.1%。因此，通过人工诱发双犊可增加后代数量，降低繁殖母牛饲养成本，提高养牛的生产效率和经济效益。

4. 代替种畜引进，降低引种成本 目前从国外进口一头种牛需要 2 万～6 万元（包括防疫等费用）的巨额费用，如云南省从国外引进的纯种婆罗门牛、西门塔尔牛的费用 5 万～6万元。而引进一枚纯种良种胚胎只不过千元左右，且冷冻胚胎具有便于运输与流通的优点，使胚胎的国际贸易成为现实。因此，引进优秀母牛胚胎来代替种畜进出口，可节约购买、运输和检疫等费用。通过移植引进胚胎繁殖的后代，在当地生长发育，容易适应当地的气候环境条件。

5. 有效保存品种资源，建立良种基因库 应用胚胎的冷冻技术可使优良品种牛或特殊品种牛胚胎长期保存，以保护良种资源，而且费用比饲养活牛低，需要时可及时解冻移植。胚胎冷冻与冷冻精液、冷冻卵母细胞共同构成动物优良性状的基因库。许多国家通过建立动物胚胎库的方式保存良种资源，以避免某一地区的良种一旦遭受自然灾害等因素可能造成绝种的危险。

6. 使不孕母牛获得生殖能力，提高利用率和使用年限 有些优良母牛容易发生习惯性流产或难产，或是由于其他原因不宜负担妊娠过程（如年老体弱牛），可让其专作供体，通过超数排卵或活体采卵，使之正常繁殖后代。有些母牛由于输卵管堵塞或炎症不能正常受胎，可用作受体，正常产犊。另外，通过激素处理，对部分繁殖障碍牛如持久黄体起到治疗作用，从而提高母牛的利用率和使用年限。

7. 作为防疫对策，减少疾病传播，保证肉牛生产安全 目前世界上许多国家和地区疫情发生比较严重，如疯牛病、口蹄疫等。在进行繁殖或直接进口活畜过程中，通过接触等途径有可能传播传染病，从而加大引进活畜的风险。有试验表明，牛的白血病病毒、口蹄疫病毒等并不会通过胚胎传染给受体牛或新生犊牛。同时由于胚胎的透明带具有阻止细菌、病毒侵入的作用，只要做好以下几点工作，可防止疾病传播。①做好卵母细胞体外受精的质量监控，严防精液受污染和阻止病原微生物进入胚胎生产过程；②严格把握供体牛处理、胚胎收集过程的标准化程度，保护胚胎透明带的完整性和保证胚胎洗净，生产"无病原胚胎"（pathogen free embryos）；③确保生物制品来源可靠、无污染，胚胎移植操作符合卫生标准。因此，引进、生产和移植胚胎具有相对的安全性。

8. 作为基础研究的重要手段，促进相关学科的发展 胚胎移植是研究受精生物学、遗传学、动物育种学以及繁殖生理学等理论问题的重要手段，也是研究胚胎工程如胚胎分割、胚胎嵌合、体外受精、性别鉴定、克隆、转基因动物等的基础。胚胎移植技术的成熟与应用，极大地促进了相关学科特别是胚胎工程生物技术的重大进展。

（二）ET 技术操作程序

胚胎移植技术主要包括供、受体母牛的选择，供体母牛的超数排卵，供体和受体母牛的同体发情，胚胎的回收，胚胎质量鉴别，胚胎的冷冻保存，胚胎移植（图 9-5）。

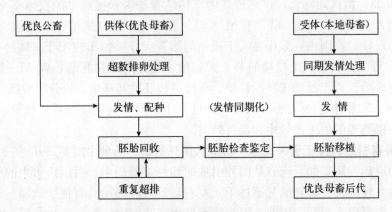

图 9-5 超数排卵与胚胎移植技术路线

1. 供、受体牛的选择 供体母牛要求品种优良、生产性能好、遗传性稳定、系谱清楚、体质健壮、繁殖机能正常、繁殖力较高、无遗传和传染疾病、年龄在 15 月龄到 8 周岁以内的优秀个体。受体也要求是健康状况良好、无生殖器官疾病、发情周期正常、营养及体况较好的个体。

2. 供体的超数排卵 超数排卵简称超排，指在母牛发情周期的适宜时间，用促性腺激素处理母牛，使卵巢比在自然情况下有较多的卵泡发育并排出多个有受精能力的卵子。超排处理的时期应选择在发情周期的后期，即黄体消退时期，此时卵巢正处于由黄体期向卵泡期过渡。

（1）常用的超排处理方法

$PMSG+PGF_{2\alpha}$法：在发情周期第 8～12 天内 1 次肌内注射 PMSG 2 000～3 000 国际单位（老年牛剂量可大一些），48 小时后肌内注射 $PGF_{2\alpha}$ 15～25 毫克或子宫灌注 2～3 毫克，在 2～4 天内，多数母牛发情，但 PMSG 不宜与 $PGF_{2\alpha}$ 同时注射，否则会导致排卵率降低。

$FSH+PGF_{2\alpha}$法：在发情周期第 8～12 天内肌内注射 FSH 每日 2 次，连注 3～4 天，总剂量 30～40 毫克（第一次用量稍多，以后逐日降低），在第五次注射的同时，注射 $PGF_{2\alpha}$ 15～25 毫克。必要时可在牛发情后肌内注射 GnRH(LHRH-A2 或 LHRH-A3) 200～300 微克。

以 FSH 10 毫克用 20 毫升生理盐水稀释，第九天开始超排为例，注射程序如表 9-4。

（2）提高反复进行超排处理的措施 超排应用的 PMSG、HCG、FSH 及 LH 均为大分子蛋白质制剂，对母牛作反复多次注射后体内会产生相应的抗体，使卵巢的反应逐渐减退，超排效果也随之降低。

表 9-4 供体牛超排处理程序表

时 间	第 9 天	第 10 天	第 11 天	第 12 天	第 13 天	第 14 天
早晨 8:00	FSH 4 毫升	FSH 3 毫升	FSH 2 毫升 PG 2 毫克	FSH 1 毫升	发情	人工授精 LHRH-A₃ 25 微克
晚上 8:30	FSH 4 毫升	FSH 3 毫升	FSH 2 毫升 PG 2 毫克	FSH 1 毫升	人工授精 LHRH-A₃ 25 微克	

① 增加药物的剂量 在第二次超排处理时，可将 PMSG 的剂量加大，以到达正常的超排处理。

② 间隔一定时间处理 母牛每进行一次超排处理，使卵巢经历一次沉重的生理负担，需经一定时期才能恢复正常的生理机能。因此，在给供体母牛作第二次处理的间隔时期应为 60～80 天，第三次处理时间则需长到 100 天，在每一次冲取胚胎结束后，应向子宫内灌注 $PGF_{2\alpha}$，以加速卵巢的恢复。

③ 更换激素制剂 当连续两次使用同一种药物进行处理时，为了保持卵巢对激素的敏感性，可以更换另一种激素进行超排处理，以获得较好效果。

(3) 同期发情处理 同期发情 (Synchronization of Estrus) 是利用外源激素或其他方法促使母畜群在一定时间内集中发情的繁殖控制技术。人为调整母畜的发情周期进程，使母畜群同期发情、同期配种受胎、同期妊娠、同期分娩，有利于组织生产和管理。另外，同期发情技术作为胚胎移植、人工授精的配套技术，在生产上有着重要的实用价值。如牛的发情周期平均为 21 天，假如不用同期发情处理，一周内会有 33％的牛发情，受胎率为 65％～70％，则妊娠率为 33％×65％＝21％；同期发情处理会有 75％～90％的牛发情，受胎率以 65％计算，妊娠率至少为 75％×65％＝49％。同期发情的优点主要是：促进人工授精技术广泛迅速地应用；提高家畜繁殖力，缩短产犊间隔；节约人力、物力、时间，方便配种工作；方便管理；作为胚胎移植技术的重要环节，可提高胚胎移植效益。同期发情技术也存在缺点，主要是增加了成本；需要有技术的劳动力；增加了短期的管理强度。

① 同期发情的药物

A. 抑制发情的药物，即孕激素类 常用的有孕酮 (P_4)、炔诺酮、氟孕酮 (FGA)、甲孕酮 (MAP)、氯地孕酮 (CAP)、18-甲基炔诺酮、16-次甲基甲地孕酮 (MGA) 等，其中人工合成孕激素的效能比孕酮大许多倍，所以在用药时要考虑药物的种类，采用适当的剂量。

B. 溶解黄体的 $PGF_{2\alpha}$ 及其类似物 常用的有 15-甲基 $PGF_{2\alpha}$、13-去氢 $PGF_{2\alpha}$、氟前列烯醇、$PGF_{1\alpha}$ 甲酯等。

C. 促进卵泡发育和排卵的药物 采用孕激素和前列腺素处理时，为了促进卵泡发育和排卵的一致性，可注射一定剂量的卵巢活动化物质，即促卵泡素 (FSH)、促黄体素 (LH)、孕马血清促性腺激素 (PMSG)、人绒毛膜促性腺激素 (HCG) 及促性腺激素释放激素 (GnRH) 等。

② 同期发情的处理方法

A. 孕激素处理　孕激素处理是人为地造成黄体期，控制发情。母牛处理一定时间后，同时停药即可引起母牛发情，此类孕激素包括孕酮及其合成类似物，如甲孕酮、炔诺酮、氯地孕酮、18-甲基炔诺酮等。投药方式有阴道栓塞法、皮下埋植法等，对于舍饲牛，也可口服孕激素。

孕激素处理分短期（9～12天）和长期（16～18天）两种。长期处理后，发情同期率较高，但受胎率偏低；短期处理后，发情同期率较低，受胎率接近或相当于正常水平。当前，短期处理在开始时肌内注射3～5毫克雌二醇和50～250毫克孕酮或相应的其他孕激素制剂，可提高发情同期化的程度。

B. 前列腺素（PG）及其类似物处理　前列腺素处理是溶解卵巢上的黄体，中断周期黄体发育，使牛同期发情。

由于前列腺素如氯前列烯醇等仅对卵巢上有功能性黄体的母牛起作用，只有当母牛在性周期的第5～18天（有功能黄体时期）才能产生发情反应（图9-6）。对群体来说，黄体存在于发情周期的各个阶段，所以为使群体母牛有最大限度的同期发情率，在经第一次同期处理后，表现发情的母牛先不予配种，间隔10～12天后再用药1次进行第二次处理，这时所有的母牛均处于周期第5～18天之内，同期化显著提高。前列腺素的投药方式有肌内注射、宫腔或宫颈注入。

图9-6　同期发情处理程序

PGF$_{2\alpha}$的半衰期短，施药部位距靶组织越近则作用效果越好，所以通过子宫颈注入有黄体侧的子宫角内较为理想，用这种方法时PGF$_{2\alpha}$的用量为3～5毫克。由于肌内注射距靶组织较远，故用药量较大，一般为20～30毫克。

国产的15-甲基PGF$_{2\alpha}$、PGF$_{1\alpha}$甲酯及13-去氢PGF$_{2\alpha}$效价高于PGF$_{2\alpha}$，子宫注入分别用1～2毫克，2～4毫克和1～2毫克即可，用于肌内注射则需适当增加药量。

将孕激素短期处理与前列腺素处理结合起来，效果优于单独处理。先用孕激素处理5～7天或9～10天，结束前1～2天注射前列腺素。注意处理结束时一定要配合使用孕马血清促性腺激素。

（4）胚胎的采集　用冲卵液将胚胎从供体母牛的生殖道内冲出，收集在容器内。冲卵液和短期胚胎培养液通常用改良的杜氏磷酸盐缓冲液（mPBS）。方法分为手术法和非手术法。

手术法采集胚胎：发情配种1～3天后从供体母牛输卵管内收集胚胎，冲卵的方法采用从伞部向子宫角方向或从子宫角向伞部方向冲洗；配种5～7天的母牛由于受精卵已离开输卵管进入子宫角，因此需要对子宫角冲洗，冲洗方法可以从宫管结合部向子宫体方向或从子宫体向宫管结合部方向。具体方法是将一直径为2毫米，长约10厘米的聚乙烯管从输卵管腹腔口插入2～3厘米，另用20毫升注射器吸取30℃左右的冲卵液，连接7号针头从子宫角前端刺入，再送入输卵管狭部，缓慢注入冲卵液。在子宫角冲卵时，用止血钳夹住宫管结合部附近的输卵管，使冲卵液不由输卵管流出，在子宫角分叉部插入回收针后，还要用肠钳夹住子宫与回收针后部，固定回收针，使冲卵液不要流入子宫体内（图9-7）。

表9-5　种牛同期发情方案与效果比较

序号	名　称	方　案	效　果
1	MGA 方案	口服，每天每头牛 0.5 毫克 MGA，连续 14 天。停药后 2～6 天发情。发情后 8～12 小时配种	一个情期妊娠率达到 20%～30%
2	MGA-PGF 方案	每天每头牛添加 0.5 毫克 MGA，连续 14 天。第 31 天（或 33 天）注射一次 PG，发情后 8～12 小时配种	一个情期妊娠率达到 68%
3	MGA-Select Synch 长方案	每天每头牛 0.5 毫克 MGA，连续 14 天。第 26 天注射 GnRH，第 33 天注射 PGF，72 小时、80 小时后配种，或连续观察 5 天，发情后 8～12 小时配种	一个情期妊娠率达到 70%
4	MGA-Select Synch 短方案	第 0 天注射 GnRH，第 1～6 天每头牛每天 0.5 毫克 MGA，第 7 天注射 PGF，60 小时、72 小时后配种，或连续观察 5 天，发情后 8～12 小时配种	一个情期妊娠率达到 50%～70%
5	PGF 方案	肌内注射 PG 一次（或两次，间隔 12 小时），理论上有 2/3 的牛发情。连续观察 5 天，发情后 8～12 小时配种	一个情期妊娠率达到 42%
6	二次 PGF 方案	间隔 11 天两次注射 PGF，连续观察 5 天，发情后 8～12 小时配种	一个情期妊娠率达到 62%
7	同期化排卵程序	第 0 天注射 GnRH，第 7 天注射 PGF，第 9 天注射 GnRH，8 小时、18 小时后配种（固定时间）	一个情期妊娠率达到 50%～70%
8	改进程序	第 0 天注射 GnRH，第 7 天注射 PGF，第 9 天注射 ECP（estra-diol cypionate），48 小时后配种（固定时间），或不注射 ECP，观察发情，发情后 8～12 小时配种	一个情期妊娠率达到 51%
9	改进程序	第 0 天注射 GnRH，第 7 天下午注射 PGF，第 10 天早上配种，或注射 GnRH 18 小时后配种（固定时间）	一个情期妊娠率达到 48%
10	改进程序	第 0 天注射 GnRH，第 7 天注射 PGF，观察发情，发情后 8～12 小时配种	一个情期妊娠率达到 55%
11	改进程序（PG+ CIDR Program）	第 0 天放 CIDR，第 6 天早注射 PGF，第 7 天下午去栓。48 小时、54 小时后配种；或观察发情，发情后 8～12 小时配种	一个情期妊娠率达到 59%

非手术法采集胚胎：在配种 5～7 天后冲胚。首先将牛保定，采用前高后低站姿，在腰荐或尾椎间隙注射 2% 的普鲁卡因或利多卡因 3～5 毫升进行硬膜外麻醉，外阴清洗消毒干净后，用直肠把握法将带有不锈钢丝的采卵管插入子宫角，直到子宫角大弯处，然后抽出钢丝，由助手向气球打气，打气量一般 15～20 毫升。接好导管，注入冲卵液，每次 20～50 毫升，如此反复 5～6 次，每侧子宫角的用液量 300～400 毫升，冲完一侧又换到另一侧，两侧的冲卵液分别回收到集卵杯（图9-8）。为了更多地回收冲卵液，每次回收时可轻轻按摩子宫角。冲卵结束后，应向子宫内放入一定量的抗生素，以防子宫感染。

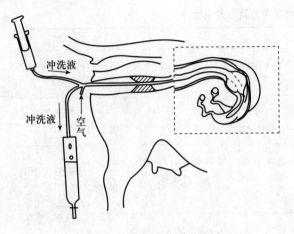

图 9-7　手术收集胚胎的方法

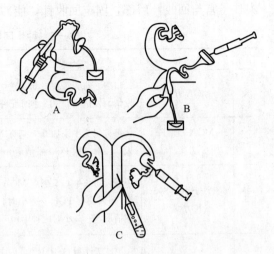

图 9-8　牛的非手术冲胚

A. 由输卵管冲向伞部

B. 由输卵管冲向宫管连接部　C. 子宫冲洗法

（5）胚胎的洗涤、分级和装管

① 洗涤　从子宫冲出来的胚胎，其表面或冲出来的液体中可能带有一些异物，必须予以洗涤。清洗液一般用 mPBS 或用 M-199 配制的胚胎成熟培养液。清洗的具体方法是：在实体显微镜下（20 倍）将冲出胚胎用吸胚管移入清洗液作的微滴中，用吸胚管在清洗液中吹打几次后，换一新吸胚管再将胚胎移入另一微滴中，照前法洗涤 3～5 次。

② 分级　正常胚胎呈圆形，整体结构好，细胞质均匀，轮廓清晰且规则，透明带完整有弹性。一般对妊娠 7 天的牛早期胚胎根据发育阶段和形态分为 A、B、C、D 四级（表 9-6）。只有 A、B 级胚胎才能进行移植或冷冻。

表 9-6　各级胚胎特点

级　别	A 级	B 级	C 级	D 级
特征	卵细胞和分裂球的轮廓清晰，呈圆形，细胞质致密，色调和分布极均一。	有少许卵裂球突出或有少许小泡和形状不规则，卵细胞和分裂球的轮廓清晰，细胞质较致密，分布均匀。	形态明显变异，卵细胞和分裂球轮廓稍不清晰，细胞质不致密，分布不均匀，色调发暗。	很少有正常卵细胞，形态异常或变性，呈未受精、退化、卵裂球破碎、透明带断裂或空缺。

（6）胚胎的冷冻保存　胚胎的保存分为低温保存和冷冻保存（即超低温保存）。低温保存一般是在 0～10 ℃的温度下来保存胚胎的一种方法。在这样的温度下，细胞的新陈代谢速度显著地减慢，但未停止。细胞的一些成分，特别是酶处于不稳定状态。因此，在这种温度下保存胚胎只能维持有限的时间。超低温保存是在 -196 ℃超低温下，由于胚胎代谢完全停止，因而可以长期保存。保存时将胚胎、保存液和抗冻剂一起装在一个 0.25 毫升的冷冻细管（图 9-9），在 -30～-35 ℃下预冷几分钟后，直接投入液氮保存。加入保存液和抗冻剂是为了防止超低温对胚胎造成损伤。

① 保护剂的选择及配制　早期的研究通常以甘油和二甲基亚砜为抗冻剂，后来逐渐转

向使用乙二醇和1，2-丙二醇。乙二醇和1，2-丙二醇在低温条件下能以非常稳定的非结晶状态存在，且两者对细胞的毒性也明显小于二甲基亚砜。

在保护剂的使用上，由最初的一种保护剂单独使用发展到现在多种保护剂联合使用。在添加渗透性保护剂的同时结合使用非渗透性多元醇，有效提高了胚胎冷冻的存活

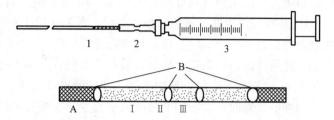

图9-9 胚胎冷冻装管
1. 细管 2. 装管接头 3. 1毫升注射器
A. 棉塞 B. 气泡 Ⅰ、Ⅲ. 保护液 Ⅱ. 含胚段

率及移植受胎率。目前，在牛胚胎的商业化生产中较常用的方案为1.8摩尔/升乙二醇＋0.25摩尔/升蔗糖常用冷冻保护剂（表9-7）。

表9-7 常用冷冻保护剂

保护剂	状态	质量	相对密度（20 ℃）	常用浓度
二甲基亚砜	液态	78.14	1.10（克/厘米^3）	1.0～1.5摩尔/升
甘油	液态	92.10	1.25（克/厘米^3）	1.0～4.0摩尔/升
乙二醇	液态	62.07	1.11（克/厘米^3）	1.5摩尔/升
蔗糖	固态	342.3	—	0.25～0.5摩尔/升
1，2-丙二醇	液态	76.04	1.036（克/厘米^3）	1.0～3.4摩尔/升

在进行一步冷冻时，为使细胞质达到玻璃化状态，防止在投入液氮和解冻过程中形成冰晶，常采用两种保护剂组成的高浓度玻璃化液，如25％甘油＋25％丙二醇、25％甘油＋25％乙二醇、25％丙二醇＋25％乙二醇等。

配制保护剂时，根据无菌操作要求量取选用的保护剂和血清，加入磷酸盐缓冲液中，混匀，过滤后分装，4 ℃冰箱保存。例如，配制1摩尔/升甘油保护液是在磷酸盐缓冲液中加入92.1克甘油，最后总体积为1升。其换算为容积为：容积（毫升）＝质量/相对密度＝92.1/1.25＝73.7（毫升），即用926.3毫升含10％犊牛血清的磷酸盐缓冲液中加入73.7毫升甘油即可。

② 冷冻前平衡处理 胚胎冷冻前，需要放入保护液中进行平衡处理，以保持渗透压的平衡。早期研究都是采用4步或6步由低浓度逐渐过渡到最终浓度的保护液中的平衡方法，后来简化为3步，但并没有影响胚胎冷冻后的存活率。许多试验证明，将胚胎从等渗溶液中直接移入到1.5摩尔/升甘油或二甲基亚砜溶液中，胚胎开始发生收缩，但当胚胎细胞内外渗透压达到平衡时，又恢复到原来的大小，且除去保护剂对胚胎的活力没有影响，故现在大都采用一步加入保护剂法。胚胎移入保护剂时，温度应在18～26 ℃，平衡时间为15～25分钟。目前，最常用的3步平衡法是将胚胎分别在含3％、6％和10％甘油的保护液中各平衡5分钟，然后分装入0.25毫升的细管中。

③ 装管 胚胎平衡处理后在冷冻前须装入细管中。冷冻一般用0.25毫升精液冻精细管。将细管有棉塞的一端插入装管器，将无塞端伸入保护液中先吸取一段保护液（Ⅰ段）后吸取一段气泡，再在实体显微镜下吸取欲装管的胚胎和保护液（Ⅱ段），然后再吸一个气泡

后，再吸入一段保护液（Ⅲ段）。当胚胎确保装好后，封住管口，标明编号，做好记录。

④ 胚胎程控冷冻　使用程控冷冻仪，胚胎先以1℃/分的速率降温至−5～−7℃，诱发结晶，然后以0.1～0.3℃/分的速率降温至−30～−35℃，投入液氮保存。这种方法的优点是：胚胎冷冻后形态正常率高，发育能力强。尤其是在此基础上建立起来的一步细管法免除了冷冻−解冻后去除保护剂的步骤，使胚胎冷冻技术更为实用，便于生产中推广。一步细管法即冻前装管时，含胚胎的冷冻液量很少，在细管中只占1厘米，而其他液体部分均为去除冷冻保护液，水浴解冻后，用手指轻弹，胚胎即进入脱除保护液内，然后直接移植。由于常规快速冷冻法对胚胎的冷冻效果比较理想，目前在商业性牛胚胎移植中，普遍采用此法冷冻保存牛的胚胎。

（6）胚胎移植　挑选A、B级胚胎进行移植，移植方法有手术法和非手术法。

① 手术法　将受体牛做好术前准备，在右胁部切口，找到排卵侧子宫角，再把吸有胚胎的注射器或移卵管刺入子宫角前端，注入胚胎，然后将子宫复位，缝合切口（图9−10）。

② 非手术法　将装好胚胎的细管装入胚胎移植枪，采用直肠把握法把胚胎注入发情后6～9天的受体牛排卵一侧子宫角大弯处（图9−11）。

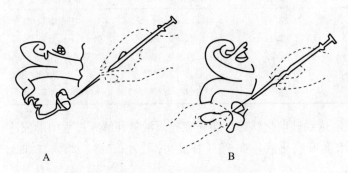
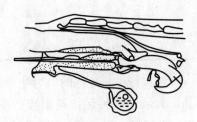

图9−10　牛手术法移植胚胎　　　　　　　　图9−11　牛胚胎非手术移植的
A.胚胎移植于输卵管　B.胚胎移植于子宫角　　　　　　　　　方法和移植的部位

五、其他繁殖技术在高档牛肉生产中应用

随着科学技术的不断发展，除人工授精胚胎移植被应用推广以外，一些新的繁殖技术在肉牛生产中也在不断研究和应用。

（一）胚胎分割技术

借助显微操作技术或徒手操作方法切割早期胚胎成二、四等多等份再移植给受体母畜，从而获得同卵双胎或多胎的生物学新技术。来自同一胚胎的后代有相同的遗传物质，因而胚胎分割可看成动物无性繁殖或克隆的方法之一，各国在这方面的研究都取得了成果，我国也获得成功。通过胚胎分割，提高了胚胎的利用率，增加每枚胚胎的后代繁殖数；通过两个半胚的移植，提高双犊率，避免异性双胎母犊不育的问题，具有一定的实用价值。

（二）体外授精技术

牛体外胚胎生产和移植获得成功，为胚胎工厂化生产奠定了基础。据报道，英国剑桥ABC公司年生产牛体外受精胚胎10万～16万枚。我国广西水牛研究所在水牛体外受精研究方面取得重大进展，共产犊成活24头。体外受精技术的应用大大降低了牛胚胎生产的成本，极大地促进了胚胎工程技术的研究、开发与推广。

（三）活体采卵技术

利用超声波装置从供体牛活体采集卵母细胞的方法。活体采卵技术在国内外得到较广泛的研究与应用。通过牛活体采卵技术与体外受精等技术的结合，极大地提高优良母牛的利用率，可生产系谱齐全、遗传背景清楚的胚胎及其后代。

（四）性别鉴定与控制技术

牛早期胚胎性别鉴定技术得到不断完善和提高，目前已应用于生产。特别是 X 和 Y 精子分离技术日趋成熟，根据市场需求利用体外受精技术生产性别控制胚胎成为现实，并在生产实践中逐步应用，从而达到性控繁殖，提高养牛业的整体经济效益的目的。

（五）克隆技术

世界第一头克隆羊"多莉"在英格兰诞生以来，日本科学家 Kato 等克隆出 8 头牛犊。目前牛克隆胚胎的重复克隆已达 6 个世代，并获得第 3 代克隆牛，由一枚胚胎反复克隆已得到 190 枚克隆胚胎，母牛繁殖后代可呈几何级数增加。因此，随着克隆技术的不断完善，在畜牧业上可真正实现家畜胚胎的工厂化生产，迅速扩繁同基因型的优良种群，从而大幅度提高畜群的生产水平，增加畜产品产量，改善畜产品质量（图 9-12）。

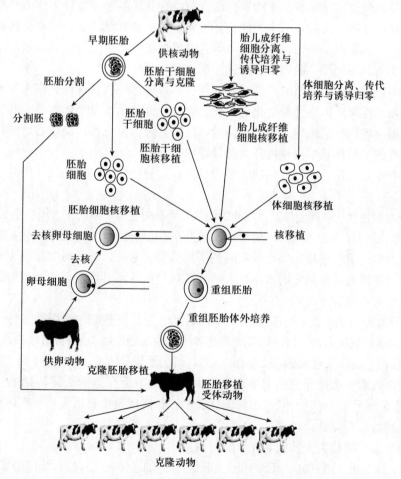

图 9-12 不同类型克隆动物制作技术路线示意图

（六）转基因技术

转基因技术就是将外源基因转移到动物受精卵内组成一个新的融合基因，使其在动物体内整合和表达，产生具有新的遗传性状的动物。采用的步骤一般为：第一，外源基因的选择；第二，外源基因在宿主细胞染色体上的整合；第三，外源导入基因在宿主体内的表达；第四，对转基因动物的处理。主要方法有 DNA 显微注射法、反转录病毒感染法、胚胎干细胞（ES）介导法、精子载体法、染色体片断注射法、电转移法等，其中 DNA 显微注射法是目前最成功的方法。

转基因育种打破了不同生物物种间的界限，可将外源基因直接导入动物品种中，能够大幅度缩短世代间隔，培育出新品种。转基因育种可以充分利用所有可能的遗传变异，从而极大地提高牛遗传改良的幅度和速度，同时还可根据人们的需求创造出一些非常规的产品。

六、高档牛肉生产中目标性状的选择与利用

（一）肉牛的目标性状

从遗传学观点来看，家畜育种学的宗旨是通过改变家畜群体的基因构成来逐代改进家畜群体的目标性状，以满足人类的各种需要。家畜的大部分性状都是稳定遗传。了解这些性状的遗传特性及其规律，是家畜群体改良、培育新品种和新品系等育种工作的必要前提。为了便于人们更好的育种，人为地把牛的性状分为质量性状和数量性状。质量性状就是无法用数字表示的性状，如毛色、牛角、体型大小等。数量性状则是可以用工具测量、用数字表示的性状，如出生重、断奶重、断奶后日增重、饲料利用率等。

在肉牛生产过程中，按照人们的需要，往往需要选择一些目标性状作为育种的指标。目标性状是指希望在生产群达到最优化的性状，而选择性状是衡量个体本身及其亲属生产性能的性状，根据这些性状值决定个体是否留种。所以育种的目标性状确定后，才能确定选择性状，有时育种的目标性状本身也可作为选择性状。

肉牛生产中特别注重的目标性状主要包括生长发育性状、胴体性状、肉质性状、繁殖性状四个方面。

1. 生长发育性状 体现生长发育性能的性状主要有初生重、断奶重、周岁重、18 月龄体重、成年体重、生长能力、饲料转化率、育肥期日增重等，这些性状均能充分反映生长发育性能。

（1）犊牛断奶重 指犊牛实行断奶时的平均活重。它可以表示母牛泌乳力和母性能力的大小。国外研究报道，断奶重的大小以及哺乳期犊牛的平均日增重与 1.5 岁时的活重及育肥期的增重强度并不呈正相关。

（2）育肥期增重率 指肉牛育肥期的平均日增重。它是很重要的肉用性能指标，遗传力值高达 0.57，直接选择就很有效。该指标与增重效率有明显的正相关，经济价值较高。其计算方法是将肉牛育肥阶段总的体重增加量除以育肥的天数，即为平均日增重，单位用千克/天来表示。

（3）增重效率 该指标表示肉牛育肥期间每增重 1 千克活重所需消耗的总营养物质量（千克）或价值（元）。有时人们也用料肉比表示。料肉比是指每增重 1 千克体重所消耗的饲料（特别是精料）千克数。

（4）周岁重 指犊牛生长到 365 日龄时的活重，是一个综合指标。

初生重、断奶重、周岁重以及成年重之间既有较高的遗传相关，也有线性函数关系，其中周岁重是一个综合指标。因此，常常把初生重、断奶重、周岁重作为目标性状的选择性状。

育肥期日增重和饲料转化效率是评定个体生长发育性能极为重要的两个指标，两者之间相关系数达 0.78。

生长能力是评价肉用性能的一个重要性状。随着生长能力的提高，育肥牛以及淘汰牛可获得一个较高的销售质量或是育肥终质量。对母牛而言，生长能力的提高会增加维持需要，在一个高效的肉牛生产系统中，成年母牛应约占整个群体的一半以上。因此，在不影响整个群体生产效率的前提下，生长能力不宜过大。

2. 繁殖性状　肉牛的繁殖力主要包括公牛配种、母牛怀犊的能力、母牛的产犊率和犊牛断奶成活率这四个性状。公、母牛的配种产犊能力，主要表示母牛的受胎力以及种公牛的受精力，是反映公、母牛繁殖性能的主要指标之一。而母牛的产犊率是反映肉牛繁殖性能的重要指标。产犊间隔是母牛受胎率、公牛受精力、胚胎生活力和母牛妊娠时间的综合作用的结果。Rege 等强调，在动物生产年限中，产犊间隔已成为主要衡量繁殖力的指标。Braga 等认为初产年龄是一个母畜早期生产年限中的一个重要性状，是繁殖性状早期衡量的一个重要指标。

公牛的繁殖性状主要有射精量、精子密度、精子活力、情期一次受胎率等，其中射精量与精子密度、精子活力、精液颜色等负相关。有文献报道，睾丸围与精液产量成正相关关系，相关系数高达 0.81。Koots 报道，睾丸围平均遗传力为 0.45。

3. 胴体性状　肉牛的胴体质量性状主要包括胴体等级、大理石纹、眼肌面积、嫩度、胴体重、屠宰率和净肉率等，其遗传力（h^2）都高达 0.40 以上（表 9-8）。因此，直接选择效果都很明显。实践中，选择种牛时多以后裔测定和同胞测定的方法对所选公牛作出推断，以确定其遗传品质。陈幼春指出，牛的屠宰率越高，净肉率也越高，胴体等级也越高。大理石纹等级是目前市场评定牛肉等级最常用的指标。

表 9-8　肉牛性状的估计遗传力

性　状	性状遗传力	性　状	性状遗传力
成年母牛体重	0.50～0.70	胴体重	0.65～0.70
产犊间隔	0.10～0.15	屠宰率	0.45～0.50
产犊容易度	0.10	屠宰等级	0.35～0.40
犊牛成活率	0.10	眼肌面积	0.60～0.70
初生重	0.35～0.40	皮下脂肪厚度	0.35～0.50
断奶体重	0.25～0.30	大理石纹	0.40
哺乳期日增重	0.5	胴体等级	0.35～0.45
断奶后日增重	0.30	瘦肉率	0.55
育肥期日增重	0.45～0.50	肉质等级	0.40
育肥后终重	0.50～0.60	净肉率	0.50
增重效率	0.35	肉骨比	0.60
周岁重（育肥场）	0.40	柔嫩度	0.30
周岁重（牧场）	0.35	胸围	0.55
18 月龄体重	0.45～0.50	尻长	0.50
宰前重	0.70	胸宽	0.50
成年体高	0.50	断奶时体型评分	0.25～0.30
管围	0.30	受胎率	0～0.15
十字部高	0.50	体型评分	0.3

注：引自严昌国《肉牛科学饲养》中国农业出版社，2003。

4. 肉质性状　肉质性状主要指牛肉的柔嫩度、颜色、组织、风味等，都有很高的遗传力，但一般都不能通过个体本身表现型选择。

（二）肉牛目标性状的选择与利用

在选择肉牛目标性状时，必须要以产肉性状为主，同时兼顾其他性状，但目标性状不宜过多。随着性状个数的增加，选择的准确度也随之下降，每个性状所获得的遗传改进量相应减少。

1. 直接选择　对于一些早期出现并且遗传力高、能直接或借助仪器容易测量的性状，如犊牛初生重、断奶重、1 岁活重、育肥期日增重、增重效率、外形评分、犊牛断奶成活率等性状，可直接进行选择。而对于胴体性状，则只能借助仪器如超声波测定仪等设备进行辅助测量，然后对相关性状进行比较选择。初生重体现了胚胎期胎儿发育状况是否正常，过大会造成难产，一般应要求保持在品种所要求的初生重范围内。对于大型品种的公犊一般也不宜大于 45 千克。生长速度应朝着增重快的方向选择。中等育肥水平的屠宰率应在 60% 以上，强度育肥水平应达到 65% 以上。选择饲料报酬率高的个体。肉的品质，如肉的嫩度、颜色、风味、肌间脂肪率及其分布均匀度（大理石纹）要好。要求优质肉的比例高、重量大。要求无难产或很低的助产率。

2. 间接选择　由于肉牛的各种性状之间具有遗传相关性，于是就有可能通过对另一性状的选择，来间接选择所要改良的某个性状。当所要改良的某个性状的遗传力很低，或难以精确度量，或在活体上不能度量，或在某种性别没有表现，可考虑采用间接选择。在这个时候，就需要找到一个与要选择的目标性状有高度遗传相关，而本身的遗传力又很高的辅助性状，这样才可通过对这个辅助性状的选择来间接选择目标性状，并进一步提高。如果辅助性状能在幼年时期度量，则可针对所要改进的性状进行早期选种。

遗传相关中会出现负值，当一个性状对于另一个性状为负的遗传相关时，则表明不但选择无效，甚至会出现反效果。要保持和提高纯种肉牛的优良肉用性能，应关注与肉牛品种生产性能相关的主要性状。

间接选择在肉牛育种工作中有着广阔的应用前景，尤其是应用于早期选择。人们正在努力寻找本身的遗传力高（如果是质量性状更好），且与重要经济性状有着高度遗传相关的早期性状，特别是生理生化性状，如血型、某种蛋白含量等，来作为对晚期表现的经济性状进行间接选择用的选择性状。早期选择可大大减少饲养成本，扩大供选群体，增强选择的预见性，加大选择差，提高选择效果（见表 9 - 9）。

表 9 - 9　生长性状与屠宰肉质性状的相关关系

性状	生长	脂肪厚度	眼肌面积	大理石纹
生长	0.32	0.27	0.47	0.14
脂肪厚度	0.28	0.28	0.01	0.13
眼肌面积	0.48	0.04	0.30	0.09
大理石纹	0.22	0.16	0.20	0.33

注：对角交叉点数据为遗传力，下三角为遗传相关，上三角为表型相关。

引自王根林，《养牛学》，2000。

3. 标记辅助选择　牛的许多重要经济目标性状都是数量性状，由众多微效多基因和主基因联合控制。因此，若对这些主基因进行鉴别和利用，就能够加快遗传改进的速度，取得常规育种方法所不能获得的效果。主效 QTL 育种即定位牛 QTL 位点中主效基因并直接进行改良或发现与之相连的 DNA 标记，进行标记辅助选择（Marker Assistant Selection，MAS）。由于牛的低遗传力，用传统的表型选择提高性状很困难，现在大量的研究主要着眼于不同品种的重要性状 QTL 图谱的建立和分子遗传标记的鉴定。

Soller 和 Backman（1983）以某种遗传标记与 QTL 存在连锁关系为理论依据，提出了"标记辅助选择（MAS）"。MAS 由于充分利用了遗传标记、表型和系谱的信息，比常规遗传评定方法具有更大的信息量，可提高个体遗传评定的准确性。同时在牛育种中应用 MAS 有许多优点：不易受环境的影响，没有性别、年龄的限制，允许进行早期选种，缩短世代间隔，提高选择强度，从而提高选种的效率和准确性。Kashi 等（1990）指出，在奶牛上，利用 MAS 对后备公牛进行性状基因筛选，其速度比传统的后裔测定方法要快 20%～30%。绝大多数关于 MAS 的研究都只考虑了单个性状，而实际育种往往需要同时对几个性状进行选择，最近已有人开展多个性状的 MAS 研究。值得一提的是分子遗传标记与体细胞数的变化有关系，基因诊断也属于 MAS 的一部分。目前，有关 MAS 的研究大多采用计算机模拟的方法来进行，且在所有模拟研究中，都要求必须准确确定牛 QTL 的位置和效应。随着牛 QTL 定位的深入发展，标记的数量愈来愈多，标记的信息也将愈来愈准确，MAS 将成为牛品种改良的有效方法。

第十章 肉牛疫病防治

第一节 新购肉牛的隔离和防疫

近年来，随着我国肉牛业的快速发展，因调运肉牛发生疫情的事件时有发生，给肉牛业发展和人民群众健康造成了严重的威胁，因而必须加强新购肉牛的隔离和防疫管理工作。

一、跨省调运肉牛的申报审批

（1）跨省调运肉牛，调运单位和个人必须按照《动物防疫法》第三十六条的规定，在调运前到调入地省级动物防疫监督机构办理审批手续。

（2）省级动物防疫监督机构在接到申请后，按照农业部《动物检疫管理办法》第十六条的规定，根据输出地动物疫病发生情况，在 3 日内作出是否同意引进的决定。

二、调运肉牛的检疫

1. 报检 输入地省级动物防疫监督机构同意引进的，调运人应当持引进肉牛决定，向输出地县级动物防疫监督机构报检。输出地动物防疫监督机构应当在收到报检后 15 日内组织检疫。

2. 疫病的检疫 按照《种畜禽调运检疫技术规范》（GB 16567—1996）要求，应做临床检查和实验室检验的疫病包括口蹄疫、布鲁菌病、结核病、副结核病、牛传染性鼻气管炎、蓝舌病、炭疽以及影响肉牛健康的其他疾病。

3. 检疫方法 调查了解产地近 6 个月的疫情情况，查看免疫档案、养殖档案、耳标等，然后进行临床健康检查和实验室检验。

三、肉牛调运前后的防疫监管

1. 全程跟踪 跨省调运肉牛时，调入地省级动物防疫监督机构须派技术人员到产地协助开展检疫工作。

2. 产地检疫 肉牛检疫必须在产地饲养场进行，不能在牲畜交易市场采购肉牛和实施检疫。

3. 强化免疫 调运前至少 2 周进行一次口蹄疫强化免疫。

4. 调运前的隔离检疫 经过临床健康检查和实验室检验，要求检疫检验合格，再进行为期 14 天的隔离观察，隔离期间无疫病的肉牛，方可出具《出县境动物检疫合格证明》，准予调运。

5. 车辆消毒 调运人在装载肉牛前必须对运输车辆按要求进行清扫、洗刷、消毒，经输出地动物防疫监督机构检查合格，并取得《动物及动物产品运载工具消毒证明》。运输车辆在卸货后必须在动物检疫员的监督下进行彻底清扫、洗刷、消毒。

6. 调入后隔离检疫 肉牛调入后，畜主须持输出地有效证明到当地动物防疫监督机构报检。经动物防疫监督机构进行验证查物后，才能将肉牛卸离运载工具，并在指定的隔离观察场所进行饲养。隔离饲养 30 天，经当地动物防疫监督机构检疫合格后，方可解除隔离。

总之，要做到新购肉牛的有效隔离和防疫，必须贯彻"预防为主、防重于治"的方针。各地畜牧技术推广站及动物疫病预防控制中心要积极推广科学的肉牛饲养管理和防病治病技术，有效提高饲养者的防疫意识。

对布鲁氏杆菌病、结核病"两病"监测检出的患病、可疑肉牛要和健康肉牛隔离分开，再进行复检。确诊后对布鲁氏杆菌病、结核病均为阳性的肉牛，要立即扑杀深埋，彻底消灭传染源。

对检出布鲁氏杆菌病、结核病阳性的肉牛场，要将圈舍、用具、活动场所及道路彻底消毒，消毒液喷洒的地方达到喷后 15 分钟内保持湿润，粪便要清理干净，堆积发酵 30 天。

第二节 圈舍的定期消毒

圈舍的消毒，包括定期预防消毒和发生传染病时的临时消毒。预防消毒一般是在走廊过道每周用消毒液喷洒消毒 1～2 次，以防止传染病的发生。临时消毒则应及时彻底。在消毒之前，应先将圈舍彻底清扫。若发生了人畜共患的传染病，如口蹄疫等，清扫之前应用有效消毒药物喷洒后再打扫、清理，以免病原微生物随尘土飞扬造成更大的污染。清扫时要将垃圾、剩料和粪便等清理出去，打扫干净之后再用消毒药进行冲洗或喷雾消毒。常用的消毒剂有碘伏、210 高效强力消毒剂、百毒杀消毒剂等，药液的浓度应根据产品说明书而定。若发生了传染病，则应选择对该种传染病病原有效的消毒剂。具体消毒程序如下：

1. 清扫 肉牛全部出舍后，将粪便、杂物、蜘蛛网等清扫出圈舍，可移动的设备和用具也要搬出圈舍，在指定的地点曝晒、清洗和消毒。

2. 水洗 对圈舍的墙壁、地面，特别是屋顶、梁柁等用高压水枪彻底冲洗干净，做到无垃圾和粪迹。

3. 消毒药物的喷洒 待圈舍地面水干后，喷洒消毒药。常用的消毒药有 2% 烧碱溶液等。注意角落及物体的背面，喷洒药液以每平方米地面 1.5～1.8 升用量为宜。

4. 闲置 有条件的养殖场，经上述消毒后，将圈舍闲置 2～3 周。

接肉牛入舍前用消毒剂应再喷洒一次。此外，要经常保持圈舍的卫生，饲养员要穿戴养殖场专用的工作服、帽和靴。经消毒池进入圈舍。每天要清扫圈舍的走道和工作间，防止尘埃飞扬，在清扫前可预先喷洒水和消毒液。工作人员在接触肉牛和饲料前，要用消毒药液洗手消毒。坚持预防消毒，每周 2～3 次，发生疫情时每日消毒一次。

第三节 粪便的消毒和环保处理

一、粪便的消毒方法

动物粪便中含有大量微生物，在发生传染性疾病时，粪便常常会成为重要的传染源。为减少环境污染，有效切断传染源，在对发病牛积极进行治疗的同时，还应对病牛粪采取必要的消毒处理措施。常见的粪便消毒方法有如下 3 种：

（一）掩埋消毒法

选择地势高燥、地下水位较低的地块，挖一深度 2 米以上的深坑，坑的大小应视粪便的多少而定，要使掩埋后的粪便表面距地表 50 厘米为宜。消毒剂可选用漂白粉或新鲜的生石灰，可以采用混合消毒的办法，将消毒剂与污染的粪便充分混合，倒入坑内；也可先将坑内撒入一层消毒剂，然后将污染的粪便倒入，每倒入 4～5 厘米厚的粪便，然后撒入一层消毒剂，粪便顶部撒入一层消毒剂，然后覆土掩埋。5～6 个月后，可以挖出充当肥料。

（二）生物消毒法

这是一种最常用的粪便消毒法。粪便中含有较多的有机质，通过堆积进行生物发酵，能产生大量的热量，可杀死粪便中的非芽孢性病原微生物，且不丧失肥料的应用价值。粪便的生物热消毒方法通常有两种，一为发酵池法，一为堆粪法。

发酵池法：此法适用于饲养量的农牧场，多用于稀薄粪便的发酵。

堆粪法：此法适用于比较干燥粪便的处理，在距肉牛场 100～200 米以外的地方设一堆粪场即可。

（三）焚烧消毒法

此种方法是消灭一切病原微生物最有效的方法，常用于消毒烈性传染病病畜的粪便。在发生炭疽、气肿疽等传染病时，病原菌容易产生芽孢，一般消毒方法又不能杀死芽孢，所以将粪便、饲料、污物需要采用焚烧法进行严格的消毒处理。

二、粪便的环保处理

（一）用作肥料

牛粪含有一定的营养价值，新鲜牛粪尿平均含氮 0.5%、磷 0.2%、钾 0.6%，还有许多其他元素、微生物和有机质，有利于提高土壤肥力。家畜粪便用作肥料主要有土地还原法、堆肥法、干燥处理和药物处理法。

1. 土地还原法 将畜舍清除出的鲜粪尿和污水，直接施入农田，然后迅速翻耕土壤，使粪尿深埋入土壤中，让其分解发酵，使寄生虫、病原微生物的抵抗力降低或失去活性的一种方法。

2. 堆肥法 堆肥法基本分为需氧堆肥和厌氧堆肥。需氧堆肥时，主要利用需氧性微生物活动，迅速分解有机物，并产生大量热量。厌氧性堆肥时，主要利用厌氧性微生物的活动，缓慢分解有机物，产热量小，堆温低。

3. 药物处理 在急需用肥的季节，或在传染病和寄生虫病严重流行的地区（尤其是血吸虫病、钩虫病等），为了快速杀灭粪便中的病原微生物和寄生虫卵，可采用化学药物消毒灭虫灭卵。

4. 干燥处理 干燥处理畜粪方式和工艺较多，常有晾晒、微波干燥、发酵干燥等方式。

（二）制作沼气或其他燃料

肉牛粪尿和其他废弃物，在厌氧的环境条件下分解时，由许多不同种类的细菌共同作用而产生出以沼气（CH_4）为主的带酸臭味的气体（甲烷占 60%～70%，二氧化碳占 25%～40%及少量的氧气、硫化氢、氢气、一氧化碳等）并产生大量的热量。沼气是厌氧微生物

（主要是甲烷细菌）分解粪污中的有机物而产生的混合气体，主要是甲烷。沼气是一种能源，可用于照明、用作燃料和发电等，发酵后的残渣还可作肥料，具有广阔的应用前景。

（三）通过水生植物的处理与利用

大型水生植物水浮莲、水葫芦、水花生等能够在粪水池塘中快速生长，使粪肥中的有机质、离子盐等养分被快速吸收利用。

第四节　肉牛防疫计划的制订与实施

一、肉牛防疫计划制订的原则

1. 规模化肉牛场防疫体系的建立，应依据《中华人民共和国动物防疫法》等法律法规的要求，结合肉牛生产的规律，全面系统的对牛群实行保健和防疫管理。这一体系主要包括隔离、消毒、驱虫灭鼠、免疫接种、药物预防、检疫、疾病治疗和疫情扑灭等。

2. 坚持"预防为主，防重于治"的原则，提高牛群整体健康水平，防止外来疫病传入牛群，控制、净化、消灭牛群中已有的疫病。

3. 规模化肉牛场的防疫采用综合防治措施，消灭传染源、切断传播途径、提高牛群抗病力，降低传染病的危害。

4. 建立健全兽医卫生防疫制度，依据肉牛不同生理阶段的特点，制订兽医保健防疫计划。

5. 实行"全进全出"的肉牛育肥制度，使牛舍彻底空栏、清洗、消毒，确保生产的计划性和连续性。

6. 当发现新的传染病以及口蹄疫、炭疽等急性传染病时，应立即对该牛群进行封锁，或将其扑杀、焚烧和深埋，对全场栏舍实施强化消毒，对假定健康牛进行紧急免疫接种，禁止牛群调动并将疫情及时上报行政主管部门。

二、肉牛防疫计划

（一）隔离

将牛群控制在一个有利于防疫和生产管理的范围内进行饲养的方法称为隔离。隔离是国内外普遍采用的最有效的基本防疫措施之一。

1. 场址的选择　场址的选择要求地势高，供电和交通方便，背风向阳，利于排污和污水净化，较为偏僻易于设防的地区。更为重要的要考虑到牛场卫生防疫的问题，必须有一个安全的生物环境，应远离各种动物饲养场及产品加工厂。

2. 场内布局　牛场内按功能可划分为三区，即生产区、生活区和管理区。场内三区应严格分隔开来，一般来说生活区应建在生产区的上风处，管理区以在生产区下风处为宜。生产区内不同的牛群应实行隔离饲养。相邻牛舍间也应保持相应距离。

3. 隔离设施　场区外围，特别是生产区外围应依据具体条件使用隔离网、隔离墙、防疫沟等建立隔离带，以防止野生动物、家畜禽及人进入生产区内。生产区只能设置一个专供生产人员及车辆出入的大门，一个专供装卸牛的装牛台；粪便收集和外运系统，引进牛的隔离检疫舍，此外还应在生产区下风向处设立病牛隔离治疗舍，尸体剖检及处理设施等。

4. 全进全出生产系统　从防疫的要求出发，在生产线的各主要环节上，分批次安排牛的生产，做到全进全出，使每批牛的生产在时间上拉开距离以便于进行隔离，可以有效地切断疫病的传播途径，防止病原微生物在群体中形成的连续感染、交叉感染，也为控制和净化疫病奠定了基础。

5. 隔离制度　为了使隔离措施得以贯彻落实，必须依据本企业具体条件制定严格的隔离制度。其要点应含以下几个主要方面：本场工作人员、车辆出入场（生产区）的管理要求；对外来人员、车辆出入场（生产区）内的隔离规定；场内牛群流动、牛出入生产区的要求；生产区内人员流动，工具使用的要求；粪便管理要求；场内禁养其他动物及禁止携带动物、动物产品进场的要求；患病牛和新购入牛的隔离要求等。

（二）消毒

采用现代化或生物学手段杀灭和降低生产环境中病原体的一项重要技术措施，其目的在于切断疫病的传播途径，防止传染性疾病的发生与流行，是综合性防疫措施中最常采用的重要措施之一。

1. 消毒分类

（1）预防性消毒（日常消毒）　根据生产的需要采用各种消毒方法在生产区和牛群中进行的消毒。主要包括定期对栏舍、道路、牛群的消毒，定期向消毒池内投放消毒药等；人员、车辆出入栏舍、生产区的消毒等；饲料、饮水乃至空气的消毒；医疗器械如体温计、注射器等的消毒。

（2）随时消毒（及时消毒）　牛群中个别牛发生一般性疫病或突然死亡时，立即对其在栏舍进行局部强化消毒，包括对发病或死亡牛的消毒及无害化处理。

（3）终末消毒（大消毒）　采用多种消毒方法对全场进行全方位的彻底清理与消毒，主要用以全进全出系统中空栏后或烈性传染病流行初期以及疫病平息后准备解除封锁前均应进行大消毒。

2. 常用消毒方法

（1）物理消毒法主要包括机械清扫刷洗、高压水冲洗、通风换气、高温高热（灼烧、煮沸、烘烤、焚烧等）和干燥、光照（日光、紫外线照射等）。

（2）化学消毒法采用化学消毒剂杀灭病原，是消毒常用方法之一。使用化学消毒剂时应考虑病原体对消毒剂的抵抗力，消毒剂的杀菌谱、有效浓度、作用时间、消毒对象及环境温度等。

（3）生物学消毒法对生产中产生的大量粪便、污水、垃圾及杂草等利用生物发酵热能杀灭病原体，有条件的可将固液体分开，固体为高效有机肥，液体用于渔业养殖，同时在牛场内适度种植花草树木，美化环境。

3. 消毒设施和设备　消毒设施主要包括生产区大门的大型消毒池、牛舍出入口的小型消毒池、人员进入生产区的更衣消毒室及消毒通道、消毒处理病死牛的尸体坑、粪污发酵场、发酵池等。常用消毒设备有喷雾器、高压清洗机、高压灭菌容器、煮沸消毒器、火焰消毒器等。

4. 消毒程序　根据消毒种类、对象、气温、疫病流行的规律，将多种消毒方法科学合理地加以组合而进行的消毒过程称为消毒程序。例如，全进全出系统中的空牛栏大消毒的消毒程序可分为以下步骤：清扫→高压水冲洗→喷洒消毒剂→清洗→熏蒸→干燥（或火焰消毒）→喷洒消毒剂→转入牛群。消毒程序还应根据自身生产方式、主要存在的疫病、消毒剂和消毒设备设施种类等因素因地制宜，有条件的牛场应对生产环节中的关键部位（牛舍）的消毒效果进行检测。

5. 消毒制度 按照生产日程、消毒程序的要求，将各种消毒制度化，明确消毒工作的管理者和执行人，使用消毒剂的种类、浓度、方法及消毒间隔时间、消毒剂的轮换使用，消毒设施的管理等都应详细规定。

6. 常用消毒药及消毒方式

（1）漂白粉 10%～20%乳剂常用于牛舍、环境和排泄物的消毒。1米³的水中加入漂白粉5～10克，可作饮用水消毒。现配现用，不能用于金属制品及有色物品的消毒。

（2）氢氧化钠 2%～3%的水溶液喷洒牛舍、饲槽和运输工具等以及进出口消毒池用药，消毒后要用水冲洗，方可让牛进入牛舍；5%的水溶液用于炭疽芽孢污染场地消毒。

（3）氧化钙 10%～20%的石灰乳涂刷牛舍墙壁、畜栏和地面的消毒；消石灰粉末（氧化钙1千克加水350毫升）可撒布于阴湿地面、粪池周围及污水沟等处消毒。

（4）福尔马林 2%～4%的水溶液用于喷洒墙壁、地面、饲槽等，1%的水溶液可用于牛体表消毒；熏蒸消毒时福尔马林25毫升/米³，高锰酸钾12.5克/米³将高锰酸钾倒入福尔马林中，密闭24小时后打开。

（5）高锰酸钾 0.01%～0.05%的水溶液用于中毒时洗胃；0.1%的水溶液外用，冲洗黏膜及创伤、溃疡等。高锰酸钾常与福尔马林结合进行熏蒸消毒，现用现配。

（6）过氧化氢溶液 1%～4%的溶液清洗脓创面，0.3%～1%冲洗口腔黏膜。

（7）碘 5%碘酊（碘50克、碘化钾10克，蒸馏水10毫升，加75%酒精至1 000毫升）用于手术部位及注射部位消毒；10%浓碘酊配为皮肤刺激药，用于慢性腱炎、关节炎等；复方碘溶液（碘50克，碘化钾100克加蒸馏水至1 000毫升）用于治疗黏膜的各种炎症或向关节腔、瘘管内注入；5%碘甘油（碘50克、碘化钾100克、甘油200毫升，加蒸馏水至1 000毫升）治疗黏膜各种炎症。

（8）新洁尔灭 0.1%水溶液用于浸泡器械、玻璃、搪瓷、橡胶制品以及皮肤的消毒；0.15%～2%水溶液用于牛舍间喷雾消毒。

（9）百毒杀 适于牛舍、环境和饮水的消毒。10 000倍稀释用于饮水消毒；3 000倍稀释用于牛舍、环境、饲槽、器具消毒。

（10）二氯异氢尿酸钠 0.5%～1%水溶液用于杀灭细菌与病毒，5%～10%溶液用于杀灭芽孢，可采用喷洒、浸泡、擦拭等方式消毒；稀释400倍喷洒消毒；消毒场地10～20毫克/米²（0℃以下50毫克）；饮水消毒4毫克/升；消毒粪便用量为粪便的1/5，现配现用，不能用于金属制品及有色物品的消毒。

（11）乙醇 75%乙醇可用于手指、皮肤、注射针头及小件医疗器械等消毒。

（三）杀虫、灭鼠

杀灭牛场中的有害昆虫（蚊、蝇、节肢动物等）和老鼠等野生动物，是消灭疫病传染源和切断其传播途径的有效措施，在控制牛场的传染性疫病，保障人畜健康方面具有十分重要的意义，是综合性防疫体系中环境控制的一项重要措施。

1. 杀虫 规模化牛场有害昆虫主要指蚊、蝇等媒介节肢动物。杀灭方法可分为物理学、化学和生物学方法。物理学方法除捕捉、拍打、黏附等外，电子灭蚊灯在牛场中有一定的应用价值。生物学灭虫法的关键在于环境卫生状况的控制。化学杀虫法则是使用化学杀虫剂，在牛舍内进行大面积喷洒，向场区内外的蚊蝇栖息地、孳生地进行滞留喷洒。

2. 灭鼠　灭鼠法可分为生态学灭鼠法、化学灭鼠法和物理学灭鼠法。由于规模化牛场占地面积大、牛只数量多，采用鼠夹、鼠笼、电子猫等物理法灭鼠效果较差，现多不采用。在有鼠害的牛场，应在对害鼠的种类及其分布和密度调查的基础上制定灭鼠计划。使用各类杀鼠剂制成毒饵后大面积投放，场外可使用速效杀鼠剂，一次投足剂量；场内可使用慢效杀鼠剂全面投布，对鼠尸应及时收集处理。

（四）免疫接种

使用疫（菌）苗等各种生物制剂，在平时对牛群有计划地进行预防接种，在可能发生或疫病发生早期对牛群实行紧急免疫接种，以提高牛群对相应疫病的特异性抵抗力，是规模化牛场综合防疫体系中一个极为重要的环节，也是构建肉牛业生物安全体系的重要措施之一。常用的预防牛病疫苗有炭疽芽孢氢氧化铝佐剂苗、无毒炭疽芽孢苗、第 1 号炭疽芽孢苗、气肿疽明矾菌苗、牛出血性败血症氢氧化铝菌苗、布鲁氏菌疫苗、破伤风抗毒素、肉毒梭菌（C 型）灭活疫苗、牛肺疫兔化藏系绵羊化弱毒疫苗、兽用狂犬病 ERA 株弱毒细胞苗等。

本地区传染病的发生规律推荐免疫程序如下：

1 月龄内：炭疽、伪狂犬病。

6 月龄：布鲁氏杆菌病、牛黏膜病。

12 月龄：炭疽、口蹄疫、伪狂犬病、猝死症。

18 月龄：布鲁氏杆菌病、牛黏膜病、口蹄疫、猝死症。

24 月龄：炭疽、伪狂犬病、口蹄疫、猝死症。

成年牛：炭疽、伪狂犬病、口蹄疫、猝死症。

（五）驱虫

在规模化饲养条件下，寄生虫病对肉牛生产的影响日渐突出，经营者必须对驱虫工作十分重视。规模化牛场的驱虫工作，应在对本场牛群中寄生虫流行状况调查的基础上，选择最佳驱虫药物，适宜的驱虫时间，制定周密的驱虫计划，按计划有步骤地进行。驱虫时必须注意在用药前和驱虫过程中加强该牛舍环境中的灭虫（虫卵），防止重复感染。

（六）药物

规模化牛场除部分传染性疫病可使用免疫注射来加以防治外，许多传染病尚无疫苗或无可靠疫苗用于预防，一些在临床上已有发生而不能及时确诊的疫病可能蔓延流行，一些非传染性的疫病、群发病也可能大面积暴发流行。因此，临床上必须定期采用对整个牛群投放药物进行群体预防或控制。

（七）检疫与疫病监测

对牛群健康状况的定期检查、常见疫病及日常生产状况的资料收集分析，监测各类疫情和防疫措施的效果，对牛群健康水平的综合评估，对疫病发生的危险度的预测预报等都是检疫与疫病监测的主要任务，在规模化肉牛业防疫体系中甚为重要，也是当前各规模化肉牛场防疫体系中最薄弱的环节。

1. 兽医检疫人员应定期对牛群进行系统检查　观察各个牛群的状况，大群检查时应注意从牛的外表、动态、休息、采食、饮水、排粪、排尿等各方面进行观察，必要时还应抽查牛的呼吸、脉搏、体温三大指标。对牛群还应检查公、母牛的发情、配种、妊娠、分娩及新生犊牛的状况。对获取的资料进行统计分析，发现异常时要进一步调查其原因，作出初步判断，提出相应预防措施，防止疫病在牛群中扩大蔓延。

2. 尸体剖检　尸检是疫病诊断的重要方法之一。在牛场应对所有非正常死亡的成年牛逐一进行剖检，新生犊牛、哺乳犊牛、育成牛发生较多死亡时也应及时剖检。通过剖检判明病情，以采取有针对性的防治措施，临床尸检不能说明问题时，还应采集病料作进一步检验。

3. 疫病监测

（1）实验室检验　可用于规模化肉牛业的实验室检验方法甚多，但目前最受关注的是主要传染性疾病的监测。通过抗体水平的检测，对评价疫苗的质量、免疫程序的制定、牛群中隐性感染者的发现、疫病防治效果的评估等都具有极高价值。

（2）其他监测　对规模化肉牛业的其他各项措施如消毒、杀虫、灭鼠、驱虫、药物预防与临床诊断等方面的效果进行检测，最佳防治药物的筛选等，都可进一步提高防疫质量。而对牛舍内外环境如水质、饲料等检测也都有益。通过对牛群的生产状况如繁殖性状、生产育肥性状资料，疫病流行状况如疫病种类、发病率、死亡率、防疫措施的应用及其效果等多种资料的收集与分析，以发现疫病变化的趋势，影响疫病发生、流行、分布的因素，制定和改进防疫措施；通过对环境、疫病、牛群的长期系统的监测、统计、分析，对疫病进行预测预报。

（八）日常诊疗与疫情扑灭

兽医技术人员应每日深入牛舍，巡视牛群，对牛群中发现的病例均应及时进行诊断治疗和处理。对内、外、产科等非传染性疾病的单个病例，有治疗价值的及时地予以治疗，对无治疗价值的应尽快予以淘汰。对怀疑或已确诊的常见多发性传染病病牛，应及时组织力量进行治疗和控制，防止扩散。当发现有新的传染病如口蹄疫等急性、烈性传染病发生时，应立即上报疫情并对该牛群进行封锁，病牛可根据具体情况或将其转移至病牛隔离舍进行诊断和治疗，或将其扑杀焚烧和深埋；对全场或局部栏舍实施强化消毒；对假定健康牛进行紧急免疫接种；生产区内禁止牛群调动，禁止购入或出售牛，当最后一头病牛痊愈、淘汰或死亡后，经过一定时间（该病的最长潜伏期）无该病新病例出现时，在进行大消毒后方可解除封锁。

第五节　药物残留的控制

药物残留，是指给畜禽等动物使用药物后蓄积或贮存在动物细胞、组织和器官内以及可食性产品中的药物或化学物质的原形、代谢产物和杂质。广义上的兽药残留除了由于防治疾病用药引起外，也可由于使用药物饲料添加剂、动物接触或吃入环境中的污染物如重金属、霉菌毒素、农药等引起。兽药残留超标不仅可以直接对人体产生急慢性毒性作用，引起细菌耐药性增强，还可以通过环境和食物链的作用间接对人体健康造成潜在危害，并影响我国养殖业的发展和走向国际市场。因此，必须采取有效措施，减少和控制药物的残留。

一、兽药残留的危害

尽管动物性食品中药物残留水平通常很低，一般不发生急性中毒，但长期和广泛的用药方式尤其是非治疗目的的用药方式导致的药物残留问题以及对食用者健康的影响不容忽视。

动物性食品中的药物残留对人体的危害性主要表现为各种慢性、蓄积毒性，如过敏反应、"三致"作用、免疫毒性、发育毒性以及激素作用。残留毒理学意义较重要的药物主要包括抗生素类、合成抗生素类、抗寄生虫药、生长促进剂和杀虫剂。抗生素和合成抗生素类统称抗微生物药物，是最主要的药物添加剂，约占药物添加剂的60%，常导致药物残留。

二、兽药残留监控和防范措施

在畜牧生产中，无论是防病治病，还是促畜禽生长，均需使用药物或添加剂，要实现无药物残留或绝对无药的畜禽产品是不可能的。因此，合理使用和控制使用药物是降低药物残留的根本措施。

（一）合理规划养殖场，确保环境无污染

肉牛养殖场选址应远离城镇、工矿区和人口密集的村庄，并处于居民区的下风和饮水源的下方。同时，养殖场所处地势应较高，且通风、排水性能良好。牛粪便、污水处理应设置于全场的下风和地势较低处，排污沟应尽量做到硬化处理，绝对禁止在场内或场外随意堆放、排放畜禽粪便和污水。地面平养畜禽应对运动场土样进行检测，土壤中农药、化肥、兽药以及重金属等有害物质含量不可超标。建造养殖场的建筑材料不可使用工业废料或经化学处理的材料，使用人工合成材料以及石、砖、木材等不应含有对人畜有害的化学物质。养殖场内和养殖场周围应避免使用滞留性强的农药、鼠药、蚊药等，防止通过空气或地面污染。

（二）科学合理使用兽药

严格规定和遵守兽药的使用对象、使用期限、使用剂量以及休药期等，严禁使用违禁药物和未被批准的药物；严禁或限制使用人畜共用的抗菌药物或可能具有"三致"作用和过敏反应的药物，尤其是禁止将它们作为饲料添加剂使用；对允许使用的兽药要遵守休药期规定，特别是对饲料添加剂必须严格执行使用规定和休药期规定；按照农业部颁发的药物添加剂使用规定用药，药物添加剂应先制成预混剂再添加到饲料中，不得将成药或原料药直接拌料使用；同一种饲料中尽量避免多种药物合用，否则因药物相互作用可引起药物在体内残留时间延长，确要合用的要遵循药物配伍原则；在生产加工饲料过程中，应将不加药饲料和加药饲料分开生产，以免污染不加药饲料；在休药期结束前不得将动物屠宰后供人食用；生产厂家或销售商在销售添加剂产品时在标签上必须说明药物添加剂的有效成分和使用方法；改善饲养观念和提高饲养管理技术。盲目使用兽药或兽药添加剂，会造成畜产品中兽药严重残留。只有提高广大饲养者文化素质加强宣传教育和科学普及，让广大饲养者认识到兽药残留物对人体健康的危害，才能减少畜产品中兽药残留量。

（三）加强兽药残留监控、完善兽药残留监控体系

加快国家、部以及省地级兽药残留机构的建立和建设，使之形成自中央至地方完整的兽药残留检测网络结构。加大投入开展兽药残留的基础研究和实际监控工作，初步建立起适合我国国情并与国际接轨的兽药残留监控体系，实施国家残留监控计划，力争将残留危害减小到最低程度。

（四）严格规范兽药的安全生产和使用

监督企业依法生产、经营、使用兽药，禁止不明成分以及与所标成分不符的兽药进入市场，加大对违禁药物的查处力度，一经发现应严厉打击；严格规定和遵守兽药的使用对象、使用期限、使用剂量和休药期等。加大对饲料生产企业的监控、严禁使用农业部规定以外的

兽药作为饲料添加剂。对上市畜产品及时进行药残检测，若发现药残超标者立即禁止上市并给予处罚。这样在源头和终端两个环节加以控制，才能促使经营者、饲养者按规定使用兽药及其添加剂，才能使畜产品中兽药残留值真正降到最低度。

（五）开发、研制、推广和使用无公害、无污染、无残留的非抗生素类药物及其添加剂

非抗生素类药物很多，如微生物制剂、中草药和无公害的化学药物，都可达到治疗、防病的目的，尤其以中草药添加剂和微生物制剂的生产前景最好。

第六节　犊牛腹泻的特征及防治

犊牛腹泻为犊牛胃肠消化机能紊乱，特征是消化不良和腹泻。顽固性腹泻可使犊牛衰竭死亡。

【病因】

1. 饲养不当　犊牛出生后过迟饲喂初乳或初乳饲喂量不足，乳温、乳量不定以及饲喂变质、酸败乳等。

2. 管理不善　牛舍潮湿阴冷，过于拥挤，牛舍内、运动场及饲养管理用具不洁。

3. 病原微生物感染　如大肠杆菌、沙门氏菌等感染所致。

【症状】犊牛的粪便含水量比正常高出 5～10 倍，粪便有异味，颜色异样（黄色、白色）或因腹泻类型不同，粪便中还可含黏膜和血液。随着疾病的发展，犊牛可出现其他症状。例如，厌食（食欲差）；粪便稀薄，呈水样；出现脱水现象（眼睛塌陷，毛发粗糙，皮肤无弹性）；有怕冷表现（低温）；起立迟缓并有困难；不能站立（瘫痪）。严重时腹泻，粪便由浅黄色粥样变淡灰色水样，混有凝血块、血丝和气泡，恶臭，病初排粪无力，后变为自由流出，污染后躯，最后高度衰弱，卧地不起，急性腹泻犊牛在 24～96 小时死亡，死亡率高达 80%～100%。肠毒血型的表现是病程短促，一般最急性 2～6 小时死亡。肠炎型的表现是 10 天的犊牛多发生腹泻，排白色后变黄色带血便，后躯和尾巴沾满粪便，恶臭，消瘦虚弱，3～5 天脱水死亡。

【预防】

1. 对于刚出生的犊牛，可以尽早投服预防剂量的抗生素药物，对于防止本病发生具有一定的效果。犊牛在断奶过程中也容易发生腹泻，要做好乳和料的衔接工作。适当补喂干草、补喂精料、补喂多汁饲料和铁、硒。

2. 由于引起犊牛腹泻的致病性大肠杆菌血清型繁多，现在还没有优质通用的疫苗可供使用，因此给妊娠后期的母牛最好注射用当地流行的致病性大肠杆菌株制成的菌苗，通过初乳能有效地控制犊牛腹泻症的发生。

3. 加强饲养管理。对妊娠后期母牛要供应充足的蛋白质和维生素饲料，对新生犊牛应及时饲喂初乳，增强犊体抗病能力。

4. 加强妊娠母牛和犊牛的饲养管理，注意牛舍干燥和清洁卫生和消毒工作；母牛临产时用温肥皂水洗去乳房周围污物，再用淡盐水洗净擦干。

5. 防止犊牛受潮和寒风侵袭，不饮脏水，以减少病原菌的入侵机会。

6. 一旦发现病犊牛要加强护理，立即隔离治疗。

从犊牛腹泻病症来看，由多种原因引起，不论是细菌性、病毒性、寄生虫及其他营养性病腹泻，关键因素在于饲养管理。

【治疗】以消炎、收敛和补液为主。消炎可用氟苯尼考，每次 5 毫克/千克；氧氟沙星，每次 8 毫克/千克，每天服用 3 次，连服 2～3 天。收敛可用鞣酸或鞣酸蛋白，每次 5 克，每天 2～3 次，连服 2～3 天。对于有失水症状的病犊，补液十分重要，可用葡萄糖氯化钠或复方氯化钠注射液 500～1000 毫升，静脉注射。冬天补液时要注意药液温度不要过冷，以免对心脏造成不良刺激。近年来，口服补盐液（ORS）也已广泛用于犊牛腹泻的治疗，效果较好。

第七节　产气荚膜梭菌病的特征及防治

牛产气荚膜梭菌现已被证实是牛猝死症的主要病原，发病率虽然不高，但死亡率高。引起该病的原因较多，一般认为是由牛 A 型魏氏梭菌（又称产气荚膜梭菌）引起。临床上以病牛突然死亡，消化道和实质器官出血为特征。大小母牛都可能发病，但以犊牛、孕牛和高产牛多发病，死亡率 70%～100%。一年四季均可发病，但以春秋两季为主。

【症状】根据临床特征，牛产气荚膜梭菌病分为最急性、急性和亚急性三种类型。

最急性型：无任何前驱症状，几分钟或 1～2 小时突然死亡。有的母牛头天晚上正常，第二天死在牛舍内。病牛死后腹部膨大，舌头脱出口外，口腔流出带有红色泡沫的液体。肛门外翻。

急性型：体温增高或正常，呼吸迫促，结膜发绀，口鼻流出白色或红色泡沫，全身肌肉震颤，步态不稳，狂叫倒地，四肢划动，最后死亡。

亚急性型：呈阵发性不安。发作时两耳竖立，两眼圆睁，表现出高度精神紧张，以后转为安静，如此周期性反复发作，最终死亡。

急性型和亚急性型除上述症状外，有的病牛发生腹泻，排出多量黑红色、含黏液的恶臭粪便，有时排粪呈喷射状，频频努责。

【病理变化】剖检以全身实质器官和小肠出血为特征。心脏肌肉变软，心房及心室外膜有出血斑点。肺气肿，有出血症状。肝脏呈紫黑色，表面有出血斑点，肠内容物为暗红色黏稠液体。淋巴结肿大出血、切面褐色。

【治疗】

1. 用抗牛产气荚膜梭菌高免血清或患产气荚膜梭菌病康复牛血清治疗有效。

2. 青霉素、链霉素、庆大霉素、红霉素、林可霉素和磺胺药对本病治疗有效。

【预防】

1. 加强饲养管理　首先要根据母牛生长、发育、生产、繁殖等不同阶段的饲养标准提供优质科学的全价配合饲料，严禁饲喂发霉、腐败、劣质饲料。同时要特别注意精粗饲料搭配，保证提供适量的青干草。可用 pH 试纸检验牛尿液，当牛尿液 pH<8.0 时，就要考虑是否精料过多，粗料不够。如果没有其他原因，可在精料中加入 1.5%～2.0% 的小苏打粉进行应急调整，同时加喂青干草，直至将尿液 pH 调整并稳定在 8.0～8.2。

2. 注意卫生消毒　产气荚膜梭菌广泛存在于自然界，一般消毒药均可杀死本菌繁殖体，但芽孢抵抗力较强，95 ℃需 2.5 小时才能杀死。为了有效杀灭产气荚膜梭菌，奶牛饲养场户要坚持各项卫生防疫制度，保持牛场清洁干燥，及时清扫粪便，定期进行彻底消毒，场地、用具、设施要经常用火碱、石灰水、漂白粉等消毒处理，病死牛及其分泌物、排泄物一律烧毁或深埋，彻底进行无害化处理。

3. 进行疫苗接种　发生过本病或饲养环境不太好的母牛饲养场户，可考虑用产气荚膜梭菌疫苗免疫。

第八节　母牛早期流产的特征与防治

流产是指由于胎儿或母体异常而导致妊娠的生理过程发生扰乱，或它们之间的正常关系受到破坏而导致的妊娠中断。流产可以发生在妊娠的各个阶段，但以妊娠早期最为多见。

【病因】出现早期流产的原因是多方面的。

1. 机体内分泌失调、孕激素分泌不足；

2. 营养供给缺乏，如能量（总能及脂肪酸）、蛋白（特别缺乏过瘤胃蛋白质）等；

3. 胚胎发育过程中的遗传变异；

4. 饲料中毒，如硝酸盐、亚硝酸盐、类激素物质等；

5. 气温升高，母牛出现严重的热应激；

6. 饲养管理不善，机械性损伤（争斗、拥挤等）；

7. 病原性流产，其中包括由原虫、细菌、病毒感染而引产的流产。

【防治】防治本病主要是保护健康畜群、消灭病原体和培养健康幼畜三个方面。

1. 加强检疫，提倡自繁自养，不从外地购买家畜　新购入的家畜，必须隔离观察一个月，并做 2 次布鲁氏杆菌检疫，确认健康后方能合群。每年配种前，种公畜也必须进行检疫，确认健康后方能配种。养殖场每年需做 2 次检疫，检出的病畜，应严格按照规定进行扑杀处理，防止进一步传染。

2. 定期免疫　在布鲁氏杆菌病常发地区的家畜，每年都要定期预防注射。在检疫后淘汰病畜的基础上，第 1 年做基础免疫，第 2 年做加强免疫，第 3 年做巩固免疫，从而达到净化畜群的目的。

3. 严格消毒　对病畜污染的畜舍、运动场、饲槽及各种饲养用具等用 0.1% 百毒杀溶液、10%～20% 石灰乳、2% 氢氧化钠溶液等进行消毒。流产胎儿、胎衣、羊水及产道分泌物等，更要妥善消毒处理。病畜的皮，用 3%～5% 来苏儿浸泡 24 小时后方可利用。乳汁煮沸消毒，粪便发酵处理。

4. 病畜处理　布鲁氏杆菌病病畜，按规定必须进行扑杀后无害化处理。确需治疗者可在隔离条件下进行，对流产伴发子宫内膜炎或胎衣不下，经剥离后的病畜，可用 0.1% 高锰酸钾溶液、0.02% 呋喃西林溶液等洗涤阴道和子宫。严重者可用抗生素和磺胺类药物进行治疗。

5. 培育健康幼畜　用健康公畜的精液人工授精，从而培育健康幼畜。幼畜出生食初乳后隔离喂消毒乳和健康乳，经检疫为阴性后，送入健康群，以此达到净化疫场目的。

第九节　母牛难产的防治与处理

难产是指由于各种原因而使分娩的第一阶段（开口期），尤其是第二阶段（胎儿排出期）

明显延长，母体难于或不能排出胎儿的产科疾病。

【病因】

难产的普通病因：一些遗传因素，如隐性基因引起畸形而难产；环境因素使母牛多胎怀单胎或妊娠母牛的激素分泌不协调；饲养管理因素如营养过剩或不良、运动不足、早配等；传染病，外伤如腹壁疝、骨盆肌腱断裂等都可能引起母牛难产。

难产的直接病因：

1. 母体性难产　母畜娩出力异常如阵缩及努责微弱；分娩时子宫及腹壁肌收缩次数少，持续时间短，或强度不足，使胎儿不能排出，如子宫迟缓、子宫疝、神经性产力不足、耻骨前腱断裂等。

2. 产道性难产　分娩时胎儿的通路障碍如子宫捻转（妊娠子宫的一侧子宫或部分子宫角围绕自己的纵轴发生扭转）；子宫破裂；子宫颈开张不全；双子宫颈；产道狭窄：骨盆狭窄、子宫颈狭窄、阴门及阴道狭窄、软产道水肿；软产道肿瘤或囊肿。

3. 胎儿性难产　胎儿与产道大小不相适应如：胎儿过大，胎儿畸形，胎势异常，胎向异常等。

以上有单独发生的，也有综合性发生的，其中以胎势不正较为常见。

【难产的诊断及助产措施】

1. 胎儿过大

（1）诊断要点　胎势、胎位、胎向正常，母牛强烈努责，但胎儿滞留产道，不能顺利产出。

（2）助产要领　充分润滑产道，用两条绳分别拴在胎儿两前肢蹄冠上方。术者手握胎儿下颌，并配合交替牵引两前肢，使胎儿肩胛部斜向通过母牛骨盆狭窄部。

2. 胎儿头颈侧转

（1）诊断要点　产出期延长，从阴门伸出前两肢，但长短不一致。术者手臂伸入产道或子宫，可摸到胎儿头颈弯向伸出较短的前肢同侧。

（2）助产要领　在胎儿两前肢拴上绳子后，用手推移胎儿头部，使母牛骨盆腔前缘腾出一定空间，再用手抓住胎儿鼻子或下颌，用力拉直侧弯的头颈，使之恢复正常位置，便可牵出胎儿。

3. 腕关节屈曲

（1）诊断要点　一侧腕关节屈曲时，从产道只伸出一肢，两肢腕关节屈曲时，两前肢均不伸出产道时，术者可在产道内摸到一肢或两肢屈曲的腕关节及正常的胎儿头。

（2）助产要点　术者用手推胎儿入子宫，然后手握屈肢的蹄部用力高举，并趁势滑至蹄底再高举后拉，则可伸展屈肢。

4. 胎向异常　胎儿的正常胎向是上胎向（胎儿背部向上）。异常胎向有两种：侧胎向，胎儿侧卧于产道及子宫内；下胎向，胎儿仰卧于产道及子宫内，此种难产常见。

（1）诊断要点　胎儿两蹄底向着侧方，术者可在产道内摸着胎儿头夹于两前肢之间。

（2）助产要领　首先把绳拴于两前肢蹄冠部，术者手握胎儿下颌，助手用力向下牵引上侧前肢，而下侧前肢勿用力，并与术者密切配合，逐渐使胎儿呈上胎向，然后拉出。

5. 胎位不正　胎儿正常的胎位是纵位，胎儿背部和母体背部的方向一致。胎位不正有两种：横位，胎儿横卧于子宫内；竖位，胎儿竖卧于子宫内。

助产要领是术者在牵引胎儿前肢及头部的同时，推胎儿体躯；或拉胎儿后肢同时，推胎儿的前躯及头，使胎儿成纵位。

除以上难产的助产方法外，还有胎儿畸形、母牛骨盆狭窄等，用一般助产无法取出胎儿，必须施行截胎术或剖腹取胎术。

在兽医临床上经常碰到母畜因产道狭窄、胎位不正和胎儿弯曲或过大等难产病例，此时应采取必要措施，才能确保顺产。

【难产预防】

1. 不要给青年母牛配种过早，配种过早在分娩时易发生骨盆狭窄等情况；

2. 在妊娠期间，要保证供应胎儿和母牛的营养需要；

3. 对妊娠母牛要安排适当的运动，以利于分娩时胎儿的转位，适当运动还可防止胎衣不下以及子宫复位不全等疾病；

4. 临产时对分娩正常与否要做出早期诊断。从开始努责胎膜露出或排出胎水这段时间以前进行检查。羊膜未破时，隔着羊膜（不要过早撕破）检查，羊膜已破时，伸入羊膜腔触诊胎儿，如果摸到胎儿是正生，前肢部位正常，可自然排出。如果发现胎儿反常，就应立即矫正，避免难产。

第十节　母牛胎衣滞留的防治与处理

胎衣不下又称胎衣滞留或胎衣停留。临床上将产后12小时胎衣尚未排出称为胎衣不下，胎衣不下是母牛常发病和多发病之一。

【病因】该病发病原因较多，子宫收缩无力是胎衣不下最直接最常见的原因，此外还有由于布鲁氏杆菌病、胎儿弧菌症、毛滴虫或其他微生物感染引起子宫炎和胎盘炎，都会使母体胎盘与胎儿胎盘发生炎性粘连，引发本病。

【诊断】母牛产仔后12小时未排出胎衣，3～5天后发病症状特别明显，精神沉郁，食欲下降，粪便干燥，在阴门处沾有恶臭的排泄物，体温升高至41.5℃左右，阴道探摸有强烈刺鼻恶臭，并可带出大量的暗黑色污液，子宫颈口已经收缩，只能容纳两指头进入，可感觉到有胎衣碎片，即可诊断为本病。

【治疗】该病如果不及时治疗，会引起母畜自体中毒而死亡，一般治疗以全身治疗和手术治疗并用。治疗原则为强心、利尿，补充体液，防止酸中毒，消炎杀菌相结合。

1. 5%葡萄糖氯化钠注射液或0.9%氯化钠注射液1 500～2 000毫升，碳酸氢钠注射液500毫升，氯化钾注射液10毫升，复方氧氟洛美沙星注射液200毫升和青霉素1 600万单位，一次静脉注射，并肌内注射缩宫素20国际单位和胃肠动力药物，连用4～5天；

2. 配制0.1%的高锰酸钾水溶液1 500～2 000毫升，用子宫洗涤器缓缓注入母畜子宫体内，使腐败的残留物随液体排出体外，再将50克土霉素粉配制到0.9%的生理盐水500毫升溶液里，再次注入母畜子宫内，尽量让药物不要流出。隔一天冲洗一次，连用3～5次即可治愈。

【预防】

1. 加强母牛的饲养管理，保证饲料质量和数量，冬季要饲喂优质的干草或秸秆青贮饲草，使牛膘度保持在七、八成膘。

2. 适当添加一些矿物质、微量元素和各种维生素饲料，也可使用营养调配全面的舔食砖让牛自由舔食。

3. 加强母牛的运动量，母牛在产前一定要保持每天 6～8 小时的运动量。

4. 母牛每天供应充足干净的饮水，不采取定时定量喂水，让母牛自由饮水。特别在冬季要注意不能饮冰水，母牛产犊后可喂些温热的盐水。

5. 母牛产犊后要勤观察，发现胎衣 12 小时内未排尽时应立即找兽医人员进行处理，以避免因耽误手术剥离时间而造成胎衣腐败滞留在子宫体内。

第十一节　母牛子宫内膜炎的特征及防治

子宫内膜炎为子宫内膜的急性炎症，按病程分为急性和慢性两种，按炎症性质分为卡他性、化脓性、纤维素性、坏死性四种。

【病因】 在母牛发情期、人工配种、分娩、难产助产时，造成子宫内膜的损伤或由于链球菌、葡萄球菌、大肠杆菌等的侵入而感染。母牛机体抵抗力降低，卵巢机能障碍和孕酮分泌增加均可引起子宫内膜炎。此外，阴道炎、子宫脱落、流产死胎、胎衣滞留等都可继发子宫内膜炎。

【症状】

1. 急性子宫内膜炎　母牛精神沉郁，体温升高，食欲减少，有时出现拱腰、努责及排尿姿势，从阴门排出少量黏性或脓性分泌物，特别是在卧下时排出较多。阴道检查时，子宫颈外口肿胀、充血和稍张开，有时见到其中有分泌物排出。直肠检查时，可触摸到子宫角增大、疼痛，壁厚呈面团样硬度，有时有波动感。

2. 慢性子宫内膜炎　患慢性卡他性子宫内膜炎时，母牛发情不正常中者发情虽正常但屡配不孕，即使妊娠也容易流产。发情期频繁或延长并有出血现象，有时从阴门流出较多的混浊带有絮状物的黏液。阴道检查时子宫颈外口肿胀、充血，并有黏液。直肠检查时子宫壁变厚，一个或两个子宫角粗大、弹性减弱，收缩反应微弱；化脓性炎症母牛表现不发情或发情微弱或持续发情，母牛卧下时，从阴门内排出较多的污白色混有脓汁的分泌物。阴道检查时，子宫颈外口充血、肿胀、有时有溃疡、开张 1～2 指，有脓性分泌物排出；直肠检查时，一侧或两侧子宫角增大，子宫壁厚而软，收缩反应减弱或消失。有时由于子宫颈黏膜肿胀和组织增生而变狭窄，致使脓性分泌物积留于子宫内不能排出，导致子宫角明显增大，子宫壁紧张而有波动、触诊疼痛。有时子宫内有棕黄色、红褐色或灰白色稀薄或稍稠的液体，直肠检查时子宫角增大如妊娠 1.5～2 个月的子宫或者更大，触诊感觉子宫壁很薄，有明显的波动感。

【治疗】 子宫内膜炎的治疗原则是增强机体抵抗力，消除炎症及恢复子宫机能、增强子宫的血液供给、促进子宫内积液的排出和消除子宫的感染。

1. 冲洗子宫　在母牛发情时或应用雌激素制剂促使子宫颈松弛开张之后，用消毒液（如 0.05%～0.1% 高锰酸钾，0.02% 百毒杀溶液）冲洗子宫，冲洗之后可根据情况往子宫内注入抗菌药（如青霉素、链霉素等）或者直接放入抗生素胶囊。

2. 激素疗法　首先应用前列腺素制剂消除黄体的作用，然后注射雌激素，便于子宫内溶物的排出，为了促进子宫收缩，还常用麦角新碱或催产素等。

3. 全身疗法　当子宫内膜炎伴有全身症状时，宜适当补液，并采用抗生素及磺胺类药进行全身治疗，对患病已久，身体衰弱的病畜，可以静脉注射钙剂、维生素 B_1、维生素 C 以兴奋肌肉和神经，增强子宫张力。

第十二节　母牛持久黄体的特征及防治

妊娠黄体或发情周期黄体超过正常时间而不消失，称为持久黄体。

【病因】饲养管理不当如饲料中缺乏微量元素、维生素 E 不足、运动不足、冬季厩舍寒冷且饲料不足以及矿物质代谢障碍等都会引起卵巢等机能减退。子宫疾病（子宫内膜炎、子宫内积液或积脓、产后子宫复旧不全、子宫内有死胎或肿瘤等）均可影响黄体的退缩和吸收，而成为持久黄体。

【症状】母牛发情周期停止，长时间不发情，直肠检查时可触到一侧卵巢增大，比卵巢实质稍硬。如果超过了应当发情的时间而不发情，需间隔5～7天，进行2～3次直肠检查。若黄体位置、大小、形状及硬度均无变化，或者不突出于卵巢表面而卵巢增大，子宫松软下垂、收缩反应弱或同时伴子宫脓性炎症、子宫积液、积脓等，少数病例可以发现发情，但不能排卵，即可判断为本病。如果由于子宫引起的，但为了与妊娠黄体加以区别，必须仔细检查子宫。

【防治】应消除病因，促使黄体自行消退。为此，必须根据具体情况改进饲养管理，或首先治疗子宫疾病。为了使持久黄体迅速退缩，可使用前列腺素（PG）予以治疗，1周内母牛即可发情，配种即能受孕。前列腺素5～10毫克，肌内注射。也可应用氟前列烯醇或氯前列烯醇0.5～1毫克，肌内注射。注射一次后，一般在1周内奏效，如无效时可间隔7～10天重复1次。对于子宫疾病引起的，应先治疗子宫疾病，然后黄体往往会自行消失；肌内注射孕马血清促性腺激素2000国际单位；人绒毛膜促性腺激素、催产素用法如同黄体囊肿，对患有子宫疾病要抓紧治疗，如干尸胎要及时排出胎儿，清理子宫积液和积脓。

第十三节　母牛卵巢囊肿的特征及防治

卵巢囊肿是由于卵泡上皮发生变性，卵泡壁结缔组织增生、变厚，卵细胞死亡，卵泡液未被吸收或增多，使卵泡腔增大，形成卵巢囊肿。由于囊肿形成，乳牛正常的性周期破坏，表现出无规律的频繁发情或发情持续，配种不妊娠。

【病因】

1. 饲养管理失调，矿物质、维生素不足或缺乏，片面饲喂，精料过多，运动不足，牛体过肥。

2. 脑垂体前叶分泌促卵泡生长素过多，促黄体生成素不足，机能失调，分泌紊乱，或在治疗过程中不正确的应用激素治疗。

3. 继发于胎衣不下、子宫内膜炎、卵巢炎、流产。

【症状】

1. 异常发情　卵巢囊肿的牛大部分长期不发情（不发情型），但有一部分牛从4～5天至7天内连续不断地发情（慕雄狂型），慕雄狂牛表现频繁、不规则、长时间持续发情，神情紧张、不安和频频吼叫，极少数牛性情凶猛，在任何时间都接受交配，偶尔也接受其他牛爬跨。绝大多数是频繁地爬跨其他母牛而拒绝让其他母牛爬跨。有的牛出现如同公牛样的性进攻行为或攻击人，舐或爬跨临近发情或已经发情的母牛。这一同性性交行为是病情恶化的表现，特称公牛化。

2. 阴部变化 无论是哪种类型的牛都表现整个外生殖器轻度水肿和弛缓，阴唇增大、松弛、水肿。慕雄狂牛还可能发生阴道脱出和阴道积气。阴门排出的黏液数量增多，比发情时的黏液还要黏稠。

3. 直肠检查 通过直肠检查能触摸到一侧或两侧卵巢有一个或数个直径为2.5～6.5厘米不等的囊肿，呈圆柱形，壁薄容易破裂，10天后复诊时仍不排卵，大的囊肿继续存在。卵巢上无黄体，也无黄体组织，甚至无囊肿黄体存在。

【防治】 在预防方面首先要做到早期发现、早期治疗，分娩后不久的卵巢囊肿是容易治愈的，所以如果发现异常时就应尽早尽快治疗。据日本有关资料报道，分娩后治疗的天数与治愈率的关系是120天以内为93%，121～181天为76%，180天以上为48%。由此看来，早期治疗非常重要。由于牛经常发生卵巢囊肿，所以在60天左右必须进行妊娠诊断，这样就能早期发现卵巢囊肿。其次要注意饲料的合理搭配，对于过肥的卵巢囊肿牛要停止或者迅速减少给予糠粕类及精饲料的量。对于高产、瘦弱的牛要改换低蛋白的高热量的精饲料（如玉米、大麦等）。

在治疗方面应采取如下方法：

1. 人工挤破囊肿 以前发现此病时，通过直肠挤破囊肿，但治愈率比较低，还可能并发炎症、出血粘连。母牛产后20～40天常发现直径4～6厘米的大卵泡囊肿，检查过程中较易挤破，这时要挤破囊肿，但挤破壁厚的黄体囊肿不宜过分用力。

2. 黄体生成素（LH）治疗 黄体生成素实践证明仍然是治疗牛卵巢囊肿的良药，应用LH肌内注射100～200国际单位。

3. 促性腺释放素（GnRh）治疗 现有国产制剂LRH-A、LRH-A3等，应用剂量为一次肌内注射0.5～1毫克。

第十四节　牛腐蹄病的特征及防治

腐蹄病是牛常见的一种高度接触性传染病，其发病率较高，一般为8%～20%，有时高达30%～50%。其病因分为两种类型：一是饲料管理方面，主要是草料中钙、磷不平衡，导致角质蹄疏松，蹄变形和不正；牛舍潮湿，运动场泥泞，蹄部经常为粪尿、泥浆浸泡，使局部组织软化；石子、铁削、坚硬的草木、玻璃碴等刺伤软组织而引起蹄部发炎。二是由坏死杆菌引起，本菌是严格寄生菌，离开动物组织后，不能在自然界长期生存，此菌可在病愈动物体内保持活力数月，这是腐蹄病难以消灭的一个重要原因。

【症状】 临床上表现为蹄叉腐烂和腐蹄。病牛喜爬卧，站立时患肢负重不实或各肢交替负重；行走时跛行。蹄间和蹄冠皮肤充血、红肿。蹄间溃烂，有恶臭分泌物，有的蹄间有不良肉芽增生。蹄底角质部呈黑色，用叩诊锤或手按压蹄部时出现痛感。也有由于角质溶解，蹄真皮过度增生，肉芽突出于蹄底。严重时，体温升高，食欲减少，严重跛行，甚至卧地不起，消瘦。用刀切削扩创后，蹄底小孔或大洞即有污黑的臭水流出，趾间也能看到溃疡面，上面覆盖着恶臭的坏死物。重者蹄冠红肿，痛感明显。

【治疗】

1. 用 20％硫酸锌溶液洗涤蹄部。

2. 用 10％硫酸铜溶液浴蹄 2～5 分钟，间隔 1 周再进行 1 次，效果较好。

3. 修整蹄形，挖去蹄底腐烂组织，用 5％碘酊棉球填塞患部。

4. 先取青霉素 20 万单位，溶解于 5 毫升蒸馏水中，再加入 50 毫升鱼肝油，混合搅拌，制成乳剂，涂于腐烂创口，深部腐烂可用纱布蘸取药液填充，而后包扎，每天换药 1 次。

【预防】 药物对预防腐蹄病无明显效果，预防和控制该病的最有效措施是进行疫苗免疫。我国的腐蹄病灭活菌苗免疫期为 6 个月，免疫保护率 80％以上；腐蹄病节瘤拟杆菌 A、E 型纤毛蛋白基因工程疫苗也具有较好的免疫效果。

其他的预防措施就是加强饲养管理，施用药物进行治疗。圈舍应勤起垫，防止泥泞，运动场要干燥，设有遮阳棚。每头牛每日每千克体重补喂硫酸铜、硫酸锌各 45 毫克。如钙、磷失调，可补充磷酸氢钙或加喂麸皮。

第十五节 牛疥癣的特征及防治

牛疥癣病是由疥癣螨虫寄生引起的牛的一种皮肤病，主要表现为皮炎。寄生于牛体的疥癣螨有 3 种类型，即吸吮疥癣虫、食皮疥癣虫和穿孔疥癣虫。

【病症】 患牛病初出现粟粒大的丘疹，随着病情发展开始出现发痒的症状。由于发痒，病牛不断蹭皮肤，而使皮肤增加鳞屑、脱毛，致使皮肤变得又厚又硬。如果不及时治疗，一年内会遍及全身，病牛明显消瘦。由于不同螨的生活方式不同，在牛体上发生的部位也不一样。

1. 吸吮疥癣虫（痒螨）**感染** 本型是牛疥癣病的常见病原，主要寄生在牛皮肤表面，特别是耳部、臀部、腹部等较严重。其发痒程度比穿孔疥癣虫型稍差，但在用针刺入皮肤吸取淋巴液时则剧烈发痒，出现界限比较明显的脱毛斑。其中有散在的丘疹，斑的周围有渗出液渗出，脱毛斑上的痂皮呈黄褐色，像贝壳似的附着在皮肤上。本型发痒的程度、痂皮的颜色及不隆起可与其他两类型相区别。

2. 食皮疥癣虫（足螨）**感染** 本型以食屑皮及痂皮为生，主要侵害牛的尾根部、肛门、臀部及四肢，有时也发生于背部、胸腹及鼻孔周围，本型是三种类型中发痒最轻的一种。但由于大量寄生螨排泄物的刺激和变态反应，当出现皮炎和湿疹样症状时，则剧烈发痒。其脱毛程度比前者更加明显，具有大面积脱毛的特征。但大部分病牛感染后一生不再发病，这类病牛往往成为传染源。严重时皮肤像变态反应性湿疹那样渗出渗出液，同时伴有充血和出血，治疗后形成龟裂样的大块痂皮，有时可波及全身。

3. 穿孔疥癣虫（疥螨）**感染** 本型主要寄生于表皮，并在其中挖掘虫路，吸取营养。最初发生在头、颈部，逐渐蔓延到肩部、背部及全身。这种类型在牛极少见，由于螨在皮肤的表皮挖掘了虫路，所以在 3 种类型中是发痒最剧烈的一种，与人的疥癣相似。

【诊断】 实验室检验及诊断在皮肤的患部与健康部的交界处刮取皮屑，刮取的皮屑放入平皿内，将皿置于 40～45 ℃温水中加温 15 分钟后，翻转平皿，在显微镜下检查有无疥螨虫。根据临床症状、实验室检验结果进行确诊。

【治疗】先用小刀或竹篾刮去痂皮，再用1％敌百虫溶液涂擦患部及患部周围的健部，每天一次。平时防治也可用棉籽油500克、硫黄500克混合调匀涂擦患部。口服阿维菌素或伊维菌素，每千克体重0.03克，一周后重复用药一次。对圈舍、饲槽、围栏用溴氢菊酯或1％敌百虫溶液进行喷洒杀灭环境中的螨虫。

【预防】

1. 改善饲养管理，保持牛舍通风干燥和牛体卫生，如果发现病牛应立即进行隔离治疗；对已有虫体的牛群应采取预防性投药措施杀灭虫体。

2. 定期药浴，主要在秋季10～11月份进行。所用药品主要是胺丙畏、螨净等。其中胺丙畏可配成有效成分0.03％～0.05％浓度药浴，也可配成0.02％浓度池浴，残效期可达63天，安全，毒性较低。

第十一章　高档牛肉贮藏保鲜与产品加工

第一节　牛肉的组成与特性

一、牛肉形态结构

从广义上讲，胴体则是肉，指牛屠宰后除去毛、头、蹄、内脏和皮后留下的部分，因带骨又称其为带骨肉或白条肉。从狭义上讲，原料肉是指胴体中的可食部分，即除去骨的胴体，又称为净肉。

牛肉（胴体）是由肌肉组织、脂肪组织、结缔组织和骨组织四大部分构成。这些组织的构造、性质直接影响肉品的质量、加工用途及其商品价值，它因牛的品种、年龄、性别、营养状况不同而异。其组成的比例大致为：肌肉组织 57%～62%，脂肪组织 3%～16%，骨组织 17%～29%，结缔组织 9%～12%。

（一）肌肉组织

肌肉组织是构成牛肉的主要组成部分，可分为横纹肌、心肌、平滑肌三种。横纹肌能随牛的意志完成运动，因此又称随意肌。又因其是附着在骨骼上的肌肉，也叫骨骼肌。

横纹肌的构成，除由许多肌纤维外，还有少量的结缔组织、脂肪组织、腱、血管、神经纤维、淋巴等，按一定的次序立体排列。

1. 横纹肌的宏观结构　从组织学看，横纹肌是由丝状的肌纤维集合而成，每 50～150 根肌纤维由一层薄膜所包围形成初级肌束。再由数十个初级肌束集结并被稍厚的膜所包围，形成次级肌束。由数个次级肌束集结，外表包着较厚的膜，构成了肌肉。初级肌束和次级肌束外包围的膜称为内肌周膜，也叫肌内膜。肌肉最外面包围的膜叫外肌周膜，这两种膜都是结缔组织。

在每一根肌纤维之间有微细纤维网状组织连接，这个纤维网称为肌内膜。在内、外肌周膜中分布着微细血管、神经、淋巴管，通常还有脂肪细胞沉积。而肌内膜沿着肌纤维方向在两端集合成腱，紧密连接在骨骼上。

在肌肉内，脂肪组织容易沉积在外肌周膜间，而难以沉积到内肌周膜和肌内膜处。只有在良好的饲养管理条件下，脂肪才会沉积在内、外肌周膜，肌内膜间。结缔组织内的脂肪沉积较多时，使牛肉呈大理石纹状，能提高牛肉的多汁性。

2. 横纹肌的微观结构　构成肌肉基本单位是肌纤维，也叫肌纤维细胞。这种细胞是属于细长的多核的纤维细胞，长度由数毫米到 20 厘米，直径只有 10～100 微米。肌纤维的粗细随牛的品种、年龄、营养状况、肌肉活动情况不同而有所差异。例如常运动部位的牛肉肌纤维比运动少的部位牛肉粗，犊牛比成年牛的细。

在显微镜下可以看到骨骼肌肌纤维沿横轴平行的、有规则排列的明暗条纹，所以称横纹肌，其肌纤维是由肌原纤维、肌浆、细胞核和肌鞘构成。

（1）肌原纤维　肌原纤维是构成肌纤维的主要组成部分，是直径为0.5～2.0微米的长丝。肌肉的收缩和延长就是由肌原纤维的收缩和伸长所致。肌原纤维上具有和肌纤维一样的横纹，横纹的结构是按一定周期重复，周期的一个单位叫肌节。肌节是肌肉收缩和舒张的最基本的功能单位，静止时约为2.3微米。肌节两端是细线状的暗线称为Z线，中间是宽约1.5微米的暗带或称A带，A带和Z线之间是宽约为0.4微米的明带或称I带。在A带中央还有宽约0.4微米的稍明的H区。这就形成了肌原纤维上的明暗相间的现象（图11-1）。

（2）肌浆　肌浆是充满于肌原纤维之间的胶体溶液，呈红色，含有大量肌溶蛋白质和参与糖代谢的多种酶类。此外，尚含有肌红蛋白。由于肌肉功能不同，在肌浆中肌红蛋白的数量不同，这就使不同部位的肌肉颜色深浅不一。

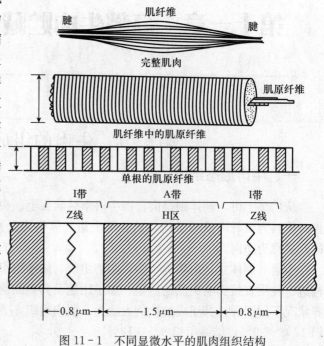

图11-1　不同显微水平的肌肉组织结构

肌肉组织的生长最重要阶段是在中胚层发育起来的，以不同的细胞类型发育而形成不同生理功能的两种肌肉，称为红肌和白肌（慢肌和快肌）。红肌中含有较多的肌红蛋白和肌浆。肌红蛋白可把氧带到肌纤维内部，这使有较大收缩性的肌肉不易疲劳。白肌中肌红蛋白较少，颜色浅，其特点是能快速收缩，但收缩性小，易疲劳。

（二）脂肪组织

脂肪在牛肉中的含量变化较大，3%～16%，取决于牛的品种、年龄、性别及育肥程度。脂肪组织是疏松状结缔组织的变形。牛消瘦时脂肪消失而恢复为原来的疏松状结缔组织纤维，这些纤维主要是胶原纤维和少量的弹性纤维。脂肪的构造单位是脂肪细胞，它是牛体内最大的细胞，直径为30～120微米，最大可达250微米。脂肪细胞大、脂肪滴多，出油率高。

脂肪在体内的蓄积，依牛的品种、年龄、育肥程度不同而异。牛多蓄积在肌肉间、皮下。脂肪蓄积在肌束内使肉呈大理石状，肉质较好。脂肪的功能一是保护组织器官不受损伤，二是供给体内能源。脂肪组织中脂肪占87%～92%，水分占6%～10%，蛋白质1.3%～1.8%。另还有少量的酶、色素及维生素等。

（三）结缔组织

结缔组织是构成肌腱、筋膜、韧带及肌肉内外膜、血管、淋巴结的主要成分，分布于体内各部，起到支持、连接各器官组织和保护组织的作用，使肌肉保持一定硬度，具有弹性。结缔组织是由细胞、纤维和无定形基质组成，一般占肌肉组织的9.0%～13.0%，其含量和牛肉嫩度有密切关系。结缔组织的主要纤维有胶原纤维、弹性纤维、网状纤维三种，但以前两种为主。

1. 胶原纤维　胶原纤维（Collagenous Fiber）呈白色，故称白纤维，广泛分布于皮、骨、腱、动脉壁及哺乳动物肌肉组织的肌内膜、肌束膜中。胶原纤维呈波纹状，分布于基质内，直径 1～12 微米，有韧性及弹性，每条纤维由更细的原胶原纤维组成。胶原蛋白在白色结缔组织中含量多，是构成胶原纤维的主要成分，约占胶原纤维固形物的 85％。胶原蛋白是机体中最丰富的简单蛋白，相当于机体总蛋白质的 20％～25％。胶原蛋白中含有大量的甘氨酸，约占氨基酸总量的 1/3。另有脯氨酸（12％）及少量的羟脯氨酸。脯氨酸和羟脯氨酸是胶原蛋白特有的氨基酸，可区别于其他蛋白质。色氨酸、酪氨酸及蛋氨酸等必需氨基酸含量甚少，故此种蛋白质是不完全蛋白质。

胶原蛋白质地坚韧，不溶于一般溶剂，但在酸或碱环境中则可膨胀。它不易被胰蛋白酶、糜蛋白酶所消化，但可被胃蛋白酶及细菌所产生的胶原蛋白酶所消化。因此，胶原蛋白在水中加热至 62～63 ℃时，发生不可逆收缩，于 80 ℃水中长时间加热，则形成明胶。

2. 弹性纤维　弹性纤维（Elastic Fiber）色黄，又称黄纤维。有弹性，直径 0.2～12.0 微米。弹性蛋白在黄色的结缔组织中含量多，为弹性纤维的主要成分，约占弹性纤维固形物的 25％。弹性蛋白在很多组织中与胶原蛋白共存，但在皮、腱、肌内膜、脂肪等组织中含量很少，而在韧带与血管（特别是大动脉管壁）中含量最多。弹性蛋白的弹性较强，但强度不及胶原蛋白，其抗断力仅为胶原蛋白的 1/10。弹性蛋白在化学性质上很稳定，不溶于水，即使在水中煮沸以后，也不能水解成明胶。弹性蛋白不被胰蛋白酶、胰凝乳蛋白酶、胃蛋白酶所作用，但可被无花果蛋白酶、木瓜蛋白酶、菠菜蛋白酶和胰弹性蛋白酶水解。

弹性蛋白的氨基酸组成中，也含有约 1/3 的甘氨酸，但羟脯氨酸含量较少，不含羟赖氨酸。从营养上考虑，弹性蛋白也是不完全蛋白质。

3. 网状纤维蛋白　网状纤维（Reticular fiber）是一种较细的纤维，分支多并互相连接成网。网状纤维主要存在于网状组织，也分布在结缔组织与其他组织的交界处。网状蛋白为网状纤维疏松结缔组织的主要成分，属于糖蛋白类，为非胶原蛋白。网状蛋白由糖结合黏蛋白和类黏糖蛋白构成，存在于肌束和肌肉骨膜之间，便于肌肉群的滑动。网状蛋白性质稳定，耐酸、碱、酶的作用，经常与脂类、糖类结合存在。

结缔组织的含量取决于牛的年龄、性别、营养状况及运动等因素。老牛、公牛、消瘦及使役牛，结缔组织发达。牛不同部位的结缔组织含量也不同。一般，前躯由于支持沉重的头部，结缔组织较后肢发达，下躯较上躯发达。结缔组织为非全价蛋白，不易消化吸收，牛肉结缔组织的吸收率仅为 25％。

（四）骨组织

牛骨占胴体的 15％～20％。骨由骨膜、骨质及骨髓构成。骨髓分红骨髓和黄骨髓。红骨髓细胞较多，为造血器官，犊牛含量多；黄骨髓主要是脂肪，成年牛含量多。

骨中水分占 40％～50％，胶原蛋白 20％～30％，无机质占 20％。无机质主要是羟基磷灰石 $[Ca_3(PO_4)_2 \cdot Ca(OH)_2]$。

二、牛肉化学组成及性质

牛肉的化学成分受牛的品种、性别、年龄、营养状态及牛的部位而有变动，且宰后肉内酶的作用对其成分也有一定的影响（表 11 - 1）。

表 11 - 1　牛肉与其他畜禽肉化学组成

名称	水分（%）	蛋白质（%）	脂肪（%）	碳水化合物（%）	灰分（%）	热量（焦/千克）
牛肉	72.91	20.07	6.48	0.25	0.92	6 186.4
羊肉	75.17	16.35	7.98	0.31	1.92	5 893.8
肥猪肉	47.40	14.54	37.34	—	0.72	13 731.3
瘦猪肉	72.55	20.08	6.63		1.10	4 869.7
马肉	75.90	20.10	2.20	1.33	0.95	4 305.4
鹿肉	78.00	19.50	2.50		1.20	5 358.8
兔肉	73.47	24.25	1.91	0.16	1.52	4 890.6
鸡肉	71.80	19.50	7.80	0.42	0.96	6 353.6
鸭肉	71.24	23.73	2.65	2.33	1.19	5 099.6
骆驼肉	76.14	20.75	2.21		0.90	3 093.2

（一）蛋白质

牛肉蛋白质含量约为 20%，牛肉除去水分后的干物质中 4/5 为蛋白质，依其构成位置和在盐溶液中溶解度可分成三种蛋白质：构成肌原纤维与肌肉收缩松弛有关的蛋白质约占 55%；存在于肌原纤维之间溶解在肌浆中的蛋白质约占 35%；构成肌鞘、毛细血管等结缔组织的基质蛋白质约占 10%。

1. 肌原纤维蛋白质　肌原纤维是肌肉收缩的单位，由丝状的蛋白质凝胶所构成。这些丝状的蛋白质支撑着肌纤维的形状，参与肌肉收缩过程，故常称之为肌肉结构蛋白质，或肌肉不溶性蛋白质。肌原纤维蛋白质的含量随肌肉活动而增加，并因静止或萎缩而减少。而且，肌原纤维中的蛋白质与肌肉某些重要品质特性（如嫩度）密切相关。肌原纤维蛋白质占肌肉蛋白质总量的 40%～60%，它主要包括肌球蛋白、肌动蛋白、肌动球蛋白和 2～3 种调节性结构蛋白质。

（1）肌球蛋白　肌球蛋白（Myosin）能形成热诱导凝胶，所以也叫肌凝蛋白。肌球蛋白为肉中最多的一种蛋白，约占肌原纤维蛋白质的 54%，是粗丝的主要成分，构成肌节的 A 带，在离子强度 0.2 以上的盐溶液中溶解，在 0.2 以下则呈不稳定的悬浮状态。肌球蛋白具有流动双折射现象。肌球蛋白是肌原纤维中的暗带组成成分，其等电点为 pH 5.4。肌球蛋白具有 ATP（三磷酸腺苷）酶的活性，Ca^{2+} 可将其激活，而 Mg^{2+} 起抑制作用。肌球蛋白对热很不稳定，热凝固温度为 45～50 ℃。

（2）肌动蛋白　肌动蛋白（Action）也叫肌纤蛋白，是溶于水的蛋白质，占肌原纤维蛋白质总量的 12%～15%，是构成细丝的主要成分。肌动蛋白易生成凝胶，凝固温度较低，为 30～35 ℃。它是以球状的肌动蛋白（G-肌动蛋白）和纤维状肌动蛋白（F-肌动蛋白）的形式存在，是肌肉收缩的主要蛋白质。肌动蛋白的等电点比肌球蛋白低，为 pH 4.7。

（3）肌动球蛋白　肌动球蛋白（Actomyosin）又称肌纤凝蛋白，是由肌球蛋白与肌动蛋白结合构成的蛋白质。肌动球蛋白的溶液有明显的流动双折射性，其黏度非常高。两者结合比是 1 克肌动蛋白结合 2.5～4.0 克肌球蛋白。肌动球蛋白也具有 ATP 酶的活性，但与肌球蛋白 ATP 酶有所不同，Ca^{2+}、Mg^{2+} 都能使其活化。

肌动球蛋白在离子强度为 0.4 以上的盐溶液中处于溶解状态——浓度高时肌动蛋白溶液易发生凝胶。

（4）肌原球蛋白　肌原球蛋白（Tropomyosin）为肌原纤维重量的 4%～5%，为棒状分子，位于肌动蛋白双股结构的每一段沟槽内，构成细丝的支架。每 1 分子肌原球蛋白结合 6 分子肌动蛋白和 1 分子肌原蛋白。

（5）肌原蛋白　肌原蛋白（Troponin）也叫肌钙蛋白，为肌原纤维重量的 5%～6%。肌原蛋白对 Ca^{2+} 赋予很高的敏感性，并能结合 Ca^{2+}。每 1 个蛋白分子具有 4 个 Ca^{2+} 结合位点（Potter 等，1974）。肌原蛋白分子具有三个亚基，有自己的机能特性。肌原蛋白-C 是 Ca^{2+} 的结合部位；肌原蛋白-I 能高度抑制肌动球蛋白 ATP 酶的活性，从而阻止肌动蛋白和肌球蛋白结合；肌原蛋白-T 能结合肌原球蛋白，起到连接作用。

2. 肌浆中的蛋白质　肌浆是浸透于肌原纤维内外的液体，含有机物与无机物，一般占肉中蛋白质含量的 20%～30%。通常将磨碎的肌肉压榨便可挤出肌浆。它包括肌溶蛋白、肌红蛋白、肌球蛋白 X 和肌粒中的蛋白质等。这些蛋白质易溶于水或低离子强度的中性盐溶液，是肉中最易提取的蛋白质。又因其提取液的黏度很低，故常称之为肌肉可溶性蛋白质。这些蛋白质不是肌纤维的结构成分，将其提取后，牛肉特征、形态及性质没有明显的改变。这些蛋白质也不直接参与肌肉收缩，其功能主要是参与肌纤维中的物质代谢。

（1）肌溶蛋白质　肌溶蛋白质（Myogen）属清蛋白类的单纯蛋白质，存在于肌原纤维间，因能溶于水，故容易从肌肉中分离出来。等电点 pH 为 6.3，加热到 52 ℃时即凝固。

（2）肌红蛋白　肌红蛋白（Myoglobin，Mb）是一种复合性的色素蛋白质，是肌肉呈现红色的主要成分。肌红蛋白由一条肽链的珠蛋白和一分子亚铁血红蛋白结合而成。肌红蛋白有多种衍生物，如呈鲜红色的氧合肌红蛋白、呈褐色的高铁肌红蛋白、呈鲜亮红色的一氧化氮肌红蛋白等。这些衍生物与牛肉及其制品的色泽有直接的关系。肌红蛋白的含量，因牛的年龄、肌肉部位而不同。凡是牛生前活动较频繁的部位，肌红蛋白含量高，肉色较深。例如四肢肌肉颜色较背部肌肉深。

（3）肌粒蛋白　肌粒包括肌核、肌粒体及微粒体等，存在于肌浆中。肌粒中的蛋白质可分为肌核、肌粒体及微粒体中的蛋白质。其中肌粒体中的蛋白质包括全部三羧酸循环的酶体系、脂肪 β-氧化酶体系以及与产生能量有关的电子传递体系及氧化磷酸化酶体系等。微粒体中则含有对肌肉收缩起抑制作用的松弛因素。

3. 基质蛋白质　基质蛋白质亦称间质蛋白质，是指肌肉组织磨碎之后在高浓度的中性溶液中充分抽提之后的残渣部分。基质蛋白质是构成肌内膜、肌束膜、肌外膜和腱的主要成分，包括有胶原蛋白、弹性蛋白、网状蛋白及黏蛋白等，存在于结缔组织的纤维及基质中，它们均属于硬蛋白类。

（二）脂肪

从胴体获得的脂肪称为生脂肪。生脂肪熔炼提出的脂肪称为油。脂肪中含饱和脂肪酸多则熔点、凝固点高，含不饱和脂肪酸多则熔点和凝固点低。因此脂肪酸的性质决定了脂肪的性质。牛肉脂肪是混合甘油酯，有 20 多种脂肪酸，其中饱和脂肪酸以硬脂酸和软脂酸居多，约占总脂肪酸的 47.1%；不饱和脂肪酸以油酸、亚油酸和棕榈酸居多，分别占总脂肪酸的 36.9%、3.6% 和 4.5%。不饱和脂肪酸中亚油酸、α-亚麻酸、花生四烯酸是构成动物组织细胞和机能代谢不可缺少的成分。这些脂肪酸牛自身不能合成，必须从植物体中获得，所以称为必需脂肪酸。磷脂以及胆固醇所构成的脂肪酸酯类是能量来源之一，也是构成细胞的特殊成分，它对牛肉制品质量、颜色、气味具有重要作用。

牛肉中脂肪分两种：一种是皮下脂肪、肾脂肪、网膜脂肪、肌肉间脂肪等称为"蓄积脂肪"；另一类是在肌肉组织内脂肪、神经组织脂肪、脏器脂肪等称作"组织脂肪"。"蓄积脂肪"主要成分为中性脂肪，最常见的脂肪酸为软脂酸、油酸、硬脂酸，其中软脂酸占中性脂肪的 25%～30%，约 20%为硬脂酸，其余为棕榈酸、油酸和多不饱和脂肪酸。"组织脂肪"主要成分为磷脂。肉中磷脂含量和牛肉酸败程度有很大关系，因为磷脂含不饱和脂肪酸的百分率比脂肪高得多。

（三）浸出物

浸出物是指蛋白质、盐类、维生素等能溶于水的浸出性物质，包括含氮浸出物和无氮浸出物。浸出物成分中主要有机物为核甘酸、嘌呤碱、胍化合物、氨基酸、肽、糖原、有机酸等。

1. 核甘酸　核甘酸中最主要的是 ATP。ATP 不仅在机体内与肌肉收缩有密切关系，而且在加工中也是影响牛肉持水性的重要成分。牛肉中的 ATP 含量部位不同而不同。牛死后，在 ATP 酶的作用下，ATP 分解成 ADP、AMP，AMP 经脱氨基作用生成 IMP（次黄嘌呤核苷酸，或称肌苷酸）。IMP 是牛肉中的重要呈味成分。

2. 胍基化合物　牛肉中所含的胍基化合物有胍、甲基胍、肌酸、磷酸肌酸、肌酐等。胍和甲基胍一般含量极微，但肌酸含量相当多。活体的肌肉中肌酸和磷酸结合生成磷酸肌酸，其高能磷酸键贮藏能量，在肌肉收缩时具重要作用。在活体的肌肉中含有肌酸和磷酸肌酸的混合物，屠宰后磷酸肌酸放出磷酸而变成肌酸。肌酸在酸性条件下加热时，失去一分子水生成环状结构的肌酐。在活体中，肌酐极微量，但煮肉时，肌酸逐渐减少而肌酐逐渐增加，同时牛肉风味变好。

3. 肽　肉中含有的肽主要是谷胱甘肽、肌肽和鹅肌肽。谷胱甘肽是由谷氨酸、半胱氨酸和甘氨酸结合的三肽；肌肽是 β-丙氨酸和组氨酸的结合物；鹅肌肽是 β-丙氨酸和甲基组氨酸的结合物，都是两种氨基酸构成的二肽。这些肽类在肉中含量为 0.3%左右，其中肌肽的含量最高。谷胱甘肽的巯基赋予肉以还原性，腌制过程中有促进肉制品呈色的作用；肌肽和鹅肌肽有缓冲作用，与肉表现的缓冲作用有密切关系。

4. 非蛋白态含氮化合物　非蛋白态含氮化合物主要包括各种嘌呤碱基、游离氨基酸、核苷、胆碱、尿素、氨等，其含量随屠宰后牛肉成熟而增加。在肉开始腐败时，还会产生各种胺类。

5. 糖、乳酸及其他　肉中的糖以游离的或结合的形式广泛存在于牛的组织和组织液中。例如葡萄糖是牛组织中提供肌肉收缩的能量来源，核糖是细胞核酸的组成成分，葡萄糖的聚合物——糖原是牛体内糖的主要存在形式，牛的肝脏中贮量可高达 2%～8%。肉中糖的含量因屠宰前及屠宰后的条件不同而有所不同。糖原在牛死后的肌肉中进行无氧酵解，生成乳酸，对牛肉的性质、牛肉加工与贮藏都具有重要意义。刚屠宰的牛乳酸含量不过 0.05%，但经 24 小时后增至 1.00%～1.05%。除去糖原、乳酸之外，浸出物中还会有微量的丙酮酸、琥珀酸、柠檬酸、苹果酸和延胡索酸等三羧酸循环中的有机酸成分。此外，浸出物中还含有约 0.03%的肌醇。

浸出物成分的总含量是 2%～5%，以含氮化合物为主，酸类和糖类含量比较少。含氮物中，大部分构成蛋白质的氨基酸呈游离状态。浸出物的成分与牛肉风味及滋味、气味有密切关系。浸出物中的还原糖与氨基酸之间的非酶促褐变反应对牛肉风味具有很重要的作用。而某些浸出物本身即是呈味成分，如琥珀酸、谷氨酸、肌苷酸是牛肉鲜味成分，肌醇有甜味，以乳酸为主的一些有机酸有酸味等。浸出物含量虽然不多，但由于能增进消化腺体活动（如促进胃液、唾液等的分泌），因而对蛋白质和脂肪的消化起着很好的作用。

（四）矿物质

牛肉中的矿物质含量一般为 1.2%～1.5%。这些无机盐在肉中有的以游离状态存在，如镁离子、钙离子；有的以螯合状态存在，如肌红蛋白中含铁，核蛋白中含磷。

肉是磷的良好来源。肉中钙含量较低，而钾和钠几乎全部存在于软组织及体液之中。钾和钠与细胞膜通透性有关，可提高牛肉保水性。肉中尚含有微量的锰、铜、锌、镍等。其中锌与钙一样能降低牛肉保水性。

普通牛肉的钙、铁、锌含量分别为每 100 克中 8、3.2 和 3.67 毫克，高档牛肉相应的数据分别为每 100 克中 9.3、34.94 和 52.59 毫克，均显著高于普通牛肉。

（五）维生素

肉中维生素含量不多，主要有维生素 A、维生素 B_1、维生素 B_2、维生素 PP、叶酸、维生素 C、维生素 D 等。其中脂溶性维生素较少，但水溶性 B 族维生素含量较丰富。牛肉中叶酸含量比猪肉和羊肉都高。肝脏中几乎各种维生素含量都很高。肉是 B 族维生素的良好来源，这些维生素主要存在于瘦肉中。牛、羊等反刍动物的肉中维生素含量不受饲料的影响，因为其维生素的来源主要依赖瘤胃内微生物的作用。

（六）水

水是肉中含量最多的组成成分。水在肉中分布不均匀，其中肌肉含水 70%～80%，皮肤为 60%～70%，骨骼为 12%～15%。牛越肥，水分的含量越少，老年牛比犊牛含水量少。肉中水分含量多少及存在状态影响牛肉加工质量及贮藏性。肉中的水分存在形式大致可分为 3 种。

1. 结合水　结合水是指在蛋白质等分子周围，借助分子表面分布的极性基团与水分子之间的静电引力而形成的一薄层水分。结合水与自由水的性质不同，它的蒸汽压极低，冰点约为−40 ℃，不能作为其他物质的溶剂，不易受肌肉蛋白质结构的影响，甚至在施加外力条件下，也不能改变其与蛋白质分子紧密结合的状态。牛肉中结合水的含量约占全部水量的 5%。通常这部分水在牛肉细胞内部。

2. 不易流动的水　不易流动的水是指存在于纤丝、肌原纤维及膜之间的一部分水。牛肉中的水 80% 的水分以不易流动水的形式存在。这些水能溶解盐及其他物质，并可在 0 ℃下结冰。

3. 自由水　自由水指能自由流动的水，存在于细胞间隙及组织间，约占总水量的 15%。

三、牛肉物理性质

牛肉物理性质主要指牛肉色泽（颜色）、气味、嫩度和保水性等。这些性质都与牛肉形态结构、品种、年龄、性别、肥度、部位、宰前状态、冻结的程度等因素有关。

（一）牛肉颜色

牛肉颜色对牛肉营养价值并无多大影响，但在某种程度上影响食欲和商品价值。如果是微生物引起的色泽变化则影响牛肉卫生质量。牛肉深红色，其深浅程度受内因和外因的影响。

1. 影响牛肉颜色的内在因素

（1）牛品种、年龄及部位　老龄牛肉色深，幼龄的色淡。生前活动量大的部位肉色深。

（2）肌红蛋白（Mb）的含量　肌红蛋白分子量约为 16 700，仅为血红蛋白的 1/4，它的每分子珠蛋白仅和一个铁卟啉连接，但对氧的亲和力却大于血红蛋白。肌红蛋白多则肉色深，含量少则肉色淡，其量因牛的年龄及肌肉部位不同而异。

（3）血红蛋白（Hb）的含量　血红蛋白是由 4 分子亚铁血红素与 1 分子珠蛋白结合而成，用以运输氧气到各组织。在肉中血液残留多则血红蛋白含量亦多，肉色深。放血充分肉色正常，放血不充分或不放血（冷宰）的肉色深且暗。

屠宰后肌肉在贮藏加工过程中颜色会发生各种变化。刚刚宰后的肉为深红色，经过一段时间肉色变为鲜红色，时间再长则变为褐色。这些变化是由于肌红蛋白的氧化还原反应所致。以新鲜牛肉作切片，经不同时间观察可看到上述三种变化，即刚宰后，还原肌红蛋白和亚铁血红蛋白结合，肉色表现为深红色；经十几分钟，亚铁血红蛋白与氧结合，但 2 价铁未被氧化，为氧合肌红蛋白，肉色表现为鲜红色；再经几小时或几天，亚铁血红蛋白的 2 价铁被氧化为 3 价铁，成为高铁肌红蛋白占优势，肉色表现为褐色。

2. 影响肌肉颜色的外部因素

（1）环境中的氧含量　肌肉色素对氧有显著的亲和力。氧充足则肉色氧化快。如真空包装的分割肉，由于缺氧呈暗红色，当打开包装后，接触空气很快变成鲜艳的亮红色。通常含氧量高于 15％时，肌红蛋白才能被氧化为高铁肌红蛋白。

（2）湿度　环境中湿度大，则氧化速度慢。因在肉表面有水蒸气层，影响氧的扩散。如果湿度低且空气流速快，则加速高铁肌红蛋白的形成。

（3）温度　环境温度高则促进氧化，加速高铁肌红蛋白的形成。

（4）pH　牛宰前糖原消耗多，宰后最终 pH 高，往往肌肉颜色变暗，组织变硬并且干燥，形成 DFD 肉，在牛肉上则称为 DCB（Dark Cutting Beef），黑切牛肉。

（5）微生物的作用　牛肉贮藏时污染微生物，也会改变肉表面的颜色。污染细菌会分解蛋白质使肉色污浊；污染霉菌，则在肉表面形成白色、红色、绿色、黑色等色斑或发生荧光。

（二）牛肉风味

牛肉风味是指生鲜牛肉气味和加热后肉制品的香气和滋味，其成分复杂多样，含量甚微，用一般方法很难测定。除少数成分外，多数无营养价值，不稳定，加热易破坏或挥发。

1. 气味　气味的成分十分复杂，有 1 000 多种。牛肉气味的强弱受品种、加热条件等因素的影响。如牛肉气味及香味随年龄增长而增强，成熟后的牛肉会改善其滋味。大块牛肉烧煮时比小块肉味浓。加热可明显地改善和提高牛肉气味。牛肉挥发性成分有乙醛、丙酮、丁酮，还有微量的乙醇、甲醇、乙硫醇等。牛肉水煮加热后产生的强烈肉香味，主要是由低级脂肪酸、氨基酸及含氮浸出物等化合物产生。

除了固有气味，肉腐败、蛋白质和脂肪分解，则产生臭味、酸败味、苦涩味；如存放在有葱、蒜、鱼及化学药物的地方，则有外加气味。

2. 滋味　滋味是由溶于水的可溶性呈味物质刺激人的舌面味觉细胞——味蕾，通过神经传导到大脑而产生味感。牛肉鲜味（香味）由味觉和嗅觉综合决定。味觉与温度密切相关。$0\sim10\,℃$可察觉，$30\,℃$敏锐。牛肉滋味，包括有鲜味和外加的调料味。牛肉鲜味成分主要有肌苷酸、氨基酸、酰胺、三甲基胺肽、有机酸等。

成熟肉风味的增加，主要是核苷类物质及氨基酸变化所致。牛肉所含挥发性的香味成分主要存在于脂肪中，如大理石样肉。脂肪交杂状态越密，风味越好。因此肉中脂肪沉积的多少，对风味更有意义。

（三）牛肉嫩度

牛肉嫩度（Tenderness）是指牛肉在咀嚼或切割时所需的剪切力，表明了牛肉在被咀嚼时柔软、多汁和容易嚼烂的程度。影响牛肉嫩度的因素很多，除与遗传因子有关外，主要取决于肌肉纤维的结构和粗细、结缔组织的含量及构成、热加工和 pH 等。

肌纤维本身的肌小节联结状态对硬度影响较大。肌节越长牛肉嫩度越好。用胴体倒挂等方式来增长肌节是提高嫩度的重要方法之一。

大部分肉经加热蒸煮后，牛肉嫩度有很大改善，并且使牛肉品质有较大变化。但牛肉在加热时一般是硬度增加，这是由于肌纤维蛋白质遇热凝固收缩，使单位面积上肌纤维数量增多所致。例如当温度达到 $61\,℃$ 时，1 毫米^2 面积上有 317 条肌纤维，加热到 $80\,℃$ 时则增加到 410 条。但肉熟化后，其总体嫩度明显增加。另外，牛肉嫩度还受 pH 的影响。pH 在 $5.0\sim5.5$ 时牛肉韧度最大，而偏离这个范围，则嫩度增加，这与肌肉蛋白质等电点有关。

宰后鲜肉经过成熟，其肉质可变得柔软多汁，易于咀嚼消化。在 $2\,℃$ 放置 4 天，半腱肌嫩度显著增加，而腰肌变化较小。

（四）牛肉保水性

1. 保水性的概念　肉的保水性（Water Holding Capacity）即持水性、系水性，是指肉在压榨、加热、切碎搅拌时，保持水分的能力，或在向其中添加水分时的水合能力。这种特性对牛肉加工的质量有很大影响，例如牛肉在冷冻和解冻时如何减少肉汁流失，加工火腿时如何提高水合能力等。

2. 影响保水性的主要因素

（1）蛋白质　牛肉中少量的蛋白质结合的束缚水对保水性影响不大。参与牛肉保水性变化的主要是游离水，与蛋白质的空间结构有关。蛋白质网状结构越疏松，固定的水分越多，反之则固定较少。蛋白质分子所带的净电荷对蛋白质的保水性具有两方面的意义：其一，净电荷是蛋白质分子吸引水的强有力的中心；其二，由于净电荷使蛋白质分子间具有静电斥力，因而可以使其结构松弛，增加保水效果。对牛肉来讲，净电荷如果增加，保水性就得以提高，净电荷减少，则保水性降低。

肌肉中水直接结合于蛋白质的亲水基团上，称其为水溶性蛋白质。在水的快速结合上有重大作用的亲水基团有两种形式：一是包括蛋白质侧链的极性基团，如羧基、氨基、羟基及硫氢基等；二是由未解离的肽链的羧基与亚氨基。该形式中水的结合作用是因水具有两极性的缘故。羧基在水合作用上重要性较氨基小，而肽键在水合作用上则无影响。

（2）pH　添加酸或碱来调节牛肉 pH，并借加压方法测定其保水性能试验得知，保水性随 pH 的高低而发生变化。当 pH 在 5.0 左右时，保水性最低。保水性最低时的 pH 几乎与肌动球蛋白的等电点一致。如果稍稍改变 pH，就可引起保水性的很大变化。任何影响肉 pH 变化的因素或处理方法均可影响牛肉保水性。在实际肉制品加工中常用添加磷酸盐的方法来调节 pH 至 5.8 以上，以提高牛肉保水性。

（3）金属离子　肌肉中含有 Ca、Mg、Zn、Fe、Ag、Al、Sn、Pb、Cr 等多种金属元素，除前 2 种含量较多外，其余均属微量，在 100 克鲜肉中含量不超过 0.08 毫克。金属元素在牛肉中以结合或游离状态存在，它们在肉成熟期间会发生变化。这些多价金属在肉中浓度虽低，但对肉保水性的影响却很大。Mg^{2+} 对肌动蛋白的亲和性小，但对肌球蛋白亲和性则强。Fe^{2+} 与牛肉结合极为牢固，即使用离子交换树脂处理也无法分离，这说明 Fe^{2+} 与保水性并无相关。Ca^{2+} 大部分与肌动蛋白结合，对肌肉中肌动蛋白的作用强烈。除去 Ca^{2+}，则使肌肉蛋白的网状构造分裂，将极性基团包围，此时与双极性的水分子结合时，可使保水性增加。Zn^{2+} 及 Cu^{2+} 也具有同样的作用。一价金属如 K^+ 含量多，则牛肉保水性低。但 Na^+ 的含量多时，则保水性有变好的倾向。肉中 K^+ 与 Na^+ 的含量较二价金属为多，但它们与肌肉蛋白的溶解性的作用较二价金属小。

（4）牛本身因素　牛的年龄、性别、饲养条件、肌肉部位及屠宰前后处理等，对牛肉保水性都有影响。就年龄和性别而论，去势牛＞成年牛＞母牛，幼龄＞老龄，成年牛随体重增加而保水性降低。

（5）宰后变化　保水性的变化是肌肉在成熟过程中最显著的变化之一。刚屠宰后的牛肉保水性很高，但几小时甚至几十小时后就显著降低，然后随时间的推移又缓缓地增加。

① ATP 的作用　Hamm 于 1958 年发现，牛宰后保水性降低的原因，有 2/3 是 ATP 的分解所引起，有 1/3 因 pH 的下降所致。

② 死后僵直　当 pH 降至 5.4～5.5，达到肌球蛋白的等电点，即使没有蛋白质的变性，其保水性也会降低。此外，由于 ATP 的丧失和肌动球蛋白的形成，使肌球蛋白和肌动蛋白间有效空隙大为减少，这种结构的变化，则使其保水性也大为降低。

③ 自溶期　僵直期后（6～11 天），牛肉保水性徐徐升高，而僵直逐渐解除。一种原因是由于蛋白质分子分解成较小的单位，从而引起肌肉纤维渗透压增高所致；另一种原因可能是引起蛋白质净电荷增加及主要价键分裂的结果。在成熟过程中，肉蛋白质连续释放 Na^+、Ca^{2+} 等到肌浆中，结果造成肌肉蛋白质净电荷的增加，使结构疏松并有助于蛋白质水合离子的形成，因而牛肉保水性增加。

（6）添加剂

① 食盐　一定浓度的食盐具有增加牛肉保水能力的作用。这主要是因为食盐能使肌原纤维发生膨胀。肌原纤维在一定浓度食盐存在下，大量氯离子被束缚在肌原纤维间，增加了负电荷引起的静电斥力，导致肌原纤维膨胀，使保水性增强。另外，食盐腌制使牛肉离子强度增高，肌纤维蛋白质数量增多。在这些纤维状肌肉蛋白质加热变性的情况下，将水分和脂肪包裹起来凝固，使牛肉保水性提高。Hamm 就生肉及加热牛肉的保水性试验表明，当食盐浓度在 4.6％～5.8％（离子强度 0.8～1.0）时，保水性达到最强（当然受肉本身 pH 的影响很大）。通常肉制品中食盐含量在 3％左右，因此为提高黏结性和保水性，有必要在制品中添加黏结剂。

② 磷酸盐　磷酸盐能结合肌肉蛋白质中的 Ca^{2+}、Mg^{2+}，使蛋白质的羧基被解离出来。由于羧基间负电荷的相互排斥作用使蛋白质结构松弛，提高了牛肉保水性。较低的浓度下就具有较高的离子强度，使处于凝胶状态的球状蛋白质的溶解度显著增加，提高了牛肉保水性。焦磷酸盐和三聚磷酸盐可将肌动球蛋白解离成肌球蛋白和肌动蛋白，使牛肉保水性提

高。肌球蛋白是决定牛肉保水性的重要成分，但肌球蛋白对热不稳定，其凝固温度为 $42\sim$ $51\,℃$，在盐溶液中 $30\,℃$ 就开始变性。肌球蛋白过早变性会使其保水能力降低。聚磷酸盐对肌球蛋白变性有一定的抑制作用，可使肌肉蛋白质的保水能力稳定。

四、牛肉的成熟与变质

（一）肉的成熟

牛屠宰后，牛肉内部发生一系列变化，结果使肉变得柔软、多汁，并产生特殊的滋味和气味，这一过程称为肉的成熟。成熟可分为尸僵和自溶两个过程。

1. 尸僵　牛屠宰后胴体变硬，这一过程称为尸僵。尸僵是由于肌肉纤维的收缩引起的，但这种收缩是不可逆的。尸僵期间发生了一系列变化：

（1）ATP 的变化　动物屠宰后，呼吸停止，失去神经调节，生理代谢机能遭到破坏，维持肌质网微小器官机能的 ATP 水平降低，势必使肌质网机能失常，肌小胞体失去钙泵作用，Ca^{2+} 失控逸出而不被收回。高浓度的 Ca^{2+} 激发了肌球蛋白 ATP 酶的活性，从而加速 ATP 的分解。同时使 Mg‑ATP 解离，最终使肌动蛋白与肌球蛋白结合形成肌动球蛋白，引起肌肉的收缩，表现为僵硬。ATP 消失殆尽，粗丝和细丝连接得更紧密，肌肉的伸展性完全消失，弹性达最大，达到最大尸僵期，此时，肌肉最硬。

（2）pH 的变化　由于动物死后，糖原分解为乳酸，同时磷酸肌酸分解为磷酸，酸性产物的蓄积使肉的 pH 下降。尸僵时肉的 pH 降低至糖酵解酶活性消失不再继续下降时，达到最终 pH 或极限 pH。极限 pH 越低，肉的硬度越大。

宰后 10 小时牛胴体开始尸僵，持续 $15\sim24$ 小时。

牛肉在贮藏过程中若控制不当，会发生冷收缩和解冻僵直两种异常尸僵。

（3）冷收缩和解冻僵直

① 冷收缩　牛肉在僵直状态完成之前，若温度降到 $10\,℃$ 以下，肌肉会发生收缩，并在随后的烹调中变硬，这种现象称为冷收缩。冷收缩不同于正常的僵直收缩，而是收缩更强烈，可逆性更小，这种肉甚至在成熟后进行烹调仍然是坚韧的。

为防止冷收缩对肉品质带来的不良影响，可采用电刺激的方法，使肌肉中 ATP 迅速消失，pH 迅速下降，尸僵快速完成，即可改善牛肉的品质。一般去骨牛肉易于发生冷收缩，带骨牛肉可在一定程度上抑制冷收缩。

② 解冻僵直　牛肉在尸僵进行过程中或尸僵完成前，即进行冻结，这种肉在解冻时仍会发生僵直现象，导致大量肉汁流出，这种现象称为解冻僵直。在尸僵发生的时间内进行冷冻，解冻时都会发生解冻僵直，但随肌肉中 ATP 浓度的下降，肌肉收缩力也下降。在刚屠宰后立即冷冻，然后解冻时，这种现象最明显。因此，应在形成最大僵直之后进行冷冻，以避免这种现象发生。

2. 自溶

（1）自溶过程　肌肉达到最大僵直以后，继续发生着一系列生物化学变化，逐渐使僵直的肌肉变得柔软多汁，并获得细致的结构和美好的滋味，这一过程称为自溶（Autolysis）或解僵。尸僵 $1\sim3$ 天后即开始缓解，肉的硬度降低并变得柔软，持水性回升。

处于未解僵状态的肉加工后，咀嚼有如硬橡胶感，风味低劣，持水性差，不适宜作为肉制品的原料。充分解僵的肉，加工后柔嫩且有较好的风味，持水性也有所恢复。可以说，肌肉必须经过僵直、解僵的过程，才能成为食品原料所谓的"肉"。

（2）自溶机理　自溶机理主要有钙离子说和蛋白酶说两种学说。

① 钙离子说　刚屠宰后的肌原纤维和活体肌肉一样，是 10～100 个肌节相连的长纤维状，而在肉成熟时则断裂为 1～4 个肌节相连的小片状。这种肌原纤维断裂现象被认为是肌肉软化的直接原因。宰后肌质网机能被破坏，Ca^{2+} 从网内脱出，使肌浆中 Ca^{2+} 浓度增高。高浓度的 Ca^{2+} 长时间作用于 Z 线，使 Z 线蛋白质变性而脆弱，会因冲击和牵引而发生断裂。

② 蛋白酶说　成熟中的肌原纤维，受蛋白酶即肽链内切酶的作用，引起肌原纤维蛋白分解。肌肉中的蛋白水解酶，尤其是钙激活中性蛋白酶作用于 Z 线，导致 Z 线崩溃。另外，当屠宰后肌肉达到极限 pH 时，一些组织蛋白酶被激活，随后观察到 Z 线消失，M 线崩解成为小片状，A 带密度减少。

3. 成熟的温度和时间　成熟温度和时间不同，牛肉的品质也不同（表 11 - 2）。

表 11 - 2　成熟方法与肉品质量

0～4℃	低温成熟	时间长	肉质好	耐贮藏
7～20℃	中温成熟	时间较短	肉质一般	不耐贮藏
>20℃	高温成熟	时间短	肉质劣化	易腐败

通常在 1℃、硬度消失 80％的情况下，成年牛肉成熟需要 5～10 天。

成熟的时间越长，肉越柔软，但风味并不相应增强。牛肉以 1℃、11 天成熟为最佳。

4. 影响肉成熟的因素

（1）物理因素

① 温度　温度高，成熟则快。以 455Gy 的 γ 射线照射牛肉，进行高温成熟，43℃时 24 小时即完成成熟。它和低温 1.7℃成熟 14 天获得的嫩度效果相同。但这样的牛肉颜色、风味都不好。

② 电刺激　刚宰的肉尸，经电刺激 1～2 分钟，可以促进软化，同时可以防止"冷收缩"。Bondll 等报道：200 伏、216 安、25 赫兹电刺激 2 分钟的牛肉，显示出肌肉短缩和磷酸肌酸显著减少。刺激停止时，肌肉即恢复弛缓状态。电刺激不仅防止低温冷缩，而且还可促进嫩化。因为电刺激可以引起 Z 线断裂和"趋收缩"以及促使含组织蛋白酶的溶酶体崩解。

③ 机械作用　肉成熟时，将跟腱用钩挂起，此时主要是腰大肌受牵引。如果将臀部挂起，不但腰大肌短缩被抑制，而且半腱肌、半膜肌、背最长肌短缩均被抑制，可以得到较好的嫩化效果。

刚屠宰后的牛肉或羊肉，施以 98 兆帕的压力，在 30℃条件下作用 1 分钟以上，则糖酵解加速，其硬度要比对照组小。这是由于在高压下，肌动蛋白与肌球蛋白脱离重合，横桥解离所致。

（2）化学因素　极限 pH 越高，肉越柔软。如果屠宰前人为的使糖原下降，则会获得较高的 pH。但这种肉成熟后易形成 DFD（Dark, Firm, Dry）肉，又称深色牛肉切块。产生 DFD 肉的主要原因是宰前长期处于紧张状态，使肌肉中糖原含量减少所致。在极限 pH5.5 附近，Ca^{2+} 和组织蛋白酶作用，最易使其成熟。在最大尸僵期，往肉中注入 Ca^{2+} 可以促进软化。刚屠宰后注入各种化学物质如磷酸盐、氯化镁等可减少尸僵的形成量（表 11 - 3）。

表 11 - 3　刚宰后牛头肉注入各种药物 24 小时的剪切力

试药	P	H	M	P - H	M - M	M - P	P - H - M	CIT
试验	38.03	30.16**	30.43*	29.63**	32.63	36.78	41.92	34.65**
对照	40.25	38.88	38.95	39.93	38.55	43.86	43.37	45.38

注：*、＊＊　与对照组的显著性差异<0.05 或<0.01。

P 代表焦磷酸钠，H 代表六偏磷酸钠，M 代表氯化镁，CIT 代表柠檬酸钠。

试验组注入肉重的 0.5％的浓度为 5％的各种药物，对照组注入等量的水。从表可以看出六偏磷酸钠（Ca^{2+} 螯合剂）、柠檬酸钠（糖酵解阻抑剂）、氯化镁（肌动球蛋白形成阻抑剂）等，都表现出对尸僵硬度的抑制作用。

（3）生物学因素　肉内蛋白酶可以促进软化。用微生物酶和植物酶也可使固有硬度和尸僵硬度减小。目前国内外常用的是木瓜蛋白酶。可以采用宰前静脉注射或宰后肌内注射方法，但宰前注射有时会造成脏器损伤或休克死亡。把木瓜蛋白酶的 SH 基变成不活化型的二硫化物注入后，在宰后厌氧条件下使其还原的方法，目前正被开发利用。木瓜蛋白酶的作用最适温度≥50 ℃，低温时也有作用。

另外，在宰前注射肾上腺素，使糖原下降，从而提高肌肉的 pH，也可达到嫩化效果。但是，化学方法和生物方法往往造成肉的质量下降。因此，许多类似的方法仍在探讨中。

（二）肉的变质

1. 变质的概念　肉类的变质（Spoilage）是成熟过程的继续。肌肉中的蛋白质在组织酶的作用下，分解生成水溶性蛋白肽及氨基酸完成了肉的成熟。若成熟继续进行，蛋白质进一步水解，生成胺、氨、硫化氢、酚、吲哚、粪臭素、硫化醇，则发生蛋白质的腐败。同时发生脂肪的酸败和糖的酵解，产生对人体有害的物质，称为肉的变质。

2. 变质的原因　动物宰后，由于血液循环停止，吞噬细胞的作用亦即停止，使得细菌繁殖和传播到整个组织。但是，动物刚宰杀后，由于肉中含有相当数量的糖原以及动物死后糖酵解作用的加速进行，因而成熟作用首先发生。特别是糖酵解使肉的 pH 迅速从最初的 7.0～7.4 下降到 5.4～5.5。酸性对腐败菌在肉上的生长不利，从而抑制了腐败的发生。

健康动物的血液和肌肉通常是无菌的，肉类的腐败实际上是由外界污染的微生物在其表面繁殖所致。表面微生物沿血管进入肉的内层，并进而伸入到肌肉组织。在适宜条件下，浸入肉中的微生物大量繁殖，以各种各样的方式对肉作用，产生许多对人体有害、甚至使人中毒的代谢产物。

许多微生物均优先利用糖类作为其生长的能源。好气性微生物在肉表面的生长，通常把糖完全氧化成二氧化碳和水。如果氧的供应受阻或因其他原因氧化不完全时，则可有一定程度的有机酸积累，肉的酸味即由此而来。

微生物对脂肪可进行两类酶促反应：一是由其所分泌的脂肪酶分解脂肪，产生游离的脂肪酸和甘油。霉菌以及细菌中的假单胞菌属、无色菌属、沙门氏菌属等都是能产生脂肪分解酶的微生物；另一种则是由氧化酶通过 β - 氧化作用氧化脂肪酸。这些反应的某些产物常被认为是酸败气味和滋味的来源。但是，肉和肉制品中严重的酸败问题不是由微生物所引起，而是因空气中的氧，在光线、温度以及金属离子催化下进行氧化的结果。

微生物对蛋白质的腐败作用是各种食品变质中最复杂的一种。通过多种途径蛋白质被分解为酪胺、尸胺、腐胺、组胺和吲哚、甲基吲哚、甲胺和硫化氢等对人体有毒的物质，而吲哚、甲基吲哚、甲胺和硫化氢等则具恶臭，是肉类变质臭味的主要原因。

五、牛肉的新鲜度检验

牛肉的腐败变质是一个非常复杂的过程，因此要准确判定腐败的界限是相当困难的，尤其是判定初期腐败更是复杂。一般情况下，以测定肉腐败的分解产物及引起的外观变化和细菌的污染程度，同时结合感官检验，以决定其利用价值。

（一）感官及理化检验

感官检验方法简便易行，比较可靠。但只有深度腐败时才能被察觉，并且不能反映出腐败分解产物的客观指标。鲜、冻分割牛肉的感官和理化指标见表 11-4 和表 11-5。

表 11-4　鲜、冻分割牛肉的感官指标（GB 17238—2008）

项目	鲜牛肉	冻牛肉（解冻后）
色泽	肌肉有光泽，色鲜红或深红，脂肪呈乳白色或微黄色	肌肉色鲜红，有光泽，脂肪呈乳白色或微黄色
黏度	外表微干或有风干膜，不粘手	外表微干或有风干膜，或外表湿润不粘手
弹性（组织状态）	指压后凹陷可恢复	肌肉结构紧密，有坚实感，肌纤维韧性强
气味	具有鲜牛肉正常的气味	具有牛肉正常的气味
煮沸后肉汤	澄清透明，脂肪团聚于表面，具特有香味	澄清透明，脂肪团聚于表面，具有牛肉汤固有的香味和鲜味
肉眼可见异物	不得带伤斑、血瘀、血污、碎骨、病变组织、淋巴结、脓包、浮毛或其他杂质	

表 11-5　鲜、冻分割牛肉理化指标（GB 17238—2008）

项目	指标
挥发性盐基氮，毫克/100 克	≤15
汞（以 Hg 计），毫克/千克	≤0.05
无机砷，毫克/千克	≤0.05
镉（以 Cd 计），毫克/千克	≤0.1
铅（以 Pb 计），毫克/千克	≤0.2

（二）细菌污染度检验

鲜肉的细菌污染度检验，在我国目前还未列入国家标准。细菌污染检验不但比感官的、化学的方法更能客观地判定肉的鲜度质量，而且能反映出生产、贮运中的卫生状况。

鲜肉的细菌污染度检验，通常包括三个方面：菌数测定、涂片镜检和色素还原试验。

（三）生物化学检验

生物化学检验是以寻找蛋白质、脂肪的分解产物为基础进行定性定量分析。常用的有 pH 测定、H_2S 试验、胺测定、球蛋白沉淀试验、过氧化物酶反应、酸度-氧化力测定、挥发性盐基氮测定、挥发性脂肪酸测定、TBA 测定及有机酸的测定等。

第二节　高档牛肉贮藏与保鲜

牛肉富含蛋白质，且水分含量较高，在贮藏、运输和销售过程中微生物极易生长繁殖而使其腐败变质，这不仅导致经济上的损失和环境污染，更严重的是危及人们的健康和生命。为了保证牛肉的安全性、食用性和经济性，许多国家都在不断地研究牛肉的保鲜技术，但到目前为止，还没有单一的保鲜技术可以完美无缺的达到以上要求。因此，在实际应用中，应采用综合保鲜技术，即组合两种以上的保鲜技术，发挥其互补和相乘的效果，以确保牛肉的品质与安全。

一、牛肉的低温贮藏保鲜

牛肉的腐败变质主要是由酶和微生物的作用引起。这种作用的强弱与温度密切相关，只要降低牛肉的温度，就可使微生物和酶作用减弱，阻止或延缓牛肉腐败变质的速度，从而达到长期贮藏保鲜的目的。在肉类保鲜技术中，低温贮藏保鲜乃是最实用、最经济的技术措施。根据贮藏时的低温程度，又可将低温贮藏保鲜分为冷藏保鲜和冻藏保鲜。

（一）冷藏保鲜

牛肉的冷藏保鲜是先将牛肉冷却到中心温度 0～4 ℃，再在 −1～1 ℃ 的条件下贮藏保鲜。

1. 牛肉的冷却　将屠宰后的牛胴体吊在轨道上，胴体间保持约 20 厘米的间隔，进入冷却间后，胴体在平行轨道上，应按"品"字形排列。冷却间的温度在牛肉进入前为 −1～0.5 ℃，冷却中的标准温度为 0 ℃，冷却中的最高温度为 2～3 ℃。经 24～48 小时冷却，使后腿部中心温度达到 0～4 ℃。冷却过程除严格控制温度外，还应控制好湿度和空气流动速度。在冷却开始 1/4 时间内，维持相对湿度 95%～98%，在后期 3/4 时间内，维持相对湿度 90%～95%，临近结束时控制在 90% 左右。空气流速采用 0.5 米/秒，最大不超过 2 米/秒。

冷却肉（冷鲜肉）是指严格执行检疫检验制度屠宰后的牛胴体，在 −1～7 ℃ 的条件下，迅速进行冷却处理，使胴体温度 24 小时内降为 −1～7 ℃，并在后续的加工、流通和分销过程中始终保持在 −1～7 ℃ 冷藏范围的生鲜肉。冷鲜肉安全卫生、肉嫩味美、便于切割等优点，赢得了消费者特别是较高收入阶层的认同。在欧美发达国家几乎不吃冻肉或热鲜肉，而全部是冷鲜肉。冷鲜肉吸收了热鲜肉和冷冻肉的优点，又排除了两者的缺陷。由于冷鲜肉始终处于冷却温度控制之下，酶的活性和大多数微生物的生长繁殖受到抑制，肉毒梭状芽孢杆菌和金黄色葡萄球菌等病原菌不分泌毒素，避免了肉质腐败，确保了冷鲜肉的安全卫生。

2. 牛肉的冷藏　牛肉的冷藏室温度为 −1～1 ℃，温度波动不得超过 0.5 ℃，进库的升温不得超过 3 ℃。相对湿度为 85%～90%，冷风流速为 0.1～0.5 米/秒。冷藏室的容量标准为牛肉 400 千克/米²。在此条件下，牛肉可贮藏保鲜 4～5 周，小牛肉可贮藏保鲜 1～3 周。

（二）冻藏保鲜

温度在冰点以上，对酶和微生物只有一定的抑制作用，不能终止其活动。所以肉经冷却后只能作短期贮藏。要想长期贮藏，需要将肉中心温度降低到 −18 ℃ 以下，进行冻结贮藏，这时，肉中 90% 以上水分冻结形成冰晶，微生物和酶的活动基本被终止，肉能保藏较长时间。

牛肉的冻藏保鲜是先将牛肉在−23 ℃以下的低温进行深度冷冻，使肉中大部分汁液冻结成冰后，再在−18 ℃左右的温度下贮藏保鲜。

1. 牛肉的冷冻　牛肉的冻结是以空气作为冷却介质进行冻结。冻结速度直接影响肉的质量。肉的冻结速度就是肉表面温度达到 0 ℃以后，其表面至中心的最短距离（厘米）与中心温度降至比冻结点低 10 ℃所需的时间（小时）的比值。一般将冻结速度分为 3 种。

快速冻结：冻结速度≥5～20 厘米/小时；

中速冻结：冻结速度=1～5 厘米/小时；

缓慢冻结：冻结速度=0.1～1 厘米/小时。

我国牛肉冻结一般采用两段式冷冻法。即牛屠宰后，牛胴体先进行冷却，然后将冷却的牛肉再进行冻结。一般冻结间的温度为−23 ℃或更低，相对湿度为 95%～100%，风速为 0.2～0.3 米/秒，经 20～24 小时使牛肉深层温度降至−18 ℃，即完成冻结。

2. 牛肉的冻藏　牛肉冻结以后，即转入冷库进行长期贮存保鲜。目前我国冻结的牛肉有两种，一种为牛胴体（四分体），另一种是分割冷冻牛肉。两种牛肉比较经济合理的冻藏温度为−18 ℃，一般要求温度波动不超过 1 ℃。相对湿度维持 95%～98%。冷藏室空气流动速度控制在 0.25 米/秒以下。牛胴体和分割牛肉在−18 ℃、−25 ℃和−30 ℃温度下分别可冻藏 12、18 和 24 个月。

牛肉在冻藏过程中，随着贮藏时间的延长，其重量和质量都要发生变化。冻结肉由于长期贮藏，在肉的表面会出现微小冰晶的升华，使肉的重量减少，造成干耗损失。同时在肉表面形成脱水海绵层，脱水层逐渐加深，空气随即充满这些冰晶所让出的空间，会发生强烈的氧化作用，使脂肪氧化酸败，肉色变暗，降低牛肉的感官品质和营养价值。牛肉在冻藏中的干耗、脂肪氧化和肉色的劣变程度，都与冻藏温度、贮藏时间有关，冻藏温度越低，贮藏时间越短，劣变程度越轻。将分割冻牛肉真空包装后再冻藏，可明显减轻干耗、脂肪氧化和肉色的劣变程度。

二、辐射保鲜

肉类辐射保鲜是利用放射性核元素发出的 γ 射线，或利用电子加速器产生的电子束，或 X 射线，在一定剂量范围内辐射食品，杀灭微生物，从而达到肉类贮藏保鲜一种新技术。它与传统的物理、化学方法相比，具有无化学药物残留，不会污染环境，能耗少，不会使肉温升高，不引起肉类色、香、味的重大变化，营养价值不降低，可连续作业、易于实现自动化等优点，因而受到人们的普遍重视。到 2003 年，世界上已有 52 个国家和地区政府已批准 100 多种辐照食品，批准的辐照食品卫生标准已有 660 多个，其中美国批准 10 批次，共 50 余种辐照食品卫生标准；英国批准 8 批次辐照食品卫生标准；法国已批准 21 批次辐照食品。美国的超级市场上出售的经辐射的牛肉馅饼，是由艾奥瓦州立大学线性加速器的电子束，在真空下经 2.0 千戈剂量照射的辐射保鲜产品。我国已于 1984 年 11 月 30 日批准用于香肠保鲜，在牛肉保鲜上的应用也从研究阶段走向实用阶段。

（一）辐射源及辐射剂量

1. 辐射源　用于食品辐射保鲜的辐射源常用的有电子束辐射源、X 射线源和放射性同位素源。而用于肉类辐射保鲜的辐射源主要是放射性同位素^{60}Co 和^{137}Cs。

^{60}Co 是人工制备的一种同位素源，它的半衰期为 5.27 年，在衰变过程中每个原子核放射出两个 γ 光子。γ 光子能量中等，但穿透力很强，适用于厚度大小不等的肉类及其他食品杀菌消毒。

^{137}Cs 是核裂变产物，由核燃料的渣滓中提取，它的半衰期 30 年，其 γ 射线的能量比 ^{60}Co 低，穿透力略弱，在生产中不及 ^{60}Co 辐射源使用广泛。

2. 辐射剂量　辐射时单位质量的肉类中吸收放射线的能量值称为辐射的吸收剂量。法定单位为焦/千克，也称为戈瑞（Gy）。1 千克物质吸收 1 焦耳的能量，其辐射剂量即为 1 戈。

1980 年在维也纳由 IAEA、FAO、WHO（国际原子能机构、联合国粮农组织、世界卫生组织）组成的辐照食品安全联合专家委员会（JECFI）正式宣布：食品经不超过 10 千戈的辐照处理，没有任何毒理学危害，也没有任何特殊的营养和卫生学问题。经 10 千戈以下剂量的辐照处理，任何食品不会引起毒理学危害。因此，牛肉辐射的适宜辐射剂量也是不超过 10 千戈。

（二）辐射保鲜工艺

1. 原料肉的选择　为确保牛肉辐射保鲜的效果，原料牛肉必须是新鲜、优质，屠宰加工及分割的卫生条件好，微生物污染少的牛肉。

2. 包装　为防止辐射后发生二次污染，牛肉辐射前都要进行包装。包装材料一般选用抗拉度强、抗冲击性好，柔软且阻隔性好的复合薄膜。包装方法可采用抽真空包装或充气包装。

3. 辐照　牛肉包装后，根据选定的辐射剂量，用 ^{60}Co 辐射源进行辐照处理，辐射时要控制好辐照剂量，保证肉类接受的最高和最低剂量的比值小于 2，即最大剂量不能超过最小剂量的 1 倍。为减小辐射时肉类产生变色或异味，可在低温（$-80\sim-30$ ℃）、无氧条件下进行。牛肉的辐射剂量为 5.0 千戈时，其保鲜期为 3~4 周。

三、气调保鲜

气调保鲜是通过调整环境气体成分来延长肉品贮藏寿命和货架期的一项技术。鲜肉气调保鲜机理是在包装内充入一定的气体，破坏或改变微生物赖以生存繁殖以及色变的条件，以达到保鲜的目的。气调包装用的气体通常为 CO_2、O_2 和 N_2，或是它们的组合。引起肉类腐败的大多数微生物是好氧性的，因而用低氧，高二氧化碳的调节气体体系，可以使牛肉得到保鲜，延长贮藏期。

气调保鲜可分为真空保鲜和充气保鲜两种。

（一）充气保鲜

充气包装保鲜是将牛肉放入包装容器内，先抽真空，再充入指定组成的气体，再密封，从而使牛肉处于指定气体的环境下贮存的一种技术。它的关键是正确选择气体的组成和包装材料。

1. 气体的种类及作用　肉类保鲜中常用的气体是氧气（O_2）、二氧化碳（CO_2）、氮气（N_2）及小量辅助功能性成分，如能杀菌的乙醇，能防止氧化、酸败和抑菌的氧化氮（N_2O），能稳定色素，抑制自溶酶的一氧化碳（CO），能杀菌、防腐、漂白和破坏硫胺的二氧化硫（SO_2）等辅助气体。

在肉类保鲜中无氧或低氧可以抑制氧化作用、酶的活性和需氧菌的生长，但氧化肌红蛋白会变成棕色的肌红蛋白。所以在肉类保鲜中常充入高比例的氧，使肌肉色素呈氧化肌红蛋白的鲜红色，同时高浓度的氧也会使微生物产生功能障碍，起到抑菌作用。

CO_2 属于抑菌剂，CO_2 浓度大于 10％对大多数需氧菌和霉菌的繁殖有较强的抑制作用，到 20％时则会使霉菌活动停止。CO_2 也可延长细菌生长的滞后期并降低其对数增长期的速度。另外，CO_2 可溶于肉中，降低肉的 pH，改变细菌细胞的渗透性，可抑制某些不耐酸的微生物，也能抑制酶的活性，在低温时效果更佳。但需要注意的是 CO_2 对厌氧菌和酵母菌无作用；可导致包装盒塌陷。

氮气没有抑菌作用，不影响肉类色泽，用作充填气体，以降低肉类所受的压力，减少包装盒的塌陷。三种气体可单独使用，也可混合作用。

2. 气体的组合形式

（1）100％纯 CO_2 气调包装　在冷藏条件下（－1.5 ℃），充入不含 O_2 的 CO_2 至饱和可大大提高鲜肉的保存期，同时可防止肉色由于低氧分压引起的氧化变褐，用这一方式保存牛肉到 24 周。用纯 CO_2 气调包装适合于批发的、长途运输的、要求较长保存期的销售方式。为了使肉色呈鲜红色，让消费者所喜爱，在零售以前，改换含氧包装，使氧与牛肉接触形成鲜红色氧合肌红蛋白，吸引消费选购。改成零售包装的鲜肉在 0 ℃下约可保存 7 天。

（2）75％O_2 和 25％CO_2 的气调包装　用这种混合气体充入鲜肉包装内，既可形成氧合肌红蛋白，又可使肉在短期内防腐保鲜。在 0 ℃的冷藏条件下，可保存 10～14 天。这种气调保鲜肉是一种只适合于在当地销售的零售包装。

（3）50％O_2、25％CO_2 和 25％N_2 的气调包装　用该种混合气体保鲜牛肉，既可使肉色鲜红、防腐保鲜，又可防止包装盒塌陷。这种气调包装同样是一种适合于在本地超市销售的零售包装形式。在 0 ℃冷藏条件下，保存期可达到 14 天。

3. 牛肉的气调保鲜包装形式　主要采用袋装和托盘两种容器。用复合材料制成的包装袋进行包装是最简便的，用普通的真空充气包装机，可一次性完成操作。用多层热塑料片材料通过热成型托盘，将分割的鲜牛肉装入盘内，先抽真空，后充入一定组成气体，最后用复合膜将盘热封。改进形式是将盘底制成纹形，使肉不完全接触盘底，更充分地与气体接触。最新的形式是在盘底放一波纹形渗透垫，用以吸收肉产生的滴汁。

（二）真空包装保鲜

真空包装保鲜，是将牛肉装入复合袋内后，用真空包装机抽真空密封，使牛肉处在真空状态下贮存保鲜的一种方法。工艺简单、成本也较低。在真空状态下，可以有效地抑制需氧菌的生长繁殖。但由于极端缺氧，肉将呈现还原肌红蛋白的紫褐色。为此，可将鲜肉先用透氧性非常好的内袋包装，再将数个内袋用一个阻氧性良好的大袋进行外包装，对整个大袋进行真空包装，使肉在贮运过程处于真空状态。在肉出售前几个小时将阻隔性外袋去掉，肉通过高透气性内袋接触空气，使肉变成氧化肌红蛋白的鲜红色。

真空包装后的鲜牛肉贮存在 0～4 ℃的条件下，可使其货价期从原来的 5～6 天延长至 28～35 天。

四、化学保鲜

化学保鲜是在肉类生产和贮运过程中，使用化学制品来提高肉的贮藏性和尽可能保持它原有品质的一种方法。与其他保鲜方法相比，具有简便而经济的特点。因为所用的化学制剂只能推迟而不能阻止微生物的生长，所以只能在有限时间内保持肉的品质。

化学保鲜中所用的化学制剂，必须符合食品添加剂的一般要求，对人体无毒害作用。目前各国使用的防腐剂已超过 50 种，但迄今为止，尚未发现一种完全无毒、经济实用、抑菌广谱并适用于各种食品的理想防腐剂。因此，实际应用时，常通过并作为其他保鲜方法的辅助手段来实现希望达到的效果。

（一）有机酸保鲜

目前使用的化学保鲜剂主要是各种有机酸及其盐类，最常用的有醋酸、丙酸、乙酸、辛酸、乳酸、柠檬酸、山梨酸、苯甲酸、磷酸及其盐类等。有机酸的抑菌作用，主要是因为其酸分子能透过细胞膜，进入细胞内部而离解，改变微生物细胞内的电荷分布，导致细胞代谢紊乱而死亡。特别是不大于 6 个碳原子的低分子有机酸，对革兰氏阳性和阴性菌均有效。

1. 乙酸　浓度为 1.5% 时就有明显的抑菌效果。若在常温下贮藏肉类，而单独使用醋酸进行防腐，就必需使用较高的浓度。但浓度超过 3% 时，对肉色有不良作用。所以在实际使用中常同其他保鲜剂配合使用，如用 0.6% 甲酸混合液浸渍鲜肉 10 秒，不仅细菌数大为减少，并能保持其风味，对色泽几乎无影响。采用 3% 醋酸＋3% 抗坏血酸处理肉类，因有抗坏血酸的护色作用，肉色可较好保持。

2. 丙酸及其盐类　可抑制霉菌和一些高度需氧菌，因丙酸有异味，所以常使用丙酸盐作防腐剂。如牛肉用丙酸钙浸渍后真空包装，0～4 ℃下贮存，可使牛肉的货架期延长一周左右。

3. 乳酸钠　是一种弱有机酸盐类，在减少胴体污染、降低细菌总数方面有明显效果，能有效抑制金黄葡萄球菌、李斯特单核增生性杆菌等的繁殖。在牛肉保鲜中的有效浓度为 4%，它与丙酸钙无交互作用，与山梨酸钾有一定的颉颃作用，而与乳酸链球菌素具有明显协同作用。

4. 山梨酸及其盐类　是良好的真菌抑制剂，在 pH＜6.0 以下效果好，对霉菌酵母和好气性微生物有较强抑菌作用，但对厌氧菌、嗜酸乳杆菌几乎无效。在肉类保鲜中可单独使用，也可同乙酸和磷酸盐结合使用。

5. 甘氨酸　对细菌的抑制浓度约 1.0%，对大肠杆菌和枯草杆菌效果特别显著，对肉毒杆菌的毒素有明显抑制作用，与乙醇、山梨酸等合用有相乘效果。

（二）天然防腐剂保鲜

天然防腐剂是指从天然生物中提取的具有防腐作用的食品添加剂。其安全性较高，符合消费者的需求，是今后发展的方向。

1. 乳酸链球菌素　是由乳酸链球菌合成的一种多肽类抗生素。它属于窄谱抗生素，只能抑制或杀死革兰氏阳性菌，能有效地阻止肉毒梭菌芽孢的发芽，而对酵母、霉菌和阴性菌无作用。若与 EDTA 二钠联合使用，对沙门氏菌和其他革兰氏阴性菌亦有抑制作用。使用时先用 0.02 摩尔/升盐酸溶解，再加到食品中。

2. 溶菌酶　是从鸡蛋中提取的一种碱性球蛋白。它能溶解多种细菌的细胞膜，又不作用于其他物质，是一种无毒、无害、安全性很高的保鲜剂。在牛肉保鲜中可用 1.0%～3.0% 的溶菌酶溶液进行浸渍或喷雾，然后进行真空或充气包装，可延长牛肉货架期 1 倍以上。

3. 植物中的抗菌物质　如茶多酚、姜辣素、姜酮、麻辣素、肉桂酸、丁香油、百里酚、没食子酸、油橄榄苦素、咖啡酸等都可抵抗大量细菌、霉菌和酵母菌。我国传统的香辛料如花椒、八角、茴香等的提取物浓度达到 8.0％时，其防腐作用与 0.1％苯甲酸作用相当。但单种植物提取的抗菌物质的抗菌作用单一，还存在着强烈的气味，影响肉类的风味，因而需在提取方法和使用方法上作进一步研究。

第三节　高档牛肉产品加工

牛肉是高蛋白质、低脂肪的优质肉类食品，因其营养丰富，风味独特，肉质结实，咀嚼性好，食之不腻而受消费者喜爱。它不仅是菜肴中的珍品，如牛排、牛柳、牛百叶、牛蹄筋等，也是肉制品的优良原料。通过盐腌、灌肠、酱卤、脱水、熏烤、罐藏等加工，可制成牛肉腌腊制品、灌肠制品、酱卤制品、脱水制品、熏烤制品、罐头制品及其他牛肉制品。这不但能增加肉类食品的品种，丰富肉类食品的供应，满足消费者的要求，而且使牛肉增加附加值，引导消费、拓宽市场，促进养牛业的进一步发展，对农业结构的调整，农民增收，农村实现现代化都具有重要意义。

一、腌腊牛肉制品

腌腊肉制品是我国传统的肉制品之一。"腌腊"是指牛肉通过加盐（或卤水）和香料进行腌制，使其在较低的气温下，风干成熟，形成独特腌腊风味。其主要工艺为腌制、脱水和成熟。腌制的目的是为了改善肉的风味、稳定肉的颜色、抑制微生物的生长繁殖、延长肉制品的货架期。

（一）腌腊牛肉制品的加工原理

1. 色泽的形成　腌腊肉制品的发色原理可用下面的反应式来表示：

$NaNO_3 \rightarrow NaNO_2 + 2H_2O$

$NaNO_2 + H^+ \rightarrow HNO_2 + Na^+$

$3HNO_2 \rightarrow H^+ + NO_3^- + H_2O + 2NO$

$NO + Hb \rightarrow NO - Hb$

$NO + Mb \rightarrow NO - Mb$

$NO - Hb$ 和 $NO - Mb$ 为鲜红色

即硝酸盐在细菌硝酸盐还原酶的作用下，还原成亚硝酸盐。亚硝酸盐在酸性条件下生成亚硝酸。亚硝酸发生歧化反应生成 NO，NO 与肌红蛋白反应生成鲜红色的亚硝化肌红蛋白（NO-Mb），NO 与血红蛋白反应生成鲜红色的亚硝化血红蛋白（NO-Hb）。因此，瘦肉腌制后色泽深红。

2. 风味的形成　肉经腌制后形成了特殊的腌制风味。一般认为这种风味是在组织酶、微生物产生的酶的作用下，由蛋白质、浸出物和脂肪变成的络合物形成的。其中羰基化合物和游离脂肪酸是腌肉区别于非腌肉的主要成分。一般需腌制 10～14 天，腌制 21 天香味明显，40～50 天达到最大限度。

3. 保藏性及安全性　腌腊肉制品之所以在常温中能较长时间的保存而不易变质，其主要原因是在腌制和风干成熟过程中，已脱去大部分水分。其次是腌制时添加食盐、硝酸盐或亚硝酸盐能起抑菌作用。

腌制的方法有干腌、湿腌、混合腌制和盐水注射腌制。腌腊牛肉制品主要是腊牛肉和牛肉香肠，一般为生肉制品，食用前需要熟制。

（二）腊牛肉的加工

1. 产品配方 牛肉 100 千克、食盐 2.8 千克、白砂糖 3.75 千克、白酒 1.4 千克、硝酸钠 50 克。

2. 加工工艺

（1）选料 选用经兽医卫生检验合格的新鲜牛后腿肉，剔除筋腱、油膜等，将牛肉切成 45 厘米×2 厘米×5 厘米的肉条。

（2）腌制 将白砂糖、食盐、白酒和溶解后硝酸盐混合均匀，在与牛肉拌和均匀，入缸腌制 5～7 天，每天翻 1 次，使牛肉腌制均匀。腌制好后将肉条表面用清水洗干净，然后用不锈钢挂钩挂在晾晒架上，滴干明水。

（3）烘制 将挂好牛肉条的晾晒架推入烘房，以 40～50 ℃的温度烘烤 30～40 小时，基本将肉条烘干，出烘房冷却后即为成品。出品率 45％～50％。

（4）包装 用防潮纸或复合食品塑料袋抽真空包装后，再装入纸箱，置于阴凉干燥处贮存或销售。

（三）牛肉香肠的加工

1. 香肠概念 香肠俗称腊肠，是指以肉类为主要原料，经切、绞成丁，配以辅料，灌入动物肠衣经干制、发酵成熟而成的肉制品。

2. 产品配方 牛肉 70 千克、猪肥膘 30 千克、白砂糖 9.4 千克、精盐 2.5 千克、白酒 1.5 千克、生抽酱油 5 千克、硝酸钠 34 克。

3. 加工工艺

（1）原辅料的选择 原料牛肉应选用经兽医卫生检验合格的新鲜牛肉。猪肥膘要选用背部硬膘，肠衣一般选用羊小肠衣或猪小肠衣，肠衣直径为 24～28 毫米。酱油要用不加酱色的无色酱油。酒一般使用乙醇含量较高的大曲酒或高粱酒。

（2）原料的整理 剔除原料肉表面的肌腱、肌膜、血斑、血糊肉和碎骨等。分割好的肉块用清水洗净血迹、血斑和淤血，沥干明水。

（3）切丁 用切丁机将牛肉和猪肥膘切成 8～9 毫米^3 和 6～7 毫米^3 的肉丁。肥膘可用 35 ℃左右的温水洗去表面浮油，再用冷水冲洗，然后沥干水分。

（4）配料、腌制 按配方称量好各种辅料，硝酸钠要用少量水溶解，先将干料混合，再与肉丁搅拌均匀，再将湿料混合，与肉丁搅拌均匀。0～7 ℃腌制 2～4 小时。

（5）灌肠、打结 灌肠前先将干肠衣放在温水中浸泡 30 分钟以上，待其柔软，洗去肠衣内外盐分和污物，将拌好的肉馅用灌肠机灌入肠衣内。一般 100 千克肉馅需 200～300 米肠衣。

灌制时，先将肉馅加入灌肠机内，再将准备好纳肠衣套在灌肠机的灌筒上，开动灌肠机，使肉馅顺利地灌入肠衣内。要求灌馅松紧适宜，防止灌得太紧而挤破肠衣，或太松而残留较多气体，不易贮存。灌好后每隔 15 厘米用线绳打一个结。

（6）排气、漂洗 灌制好的香肠用排针刺孔，排除肠内多余的空气。用温水漂洗香肠表面附着的料液和油污。

（7）烘烤　将漂洗过的香肠挂在晾晒架上，肠间距离 3～5 厘米，送入烘房，55～60 ℃烘制 1.5～2 小时后，调换晾晒架位置，45～50 ℃继续烘制 48～72 小时至香肠表面干燥，色泽艳红，红白分明，肠体软硬适中，有弹性即可。成品率为 60%～70%。

（8）发酵成熟与包装　烘烤好的香肠于阴凉干燥处晾挂成熟 15 天以上，复合薄膜真空包装，即为牛肉香肠成品。

二、酱卤牛肉

酱卤肉制品是牛肉加调味料和香辛料，以卤水为加热介质卤煮制而成的一大类熟肉制品。

（一）酱牛肉

1. 产品配方　牛肉 100 千克，干黄酱 10 千克，食盐 2.7 千克，丁香 300 克、豆蔻 150克、砂仁 150 克、肉桂 200 克、白芷 150 克、大料 300 克、花椒 200 克、石榴子 150 克。

2. 加工工艺

（1）原料肉选择与修整　选用经兽医卫生检验合格的优质牛肉，除去血污、淋巴等忌食物后，切成 750 克左右的方肉块，然后用清水冲洗干净，沥干血水。

（2）煮制　锅内放小量清水，把黄酱加入调稀，再兑入足够清水，用旺火烧开，捞净酱沫后，将牛肉放入锅内。肉质老的部位，如脖头、前后腿、胸口、肋条等码放在锅底层，肉质嫩的部位，如里脊、外脊、上脑等放在锅上层。用旺火把汤烧开至牛肉收紧后，在开锅头上投入辅料，煮制 1 小时后压锅。

（3）压锅　先用压锅板压住牛肉，再加入老汤和回锅油。回锅油是指上次煮完牛肉撇出的牛浮油，它起到锅盖作用，使牛肉不走味，调料能充分渗入。加好回锅油后，改用文火焖煮。

（4）翻锅　每隔 1 小时翻锅一次，翻锅时将肉质老的牛肉放在开锅头上。

（5）出锅　酱牛肉经 6～7 小时煮制后即可出锅。出锅时用锅里的汤油冲掉酱牛肉块上的料渣或浮沫，放入晾肉间冷却即为成品。

（二）卤牛肉

1. 产品配方　牛肉 100 千克，黄酒 6 千克，香油适量，花椒、八角、草果、丁香、甘草、桂皮、沙姜各 500 克，冰糖 5 千克，高粱酒 4 千克，无色酱油 5 千克，食盐 1 千克。

2. 加工工艺

（1）制卤水　用细密纱布缝一个双层袋，把香辛料装入纱布袋内，再用线把袋口密缝，做成香料袋。在锅内加清水 100 千克，投入香料袋浸泡 2 小时，然后用文火煮沸 1.5 小时，再加入冰糖、酱油、食盐，继续煮半小时。最后加入高粱酒，出锅冷却后即为卤水。

（2）原料肉整理　选用新鲜牛肉，修净血污、淋巴等，切成 250 克的肉块，用清水冲洗干净。

（3）煮制　夹层锅内放水加热至沸后，再加入牛肉，煮 1 小时左右。

（4）卤制　将煮熟的牛肉移入卤水锅中，煮沸 30 分钟，加入黄酒，然后停止加热，浸泡在卤水中 3 小时，捞出后刷上香油即为卤牛肉。

三、牛肉火腿与灌肠

（一）成型火腿概念

成型火腿是以精瘦肉为主要原料，经腌制提取盐溶性蛋白，经机械嫩化和滚揉破坏肌肉组织结构，装模成型后蒸煮而成的西式熟肉制品。成型火腿的最大特点是良好的成形性、切片性，适宜的弹性，鲜嫩的口感和很高的出品率。

（二）成型火腿加工原理

① 经滚揉后肉中的盐溶性蛋白及其他辅料均匀的包裹在肉块、肉粒表面并填充于其空间，经加热变性后将肉块、肉粒紧紧粘在一起，并使产品富有弹性，具有良好的成型性和切片性。②成型火腿经机械切割嫩化处理及滚揉过程中的摔打撕拉，使肌纤维彼此之间变得疏松，再加之选料的精良和良好的保水性，保证了成型火腿的鲜嫩特点。③成型火腿的盐水注射量可达 20%～60%。肌肉中盐溶性蛋白的提取、复合磷酸盐的加入、pH 的改变以及肌纤维间的疏松都有利于提高成型火腿的保水性，因而提高了出品率。因此，经过腌制、嫩化、滚揉等工艺处理，再加上适宜的添加剂，则保证了成型火腿的高质量和独特风格。

（三）成型火腿加工工艺

1. 原料肉选择和整理　牛肉选择瘦肉，猪肥膘选择背膘，有些产品还要加入部分猪瘦肉，这三种肉都必须是经兽医卫生检验合格的新鲜肉。去骨后的肉再修去软骨、筋腱、肌膜、淤血、伤斑、淋巴结等。

2. 腌制、滚揉　大片肉用盐水注射法进行腌制，小块肉用盐水腌制。腌制前先按配方要求（表 11-6 为纯牛肉配方）配制盐水，过滤、冷却备用。盐水注射量一般为 25%。用滚揉机真空间歇滚揉，即按照每小时正传 10 分钟，停机 20 分钟，再反转 10 分钟，停机 20 分钟的程序进行滚揉。滚揉时间约 16 小时，滚揉时肉温应不高于 10 ℃。

3. 绞肉、斩拌　瘦肉先用 16 毫米孔径的筛板粗绞一遍，再用小孔径的筛板细绞 1 遍。部分牛肉和其他原料则用斩拌机。先将牛肉放入斩拌机内，均匀铺开，开动斩拌机，随后缓慢加入冰屑、猪肉及混合均匀的辅料，最后添加猪肥膘。整个斩拌过程控制在 5～8 分钟为宜，肉温最好控制在 10 ℃以下。

4. 灌制　用配有真空装置的泵送式灌肠机将肉馅灌入肠衣内。灌馅应掌握灌得松紧适度，灌得过松则影响香肠的弹性和结着力；灌得过紧则在煮制时会因热胀而破裂。高档火腿应配有自动结扎机，在灌制时自动结扎，再送到定数链式输送机上进行自动悬挂。

5. 烘烤　烘烤的目的是使肠衣干燥、收缩，肉馅膨胀，使肠衣与肉馅粘成一体，增加肠衣的牢度，使其煮制时不易破裂。同时烘烤促进硝酸盐的发色作用，使肉馅变红。一般细香肠 50～60 ℃烘烤 20～25 分钟；中等粗细香肠，以 75～85 ℃烘烤 40～45 分钟；粗香肠用 60～90 ℃烘烤 70～85 分钟。烘至肠衣表面干燥，呈半透明状，肉馅红润，手摸时无黏湿感，而有沙沙响声，即可出烘房。

6. 烟熏　大多数西式火腿需要烟熏。通过烟熏使产品表面干燥，增加贮藏性，肠衣表面产生光泽，增加商品的美观度，更重要的是熏烟中产生的酚、醇、酸、羰基化合物等具有杀菌和抗氧化作用，并赋予产品特有的熏烟芳香味。

烟熏的方法很多，常采用温熏法。熏制过程中，要使火腿间保持一定间隔，以利熏烟均匀。火腿下端离地面要在 1 米以上，烟熏时间一般为 1～2 小时，至肠衣表面干燥产生光泽，透出肉馅红色为止。

7. 煮制　通过煮制可杀死病原菌，停止内源酶的活动，使蛋白质凝固，结缔组织中的一部分胶原蛋白变成明胶，易于消化，同时产生火腿特有的香味。

煮制通常采用水煮法，每 100 千克火腿需用水 300 千克。在煮制时，先将锅内水温加热到 90～95℃，再将火腿放入，水温要保持 78～84℃煮制 60 分钟左右，使火腿中心湿度达到 75℃。用感官方法来判断，即用手轻捏肠体，挺括、有弹性、肉馅发红有光泽者表示煮熟；若肠体软弱，无弹性，肉馅有黏性者为未煮熟。

8. 贮藏 煮好的火腿经自然冷却，包装后送入 0～10℃，相对湿度为 72％的冷藏库内贮存。

表 11-6 纯牛肉火腿配方举例

（千克）

原料	配方 1	配方 2	配方 3	配方 4	配方 5
牛胸肉	25				
牛肩肉	75	75			
牛后腹肉			35	100	
牛肚脐部位肉			30		
牛后胸肉			35		100
碎牛肉		25			
葡萄糖	0.5	0.5			
白砂糖			1.0		
食盐	3	3	2.5	2	2
亚硝酸钠	0.015 5	0.015 5	0.015 5	0.015 5	0.015 5
三聚磷酸钠	0.3	0.3	0.3	0.3	0.3
大豆蛋白	5	5	5	5	5
冰水	20	20	20	20	20
芫荽	0.093				
生姜		0.062		0.075	0.062
肉豆蔻	0.124	0.062		0.075	
辣椒粉	0.183	0.162		0.031	
白胡椒	0.372	0.248	0.436	0.187	
鼠尾草			0.062		0.124
百里香			0.062		0.062
大蒜	0.012	0.012			

（四）法兰克福灌肠

1. 产品配方 以牛肉为主要原料的法兰克福灌肠（也称香肠）配方举例如表 11-7。

2. 工艺要点

（1）绞肉 将瘦肉用筛板孔径为 0.32 厘米的绞肉机绞碎。

（2）斩拌、腌制 将绞碎的瘦肉和部分冰放入斩拌机内，斩拌 1～2 分钟，加入辅料后，再斩拌 1～2 分钟，然后加入肥肉和剩余的冰，继续斩拌 3～5 分钟。0～4℃腌制 24～36 小时。

（3）灌制 将肉馅加灌肠机料斗内，灌制到 25 毫米纤维素肠衣或 22 毫米羊肠衣或 22～25 毫米胶原肠衣内，并用自动结扎机打结。

表 11 - 7　法兰克福灌肠配方

（千克）

原料	配方 1	配方 2	配方 3	配方 4	配方 5	配方 6	配方 7	配方 8
牛肉	75	70	70	60	55	50	60	50
猪背膘	25	20	20					
猪瘦肉		10	10	40	45	50	40	50
食盐	3.0	2.75	2.75	2.75	2.75	2.75	2.75	2.75
白砂糖	0.5	0.5	0.5	0.5		0.5	0.5	0.5
脱脂奶粉	3.5	3.5			3.5	3.5	3.5	
大豆蛋白				3.5	3.5			3.5
味精				0.2		0.25		0.25
冰水	20	10	10	10	20	10	10	10
亚硝酸钠	0.015 5	0.015 5	0.015 5	0.015 5	0.015 5	0.015 5	0.015 5	0.015 5
肉豆蔻衣	0.093	0.062	0.124				0.124	0.062
鼠尾草	0.23	0.434	0.372					
芥末籽粉				0.186	0.248			
肉豆蔻				0.124	0.124			
白胡椒粉				0.372	0.434	0.28	0.434	0.434
洋葱粉							0.062	
辣椒粉							0.124	

（4）蒸煮　烟熏到中心温度 67 ℃，蒸煮。

（5）冷却　冷水喷淋 5～15 分钟，再在 3 ℃下冷却到中心温度 10 ℃。

（五）维也纳灌肠（香肠）

1. 产品配方　以牛肉为主要原料的维也纳灌肠配方举例如表 11 - 8。

表 11 - 8　维也纳灌肠配方

（千克）

原料	配方 1	配方 2	配方 3	配方 4	配方 5
牛肉	50	80	60	40	60
猪背膘		20			
猪瘦肉	50		40	40	40
牛肚				20	
食盐	3.0	3.0	3.0	3.0	2.5
谷粉				3.5	
白砂糖					0.5
冰水	25	30	20	18	18
亚硝酸钠	0.016	0.016	0.016	0.016	0.016
异抗坏血酸	0.054				
肉豆蔻	0.124	0.124		0.124	0.124
白胡椒粉	0.312	0.312	0.249	0.312	0.314
芫荽	0.124	0.124	0.124	0.124	0.124
丁香					0.031

2. 工艺要点　牛肉用筛板孔径为 3 毫米的绞肉机绞碎，猪肉用筛板孔为 6 毫米的绞肉机绞碎，再经斩拌后，灌入 14～22 毫米的人造肠衣或羊肠衣内。于 40～50 ℃下干燥 20 分钟，然后烟熏、煮至中心温度 63～67 ℃，喷淋冷却到 38 ℃，移入 7 ℃下冷却到中心温度10 ℃。

(六) 黎巴嫩大红肠

1. 产品配方　以牛肉为主要原料的黎巴嫩大红肠的配方举例如表 11-9。

表 11-9　黎巴嫩大红肠配方

（千克）

原料	配方 1	配方 2	配方 3	配方 4	配方 5
牛肉	100		60	60	60
猪肉		40	40	40	50
玉米糖浆粉			2		
味精	0.25				
脱脂奶粉					3.5
水解植物蛋白	0.1				
食盐	2.75	3	3	2.5	2.75
白砂糖			0.5	0.5	
冰水	10	30	20	20	10
亚硝酸钠	0.015 5	0.015 5	0.015 5	0.015 5	0.015 5
众香果	0.093	0.031	0.108	0.030	
小豆蔻	0.124	0.155	0.124		
芫荽	0.124	0.062	0.149		0.155
大蒜粉			0.0744		
生姜		0.062			
肉豆蔻		0.124	0.0744		0.124
白胡椒	0.372		0.372	0.372	
鼠尾草	0.062		0.0744	0.124	0.062
肉豆蔻衣	0.062		0.0744		

2. 工艺要点　牛肉用 3 毫米孔板的绞肉机绞碎，猪肉用 10 毫米孔板的绞肉机绞碎，加辅料和冰水在 10 ℃以下斩拌。灌入 7～8 毫米×56 毫米的人造肠衣，或 35～38 毫米的小牛肠衣内。46～78 ℃烟熏，蒸煮至中心温度 66 ℃，喷淋冷却到中心温度 32 ℃，移入 0～7 ℃下贮存。

四、牛肉罐头

(一) 加工原理

牛肉罐头是指以牛肉为主要原料，调制后装入罐装容器，经排气、密封、杀菌、冷却等工艺加工而成的耐贮藏的食品。

罐头食品的加工原理主要是加热杀菌的原理。经高温加热，附着于食品及罐内的微生物细胞的蛋白质，特别是代谢酶系统的部分蛋白质因受热而凝固，同时使组织酶失活，导致绝大部分微生物死亡；通过排气和密封抑制了残留微生物繁殖和内容物的氧化，同时罐藏容器能防止外界微生物的再次入侵，使肉类罐头具有较长的保藏期。

（二）罐藏容器

可以加工罐头的罐藏容器主要有马口铁罐、玻璃罐和蒸煮袋等。其中玻璃罐在肉类罐头中已很少使用，马口铁罐的使用量也在下降，而蒸煮袋的应用发展很快。

蒸煮袋是采用由聚酯、铝箔、聚烯烃等材料复合而成的多层复合薄膜制成的软质包装容器，可热熔封口，并能耐受高温高湿热杀菌。与马口铁罐和玻璃罐相比，用蒸煮袋包装具有重量轻、体积小、传热快、安全卫生、易携带、能耗低等特点。因此，相对于用马口铁罐和玻璃罐等硬质容器装的罐头而言，将蒸煮袋装的食品称为软罐头。

蒸煮袋按其是否有阻光性，可分为带铝箔层的不透明蒸煮袋和不带铝箔层的透明蒸煮袋。按其耐高温程度分，有普通蒸煮袋（耐 100～121 ℃杀菌温度）、高温杀菌蒸煮袋（耐 121～135 ℃杀菌温度）和超高温杀菌蒸煮袋（耐 135～150 ℃杀菌温度）三类。

（三）肉类罐头加工工艺

肉类罐头的加工，主要是原料肉装罐前的预处理和装罐后的热处理两个阶段。预处理包括成熟与解冻、分割与整理、预煮、油炸和腌制等工序；热处理包括排气、密封、杀菌、冷却和保温检验等工序。

1. 原料肉的成熟与解冻 牛肉罐头的原料肉既可使用鲜牛肉，也可使用冻牛肉。新鲜牛肉要在 0～4 ℃条件下，经 7 天左右时间成熟处理后方能使用。冻牛肉在经解冻后才能加工，解冻后肉中心温度不高于 7～10 ℃。解冻肉要求肉色鲜红、富有弹性、无肉汁析出、无冰晶体、气味正常。

2. 原料肉的分割与整理 经过成熟或解冻的牛肉用清水洗涤，剔骨后，再除去粗筋腱、肌膜、粗血管、淋巴结、淤血等，然后按产品规格要求将牛肉切块、切条或切片等备用。

3. 原料肉的预煮与油炸 原料肉经分割与整理后，按产品工艺要求，有的要腌制、有的要预煮和油炸。预煮使肌肉蛋白质凝固，肌肉组织紧密，便于切割。预煮时调味料渗入肉内，赋予产品特殊风味，同时也起到杀灭牛肉表面微生物的作用。预煮的加水量一般为肉重的 1.5 倍。预煮时间约 30 分钟。为减少预煮时养分的损失，可用少量原料肉分批投入沸水中煮制。预煮的汤汁可连续使用。

原料肉预煮后，有的产品还要求进行油炸，已达到脱水、成形、上色和增加风味的目的。一般 160～180 ℃油炸 1～5 分钟。油炸后原料肉失重 25%～35%。

4. 原料肉的腌制 有些产品的原料肉须经腌制。一般采用精盐、白砂糖和亚硝酸钠配制成的混合盐进行腌制。干腌的用盐量一般为 2.0%～2.5%，湿腌的盐水浓度一般为 8%～14%。腌制的温度最好控制在 0～4 ℃，时间控制在 48 小时之内。腌制到肉块呈鲜红色，气味正常，肉质有坚实感。

5. 装罐 原料肉经预处理后，要迅速装罐密封。装罐前应备好空罐，马口铁罐用热水冲洗消毒，再入烘房烘干后使用；蒸煮袋不需清洗消毒可直接装袋。

装罐有人工装罐和机械装罐两种。大规模生产多采用机械装罐，但多数肉罐头仍采用人工装罐。装罐时每罐净重、固形物的大小、形状和色泽及罐液浓度和重量应达到标准要求，每罐净重允许公差±3%，但每批罐头不应低于总净重。罐口保持清洁。装罐后保留 3～10 毫米的顶隙。

6. 肉罐头的排气和密封 排气是在装罐后、密封前，将罐内顶隙间存在的和原辅料组织内存在的空气，尽可能从罐内排除的技术措施，从而使密封后罐头顶隙内形成部分真空状态的过程。排气的方法有加热排气和机械排气。加热排气是把装好肉的罐头送入排气箱内，加热致罐内中心温度达 70～80 ℃后趁热密封；机械排气是在真空封罐机内进行抽空后立即封罐。密封后真空度为 46 662.7～59 994.9 帕。

密封一般采用自动封罐机和真空封罐机进行封罐。在封罐过程中，须经常注意机械的运转情况，并及时抽查样品，用特制卡尺检查卷边的宽度、厚度和埋头度，并挑出卷边有缺口、垂边、边唇等缺陷的罐头。软罐头的排气和密封，多采用真空包装机连续完成，常用热合密封法封袋。调节好抽真空的时间、热封温度和时间，做到袋口平整，封线平行，密封严密。

7. 杀菌和冷却 肉类罐头的杀菌一般采用加热的方法进行杀菌。由于肉类罐头属于低酸性罐头，细菌芽孢耐热性很强，所以必须用 121 ℃的高温进行杀菌。其杀菌规程用杀菌式 $t_1 - t_2 - t_3 / T(P)$ 来表示，式中 T 为规定的杀菌温度（℃），t_1 为杀菌锅加热升温时间（分钟），t_2 为杀菌时间（分钟），t_3 为降温时间（分钟），P 为杀菌或冷却所加的反压（帕）。杀菌结束后，分段降温到 38 ℃，擦干罐（袋）外水分进行保温检验。

8. 保温检验 将肉品罐头放入保温间，在 37±1 ℃下保温 7 昼夜。如罐头在杀菌后冷却至 40 ℃左右即送入保温间，则保温时间可缩短为 5 昼夜。保温后进行仔细检查。由于腐败菌能产生气体而使罐头膨胀，因此凡是膨胀的罐头都已经变质腐败。若是铁罐或玻璃罐也可以敲音检查（打检），即用木棒轻轻敲打罐盖，发音清脆者是合格罐头，发音湿浊者为不合格罐头。

对于合格罐头贴标、装箱，贮藏于阴凉干燥的库房内。

(四) 红烧牛肉罐头

1. 原料处理方法及要求 去皮去骨牛肉，除去过多脂肪，将腿肉切成 5～7 厘米的长条，煮至肉中心稍带血水后，取出切成适度大小的肉片。

2. 配料及调味

配汤：骨汤 100 千克、精盐 4.23 千克、酱油 9.7 千克、白砂糖 12 千克、黄酒 12 千克、琼脂 0.73 千克、味精 0.24 千克、生姜 120 克、桂皮 60 克、花椒 22 克、八角 50 克、大葱 600 克。

配汤的调制方法：先将香辛料加水熬成香料水 9 千克，再加琼脂化开，然后与其他配料混合，加热煮沸，临出锅时加入黄酒和味精，经过滤后使用。

3. 装罐量（克）

罐号	净重	牛肉	汤汁	植物油
781	312	190	112	10

4. 排气及密封 抽气密封：真空度 53 328.8 帕以上。

5. 杀菌及冷却 杀菌式：15 分钟—90 分钟—反压冷却/121 ℃（反压：0.1～0.12 兆帕）。

(五) 五香牛肉软罐头

1. 产品配方 牛肉 100 千克、丁香 15 克、桂皮 50 克、茴香 50 克、草果 40 克、陈皮

30 克、肉果 15 克、砂仁 10 克、花椒 30 克、生姜粉 175 克、辣椒粉 45 克、酱油 500 克、食盐 2.65 千克、黄酒 0.8 千克、白砂糖 6.2 千克、味精 175 克、酱色 25 克、亚硝酸钠 5.5 克、卡拉胶 90 克。

2. 工艺要点

（1）牛肉的整理　选用质量符合国家标准的牛腿肉为原料，解冻后按自然块，修去表面脂肪块、淤血、骨屑等，切成 200 克左右的肉块。

（2）预煮　夹层锅中加入清水，投入香辛料包，缓慢加热至沸后加入部分食盐，稍后加入牛肉，煮至牛肉浮出水、有较好的弹性时，即可捞出冷却。

（3）汤汁调味　预煮的肉汤中放入香辛料包，再加入酱油、部分食盐、白砂糖等，加热煮沸，再加入酱色搅拌均匀，最后加入味精、黄酒，微沸后起锅，冷却备用。

（4）腌制　牛肉块中加入汤汁，置冷藏室中腌制 24 小时。

（5）包装　腌好的牛肉从缸中捞出，沥干汁液。以净含量为 250 克的规格，将牛肉经不锈钢漏斗导入 16 厘米×20 厘米的 PET/AL/OPP 蒸煮袋内，抽真空至 −0.1 兆帕，以 170～220 ℃热封。

（6）杀菌及冷却　杀菌式为 10 分钟—30 分钟—10 分钟/121 ℃（反压 0.18 兆帕）。

（7）保温检验　从杀菌锅取出的牛肉软罐头，置入 37 ℃的恒温室内，保温 7 天后，袋壁与牛肉仍粘贴如初者为合格产品，若发生膨胀的应予以剔除。

（六）酱牛肉软罐头

1. 产品配方　牛肉 100 千克、大茴香 400 克、桂皮 200 克、小茴香 40 克、山柰 100 克、白芷 100 克、草果 40 克、丁香 30 克、香果 20 克、花椒 20 克、大葱 2 千克、生姜 200 克、大蒜 200 克、酱油 6 千克、精盐 3 千克、亚硝酸盐 10 克、白砂糖 100 克、聚磷酸盐 300 克。

2. 工艺要点

（1）牛肉整理　选用健康良好，并经兽医卫生检验合格的黄牛肉为原料，修去杂油、淤血、淋巴、粗血管、粗筋腱等，然后切成 2 千克左右的大块。

（2）腌制　将切成大块的牛肉放入不锈钢容器内，按每 100 千克牛肉，加食盐 2 千克、亚硝酸盐 10 克、白砂糖 100 克、聚磷酸盐 300 克计，将腌制剂加入并搅拌均匀，于 0～4 ℃下，腌制 48～72 小时。

（3）煮制　先把香辛料用纱布包好，放入盛有老汤的锅内煮 20 分钟，撇去表面的浮沫。然后按牛肉块的大小分别下锅，前后腿较厚的肉块放底层，肋条肉等较薄的肉块放上层，用竹箅压好，使老汤淹没牛肉。先用大火煮 20 分钟，再加入酱油，改用小火焖 60 分钟，最后加入精盐，煮沸后捞出肉块，沥干汤汁备用。

（4）切块　将煮好的牛肉切成 15 厘米×15 厘米，重约 140 克的肉块。

（5）包装　将切好的肉块装入 18 厘米×22 厘米的蒸煮袋内，然后加入经过滤的老汤，装袋时注意牛肉各部位的搭配，每袋装两大块，再用 1～2 小块添称，净重 300 克，牛肉重 280 克老汤 20 克。装袋后用真空包装机抽真空、封口。

（6）杀菌及冷却　采用反压水煮杀菌和反压冷却。杀菌式：10 分钟—40 分钟—10 分钟/121 ℃，反压压力为 0.15 兆帕。

（7）保温检查　经杀菌的软罐头冷却至袋内温度 40 ℃后，送入（37±1）℃的保温室，保温 7 天。保温结束后，剔除胀袋，合格产品装箱入库。

（七）腊牛肉软罐头

1. 产品配方　牛肉 100 千克、食盐 4 千克、白砂糖 3.5 千克、味精 0.1 千克、料酒 2 千克、亚硝酸钠 5 克、硝酸钠 25 克、异抗坏血酸 25 克、砂仁 50 克、草果 150 克、生姜 500 克、葱 200 克、八角 200 克、花椒 300 克、小茴香 100 克、桂皮 50 克。

2. 工艺要点

（1）原料肉的选择及预处理　选择符合卫生标准的新鲜牛肉，剔除脂肪、油膜、筋腱、淤血、碎骨等，清洗干净后，切成长 14 厘米，宽 20 厘米的肉块备用。

（2）腌制　采用先干腌后湿腌的方法。先取原料肉重量 3% 的食盐，放入锅中焙炒至无水，色泽微黄后，与硝酸钠、亚硝酸钠、异抗坏血酸混合均匀，然后将此混合盐涂擦在牛肉表面，放于缸中压实，在 8～10 ℃下干腌 8～9 小时。干腌过程要翻动 2～3 次。

干腌的同时要配制湿腌的腌制液，其配制方法是按配方比例称取香辛料，加入盛有清水的夹层锅中，用水量与肉量相等，先加热至沸，再改用文火熬制 30～40 分钟，临出锅前加入食盐、味精、白砂糖，搅拌溶解后出锅，冷却后加入黄酒搅匀，然后将干腌后的牛肉浸没到此腌制液中，在 8～10 ℃下腌制 2 小时。

（3）烘烤　牛肉腌好后取出沥干水分，送入 55 ℃烘箱内烘 5～6 小时，使牛肉含水量降至 55%～60%。然后在牛肉块表面涂刷上 40% 的蜂蜜水，待晾干后送入 150 ℃的烤箱中烤制 20 分钟，待温度降至 100 ℃左右时将腊牛肉取出包装。

（4）包装　将烤制好的腊香牛肉趁热装入铝箔袋内，每袋装 500 克，然后用真空包装机抽真空封口，真空度为 -0.082 兆帕，热封时间为 8 秒。

（5）杀菌及冷却　采用蒸汽和空气的混合气体进行高温杀菌。杀菌式为 15 分钟—20 分钟—15 分钟/121 ℃，反压压力为 0.18 兆帕，反压冷却至 38～40 ℃出锅。

五、牛肉干制品

干肉制品包括肉干、肉脯和肉松三大类，成品有片状、条状、粒状、团粒状和絮状。

干制的原理主要是除去食品中微生物生长、发育及酶发挥活性所必需的水分，防止食品变质，从而使其长期保存。

（一）牛肉干

牛肉干是指牛肉经预煮、切丁（条、片）、调味、浸煮、收汤、干燥等工艺制成的干熟肉制品。

1. 产品配方　五香牛肉干、咖喱牛肉干和麻辣牛肉干的配方分别见表 11-10、表 11-11 和表 11-12（均以每 100 千克鲜牛肉计）。

表 11-10　五香牛肉干配方

（千克）

原料	配方 1	配方 2	配方 3	配方 4	配方 5
食盐	4.0	1.75	2.0	1.8	2.2
白砂糖	22.0	4.50	8.0	2.8	3.0
酱油	3.0	9.50	2.0	3.25	
味精	0.6		0.15	0.10	0.1

（续）

原料	配方 1	配方 2	配方 3	配方 4	配方 5
生姜		0.5	0.15	0.05	0.25
白酒	1.0	0.75	0.5	0.75	1.0
茴香粉	0.2	0.15			0.15
五香粉	0.5		0.15		
玉果粉	0.2				0.25
甘草粉		0.1	0.4	0.09	0.4
花椒		0.15			
大料		0.2		0.075	0.125
桂皮		0.3		0.075	0.1
丁香		0.05			0.05

表 11－11 咖喱牛肉干配方

（千克）

原料	配方 1	配方 2	配方 3	配方 4	配方 5
精盐	1.5	2.0	3.0	1.1	1.5
酱油	9.0		3.0	4.0	6.0
白砂糖	7.0	5.0	12.0	6.0	7.5
白酒	0.5	4.0	2.0		
咖喱粉	1.0	2.0	0.5	1.6	0.6
五香粉				0.2	0.24
橘子汁	2.0				
花生油	0.8～1.2				
葱	1.0	6.0			
生姜	0.9～1.4	2.0			
大蒜	0.9～1.4	2.0			
味精		0.6	0.5	0.5	0.4

表 11－12 麻辣牛肉干配方

（千克）

原料	配方 1	配方 2	配方 3	配方 4	配方 5
食盐	2.0	3.5	1.2	1.5	3.0
酱油	3.0	4.0	10.0	4.0	
白酒	0.5	0.5	2.0	0.5	1.0
白砂糖	4.5	2.0	8.0	1.5	2.0
葱	1.0			1.0	0.5
生姜	0.5	0.5		0.5	0.3
辣椒粉		1.5		2.0	2.0
花椒粉		0.4	1.2	0.3	0.3
胡椒粉	5.0	0.2	1.0		0.1
味精		0.1			0.2

2. 加工工艺

（1）原料肉的选择和处理　选用符合国家食品卫生要求的新鲜牛肉，以牛后腿肉为最好。仔细剔除原料肉中的骨、筋腱、肌膜、脂肪、淋巴，再顺着肌纤维纹理将原料肉切成 0.5 千克重的肉块，放入清水中浸泡 1 小时左右，用洁净水冲净血水和污物后沥干。

（2）预煮　将肉块放入夹层锅内，加入洁净水，用水量以淹没肉块为度，以压力为 0.12~0.16 兆帕的蒸汽加热，烧煮 1 小时左右。煮至肉块变硬，内部粉红色，无血水时为宜。在烧煮过程中应及时撇去汤汁中的污物及油沫，预煮时一般只加原料肉重 1%~2% 的生姜不加其他辅料。

（3）切坯　预煮后的肉块冷凉后，根据产品的要求，将肉块切成条、片、丁等不同规格的肉坯。要求大小均匀一致，切坯时还应注意剔除肉块中的未去除的脂肪和筋腱等。

（4）复煮　取预煮肉汤的 40% 左右，加入香辛料和调味料，拌和均匀后加热复煮。加热蒸气压力为 0.15~0.2 兆帕，时间为 2.5~3.0 小时。复煮过程中要适时翻锅，防止粘锅，料酒和味精宜在出锅前加入。出锅时，肉的成熟度应一致，表层微起毛绒和略有光泽，且有浓郁肉香味。

（5）干制　干制的方法主要有烘干、炒干和油炸三种。家庭和酒店多用炒干和油炸法，商品化的牛肉干多用烘干法。即将复煮收汁后的肉坯平摊在筛网上，送入 60~80 ℃ 的烘房内，烘制 6~8 小时，开始 1~2 小时要每隔 20 分钟翻动一次肉干，以后每隔 1 小时翻动肉干一次并调换筛网的位置。烘至肉干质地发硬，含水分在 16% 以下时即可，成品率为 30%~35%。

（二）牛肉脯

牛肉脯是指牛肉经切片、调味、腌制、摊筛、烘烤等工艺制成的薄片型的干熟肉制品。

1. 产品配方

（1）牛肉片 100 千克，酱油 4 千克，山梨酸钾 0.02 千克，食盐 2 千克，味精 2 千克，五香粉 0.30 千克，白砂糖 12 千克，亚硝酸钠 10 克、维生素 C 40 克。

（2）牦牛肉片 100 千克、食盐 2 千克、亚硝酸钠 12 克、抗坏血酸钠 50 克、焦磷酸钠 10 克、三聚磷酸钠 55 克、葡萄糖 800 克、白砂糖 3.1 千克、味精 350 克、白酒 1 000 毫升、香料水 8 千克（大茴香 15 克、桂皮 13 克、花椒 10 克、丁香 8 克、砂仁 3 克、草果 8 克、良姜 5.5 克、豆蔻 8 克、小茴香 25 克）。

（3）牛肉 100 千克、食盐 2~3 千克、白砂糖 1 千克、白酒 1 千克、麻油 2 千克、胡椒粉 300 克、花椒粉 300 克、硝酸盐 20 克、生姜 1 千克、混合香料（桂皮 25%、丁香 3%、荜拨 8%、八角 5%、甘草 2%、桂子 6%、山奈 6% 磨粉混匀）200 克。

2. 加工工艺

（1）原料肉预处理　选用新鲜的牛后腿肉，去掉脂肪、结缔组织，顺肌纤维切成 1 千克大小肉块。要求肉块外形规则，边缘整齐，无碎肉、淤血。

（2）冷冻　将修割整齐的肉块移入 -10~-20 ℃ 的冷库中速冻，以便于切片。冷冻时间以肉块深层温度达 -3~-5 ℃ 为宜。

（3）切片　将冻结后的肉块放入切片机中顺着肌纤维切片或手工切片。切片厚度一般控制在 1~3 毫米。

（4）配料、腌制　按配方称量各种辅料，先加混匀好的干辅料，搅拌后再加湿料，拌匀，在不超过 10 ℃ 的冷库中腌制 2 小时左右。

（5）摊筛　筛网洗净晾干，刷食用植物油，将腌制好的肉片平铺在筛网上，不能露白。

肉片之间彼此靠溶出的盐溶性蛋白粘连成片。

（6）烘烤　将摊放肉片的筛网送入三用炉或远红外烘箱中脱水、熟化。烘烤温度 55～75 ℃，前期烘烤温度可稍高。肉片厚度为 2～3 毫米时，烘烤时间 3～4 小时。

（7）烧烤　烧烤是将半成品放在高温下进一步熟化并使质地柔软，产生良好的烧烤香味和油润的外观。烧烤时可把半成品放在远红外空心烘炉的转动铁网上，用 200 ℃左右温度烧烤 1～2 分钟至表面油润即可。成品中含水量 13％～16％为宜。

（8）压平、成型、包装　烧烤结束后用压平机压平，按规格要求切成一定的形状。冷却后及时真空包装。

（三）牛肉松

牛肉松是指牛肉经煮制、撇油、调味、收汤、炒松干燥或加入食用植物油或谷物粉炒制而成的肌肉纤维蓬松成絮状或团粒状的干熟肉制品。

1. 产品配方

配方 1　牛肉 100 千克、白砂糖 5 千克、黄酒 3 千克、芸豆粉 8 千克、芝麻 2 千克、味精 0.2 千克、食盐 1.2 千克、食用油 3 千克、花椒 0.3 千克、八角 0.2 千克、茴香 0.2 千克、生姜 1.0 千克。

配方 2　牛肉 100 千克、精盐 2 千克、酱油 18 千克、黄酒 2 千克、白砂糖 6 千克、面粉 3 千克、花生油 1.5 千克、红曲 0.2 千克、姜粉 0.3 千克、味精 0.4 千克、葱 1 千克。

2. 加工工艺

（1）原料肉选择与修整　选用经卫生检验合格的新鲜牛肉，去掉脂肪、筋膜、淋巴等，用清水冲洗干净，用大火烧开，撇净浮沫，煮至牛肉中心没有血水后捞出，切成 5 厘米×5 厘米方块。

（2）煮制、收汁　将肉块放入锅内，加同重量的水，再加入香辛料和黄酒，然后改文火焖煮牛肉稍用力肌纤维能自行分离为止。或按配方 2 加入红曲、姜粉、大葱、黄酒等辅料，文火焖煮 6～8 小时，煮至肌纤维稍用力能自行分散为止，同时收干汤汁。

（3）翻炒　把酱油、白砂糖、精盐加入已煮烂的牛肉中，用文火连续翻炒 40 分钟，炒至用锅铲压牛肉稍干时即可出锅。

（4）绞碎、斩拌　将炒好的肉松坯加入绞肉机绞碎，或先搓成比较长的肉松坯，再用斩拌机把肌纤维斩成细小绒丝状。

（5）过油　在锅内放花生油加热至 160～180 ℃时，放入面粉炸至金黄色，再加入绞碎的牛肉和味精，进行翻炒 10 分钟左右，然后出锅晾凉。

（6）烘烤　将过油的肉松放入转炉内，烘烤 40 分钟左右，烘至肉松呈金黄色，有沙粒感时即可出炉。或者按配方 2 将斩细的绒丝状肉松坯放入炒锅内，加入芸豆粉、白砂糖、油、盐、芝麻，用文火加热翻炒，炒至呈金黄色，香、酥、脆为止。

（7）包装　肉松自然冷却，温度降至 15～20 ℃后，再将肉松过筛，然后用塑料袋真空包装即为成品。

六、熏烤牛肉

（一）烤牛肉

1. 产品配方　牛肉 1 千克，番茄、青椒、洋葱各 250 克，白醋 50 克，大蒜 50 克，色拉油 150 克，胡椒粉、桂皮粉各 2 克，精盐 6 克。

2. 加工工艺

（1）辅料整理　将洋葱、番茄、青椒洗净后切成片，大蒜切成末。将食盐、胡椒粉、桂皮粉和蒜末拌在一起作香料粉。

（2）原料肉整理　将选好的牛肉洗净并沥干水分，把拌好的香料粉涂擦在牛肉表面，过5 分钟后再蘸上白醋，挂在通风处晾挂 6 小时。

（3）预烤　将晾挂后的牛肉放进已涂过食用油的烤盘里，送入预热好的烤箱中，先以250 ℃的温度烤至牛肉无血水后，浇上色拉油，继续烤至牛肉表面呈金黄色时取出烤盘。

（4）烤制　将洋葱、番茄、青椒片拌匀后铺在预烤的牛肉上面，再将烤盘放进烤箱，改用 180 ℃左右的温度，烤 40 分钟左右至牛肉酥嫩后，取出晾凉并切成片状，最后将烤盘中烤制下来的汁液用纱布过滤后，浇在切好的牛肉片上即可。

（二）烤牛肉扒

1. 产品配方　嫩牛肉 1 千克、发酵粉 60 克、牛奶 60 克、鸡蛋 2 只、洋葱 250 克、奶油15 克、食盐 16 克、花生油 5 克、胡椒粉 2 克。

2. 加工工艺

（1）把发酵粉加入牛奶中调匀，将洋葱洗净切碎，放在锅内用文火干煸至金黄色。

（2）将牛肉洗净后切成小丁，再与洋葱、牛奶、鸡蛋一起拌匀，然后加食盐和胡椒粉调味。

（3）用花生油涂于掌上，取 100 克左右的牛肉放在掌上搓成球状，再略压扁。

（4）将空烤盘先涂上花生油，放入 250 ℃烤箱内加热后，再把准备好的牛肉放进烤盘，烤 8～10 分钟后，将箱温降到 180 ℃，继续烤 20～25 分钟后取出，均匀地涂上奶油即可。

（三）烤牛里脊

1. 产品配方　牛里脊肉 2 500 克，柠檬汁 65 克，食盐 32 克，胡椒 2 克，红辣椒粉 1.5克，藏红花 16 克，开水 100 克，洋葱 50 克，酸奶酪 80 克，石榴籽 12 克，大蒜、生姜、黑芥末各 10 克，丁香 3 克，桂皮 4 克，香菜籽、香芹菜籽各 2 克，豆蔻 2 克，奶油 50 克。

2. 加工工艺

（1）制涂料汁　在盆内倒入柠檬汁、食盐、胡椒、红辣椒，搅拌成涂料汁。

（2）牛里脊整理　将牛里脊卷成直径为 14 厘米的圆筒形，然后用小线绳把肉卷捆牢，每隔 2.5 厘米捆一道绳。

（3）涂料　在牛里脊肉卷表面均匀地涂上涂料汁，再放入盆中，用烤扦在牛肉卷上扎许多深孔，孔间距约为 6 毫米，然后将奶油均匀地涂在带孔的牛里脊肉卷上，放置 15～20分钟。

（4）制香料酱　把洋葱、酸奶酪、豆蔻、香菜籽、香芹菜籽、石榴子、大蒜、生姜、黑芥末、丁香、桂皮等放入电动混合器内，高速搅拌 1 分钟左右成混合香料；另将藏红花加开水浸泡 10 分钟后，加入混合香料，并搅拌均匀，制成香料酱。

（5）涂酱　将香料酱抹在牛里脊肉卷的表面，并用烤扦将香料酱拨入肉上的小孔中，然后盖好盆盖，0～4 ℃下放置 12 小时。

（6）烤制　烤箱温度先升到 235 ℃，再将肉卷放入烤箱，烤 10 分钟后使温度降到175 ℃，并把奶油抹在肉卷上，边抹边烤，再烤至肉中心温度达到 77 ℃时即可。

（7）切片　烤好的牛里脊肉卷晾凉后，切成 6 毫米厚的肉片即为成品。

（四）熏牛肉

1. 产品配方　牛肉 100 千克、黄酱 10 千克、食盐 2.5 千克、八角 400 克、砂仁 50 克、丁香 150 克、豆蔻 50 克、桂皮 300 克、白砂糖 400 克、香油 1 千克。

2. 加工工艺

（1）原料肉整理　选用健康的新鲜牛肉，去除淋巴、筋腱、肌膜等，切成 750 克左右的肉块。

（2）煮制　将黄酱放入锅内加清水化开后，用旺火烧开，打净浮沫，再将牛肉块下锅，用旺火烧开后，撇净血沫，然后加入除白砂糖外的辅料，并兑入老汤，待汤再沸后改用文火焖煮 3～4 小时，至牛肉熟透后，取出控汤晾至牛肉表面干燥。

（3）烘烤　煮好的牛肉移入三用炉，40～49 ℃烘烤 1～2 小时，挥发掉部分水分。

（4）熏制　利用含油量少、烟味好的硬杂木、作物秸秆等熏材不完全燃烧，产生熏烟，熏制烘烤过的牛肉 5～6 分钟，调换牛肉架及牛肉的位置再熏 5～6 分钟即可出炉。

（5）浸香油　将熏好的牛肉装入食品筐内，连筐浸入香油中，立即取出控净香油即为成品。

七、其他牛肉

（一）牛肉丸

1. 产品配方

（1）牛肉腌制剂配方　牛肉 100 千克、食盐 1.8 千克、白砂糖 1.5 千克、三聚磷酸盐 0.2 千克、焦磷酸盐 0.1 千克、亚硝酸钠 0.03 千克、异抗坏血酸 0.04 千克、味精 0.4 千克。

（2）牛肉丸肉馅配方　牛肉 100 千克、大豆蛋白 3 千克、淀粉 8.5 千克、胡椒粉 0.1 千克、大蒜 0.33 千克、猪肥膘 5 千克、冰屑 24 千克。

（3）牛肉丸蛋白糊配方　鸡蛋 500 克、牛奶 150 克、奶油 15 克、白砂糖 12 克、面粉 50 克、碳酸氢钠 10 克。

2. 加工工艺

（1）原料肉整理　选用新鲜健康牛肉，除去脂肪、筋腱、软骨、淋巴等，切成 500 克左右的肉条。

（2）腌制　将牛肉条与腌制剂混合均匀，在 0～4 ℃条件下腌制 24 小时。

（3）制馅　先将制好的牛肉条用绞肉机绞碎，再将绞碎的牛肉放入斩拌机内，开动斩拌机先斩 3～5 分钟，然后按肉馅配方加入胡椒粉、蒜泥、淀粉、大豆蛋白、猪肥膘和冰屑，继续斩拌 8～10 分钟。斩拌温度控制在 10 ℃以下。

（4）成型　将斩拌好的肉馅加入到成丸机内，制成大小均匀一致的圆球状，直接进入 90 ℃的热水中，煮制约 15 分钟，待其中心温度达 80 ℃，肉丸浮上水面，手捏有弹性、光滑、呈灰白色时，捞出牛肉丸置于洁净的食品筐中沥干水分。

（5）油炸　将沥干水分的牛肉丸放入 0.5% 的氯化钙溶液中浸渍后，取出用糖衣机在肉丸表面均匀裹上一层面粉，再放入蛋白糊中浸滚一下，然后将挂好蛋白糊的牛肉丸投入 170～180 ℃的油中，炸 4～8 分钟，炸至金黄色后捞出，置冷却间冷却至 4 ℃。

（6）包装　将冷却后的牛肉丸装入塑料袋内，真空密封，真空度为 0.01 兆帕。然后于 0～4 ℃的条件下贮藏。

（二）辣椒牛肉酱

1. 产品配方　辣椒酱 64 千克、牛肉丁 11 千克、食盐 2.2 千克、花生油 2 千克、芝麻仁 0.5 千克、核桃仁 0.5 千克、花生仁 1 千克、桂圆肉 0.2 千克、白砂糖 2 千克、酱油 2 千克、黄酒 1 千克、味精 100 克、甜面酱 5 千克、麦芽糊精 2 千克、卡拉胶 1 千克、水 5 千克。

2. 加工工艺

（1）辣椒酱制备　选用自然红、辣味浓郁的新鲜辣椒，除去辣椒柄和不合格部位，清洗干净，捞出控水后再放缸中，加 5% 的食盐，搅拌均匀，上面用洁净的石头轻压，于常温下盐渍 8 天，每 2 天上下翻动一次。盐渍好后取出辣椒，用 1 毫米孔径的绞肉机将其绞成碎粒。

（2）牛肉丁制备　选用新鲜的优质牛肉，清洗干净后剔除软骨、筋腱、淋巴和血管等，再切成 5 厘米见方，长 15 厘米左右的肉条。将牛肉条放入腌制缸内，每 100 千克牛肉加食盐 3 千克和亚硝酸钠 1.5 克，搅拌均匀后，放在 0～4 ℃下腌制 48 小时，腌制期间每天翻动一次。腌制好的牛肉放入水中煮制 12 分钟，捞出冷却后，再切成 5 毫米见方小块。

（3）调制　先将白砂糖、食盐放入夹层锅中，加热溶解后，用 0.125 毫米的滤布过滤，在滤液中加入辣椒酱、牛肉丁和经破碎的花生仁，切碎的桂圆肉等全部原辅材料，边加热边搅拌，保持微沸 10 分钟后出锅。

（4）装瓶　牛肉酱一般装入玻璃瓶内，包装前，瓶和盖必须清洗干净，再用 90 ℃以上热水消毒 20～25 分钟，控干水分后，趁热将牛肉装入瓶内，每瓶装酱量为 245 克。

（5）排气、封盖　装瓶后，送入 95 ℃以上的排气箱中进行加热排气，当瓶内中心温度达到 85 ℃以上时密封或用真空旋盖机封盖。

（6）杀菌、冷却　杀菌式为 10～60 分钟/110 ℃，反压水冷却。封盖后要及时杀菌。杀菌结束时关闭所有的阀门，杀菌锅内通入压缩空气，使锅内压力提高到 0.12 兆帕，然后放入冷却水并同时用压缩空气补充锅内压力，以保持恒压，待锅内水即将充满时，将溢水阀打开，随着锅内温度的下降，相应逐步降低锅内压力，至瓶温降到 45 ℃时，停止冷却，打开杀菌锅，取出牛肉酱罐头，擦净瓶外水分，于 37 ℃下保温 7 天，合格的产品再贴上标签，包装出厂。

（三）虾米牛肉辣酱

1. 产品配方　虾米 2 千克、牛肉 2 千克、豆酱 12 千克、辣椒酱 3 千克、酱油 2 千克、芝麻 0.3 千克、白砂糖 0.4 千克、五香粉 0.1 千克、味精 25 克、山梨酸钾 20 克。

2. 加工工艺

（1）豆酱制备　选用粒大饱满的新鲜大豆，除杂、清洗后，入池加水浸泡 2 小时，使豆粒充分润水，至原重的 1.8～2 倍，无硬心时，入锅常压蒸 1 小时，冷却至 40 ℃，再按每 100 千克黄豆拌入 80 千克面粉，使豆粒外黏附一层面粉，然后接沪酿 3.042 米曲霉种曲，32～36 ℃保温 40 小时，其间通风、翻曲 2 次。成熟的酱曲拌入 19 波美度的盐水，在 45～50 ℃保温发酵 30 天。

（2）辣椒酱制备　选取肉厚、新鲜红辣椒，剪去蒂把，清洗干净后加入 20% 食盐，一层辣椒一层盐，并加 5% 的封面盐，上面再铺放竹箅，压以重石，在常温下腌制 3 个月后，将取出磨细即得辣椒酱。

（3）虾米丁 选取新鲜虾米，除去杂质，清洗干净后，在黄酒中浸泡 30 分钟，然后捞出沥干，蒸煮 10 分钟，切成 4 毫米左右的小丁。

（4）牛肉丁 挑选新鲜牛肉，洗净并剔除腱、淋巴等，用切肉机将牛肉切成 6 毫米左右的小丁，入锅加适量水、酱油、食盐、白砂糖、八角、小茴香、桂皮、姜片，用文火煨至牛肉丁酥烂。

（5）调制 先将芝麻炒至金黄色，再按配比将各种原辅料加入锅中，边搅拌边用文火熬制到酱体摊开不流动为止。

（6）装瓶和灭菌 将浓缩好的牛肉酱趁热装入已经消毒的玻璃瓶内，以麻油封面，采用真空封盖。121 ℃杀菌 15 分钟，冷却后经检验合格的即为成品。

第十二章 高档牛肉质量安全控制

第一节 高档牛肉质量安全控制体系

高档牛肉质量安全控制体系一般是指良好操作规范（GMP）、卫生标准操作程序（SSOP）、HACCP 体系、ISO9000 质量体系、ISO22000 标准和可追溯体系以及 ISO14000 环境系列标准七个方面。它们都是现代食品质量安全控制体系的组成部分，目的都是为了更好的保证产品质量安全，在某些方面有交叉，但不同的管理措施侧重点和核心内容不同。

一、良好操作规范

良好操作规范（Good Manufacturing Practice），简称 GMP。GMP 一般是由政府制定颁布的主要用于食品生产加工企业的一种质量保证制度或质量保证体系。它涉及食品生产、加工、储存、包装、运输等各个方面，对食品企业的生产加工环境、厂房结构与设施、卫生设施、设备与工具、人员的卫生要求与培训、仓储与运输、生产管理制度等方面的卫生质量管理和控制做了详细的规定，是食品生产加工企业应满足的基本标准。良好操作规范主要是为了防止食品在不卫生、不安全或可能引起污染及腐败变质的环境下进行加工生产，避免食品制造过程中人为的错误，控制食品污染及变质，建立完善的食品生产加工过程和质量安全管理制度，以确保食品卫生安全和满足相关标准要求，也可以提高产品质量的稳定性。为了达到这一政府强制性的标准要求，就应按照标准中各项条款的要求，结合本企业生产加工的具体情况，建立符合企业自身实际的各项卫生质量管理制度，作为企业生产加工各环节的指导性文件。食品生产加工企业制定的这类文件可以包含在《卫生质量手册》中。

为满足人们日益增长的对食品质量与卫生安全的要求，确保所食用的食品是卫生质量安全良好的，就要求食品生产加工企业的厂房与设施、生产加工设备等装置以及卫生条件、制造过程、卫生质量管理等，均能符合良好的生产条件，防止在不卫生条件或可能引起污染或品质变坏的环境下生产加工食品，避免食源性疾病或食源性伤害给人们身体健康带来的危害，确保食品卫生质量安全稳定。

世界上第一个 GMP 是美国食品与药物管理局（FDA）于 1963 年制定的药品良好操作规范法规。1969 年后，世界卫生组织（WHO）、世界粮农组织（FAO）以及联合国食品卫生法典委员会（CAC）提倡各会员国家政府采纳和实施良好操作规范制度，在 1969—1999 年期间，CAC 公布了 41 个各类食品的卫生操作规范供各国参考应用，从而促进了良好操作规范的实施和快速发展。世界上许多国家根据这些良好操作规范的基本要求，相继制定了各自的良好操作规范制度，并将其作为食品生产加工企业的质量安全法规实施。

我国于 1984 年由原国家商检局首先制定了类似良好操作规范的食品卫生法规"出口食

品厂、库最低卫生要求"，对出口食品生产企业及仓库实行强制性的卫生注册制度，要求达到出口食品厂、库最低卫生要求。1994年对此进行了修订，名称改为"出口食品厂、库卫生要求"。后来颁布了"出口食品生产企业卫生注册登记管理规定"，作为出口畜禽肉、罐头、牛肉、饮料、茶叶、糖类、面粉制品、速冻方便食品和肠衣9类食品生产加工企业的卫生注册规范。2002年对此进行了修改，将其更名并发布"出口食品生产企业卫生要求"，从2002年5月20日开始施行。现已颁布了多种食品生产加工企业的卫生规范，包括罐头、啤酒、白酒、酱油、食醋、植物油、蜜饯、糕点、乳品、肉类、牛肉等的卫生规范。

二、卫生标准操作程序

卫生标准操作程序（Sanitation Standard Operating Procedure，SSOP）是食品加工厂为了保证达到良好操作规范（GMP）所规定要求，确保加工过程中消除不良的因素，使其加工的食品符合卫生要求而制定的，用于指导食品生产加工过程中实施清洗、消毒和卫生保持的卫生操作控制文件。食品企业建立、维护和实施一个良好的卫生计划是保证食品安全的重要因素。卫生标准操作程序的正确制定和有效执行，对控制危害是非常有价值的。

企业可根据法规和自身需要建立文件化的卫生标准操作程序。美国 FAD 1995 年 12 月 18 日颁布的"海产品 HACCP 法规——21 CFR Part 123"已将卫生标准操作程序列入其中。中国食品生产企业都制定有各种卫生规章制度，对食品的加工环境、加工的卫生、人员的健康进行控制。我国在进行 HACCP 体系的要求时，一般把卫生标准操作程序作为实施 HAC-CP 体系的一个基础条件去认识的。卫生标准操作程序具体列出了卫生控制的各项目标，包括了食品加工过程中的卫生、工厂环境的卫生和为达到良好操作规范（GMP）的要求所采取的行动。其内容包括 8 个方面，即水（冰）的安全、与食品接触的表面的清洁度、防止发生交叉污染、手的清洗和消毒及厕所设备的维护与卫生保持、防止食品被污染物污染、有毒化学物质的标记储存和使用、员工的健康与卫生控制和虫害的防治。

三、HACCP 体系

HACCP 是"Hazard Analysis Critical Control Point"英文缩写，即危害分析和关键控制点。HACCP 体系是对原料、关键生产工序及影响产品安全的人为因素进行分析，确定加工过程中的关键环节，建立、完善监控程序和监控标准，采取规范的纠正措施，鉴别、评价和控制食品质量安全的一种体系。HACCP 体系被认为是控制食品安全和风味品质的最好最有效的管理体系（详见第三节）。

四、ISO9000—2000 质量管理体系

国际标准化组织（International Standardization Organization，ISO）于 1947 年成立，其宗旨是"在全世界促进标准化及其相关的发展，以便于商品和服务的国际交换，在智力、科学、技术和经济领域开展合作"。1970 年成立了认证委员会，1979 年成立了质量管理和质量保证标准化技术委员会（ISO/TC176），开始制定质量管理和质量保证国际标准，从而促使了 ISO9000 族标准的诞生。

ISO/TC176 的质量管理专家总结了美国、英国、加拿大等国家的质量保证技术实践的经验，经过近 10 年的不懈努力，于 1986 年和 1987 年公布了 ISO9000 系列标准。修改后于

2000 年正式发布了 2000 版 ISO9000 族标准。

由于 ISO9000 质量管理体系是在总结、提取世界经济发达国家质量管理和质量保证理论基础上制定的，反映和发展了世界上质量管理的实践经验和先进技术。因此，经 ISO 发布后得到世界各国普遍承认。

为了很好实施 ISO9000 质量管理体系，各国成立了认证机构，建立了认证制度。世界各地的公司对生产制造、交流运输、金融、餐饮、医疗、软件等行业都在实施 ISO9000 族标准。

我国 1986 年开始陆续采用、发布了 ISO9000 系列标准，于 2000 年 12 月 28 日发布等同采用国家标准 GB/T 9000—2000 族标准，并于 2001 年 6 月开始实施。2000 版 ISO9000 族标准由 4 个核心标准、支持性标准和文件组成。2008 年对 2000 版 ISO9000 进行了修订改版、解释和澄清。

ISO9000 坚持八项质量管理原则，即以顾客为关注焦点、领导作用、全员参与、过程方法、管理的系统方法、持续改进、基于事实的决策方法及与供方互利的关系等。

一个企业要在激烈的市场竞争中立于不败之地，实现其质量方针和目标，必须建立相应的质量管理体系，并予以实施。建立一个符合 ISO9000：2008 体系标准的质量管理体系，能增进顾客对本组织的产品的信誉度，通过组织分析顾客需求，进一步提高产品质量。质量管理体系能提供持续改进的框架，使组织能持续提供满足顾客要求的产品。建立质量管理体系，形成文件后加以实施，对提高组织的管理水平，增进组织市场竞争能力都具有十分重要的作用。ISO9000 质量管理体系的建立和实施，也为企业走向国际市场打下良好的基础。

五、ISO22000 标准

随着消费者对食品安全的要求不断提高，各国纷纷制定了食品安全法规和标准。但是，各国的法规特别是标准繁多且不统一，使食品生产加工企业难以应付，妨碍了食品国际贸易的顺利进行。为了满足各方面的要求，在丹麦标准协会的倡导下，通过国际标准化组织（ISO）协调，将相关的国家标准在国际范围内进行整合，国际标准化组织于 2005 年 9 月 1 日发布最新国际标准：ISO22000：2005，食品安全管理体系——对食物链中任何组织的要求。该标准被称为 HACCP 体系的升级版，定义了食品安全管理体系的要求。使用范围覆盖了食品链全过程。ISO22000：2005 标准既可以单独用于认证、内审或合同评审，又可以与其他管理体系如 ISO9000：2000 组合实施。

ISO22000：2005 表达了食品安全管理中的共性要求，而不是针对食品链中任何一类组织的特定要求。该标准适用于在食品链中所有希望建立保证食品安全体系的组织。ISO22000：2005 采用了 ISO9000 标准体系结构，将 HACCP 原理作为方法应用于整个体系；明确了危害分析作为安全食品实现策划的核心，并将国际食品法典委员会（CAC）所制定的预备步骤中的产品特性、预期用途、流程图、加工步骤和控制措施和沟通作为危害分析及其更新的输入；同时将 HACCP 计划及其前提条件-前提方案动态、均衡的结合。本标准可以与质量管理体系标准和环境管理体系标准相整合。

《ISO22000—食品安全管理体系要求》标准包括 8 个方面的内容，即范围、规范性引用文件、术语和定义、政策和原理、食品安全管理体系的设计、实施食品安全管理体系、食品安全管理体系的保持和管理评审。虽然《ISO22000—食品安全管理体系要求》是一个自愿采用的国际标准，该标准对全球食品安全管理体系提出了一个统一的标准，实施这一标准可以使生产加工企业避免因不同国家的不同要求而产生的许多尴尬，可能为越来越多国家的食品生产加工企业所采用，而成为国际通行的标准。面对这种情况，我国食品生产加工企业应当未雨绸缪，尽快熟悉和掌握该标准，按照这一标准建立健全食品安全管理体系。该标准对全球必需的方法提供了一个国际上统一的框架，该标准是由来自食品行业的专家与专业国际组织的代表一起在食品规范委员会的密切合作下开发的，食品规范委员会是由联合国粮食与农业组织和世界卫生组织为开发食品标准而联合成立的，由此带来的一个重要的好处是ISO22000将使全世界的组织以统一的方法执行关于食品卫生的危害分析与关键控制点（HACCP）系统更加容易，它不会因国家或涉及的食品不同而不同。

食品通过食物链达到消费者手中可能连接了许多不同类型的组织，可能跨越了许多边境，一个缺陷的连接就可能导致危害健康的不安全的食品，如果发生这样的事，消费者的危害可能是很严重的，对食品链供应者的损失也是相当大的，由于食品安全危害可以在任何阶段进入食物链，全过程的适当的控制是必需的，保证食品安全是食物链中的所有参与者的共同责任，需要他们共同努力。

因此，ISO22000的目的是让食物链中的各类组织执行食品安全管理体系，其范围从饲料生产者、初级生产者、食品制造商、运输和仓储工作者、批发商到零售商和食品服务环节以及相关的组织，如设备、包装材料生产者、清洗行、添加剂和配料生产者，涉及食品的服务供应商和餐厅。

由于在发达国家和发展中国家因被感染食品而引起疾病的发生率严重增长，标准变得必不可少了，除了健康危害外，食源性疾病还可能造成巨大的经济损失，这些损失包括医疗费用、误工、保险费的支付和法定赔偿。ISO22000是受到国际多数意见支持的，它协调了系统地控制食物供应链中的安全问题的要求，提供了一个在世界范围内唯一的解决方案。

ISO22000是在食品部门专家的参与下开发的，它在一个单一的文件中融合了危害分析与关键控制点的原则，包含了全球各类食品零售商关键标准的要求。食品安全管理范围延伸至整个食品链。ISO22000以"前提方案"的概念替代了传统的GMP和SSOP概念。前提方案是食品经营组织在食品链中所处的位置和食品安全管理的需要，可包括以下一个或几个环节：GMP（良好操作规范）、GAP（良好农业规范）、GHP（良好卫生规范）、GDP（良好销售规范）、GVP（良好兽医规范）、GPP（良好生产规范）、GTP（良好贸易规范）、基础设施和维护方案以及操作性必备方案（SSOP和其他SOP），它将管理领域先进理念与HACCP原理的有效融合，强调交互式沟通的重要性，满足法律法规的要求，是风险控制理论在食品安全管理体系中的体现。

ISO22000延伸了在全世界广泛采用的但其本身并不特别针对食品安全的ISO9001质量管理体系标准成功的管理体系方法。当ISO22000运行时，它将被设计成完全与ISO9001：2000兼容，那些已经获得ISO9001：2000认证的公司将发现很容易延伸到ISO22000的认证。

食品安全要求是第一位的，它不仅直接威胁到消费者，而且还直接或间接影响到食品生产、运输和销售组织或其他相关组织的商誉，甚至还影响到食品主管机构或政府的公信度。因此，本标准的实施和推广具有重要而深远的意义。

ISO22000与ISO9000既有区别，又有联系。ISO9000与ISO22000都是一种预防性的质量管理体系。ISO22000 采用了 ISO9000 标准体系结构，又参照了 HACCP 体系和部分应用指南，是 ISO9000 和 HACCP 的结合体。对于食品企业来说，食品安全管理体系是企业质量管理体系里面的一个子系统。二者的主要区别见表 12-1。

表 12-1　ISO9000 与 ISO22000 的区别

项目	ISO9000	ISO22000
名称	质量管理体系	食品安全管理体系
适用范围	适用于各行各业	应用于食品行业
目标	强调质量能满足顾客要求	强调食品卫生，避免消费者受到危害
关注点	产品的质量	产品的安全性
监控对象	无特殊监控对象	有特殊监控对象，如病原菌
实施	自愿性	由自愿逐步过渡到强制

六、ISO14000 环境系列标准

1972 年，联合国在瑞典斯德戈尔摩召开了人类环境大会，成立了世界环境与发展委员会，国际标准化组织于 1993 年，在举世瞩目的联合国环境与发展大会之后，制定了 ISO14000 系列标准，这是国际标准化组织针对巴西里约环发大会通过的全球 21 世纪议程和可持续发展战略，而采取的一项具体行动措施。ISO14000 系列标准是国际标准化组织 ISO/TC207 负责起草的一份环境管理的国际标准。它包括了环境管理体系、环境审核、环境标志、生命周期分析等国际环境管理领域内的许多焦点问题，旨在指导各类组织（企业、公司）取得和表现正确的环境行为。ISO14000 系列标准是目前世界上最为全面和系统的环境管理的国际化标准。它吸收了世界各国多年来在环境管理方面的经验，是各 ISO 成员国对人类可持续发展的贡献和结晶。ISO14000 系列标准，以广泛的内涵和普遍的适用性，在国际上引起了极大的反响，具有自愿性、灵活性、广泛适用性和预防性的特点。ISO 该 14000 系列标准共预留 100 个标准号。该系列标准共分七个系列，其编号为 ISO14001—14100。

ISO14001 环境管理体系采用的是典型的 PDCA 系统化管理模式，即"策划"（Plan）—"实施"（Do）—"检查"（Check）—"评审"（Action）。这一模式适用于任何类型的组织。标准化的环境管理体系是由 5 大部分，17 个核心要素所构成的，它们相互作用，共同保证体系的有效建立和实施。

ISO14000 系列标准从"预防为主"的原则出发，通过环境管理体系和管理工具的标准化，规范从政府到企业等所有组织的环境表现，达到降低资源消耗、改善全球环境质量的目的；它对实现各国的环境方针、政策，提高全球的环境意识，改善环境质量都具有重要作用；它符合保护人类环境、维持社会可持续发展的客观要求，也与中国的环境保护基本国策一致。

ISO14000 系列标准与 ISO9000 系列标准即有区别又有联系。ISO9000 系列标准为广大组织提供了质量管理和质量保证体系方面的要素、导则和要求。ISO14000 系列标准是对组织的活动、产品和服务从原材料的选择、设计、加工、销售、运输、使用到最终废弃物的处置进行全过程的管理，二者共同之处有：

① ISO14000 与 ISO9000 具有共同的实施对象　在各类组织建立科学、规范和程序化的

管理系统。

② 两套标准的管理体系相似 ISO14000 某些标准的框架、结构和内容参考了 ISO9000 中某些标准规定的框架、结构和内容。

但这两个标准除在审核认证的依据和对审核人员资格的要求不同外，主要区别还表现在：

① 承诺对象不同 ISO9000 标准的承诺对象是产品的使用者、消费者，它是按不同消费者的需要，以合同形式进行体现的。而 ISO14000 系列标准则是向相关方的承诺，受益者将是全社会，是人类的生存环境和人类自身的共同需要，这无法通过合同体现，只能通过利益相关方，其中主要是政府来代表社会的需要，用法律、法规来体现，所以 ISO14000 的最低要求是达到政府的环境法律、法规与其他要求。

② 承诺的内容不同 ISO9000 系列标准是保证产品的质量；而 ISO14000 系列标准则要求组织承诺遵守环境法律、法规及其他要求，并对污染预防和持续改进作出承诺。

③ 体系的构成模式不同 ISO9000 的质量管理模式是封闭的，而环境管理体系则是螺旋上升的开环模式。要求体系不断地有所改进和提高。

七、GMP、SSOP、HACCP 体系、ISO9000 质量体系和可追溯体系的关系

GMP 是一种特别注重在生产过程中实施对产品质量与卫生安全的自主性管理制度。它是一套适用于制药、食品等行业的强制性标准，要求企业从原料、人员、设施设备、生产过程、包装运输、质量控制等方面按国家有关法规达到卫生质量要求，形成一套可操作的作业规范帮助企业改善企业卫生环境，及时发现生产过程中存在的问题，加以改善。简要地说，GMP 要求食品生产企业应具备良好的生产设备，合理的生产过程，完善的质量管理和严格的检测系统，确保最终产品的质量（包括食品安全卫生）符合法规要求。

SSOP 指企业为了达到 GMP 所规定的要求，保证所加工的食品符合卫生要求而制定的指导食品生产加工过程中如何实施清洗、消毒和卫生保持的作业指导文件。SSOP 没有 GMP 的强制性，是企业内部的管理性文件。GMP 的规定是原则性的，包括硬件和软件两个方面，是相关食品加工企业必须达到的基本条件。SSOP 的规定是具体的，主要是指导卫生操作和卫生管理的具体实施，相当于 ISO9000 质量体系中过程控制程序中的"作业指导书"。制定 SSOP 计划的依据是 GMP，GMP 是 SSOP 的法律基础，使企业达到 GMP 的要求，生产出安全卫生的食品是制定和执行 SSOP 的最终目的。

GMP、SSOP 是制定和实施 HACCP 计划的基础和前提。没有 GMP、SSOP，实施 HACCP 计划将成为一句空话。SSOP 计划中的某些内容也可以列入 HACCP 计划内加以重点控制。GMP、SSOP 控制的是一般的食品卫生方面的危害，HACCP 重点控制食品安全方面的显著性的危害。仅仅满足 GMP 和 SSOP 的要求，企业要靠繁杂的、低效率和不经济的最终产品检验来减少食品安全危害给消费者带来的健康伤害（即所谓的事后检验）；而企业在满足 GMP 和 SSOP 的基础上实施 HACCP 计划，可以将显著的食品安全危害控制和消灭在加工之前或加工过程中（即所谓的事先预防）。GMP、SSOP、HACCP 的最终目的都是为了使企业具有充分、可靠的食品安全卫生质量保证体系，生产加工出安全卫生的食品，保障食品消费者的食用安全和身体健康。

ISO 质量标准和 HACCP 体系都是预防性体系，都强调全面、全员和全过程。ISO9000

体系适用于各种产业，而 HACCP 只应用于食品行业。ISO22000 在原有框架下覆盖了 CAC 关于 HACCP 的全部要求，因此可以说 HACCP 是 ISO 质量管理体系不可分割的一部分，是构建集中、一致和整体的食品安全管理体系的重要内容。GMP 和 HACCP 都是为保证食品安全和卫生而制定的一系列措施和规定。GMP 的内容更全面，对食品生产过程中的各环节都制定具体要求，是一个全面质量保证系统，适用于所有相同类型产品的食品生产企业，体现了食品企业卫生质量管理的普遍原则。而 HACCP 突出重点环节的控制，以点带面来保证整个食品加工过程中食品安全，依据食品生产企业和生产过程不同而不同，是针对每个企业生产过程的特殊原则，是动态的食品卫生管理体系。

HACCP 并不是一个孤立的体系，它是建立在 GMP，SSOP 以及良好的职工培训、设备维护保养、产品标志和批次管理等基础上。如将整个食品安全控制体系作为一个整体，GMP 是整个体系的基础，对食品制造、包装和贮藏过程都制定了详细和责任明确的规范。而 SSOP 是根据 GMP 中有关卫生方面的要求制定的卫生控制程序，HACCP 则是控制食品安全的关键程序。食品企业必须首先遵守 GMP 法规，建立与实施 SSOP 计划，在此条件下，才能建立 HACCP 体系。

从安全控制体系（HACCP）、卫生管理体系（GMP 和 SSOP）以及质量管理体系（ISO9000）三者的关系来讲，ISO9000 比 GMP 和 HACCP 所覆盖的面更广，几乎涉及了企业管理的全部，同时构建一个较为科学、完整的管理体系结构模型，适用于各类组织实施质量管理。但它只提出了管理要求，不涉及具体的管理方法和手段，是食品生产管理的"面"，可为食品企业建立管理体系提供平台。而 GMP 和 SSOP 紧扣食品生产实际，以食品卫生管理为主线，针对食品生产加工的具体过程，提出许多食品卫生管理方法和手段，适用于食品企业，为食品安全控制（HACCP）体系提供基础支持，是食品生产管理的"线"。在某些情况下，SSOP 可减少在 HACCP 计划中关键控制点的数量，涉及产品本身或某一加工工艺、步骤由 CCP 控制，而涉及加工环境或人员等有关的危害由 SSOP 来控制更合适。至于 HACCP 体系则直插食品安全控制核心—安全。对 CCP 提供科学、系统的控制方法，能充分发挥其控制食品安全的高效性和经济性，是食品生产管理的"点"。

与可追溯系统相比，无论是 ISO9000、HACCP 还是 GMP 都主要是对某个环节进行控制，缺少将整个供应链全过程链接起来的手段，而可追溯系统强调产品的唯一标志和全过程追踪。从实施基础上看，尽管追溯体系没有规定必需的基础，但未规定应用的必备条件，但 GMP 或 HACCP 的运作，将有利于追溯体系的建立和追溯的实现。为更全面的比较 ISO9000、HACCP 和追溯系统三者间的区别，表 12-2 从体系范畴、职能重心、基础条件、应用范围等多个方面对 ISO9000、HACCP 和可追溯体系作了比较。

表 12-2　ISO9000、HACCP 和可追溯体系的比较

项目	ISO9000	HACCP	可追溯体系
完整性和范畴	体系完整，属质量管理范畴	科学性、逻辑性强，属质量控制范畴	理论和体系还不完善，需进一步的研究，属质量控制范畴
侧重点	强调产品质量能满足顾客需求	强调食品安全，避免消费者受到危害	强调食品安全，从源头控制，及时召回问题产品，避免消费者受到危害、减少企业损失
选择性	企业可在三种标准中依现阶段能力择一适用	企业须依 HACCP 计划要求与法规生产制品，无所选择	没有标准和规范可遵循，根据各国政府要求和实际情况制定执行

（续）

项目	ISO9000	HACCP	可追溯体系
应用的必备条件	未规定	须有"良好操作规范"（GMP）的基础	未规定应用的必备条件，但 GMP 或 HACCP 的运作，有利于追溯体系的建立和追溯的实施
监控范围	范围较广，覆盖设计、开发、生产、安装与售后服务	范围较狭窄，以生产全过程之监控为主	范围较广，涉及来源、运输、加工、销售等所有环节
应用范围	应用于各种企业	专业性强、适用于食品工业，目前牛肉应用较广泛	在食品行业更加注重，应用才刚刚起步
有无特殊监控事项	无	有，如病原菌等	无
自愿性	自愿	逐渐成强制性	逐渐成强制性

追溯管理理念是把一个产品放置到整个社会供应大环境中去考虑，从整个社会供应角度全面分析产品安全的原因，符合现代过程质量控制理念。

八、QS 认证体系

QS 是食品"质量安全"（Quality Safety）的英文缩写，是我国目前推行的食品市场准入制度，带有 QS 标志的产品就代表着经过国家批准，所有的食品生产企业必须经过强制性的检验合格，且在最小销售单元的食品包装上标注食品生产许可证编号，并加印食品质量安全市场准入标志（"QS"标志）后才能出厂销售。没有食品质量安全市场准入标志的，不得出厂销售。自 2004 年 1 月 1 日起，我国首先在大米、食用植物油、小麦粉、酱油和醋五类食品行业中实行食品质量安全市场准入制度。食品质量安全市场准入制度包括三项基本内容：食品生产企业必备条件审查制度、强制检验制度、食品质量安全标志制度。实施食品生产许可证管理的牛肉类制品包括所有以牛肉为原料加工制作的包装加工产品。包装是指使用非食用性材料作为外包装物，不包括食用性材料，如动物肠衣、胶原肠衣。

第二节 高档牛肉加工企业良好操作规范

近年来，我国牛肉产量已居于世界第三位，成为牛肉生产大国，牛肉质量稳步提高。但与发达国家相比，我国牛肉安全现状仍不容乐观，目前我国还没有建立完善的高档牛肉、饲料、兽药与药物残留、高档牛肉养殖环境的监测和管理体系，牛肉的安全性与质量控制工作相对落后，还不能及时监控国内出现的高档牛肉安全卫生状况。面对人们对高档牛肉安全要求的提高和国外高档牛肉技术壁垒的设置，我们应全面加强高档牛肉的安全、质量管理，从养殖源头、加工过程到产品的最终销售，建立符合我国国情的高档牛肉安全控制模式。

为了保证高档牛肉加工的质量，作为高档牛肉加工的主体——高档牛肉加工者，应该熟悉能引起食品腐败和食源性疾病的微生物，了解不同类型的污物、有效清洗剂和消毒剂、实用清洗设备和有效清洗程序，这些知识是维持良好操作规范的基础。另外，高档牛肉加工者还必须严格实施卫生操作规程，保护消费者的利益。

在高档牛肉加工中，良好的操作规范是极其重要的，因为它能指导加工者生产出安全可靠的高质量产品。良好操作规范中列出的各项指导方针与设备和加工操作紧密相关，从原料收获到成为消费者消费的全过程中，每个生产阶段都应该遵守良好操作规范，确保向消费者提供安全卫生的食品。实施良好操作规范有利于提高牛肉加工品的质量，保证高档牛肉的品质与卫生安全。在牛肉加工企业的良好操作规范包括以下几个方面。

一、高档牛肉的加工环境

符合卫生设计的工厂不但能提高食品的卫生质量，而且能显著提高良好操作规范的有效性和效率。在实施良好操作规程中，雇主或管理小组应加强卫生管理，防止各种硬件设施、工具、雇员对食品造成污染。其中最重要的就是厂址的选择。

厂址选择不但与投资费用、配套设施完善程度及投产后能否正常生产有关，而且与产品的生产环境、生产条件和生产卫生关系密切。由于不同地区的不同环境中工业化程度和"三废"治理水平不等，其周围的土壤、大气、水资源等受污染程度不同，为此，在选择厂址时，既要考虑来自环境的有毒有害因素对食品可能产生的污染，确保食品的安全和卫生；又要避免生产过程中产生的废气、废水和噪声对周围居民身体健康造成的不良影响。因此，高档牛肉加工与经营企业在选择厂址时应充分考虑周全，更应严格按照国家的有关规定、规范执行。就GMP的实施而言，环境因素成为高档牛肉生产企业厂址选择的首要因素，应满足以下条件。

（1）地势干燥、交通方便，水源充足，厂区不应设在受污染河流的下游。

（2）厂区周围不得有粉尘、无有害气体、烟雾、灰沙和其他危害；不得有昆虫大量滋生的潜在场所，避免危及产品卫生，以满足工厂总体平面合理布局和今后发展的需要。

（3）厂区要远离有害场所，特别要远离污染源，主要是产生化学性、生物、放射性物质的厂矿企业、医院等地，并在污染源的主导上风向。

（4）厂址生产区建筑物与外缘公路或道路之间应有防护地带，一般距离在20~50米，在防护带内应进行植被、花草和树木的绿化。

（5）加工场所应有动力电源，电力负荷和电压有充分保证，并备有备用电源，以防止冷库等设施的停电。

（6）加工场所必须能为高档牛肉加工提供足够的饮用水，水源必须符合有关卫生标准。加工场所必须具备处理加工废水、废弃物的能力，加工废弃物的处理必须符合卫生部门的要求。

（7）车间旁边不得种植能为鸟类提供食宿的树木或簇叶植物，已有的这类植物必须移走。停车场应该用防尘材料铺砌，并具备良好的排水系统，使雨水能及时排出。

（8）修筑排水沟以保证厂区内不存在积水（积水是昆虫，特别是蚊子的栖息地）；灌木丛与车间的距离不能少于10米，以保证鸟类、啮齿类动物以及昆虫等没有活动场所；草地与墙之间的距离至少为1米，防止啮齿类动物进入生产区域。

二、厂区布局

厂区布局就是对企业的总体进行规划设计，包括厂区平面布置和害虫控制设计。

1. 厂区平面布置　厂区平面布置就是在用地范围内对规划的建筑物、构筑物及其他工程设施就其水平方向的相对位置和相互关系进行合理地布置。厂区布局要合理，生产区与生活区要分开，生产区位于生活区的下风向，厂区应绿化。厂区的主要道路应铺设适于车辆通行的坚硬路面。路面应平坦、无积水，厂区内应有良好的排水系统。建筑物与构筑物的设置与分布应满足高档牛肉生产工艺的需要，保证生产过程的连续性，使作业线最短、生产最方便。厂区内的作业区要合理划分并且与主要的生产区相分离，这种分离需要从食品安全的角度通过危险性分析后进行推断。如新鲜原料的贮存、预处理到初始包装属于高度危险区，初步包装之后污染的危险明显减小。

2. 害虫控制设计　高档牛肉加工企业周围的地势应该有一定的坡度，使厂区内的水能够排出来，而不至于形成水坑，否则，水坑将为害虫提供可利用的水源，而将它们吸引到工厂附近。墙内应避免有洞，以免为老鼠和昆虫提供巢穴。所有的架子、灰坑和电梯坑等都应该容易清洗，电机的安装应尽量避免存在隐蔽处。小鼠能钻过直径为 6 毫米的小孔，通风烟囱应该有足够的遮蔽措施以防止害虫进入。

由于交通、食物颗粒和水分等原因，冷冻间和用餐处很难防止害虫的侵入。因此，在设计和建筑这些设施时，其内部必须能够进行彻底清洗。所有设备的固定地点与墙壁之间必须有 1 米的距离，或者将它们安装在脚轮上，设备之间的间隔不得小于 0.5 米，以便于清洗。冷藏室顶部要有 60° 的斜坡，以免积聚灰尘。

3. 加工设计中应注意的问题　在整个生产流程中，要求成品不得与原料或任何中间产品相接触。理想的生产流程是原料和辅料在接收船坞附近便开始处理，然后依次进入预处理区、加工区、包装区和成品库。人流与物流分开。用于人员流通的门只允许从"高洁净区"走向"低洁净区"，如果要返回高清洁区，就必须经过消毒室和加压式才能返回。

以空气为媒介的污染主要是病原菌污染。在产品外露区域，如果空气没有经过过滤，且处于负压状态，这种环境能加剧微生物污染。因此，对卫生而言，空气流向的设计与地板、墙壁、天花板和建筑等设计同样重要。产品最后外露等待包装的地方应该是空气压力最高的区域，气流从这个区域吹向加工区和处理区。在设计空气处理系统时，必须考虑的问题是外门的开启会使车间内产生空气流。

厕所中的设备都应该呈负压状态，里面的气体要能直接排放到工厂以外的地方。

三、基本设施

在高档牛肉加工厂，建筑材料的选择特别重要，必须采用不吸水、易清洗、耐腐蚀、抗其他不良变化的材料。所有与建筑物外部相通的地方都要安装风幕或纱网屏障，以防止昆虫、啮齿类动物、鸟和其他害虫的侵入。车间应该有足够大的空间，能够进行井然有序、整洁的操作，并有利于良好操作规范的实施。

1. 地面　食品工厂生产车间常常有腐蚀性介质排出或有手推车冲击地面，使地面易遭到破坏。因此，地面须用高标号的水泥铺盖，或者使用非吸收性、不透水、易清洗消毒的防腐蚀材料铺设，且须平坦、防滑，不得有侵蚀、裂缝及积水。地面要坚硬、经久耐用。

2. 天花板　在食品加工企业中一般不允许使用假天花板，因为它有可能成为昆虫和其他污染物的寄生场所。在安装悬挂式天花板时，其要求与铺设地板一样，应该与下面的加工区域密封隔绝。如果需要在天花板上铺设动力运转系统、空气处理管道和通风系统，就应该设置一条狭窄的通道，以便于维修人员进行检查或维修。

天花板的高度一般为 3 米，其上方的空间要保持一定的高压，以避免灰尘渗入。加工区上方的结构钢不能暴露在外，应该将其埋入水泥、花岗石等物中，以避免其收集空中的灰尘、残渣或成为啮齿类动物的跑道以及昆虫的避难所。

天花板上不能安装金属嵌板。因为金属的传热速率很高，其表面容易凝结水珠，而且金属的热胀冷缩作用能破坏交接处勾缝材料的性能，导致昆虫寄生。此外，天花板也不能采用玻璃纤维制作，因为啮齿类动物能在其中生活繁殖。天花板的结构通常是光滑的水泥板，并带有填塞好接缝的外露双 T 型结构。比较受欢迎的隔热材料有聚乙烯泡沫、泡沫玻璃和其他填充物。禁止使用对人有害的石棉。

3. 墙壁　高档牛肉加工或食品经营业的地基应该使用防水、易清洗的建筑材料。地基和墙壁必须能阻止啮齿类动物进入生产或加工区域。墙壁应该采用非吸收性、平滑、易清洗、不透水的材料构筑。例如，玻璃瓷砖、玻璃砖、表面光滑的波特兰——水泥灰浆或其他无吸收、无毒的材料。如果能在勾缝材料上涂抹一层环氧树脂，则会产生较为有效的保护作用。

最好的墙体是用水泥浇注而且表面用镘刀涂抹光滑的墙体。墙体上的孔洞≤5 个/米²，孔洞直径≤3 毫米。一般不采用由波状金属为材料制作的外墙板，因为其不足以阻挡昆虫和啮齿类动物进入，而且很容易被毁坏。如果必须使用部分波状金属材料，应该将其外面的波孔全部堵住或塞住，阻止害虫侵入。在潮湿的加工区域，应该采用光滑的硅酸盐瓷砖作为内墙面，以利于清洗。这种材料能够经受食品、血液、酸、碱、清洗剂和消毒剂的腐蚀。

4. 屋顶结构　与预制水泥墙板配套的屋顶类型是预制双 T 型屋顶。这种设计不但引人注目，而且也很卫生。光滑的薄膜屋顶与其他屋顶相比，更加容易清扫、冲洗和保持清洁。屋顶通道的柱头和装配好的空气处理系统应该用夹层绝热隔板绝热，不能采用直接外露的绝热材料，因为外露的绝热材料不但清洗困难，而且还是昆虫的寄生场所。

5. 门　为了正确组织人流、车间运输和设备进出以及保证车间的安全疏散，在厂房设计中要布置好门。但害虫和以空气为传播媒介的污染物也常通过门进入车间，双层门能够减少害虫和污染物的进入。如果在门外安装风幕，便可进一步提高卫生水平。风幕应该具备一定的风速（最小为 500 米/分），以阻止昆虫和空气污染物的进入。风幕的宽度必须大于门洞的宽度，以便于进行彻底吹扫。风幕的开关应该直接与门开关相连，以保证门一开风幕便开始工作，并持续到关门为止。入口的门要用防锈材料制造，其接缝要紧密焊合。通向外界的入口处要设置双层入口防护门。另外，门的表面应光滑、无吸收。

6. 窗　窗是用于室内采光和通风的主要结构之一，有侧窗和天窗两类。食品加工车间的侧窗通常用耐用、卫生、美观的铝合金架玻璃窗。生产中需要打开的窗户应装设易拆卸、清洗，且具有防蚊虫等污染的不生锈纱网窗，但清洁生产区内在生产时不得打开窗户。在窗前布置设备时，不能影响窗的开启和设备维修。为了通风和排除高温余热，厂房顶部常常需要设置天窗。

窗子是食品工厂卫生管理中的重要环节。因为窗是害虫、灰尘和其他污染源侵入车间的通道之一。窗子容易破损，定期修理、清洗和填补能提高窗子的使用寿命。内外窗台应向下倾斜 60°，以防止灰尘等积聚。

7. 地面排水　高档牛肉车间地面应有适当的排水斜度及排水系统，在加工区域，每37 米²面积的地面应有一个排污口。所有污水都必须经水槽或贮水池排出。排水分为地漏排水和明沟排水两种。

地漏排水：地漏周围地面向地漏洞倾斜坡度为 2%，地漏洞公称直径为 100 毫米。地漏与排水管道以弯头连接，要有水封装置，防止虫、鼠和臭气从排水管道进入车间。连接排水管处要有可清洁排碴口，防止管道堵塞。

明沟排水：如果生产过程中有带渣、杂物等或排水量较大时可设置明沟排水。明沟宽 20～30 厘米，深 15～40 厘米，坡度为 1%～2%。车间内的明沟上应铺设有网孔的盖板。明沟终点设置排水地漏接通排水管道，此处应对废水进行适当的过滤，并设置过滤物排除的装置，防止排水管道堵塞。明沟应保持顺畅，且沟内不得设置其他管路。排水沟的侧面和底面接合处应有适当的弧度（曲率半径应在 3 厘米以上）。车间内排水沟的流向应是高清洁区流向低清洁区，且应有防止逆流的设计。排水管口应该开于车间外，以减少车间内的污染和气味。所有管道口都要设置屏障，防止害虫侵入厂区。洗手间的排水管一般不与其他排水管连接，应直接接入污水系统。

8. 装载船坞 装载船坞和平台至少应该高于地面 1 米以上。船坞出口处的下面应用光滑且不透水的材料围住（如塑料、镀锌金属等），以防止啮齿类动物爬入，同时避免鸟类在此筑巢栖息。

9. 加工设备 加工设备应该经久耐用，具有光滑的抛光面。设备的设计要注意保护食品不受润滑油、灰尘和其他残渣的污染，要便于清洗、安装和维修。

高档牛肉加工设备主要包括盐水注射机、滚揉机、斩拌机、充填机、打结机、蒸煮锅、烟熏炉和包装机等，一般需使用不锈钢材料。在处理废料时可以采用镀锌材料，不过要求其表面光滑，无尖角和突角。

传送带要用防水、易于清洗的尼龙和不锈钢等材料制成。传送带的设计要注意保证其无灰尘、死角、无触及不到的地方。与其他加工设备一样，传送带要能很容易地取下来清洗。驱动带和滑轮上要安装保护罩。发动机和其他用油的设备必须固定好，以防止油或润滑油与食品接触。

设备的固定位置与墙或天花板之间的距离不能小于 0.3 米，以便于清洗和维修。

四、高档牛肉预处理、加工、保藏和包装技术

1. 温度控制 温度是影响牛肉腐败变质的最重要的因素。延缓冷却牛肉变质最简单的方法是降低温度到 0 ℃以下，要长期保藏则要冷冻保藏，并进行有效的温度监视和控制。

2. 鲜牛肉的处理 牛肉的搬运者应先检查所有收到的牛肉的卫生状况。任何被告知含有寄生虫、有害微生物、杀虫剂、麻醉药或毒药、不新鲜的或带杂质的牛肉，并且这些物质用通常方式或加工不可能减少到一个可接受的水平，则拒收。织物、设备、容器和其他用具应该保持清洁和完好；所有的牛肉都要被检查和分类并分别存放，有问题的牛肉要另行处理；牛肉在分类、称重、搬运过程中应该小心、迅速和有效地一次完成，使牛肉不被污染；放血、去内脏和分级应该流水作业；牛肉不能过分堆积。

3. 工艺 总的原则：快速、小心、有效，最大限度地保持牛肉的新鲜度。

（1）控制解冻 理想的牛肉在从冷藏库移出后应立即进行解冻，最简单的解冻方法是将冷冻品置于室温、空气不循环的条件下过夜，使其自然解冻，或将牛肉置于水中解冻。空气解冻温度应低于 20 ℃，最大限度地减少细菌在表面生长。但必须避免解冻速度过慢，因为

在产品中心还未完全解冻时，外层可能由于细菌生长而引起变质。用机械方法如强制空气循环、热水、真空、电阻或微波加热，可加速解冻。快速解冻，空气应保持湿润且温度不超过21℃。当牛肉解冻后应立即保持冷藏和尽快加工。

（2）包裹与包装　充气和真空包装都能延长高档牛肉货架寿命，但两者都必须要求严格控制温度以确保细菌学安全性。盛装牛肉的包装箱应用新的、卫生的材料如聚丙烯或聚苯乙烯制成的容器，甚至是可回收循环使用的或可生物降解的绿色包装。

（3）冷冻操作　包装好的冻牛肉产品应尽快冷冻。对于冷冻牛肉和其他敏感性食品的贮藏温度应低于−20℃，推荐为−30℃。即使在这个温度下，牛肉也不能无限期的保藏。此外，除非采取有效的措施防止脱水，否则不仅会造成"冻伤"，风味也较差。

限制冷冻牛肉贮藏期的最主要因素是脂肪氧化酸败。当有少量的盐存在时，会加速此反应，因此富含脂肪的牛肉类在冷冻前不宜盐腌。在冷藏期间，由于水分从贮藏室向冷冻装置转移，冷冻食品表面会变硬干燥，味道变差，所以必须采取防止水分蒸发的保护措施，如防水包装效果不错。冻结后的产品应立即运至冷库，并监督和记录冷库的温度。

4. 批次鉴别和回收工艺　有必要对产品及其加工和分配过程进行详细记录并使之保存，以避免超过产品货架期。完整的记录文件及其档案可提高食品控制体系的可靠性及有效性。

经营者应保证有处理任何食品安全危害的有效程序，并且能够完全、快速地从市场中回收受牵连批次的产品。如果出现紧急的健康危害，生产在相似条件下，有可能出现相似的公众健康危害的产品要被撤回，并且必须做一个公众告示；产品回收应在有效监督下进行直至它被销毁。若回收产品用于其他目的，则须用一种方式再加工以确保安全。

5. 生产加工过程中的卫生控制　为了保证良好操作规范的实施，在高档牛肉加工中应注意以下几点：

（1）生产设备布局合理，并保持清洁和完好。按照生产工艺的先后次序和产品特点，将原料处理，半成品处理和加工、工器具的清洗消毒、成品包装、成品检验和成品贮存等不同清洁卫生的要求区域分开设置，防止交叉污染。

（2）盛产品的容器及不锈钢吊具不得直接接触地面，必须放置在清洗消毒过的残液盘内或不锈钢四轮车上。

（3）生产区、仓库区照明必须装设防护罩，防止光管意外破裂时污染产品；玻璃器皿或工具不得使用于加工区内。

（4）投产前的各种原料、辅料必须经过检验，做到霉变、变质的不用，有疑问的不用。

（5）生产工人进车间时，必须穿戴工作服、工鞋、工帽并严格执行洗手消毒程序。车间内不得乱丢杂物、随地吐痰、生产用具要清洁并摆放整齐、合理。生产中产生的废品必须放在指定的垃圾箱内，打扫车间卫生的用具必须在清扫完毕清洗消毒后再放入专用的箱内。

（6）严格按照工艺要求生产，所有的工艺条件一定要达到标准的要求。确立正确科学的工艺参数，并严格执行。

（7）生产中掉落地面的产品要随时捡起放入专用容器内，下班前由专人统一清理。

（8）生产过程中如果手接触了不洁净的物品后，必须清洗，用酒精消毒后方可工作。

（9）确保中央空调、鲜风机、机器设备正常运转。机器设备保持清洁，应无积垢和积水。每天车间内的废品或垃圾要送到垃圾房内，其容器和运输工具要经过清洗和消毒后才能带回车间。

（10）在预冷过程中，熟制品在包装之前必须冷却至中心温度不高于环境温度，加工者要用 200～250 毫克/千克的有机氯消毒液对皮肤及所用器具进行消毒。

（11）冷藏过程卫生质量控制

① 冻牛肉冷藏温度须保持在 −23～−18 ℃，并且要避免大幅度的温度波动，并应安装温度显示仪，如有条件，还要安装温度自动记录仪，或者要定期记录温度，以防发生意外。

② 在正常情况下温度波动不得超过 4 ℃，大批食品进库、出库时一昼夜库温不超 12 ℃。

③ 做好防虫、防鼠措施。

④ 食品应搁于木架上，仓品间应留有空隙，木架下的散落物应及时清扫。

⑤ 避免与原料及半成品混放。

⑥ 搬运中轻拿轻放，避免包装的破损。

⑦ 定期进行评定、废品及时清理出库。

⑧ 操作人员进出库应避免泥土、污物的带入且严格按照 GMP 要求执行。

⑨ 采用臭氧发生器定期消毒。

五、高档牛肉加工厂废弃物的处理

高档牛肉加工过程中会产生大量的固态废弃物和液态废弃物（废水），成为牛肉加工行业中的难题之一，如果不能合理处理将会对环境造成严重污染，给人类的生活和其他生物特别是水栖生物带来危害。

1. 污染程度　在高档牛肉加工中，清洗产品用水、原料预处理时的冲洗水和清洁用水中常产生块状物，其中大的块状物可以筛去，但可通过筛孔的细小肉渣、胶态有机物和真溶液的需氧量，常超过水中溶解氧含量而造成污染。

2. 固态废弃物的处理　固态废弃物处理和循环利用是高档牛肉加工企业必须解决的重要问题。除了出于经济上的考虑以外，有效的回收体系还有助于促进良好操作规程的实施。固态废弃物经回收后可以加工成动物饲料、肥料等。

3. 液态废弃物的处理　高档牛肉在处理、加工、包装、贮存过程中随时都会产生废水。高档牛肉加工厂所产生的废水，有机物含量很高，其中有机氮含量特别高，如蛋白质、胨、氨基酸等。废水处理的基本步骤是：利用流体平衡、筛分、撇去等方法进行预处理；通过活性污泥、生物接触氧化法、兼氧技术等进行处理；处理后的废水应该消毒。

六、高档牛肉加工的管理体系

建立完整的管理体系是高档牛肉加工厂和企业保障产品质量的重要手段。高档牛肉加工企业应将具体管理内容的着重点放在对产品质量有较大影响的环节，如原料的检验，产品配方，添加剂用量，各工序交叉污染，设备、容器、工具、场地等清洗消毒，包装容器和材料是否符合国家卫生标准，包装标签是否符合国家标准规定以及从业人员个人卫生等方面。包括卫生管理、生产管理和质量管理三个方面。

1. 卫生的监督与管理

（1）卫生管理规程及措施　卫生工作对食品生产的重要性无论怎样强调也不过分。食品企业的生产卫生主要包括两个方面的内容，一是厂房、设施、设备（也就是物）的卫生；另一方面是操作人员（也就是人）的卫生。因此，卫生管理规程的具体内容有：应清洁的厂房、设施、设备的清扫时间；清洁作业顺序及必要时所使用的清洁剂、消毒剂与清洁用具；评价清洁效果的方法；生产区操作人员工作服质量规格；操作人员健康状况管理办法；操作人员洗手设施与洗手方法和操作注意事项等。

高档牛肉生产企业为了达到良好操作规范的卫生标准，首先应当建立健全卫生管理机构。成立卫生领导小组或卫生科（室），由主要负责人分管卫生工作，把卫生工作列入生产、工作计划，全面开展卫生管理工作。生产企业的负责人应担任卫生管理机构的负责人，车间应确定1～2名专职或兼职卫生管理人员，班组应有1名兼职人员负责卫生工作，做到网络健全，层层有人抓，及时发现问题、解决问题。卫生管理机构的管理人员应当是本单位的正式职工，并具有较高的文化素质和食品卫生知识，能秉公办事，在群众中有一定威信，热爱卫生工作。

其次，要制定各项卫生管理制度。由领导主管食品卫生工作，建立卫生管理网络，制定各项卫生制度，落实措施，责任到人，并配备专职或兼职食品卫生管理人员管理工作。加强食品卫生自身管理工作，一旦发生食物中毒、食源性疾病和食品污染事故，须及时向卫生监督部门报告。

最后，工厂必须具备数量足够的卫生质量管理人员，检验人员必须具备相应资格，具备本专业或相关专业中专以上教育或工作背景，上岗前需经过培训，基本掌握与检验工作有关的食品法规、标准和卫生科学知识，并能熟练应用于实际生产中。对合格者发放"上岗合格证"同时进行评审。审核内容为专业知识、专业技能和工作业绩。审核方式为：笔试和口试相结合。成绩优秀者可给予适当的精神或物质奖励，不合格者予以除名或限期察看，待复试合格后再发放"上岗合格证"，所有资料存档。以上审核结果记录于《检验人员审核表》。

（2）设施的维修和保养　建筑物和各种机械设备、装置、给排水系统等设施均应保持良好状态，确定正常运行和整齐洁净，不污染食品。设备的表面应可进行清洁、消毒操作，方便拆卸。应经常全面检查设备装置等使用是否适当，并注意有无使用不当的情况。必须注意及时修理生锈的设备和损坏的设备，防止可能发生的污染情况。应有专人定期检查、维修和保养设备和设施，以保证食品生产符合卫生要求。主要生产设备每年进行1次大的维修和保养，维修保养情况应进行书面记录，内容包括：所在部门，机器名称和代号；经批准的清洁规程，完成时的检查；所加工产品批号、日期和批次，加工结束时间；保养、维修记录；操作人员和工段长签名、日期。

（3）工具设备的清洗和消毒　必须制定一份具有连续清洗步骤的清洗计划表，工厂内所有区域都应该采纳并执行表中的各项规定。连续使用的设备（如传送带、料槽、切牛肉片机、拖面浆和滚面包屑机、蒸煮器、隧道式冻结机等）应该在各班次的生产结束时清洗。如果生产区没有制冷设备，那么，面糊混合机及其他设备应该每4小时清洗1次。能拆卸的设备，应对每个部分进行充分的清洗和消毒。与那些轻便设备的清洗要求一样，应该将这些部分放在离开地面的卫生环境中，防止其受到迸溅的污水、灰尘和其他污染源的污染。高档牛肉加工厂在清洗时可采取下述方法：

① 用聚乙烯或其他类似的薄膜盖住电气设备。

② 利用刮、擦、机械冲洗等手工或机械方法清除墙壁或地板上沉积的污垢，整个过程要从设备的顶部到底部，从墙壁到地板排水道和排水口按序认真地进行。清除的下脚料要转

移到废弃物堆中。

③ 用 40 ℃或温度稍低的水进行预清洗，润湿设备，除去较大体积的水溶性残渣。将温度控制在 40 ℃很重要，因为温度再高就会引起残留高档牛肉和其他蛋白质变性，在接触表面上结块。

④ 采用手提式或集中式高压、小体积或泡沫设备以及能有效清除有机污垢的清洗剂进行清洗。清洗剂的温度不得超过 55 ℃。三聚磷酸钠、焦磷酸钠、碱性含氯清洗剂等的清洗效果都比较好。此外，应该根据待清洗设备的加工材料的特性决定具体使用哪几种清洗剂。

⑤ 清洗剂清除污垢的过程约需 15 分钟，然后再继续用 55～60 ℃的水冲洗设备和待清洗区域。热水能有效去除脂肪、油脂和无机物。但是，清洗剂会使固形物产生乳化现象。较高的水温不但增加了能量消耗，而且会在设备、墙壁、天花板上形成凝结的水滴。为了保证有效清洗，必须彻底检查设备和所有设施，并对清洗不足的地方加以纠正。

⑥ 通过消毒处理确保工厂达到微生物方面的卫生要求。氯化物是最经济、应用最广泛的消毒剂，常用消毒剂的推荐使用浓度见表 12 - 3。为了使消毒剂发挥最大的功效，进行小规模消毒处理时可采用轻便式喷雾器或进行集中喷雾处理。对空间较大的地方进行消毒处理时，可采用雾化系统。

表 12 - 3　各种消毒剂的推荐使用浓度

（毫克/千克）

应　用	有效氯浓度	有效碘浓度	季铵化合物浓度
清洗用水	2～10	—	—
浸手	—	8～12	150
干净、光滑表面（如玻璃器皿）	50～100	10～35	—
设备和用具	300	12～20	200
粗糙表面（旧桌子、水泥地板、墙壁）	1 000～5 000	125～200	500～800

⑦ 在保持卫生环境和设备安装期间，为了避免污染，要求维护人员随身携带消毒器，对其工作过的地方及时进行消毒处理。

（4）做好灭鼠、灭蝇和灭蟑的工作　鼠、蝇和蟑螂由于经常行走或孳生、汇集于排泄物和废弃物上，本身常带有病原体，能传播各种疾病，与食品接触后常使人们产生厌恶感。并且蟑螂还有一种独特的一般称为"蟑螂臭"的恶臭味，它会咬坏物品，而且还常钻入各种设备的散热孔中，造成电线短路，烧坏设备。因此对它们要坚决进行清除。

药物处理是迅速降低蟑螂密度的主要手段，常采用喷洒毒饵的方法。1‰乙酰甲胺磷毒饵是毒饵中常用的毒饵。毒饵最好选用粉剂或细小颗粒剂，以少量多堆的原则投放在各类缝隙处。当蟑螂密度较高时，采用 0.3％二氯苯醚菊酯酒精液、0.05％氯氰菊酯、1.5％残杀威或 0.03％溴氰菊酯溶液直接喷洒于蟑螂隐藏处。喷洒后，蟑螂迅速被驱出而击倒死亡。一次处理后密度会减少 90％左右。第一次喷洒后可能会遗留，隔周重复 1 次，此后辅以毒饵，处理周期一般为 2～3 个月。常用的方法还有：粘捕法、热水烫、蒸汽熏蒸。对各种橱柜定期要清除蟑螂的卵荚等。

灭鼠的常用方法有：毁灭巢穴、在地面注混凝土、不准在固定场所以外的地面上堆积杂物和装卸货物、堵塞其出入的通路等环境控制和断绝鼠饵、药物灭鼠三种方法。但由于鼠对环境的适应性非常强，不论怎样用灭鼠药、捕鼠器灭鼠，最终要根除鼠害均有一定困难，而且鼠对药物的耐药性大。因此，灭鼠的重点是鼠类栖居环境的控制。

灭蝇方法有灭蝇灯、粘蝇纸、药物喷洒等。一般毒蝇点不宜放在阳光直射的地方，并保持湿润。食品生产场所选用灭蝇的药物有：二氯苯醚菊酯、溴氰菊酯、氯氰菊酯等，除虫菊酯对人畜较安全。现多用灭蝇灯，并及时清理蝇虫尸体。

（5）有毒有害物管理

① 清洗剂、消毒剂、杀虫剂以及其他有毒有害物品，均应有固定包装，并在明显处标示"有毒"字样，储存于专门库房或柜橱内，加锁并由专人负责保管，建立管理制度。

② 使用时应由经过培训的人员按照使用方法进行，防止污染和人身中毒。

③ 除卫生和工艺需要，均不得在生产车间使用和存放可能污染食品的任何种类的药剂。

④ 各种药剂的使用品种和范围，须经省卫生监督部门同意。对于废水、废弃物、副产品和一些卫生设施都应设立相应的管理措施。

2. 生产管理和质量管理文件　生产管理和质量管理文件系统是高档牛肉企业质量保证体系中极其重要的一部分。按照高档牛肉生产管理规范的要求，生产管理和质量管理的一切活动，均必须以文件的形式来实现，其主要目的在于：

（1）明确规定了质量管理系统。

（2）避免了纯口头方式产生错误的危险性。

（3）保证有关人员收到有关指令并切实执行。

（4）允许对不良产品进行调查和跟踪。

此外，由于每一个人必须特别遵循的规程和填写规定格式的记录表格，因而可有效地防止人的因素造成的失误。书面的文件系统有助于培训企业成员，保持企业内部良好的通信系统以及保证对高档牛肉生产管理规范的遵循。

生产管理和质量管理的文件系统大致可分为标准与记录两部分。按照现代食品工业质量管理的概念，食品的质量受工程/维修、生产和质量管理这三方面因素的制约和影响。在食品生产的全过程中，这三方面的工作又可进一步划分为技术性工作与管理性工作两类，所以，食品生产管理规范要求的标准有技术标准与管理标准之分，相应的工作记录则可分成生产记录、质量管理记录、工程/维修记录和销售记录四大类。

3. 促进卫生的非强制性检查　目前，在高档牛肉加工业应建立一项非强制性高档牛肉检查程序，根据规定检查每个生产阶段中的产品，以确证其能满足所有规定、标准或规范的要求，即危害分析与关键控制点体系（HACCP）。该程序是自愿性的。

第三节　HACCP 体系及在高档牛肉加工中的应用

一、概述

HACCP（Hazard Analysis and Critical Control Points）即"危害分析与关键控制点"，是一种食品安全保证体系，由危害分析（Hazard Analysis，HA）与关键控制点（Critical Control Points，CCP）两部分组成。HACCP 是指从原料的来源、生产工序、成品直至销售市场一系列过程中的每一个环节确定潜在危害，采取有效的预防措施，指定关键临界值，进行监控和及时纠偏品质控制体系。HACCP是一种预防性的食品安全控制体系，可将危害消除在食品加工过程中，HACCP比良好操作规范（GMP）前进了一步，它实现了从原料到消费或从农场到餐桌对食品生产销售整个过程的危害控制，从源头上确保了食品的安全。

该体系是一种简便、合理而专业性又很强的先进的食品安全质量控制体系，是为了保证食品生产系统中任何可能出现危害或有危害危险的地方得到控制，以防止危害公众健康的问题发生。

HACCP体系的概念与方法于20世纪70年代初产生于美国。当时，美国PILOBURY公司应美国航天管理局的要求生产一种"100％不含有致病性微生物和病毒的宇航食品"，为了保证食品的"绝对"安全，他们准备逐一对每件食品进行采样分析。但是，美国航天管理局要求"不能对每一受检食品造成破坏性损伤"，因此他们不得不寻求新的方法。最后，PILOBURY公司在美国陆军NATICH实验室"故障模型"（model of failure）启发下，由对终产品的卫生质量检验转向对整个食品生产过程的卫生质量控制。他们假定食品生产过程中可能会因为某些工艺条件或操作方法发生"故障"或"疏忽"而造成食品污染的发生和发展，他们先对这些"故障"和"疏忽"进行分析，即"危害分析"（Hazard Analysis，HA）。然后，确定能对这些"故障"和"疏忽"进行有效控制的环节，这些"环节"被称为"关键控制点"。经过PILOBURY公司的反复试验和实际应用，该方法成功地保证了宇航食品的"绝对安全性"。PILOBURY公司因此提出新的概念- HACCP，专门用于控制生产过程中可能出现危害的环节，而控制的过程包括原材料、生产、储运过程直至食品消费。

1971年，PILOBURY公司在美国食品保护会议（National Conference on Food Protection）上首次提出HACCP，几年后美国食品与药物管理局（FDA）采纳并作为酸性与低酸性罐头食品法规的制定基础。美国食品安全检验处于1989年10月发布《食品生产的HACCP原理》。美国一半以上的海产品需从国外进口，因此其对海产品生产、进口的要求和控制特别严格，于1994年3月公布了《冷冻食品HACCP通用规则》。1995年12月18日，FDA发布法规21CFR123《安全与卫生加工、进口海产品的措施》，要求海产品的加工者执行HACCP。该法规于1997年12月18日生效，即在此时间后，凡出口到美国的海产品需提交HACCP执行计划等资料并符合HACCP要求。对不同食品生产与进口的HACCP法规相继出笼。如2001年1月19日，FDA发布《安全与卫生加工、进口果蔬汁的措施》，要求果蔬汁加工者和进口者执行HACCP。

大部分的先进国家已开始推动水产及畜产品的HACCP体系制度，并陆续将之法制化。联合国食品标准委员会（CAC）也推行HACCP制度为食品有关的世界性指导纲要。

我国从1990年起，国家进出口商品检验局开始进行食品加工业应用HACCP体系的研究，制定了"在出口食品生产中建立HACCP质量管理体系"导则及一些在食品加工方面的HACCP体系的具体实施法规，在全国开始引起讨论。在第十一届亚运会食品卫生防病评价中也应用了HACCP体系原理。同年，卫生部食品卫生监督检验所等单位开始对乳制品、熟肉及饮料3类食品生产实施的HACCP体系监督管理的课题进行研究，有关HACCP的报道现已屡见在科技杂志上。HACCP为人们提供了一种科学的、逻辑的控制危害食品的方法，避免了以往单纯依靠成品检验而进行控制的许多不足之处，并以较低的成本保证产品具有较高的安全性。因此，建立HACCP体系被世界各国普遍公认为是目前最佳的食品安全控制方法。

二、高档牛肉加工中的危害分析与关键控制点的确定

HACCP体系的主要内容就是经过实际应用与修改，已被联合国食品法典委员会（CAC）确认的HACCP的7个基本原理，即找出潜在的危害，分析可能出现的风险；确定关键控制点，确定能消除或减少危害的可控制工序；制订每个关键控制点的临界限制指标；建立每个关键控制点的监控制度；制定关键控制点失控时的纠偏措施；制定验证的程序和建立完整的记录及文件。其中首要任务是找出潜在的危害，分析可能出现的风险和确定关键控制点。

1. 高档牛肉加工中潜在的危害　危害分析贯穿在整个高档牛肉生产过程中。从原料开始，经由进货、储存、加工、制造乃至最终产品。"危害"是指影响食品安全性和质量的微生物的（如致病菌）、化学性的（如化学毒性元素铅、砷、汞等和毒性物质河豚毒素、西加毒素、麻痹性毒等）、物理性的（异物、杂质等）因素。危害分析要详细了解这些危害是如何发生的，并须作定量分析，对其严重性和风险进行评估。

（1）高档牛肉原料中可能存在的危害

① 生物性危害　大多数牛肉中的质量问题都是由于生物性危害引起的，生物危害主要包括细菌、病毒、寄生虫和真菌危害。

② 化学性危害　牛肉因化学物质引起的疾病暴发频率较低，但化学物质引起的危害程度更大，引起的死亡率较生物危害高。来自牛肉中的化学危害因素主要有：重金属污染、兽药残留（含激素）、饲料中的农药残留以及环境污染物。另外，清洁用化学药品残留，包装材料、容器与设备中含有的化学药品和放射性物质也值得重视。

③ 物理性危害　物理危害通常是对个体消费者或相当少的消费者产生问题，危害结果通常导致个人损伤，如牙齿破损、嘴划破、窒息等，或者其他不会对人的生命产生威胁的问题。潜在的物理危害由正常情况下牛肉中的外来物质造成，包括生产过程中设备、工器具损坏而混入产品中的金属碎片、碎玻璃、木头片和碎石等。法规规定的外来物质也包括这类物质，如牛肉中的碎骨片、昆虫以及昆虫残骸、啮齿动物及其他哺乳动物的毛发、沙子以及其他通常无危害的物质。

因此，应加强对牛肉原料的检测和控制。HACCP体系强调控制食品原料的安全性。植物源食品原料的农药控制至关重要，发达国家通常用以下方式进行控制：为种植者提供可以使用的农药清单，提供其所需要的农药，并派专人指导使用和监督使用情况。肉牛养殖主要对饲料和兽药中的激素、生长调节剂及抗生素进行控制。当然，对寄生虫、有害微生物的控制也非常重要。通过对饲料的监督，并对生物体定期检查来确保动物源原料的安全性。

（2）高档牛肉加工过程中可能产生的危害　高档牛肉包括各种冷却肉、冷冻肉、干制品、腌制品、熏制品、罐头食品、烤制品和牛肉丸等。这些加工制品即使在原料上得到了质量保证，但在加工过程中仍容易受到微生物、化学物质以及外来异物等多种因素的影响。在正常情况下，这些不良因素是可以避免和控制的，但现在往往有一些不法生产户或经销商为了获取更高利润不仅不采取有效的控制手段，反而向牛肉中掺杂使假、滥用食品添加剂或加入违禁化学添加物，加工环境的选择不合适、工作人员卫生措施不够等都可能给消费者安全带来极大的威胁。因此，把握好每一个生产环节，是确保高档牛肉质量的关键。

① 加工环境不当引起的危害

厂址选择：牛肉食品企业的厂址选择不当会造成周围环境对食品安全产生不良影响。如水源含有病原微生物或有毒化学物质超标会造成食品污染；某些能产生较多毒害物质的化工厂，垃圾堆放处等污染源，若与食品企业太近，都会对食品形成污染。此外，一些散发花粉的植物也会一定程度上污染食品；即使在与污染源有一定距离的情况下，如果食品企业处于污染源的下风口，污染物也会因风力作用而对食品生产形成污染。

厂房设施与设备：厂房设施、设备不合理是一个普遍存在的影响食品安全的问题，对部分食品加工企业的一项调查显示，不少企业生产工艺流程未按规定分开排列，整个生产线排列混乱，无污染区和洁净区的划分，甚至多个流程在同一个地点进行。工厂生产区和工人生活区离得太近，甚至混在一起，存在生活垃圾污染食品的可能性。此外，卫生间的合理布局也十分重要，车间内部一般不设卫生间。

加工车间的地板凹凸不平，形成积水；地面不光滑或未及时清洁，都会使微生物孳生；房间内温湿度调控不当或室内外温差大，则天花板、墙壁易产生水珠，发生霉变；天花板、墙壁色彩太暗，污染物不易看清，不利于清除和消毒；交界处在设计上存在死角，会造成清洁上的困难；作业环境的照明不够，易使作业人员疲劳，影响工作，还可能分不清异物是否进入食品，从而带来食品安全上的种种问题。

空气中的尘埃、浮游菌、沉降菌是造成食品污染的重要原因之一。粉状食品的原料处理，地面的冲洗都会使尘埃污染周围的空气。在生产环境中，排水沟、人体、包装材料等都可能成为尘埃发生源。车间内送风机与排风机设计不合理容易造成室内负压，那样会大大影响空气的质量。

接触食品的工器具、容器设备和管道的材料对食品安全有直接影响。如铜制设备，由于铜离子的作用会使食品变色变味，油脂酸败等；设备表面的光洁度低或有凹坑、缝隙、被腐蚀残缺等会增加对微生物的吸附能力，易形成生物膜，增加清洁和消毒的难度，使微生物残存量增加，从而增加污染食品的机会。设备、管道的安装若存在死角、盲端，管道、阀门和接头拆卸不便会造成清洁上的困难，使得微生物容易孳生。

有些企业未严格执行清洗制度和清洗方法不当，会造成厂房内环境和设备表面微生物的孳生，清洁剂残留的问题，这些对于食品安全的危害性也是显而易见的。

有些企业废弃物随处丢弃，没有远离车间的废弃物集中地。有的虽设有专门场地，但缺乏密闭措施，都会使存放地形成新的污染源。如果污水处理不当，一方面造成排放超标，另一方面给厂区带来卫生问题甚至影响周围环境。

防鼠类、昆虫的设备不完备，造成鼠类、昆虫的污染，如车间与工厂内排水处理场、垃圾集中处、垃圾处理场等未隔离；作业人员进门时，昆虫随之而入；鼠类及昆虫从下水沟进入；诱虫灯与捕鼠器的设置不当等均可被鼠类、昆虫污染。

② 工作人员卫生不合格引起的危害　在所有导致食品的微生物污染的因素中，工作人员是最大的污染源。如果工作人员不遵守卫生操作规程，极易将其在环境中所接触到的腐败微生物和病原菌传播到食品上。工作人员的手、头发、鼻子和嘴都隐藏着微生物，可能在生产过程中通过接触、呼吸、咳嗽、喷嚏等方式传播到食品上。若操作人员患有各种传染病或不宜接触食品的疾病，违章上岗，会造成病原菌污染食品。操作人员的鞋、工作服的卫生也是十分重要的，一定要定期清洗与消毒，否则也会成为污染源。

③ 添加剂使用不当引起的危害

A. 亚硫酸盐　亚硫酸盐是食品工业广泛使用的漂白剂、防腐剂和抗氧化剂，通常是指二氧化硫及能够产生二氧化硫的亚硫酸盐的统称，包括二氧化硫、硫黄、亚硫酸、亚硫酸盐、亚硫酸氢盐、焦硫酸盐、低亚硫酸盐。海洋食品的兴起使得亚硫酸盐越来越多地出现在高档牛肉加工过程中，目的是防止氧化、褐变以及延长保存期。但亚硫酸盐的使用量是有要求的，一些不法商贩为了获得更大利益，将劣质产品加入过量亚硫酸盐来保持其外观。大量使用亚硫酸盐类食品添加剂会破坏食品的营养素。亚硫酸盐能与氨基酸、蛋白质等反应生成双硫键化合物，能与多种维生素如维生素 B_1、维生素 B_{12}、维生素 C、维生素 K 结合，特别是与维生素 B_1 的反应为不可逆亲核反应，结果使维生素 B_1 裂解成其他产物而损失。人类食用过量的亚硫酸盐会导致头疼、恶心、眩晕、气喘等过敏反应。哮喘者对亚硫酸盐更是格外敏感，因其肺部不具有代谢亚硫酸盐的能力。

B. 多聚磷酸盐　多聚磷酸盐作为保水剂和品质改良剂广泛应用于高档牛肉加工过程中，起到保持水分改善口感的作用，同时还有提高产品生产率的作用。但磷酸盐的过量残留会影响人体中钙、铁、铜、锌等必需元素的吸收平衡，体内的磷酸盐不断累积会导致机体钙磷的失衡，影响钙的吸收，容易导致骨质疏松症，引起骨折、牙齿脱落和骨骼变形。

C. 硝酸盐和亚硝酸盐　硝酸盐和亚硝酸盐是腌制高档牛肉中常用的防腐剂和发色剂。具有抑制多种微生物的生长，防止腐败和改善制品颜色的作用。牛肉类食品在加工焙烤过程中，加入的硝酸盐和亚硝酸盐可与蛋白质分解产生的胺反应，形成 N-亚硝基化合物，尤其是腐败变质的牛肉类，可产生大量的胺类，其中包括二甲胺、三甲胺、脯氨酸、腐胺、脂肪族聚胺、精胺、胶原蛋白等。这些化合物与亚硝酸盐作用生成 N-亚硝基化合物。

N-亚硝基化合物是一种很强的致癌物质。目前尚未发现哪一种动物能耐受 N-亚硝基化合物的攻击而不致癌。N-亚硝基化合物还具有较强的致畸性，主要使胎儿神经系统畸形，包括无眼、脑积水和少趾等，且有量效关系，给妊娠动物饲喂一定量的 N-亚硝基化合物也可导致胚胎产生恶性肿瘤。

D. 甲醛　甲醛是有毒物质，但具有防腐败、延长保质期、增加持水性、韧性等特性。在我国牛肉市场，有些不法商贩就利用这些特性，将甲醛添加在牛肉中，造成高档牛肉中甲醛残留超标。然而甲醛可凝固蛋白质，当它与蛋白质、氨基酸结合后，可使蛋白质变性，严重时可以干扰人体细胞的正常代谢，因此，对细胞具有极大的伤害作用。研究表明，甲醛容易与细胞亲核物质发生化学反应，形成化合物，导致 DNA 损伤。因此，国际癌症机构已将甲醛列为可疑致癌物质。

（3）高档牛肉加工的危害分析方法　高档牛肉企业 HACCP 小组成员通过分析、讨论达成一致的意见，对高档牛肉加工过程的每一步骤进行危害分析，确定是何种危害，找出危害来源及预防措施，确定是否是关键控制点。

① 建立危害分析工作单　美国 FDA 推荐了一份表格"危害分析工作单"是一份较为适用的危害分析记录表格，见表 12-4。可以通过填写这份工作单进行危害分析，确定关键控制点。在表 12-4 第一纵列中将流程图的每一步骤顺序填写上。

② 确定潜在的危害　在表 12-4 第二纵列中对每一流程的步骤进行分析，确定在这一步骤的操作引入的或可能增加的生物的、化学的或物理的潜在危害。这些潜在危害可能是与

加工食品品种相关的潜在危害。这些潜在危害也可能是与加工过程相关的潜在危害，例如牛肉罐头食品由于杀菌的温度、时间不当，造成病原体残存的潜在危害。

表 12 - 4　危害分析工作单

公司名称：_____　　　　　　　　　产　品　描　述：_____

公司地址：_____　　　　　　　　　销售与储存方法：_____

　　　　　　　　　　　　　　　　　　　　　　预期使用和消费者：_____

加工步骤	该步骤中引入或潜在的危害	危害显著吗?（是/否）	第三列的判断的依据	防止显著危害的预防措施	是否CCP
	生物的：				
	化学的：				
	物理的：				
	生物的：				
	化学的：				
	物理的：				
	生物的：				
	化学的：				
	物理的：				

　　③ 分析潜在危害是否显著危害　根据以上确定的潜在危害，分析其是否显著的危害填入表 12 - 4 第三纵列中，因为 HACCP 预防的重点是显著危害，一旦显著危害发生，会给消费者造成不可接受的健康风险。

　　④ 判断是否显著危害的依据　对表 12 - 4 第三纵列中判断的是否显著危害提出科学的依据填入第四纵列中。

　　⑤ 显著危害的预防措施　对确定此步骤的显著危害采取什么预防措施填入第五纵列中。例如：拒收来自疫区的活牛；又如控制加热温度、时间，预防病原体的残存。

2. 确定关键控制点　一个关键控制点（CCP）是某一点、步骤或程序，它可以采取控制手段使影响某一食品安全的危害降低或减少到一个可以接受的水平。关键控制点是能减少但不能保证完全控制某一危害，因此 HACCP 并不是一个零风险体系。关键控制点要求应用关键控制点判断树来确定。CCP 的确定应根据所控制危害的风险与严重性仔细选定，必须是真正的关键点，并且要具备预防措施。CCP 的例子有：特定的加热过程、冷却、特别的卫生措施、防腐、调节食品的 pH 或盐分含量到给定值。

　　另外，CCP 或 HACCP 体系具有产品，加工过程特异性。对于已确定的关键控制点，如果出现工厂位置、配方、加工过程、仪器设备、原料供方、加工人员、卫生控制和其他支持性计划改变以及用户要求、法律法规的改变，CCP 都可能改变。还有，一个 CCP 可能可以控制多个危害，如加热可以消灭致病性细菌以及寄生虫；冷冻、冷藏可以防止致病性微生物生长和组胺的生成；而反过来，有些危害则需多个 CCP 来控制。

3. 建立合适的监控程序　监控程序是一个有计划的连续监测或观察过程，用以评估一个 CCP 是否受控，并为将来验证时使用。因此，它是 HACCP 计划的重要组成部分之一，是保证安全生产的关键措施。

监控的目的包括：①跟踪加工过程中的各项操作，及时发现可能偏离关键限值的趋势并迅速采取措施进行调整；②查明何时失控（查看监控记录，找出最后符合关键限值的时间）；③提供加工控制系统的书面文件。

为了全面描述监控程序，必须回答四个问题：①监控内容；②监控方法；③监控频率；④监控者。

在监控过程中，留心所监控的工序特征是非常重要的，而且监控方法必须能判断是否满足关键限值。即监控方法必须直接测出已为之建立关键限值的特征。

应确保 CCP 都处在监控之中，以检测出所测量的特征值的正常变动。如果测量时间间隔过长，更多的产品会处于危险之中，结果一定会显示出已超过关键限值。

三、HACCP 体系在高档牛肉加工中的应用

HACCP 体系是一个以预防为主的食品生产、安全控制体系，是迄今为止被国际权威机构认可的最有效的食品危害控制方法，因此，主要说明 HACCP 体系在国内外肉类行业，尤其是牛肉行业的应用。

1. HACCP 体系在国外肉类行业的应用　在美国，由水产品引起的食源性疾病所占比例较高，因此，美国率先在水产品领域强制实施 HACCP 体系。美国是肉类生产和消费大国，根据美国 HACCP 法规和消除病原体计划的规定，美国的肉类加工厂必须在 2000 年 1 月之前实施 HACCP 体系。同时，为保证肉制品的安全，美国规定从 1998 年起，所有向美国出口肉制品的企业必须通过 HACCP 体系。

在韩国，食品企业实施 HACCP 体系靠的是企业的自觉，并未以法令的形式强制要求。为最大限度地避免食品中毒事件的发生，韩国食品医药品安全厅计划在 2006—2012 年对最容易发生食品安全事故的鲜鱼凉粉、冷冻鱼类、冰果类、非加热饮料、即食食品以及冷冻食品实施 HACCP 管理。

HACCP 计划在澳大利亚的实施可回溯至 1980 年。最早由乳品生产者率先实施，至 1984 年，澳大利亚境内主要的乳品加工厂均已实施 HACCP 计划。澳大利亚及新西兰政府于 1996 年宣布将食品安全管理系统纳入法令，成为强制要求实施的系统。新实施的食品卫生标准将适用于澳大利亚所有食品相关产业，除要求生产者履行 HACCP 计划外，同时要求实施良好卫生规范。

另外，日本、加拿大等发达国家的 HACCP 体系应用也走在了世界前列。

2. HACCP 体系在国内肉类行业的应用　我国肉类屠宰加工企业开展 HACCP 认证工作起步较晚，除了出口型企业或有条件的大中型肉类屠宰加工企业，积极开展 HACCP 的认证外，对于其他大多数面向国内市场的中小型肉类屠宰加工企业，立即实施 HACCP 认证无疑会遇到许多困难。

我国的大中型肉类企业，如北京资源集团、河南双汇集团、江苏雨润集团和吉林皓月集团等都通过了 HACCP 品质管理体系认证，并且该体系已经在品质管理方面发挥了重要的作用。然而，我国的现代化正处在转型时期，肉类企业的规模水平参差不齐，既有规模庞大、管理先进的大型企业，也有设备陈旧、管理落后的中小型企业，所以我国肉类行业整体质量

的提高是一个长期的过程。

我国引入 HACCP 品质管理体系已有十几年的时间。2002 年 8 月，卫生部制订了《食品企业 HACCP 实施指南》。2003 年 8 月，卫生部发布了《食品安全行动计划》，规定 2006 年后"所有乳制品、果蔬汁饮料、碳酸饮料、含乳饮料、罐头食品、低温肉制品、水产品加工企业、学生集中供餐企业实施 HACCP 管理。"研究人员先后对冻牛肉、冷却牛肉、无公害牛肉、咸牛肉罐头、五香牛肉干、发酵牛肉干、活牛屠宰加工企业、酱牛肉生产过程中微生物监控等进行了探讨和研究。以下以肉牛屠宰和冷却牛肉加工中 HACCP 体系模式为例，简要说明 HACCP 体系在冷却牛肉加工中的应用。

（1）制定 HACCP 的基本思想　对冷却牛肉生产过程进行危害分析，找出关键控制点（CCP），并确定各个 CCP 的关键限值、监控程序和纠偏措施，即分析从原、辅料收购到产品出厂整个加工过程中存在的生物性、化学性和物理性的危害，找出有效控制这些危害的方法和措施，确保冷却牛肉整个生产环节、产品以及贮藏、运输、消费的质量和安全。

（2）HACCP 制定的步骤　先对牛肉产品的特性和预期用途加以描述→经过实地验证，确定产品的实际加工流程和环节→按照流程图进行危害分析并找出 CCP→确定各 CCP 的关键限值→确定各 CCP 的监控程序和纠偏措施→设计记录表→培训、试运行→验证和验证结果→建立纪录和文件档案制度。

（3）肉牛屠宰和冷却牛肉生产工艺流程　肉牛饲养→收购→运输→宰前检验→候宰→淋浴→麻电→放血→去头→剥皮→开膛掏脏→检验、修整→劈半→冲洗→入库冷却→快速冷却→分割剔骨→包装→冷藏→流通→零售

根据冷却牛肉屠宰加工流程进行危害分析，考察各个环节可能存在的生物性、化学性和物理性的潜在危害，判断危害是否显著，确定控制危害的相应措施，确定关键限值、监控方法及纠偏措施。判断是否是关键控制点，结果见表 12-5。通过对冷却牛肉屠宰加工过程进行危害分析后，可确立宰前检疫、开膛掏脏、冲洗、分割剔骨、包装、冷藏为关键控制点。当关键限值发生偏离时，需分析偏离原因，及时采取纠偏措施。肉牛屠宰和冷却牛肉生产 HACCP 计划见表 12-6。

表 12-5　肉牛屠宰和冷却牛肉生产危害分析和关键控制点确定

工序	确定在本步骤中被引入、控制或增加的危害	潜在危害是否显著	危害判定依据	防止显著危害的控制措施	该工序是否为关键控制点
宰前检疫	生物：微生物污染	是	牛本身可能带疫病和致病菌，对健康牛造成交叉感染	严格执行宰前检疫规程，加强宰前管理	是
	化学：兽药，饲料添加剂残留	是	兽药和饲料添加的滥用会造成动物体内残留量超标，对人体健康造成危害	查验备案养牛场认可兽医签发的场检单和防疫用药保证书	
	物理：无				
放血	生物：微生物污染	否		SSOP 控制	否
	化学：无				
	物理：无				

（续）

工序	确定在本步骤中被引入、控制或增加的危害	潜在危害是否显著	危害判定依据	防止显著危害的控制措施	该工序是否为关键控制点
剥皮	生物：微生物污染	否	SSOP控制		否
	化学：无				
	物理：无				
开膛去内脏	生物：微生物污染	是	手臂、剥皮刀的病原菌交叉污染；划破胃肠、膀胱、胆囊造成病原菌污染胴体	员工严格执行操作程序，避免划破胃肠、膀胱、胆囊；员工手臂、刀具要及时清洗消毒	是
	化学：无				
	物理：胃肠内容物、胆汁	是	胃肠内容物和胆汁划破时污染胴体	员工严格执行操作程序，避免划破胃肠、膀胱、胆囊	
冲洗	生物：微生物污染	是	残存的致病菌污染肉胴体	使用热水冲洗，水温90℃，时间<10秒	是
	化学：无				
	物理：无				
快速冷却	生物：微生物增值、虫鼠侵害	否	快速冷却能抑制微生物的生长繁殖，虫、鼠的侵害	通过SSOP可以控制	否
	化学：无				
	物理：无				
分割剔骨	生物：微生物增殖	否	分割间温度高，分割时间长引起细菌的污染和增殖；分割人员的手，分割的操作台、传送带和刀具，都可能造成微生物交叉污染	分割间温度<12℃，此工序滞留时间不超过1小时，以保证冷却肉中心温度不超过7℃；分割人员养成良好的卫生习惯，分割设备与工具需定期消毒	是
	化学：无				
	物理：无				
包装	生物：微生物增值	是	温度失控，细菌增殖	通过SSOP可以控制	否
	化学：有害化学物质迁移		SSOP控制		
	物理：无				
冷藏	生物：微生物增殖	是	冷藏温度高，细菌易增殖	冷藏室温度要求0~4℃	是
	化学：无				
	物理：无				

表 12-6 肉牛屠宰和冷却牛肉生产 HACCP 计划表

工序	危害因素	关键限值	监控				纠偏措施	记录	验证
			对象	方法	频率	人员			
宰前检疫	微生物污染：兽药及饲料添加剂残留	检疫证明书及兽药残留报告	活牛	审阅	每批	宰前卫检员	不合格拒收	检验报告及证明书合格记录	每日审核记录
开膛去内脏	消化系统破裂，内容物及携带病原菌污染胴体	开膛去内脏破裂率为零	胴体、菌落总数	试检	逐头	内脏卫检员	剔除污染胴体，单独进行冲洗消毒	开膛掏脏监控记录	每日审核记录，每周检测胴体微生物
冲洗	微生物污染	水温 90℃，冲洗时间<10 秒	温度、时间和菌落总数	温度计测量，秒表计时	逐头	屠宰工人	调整水温和冲淋时间	热水冲洗监控记录	每日审核记录，每周检测胴体微生物
分割剔骨	微生物增殖	分割间温度<12℃，时间 < 1 小时	温度、时间和菌落总数	温度计测量，计时器	逐头	分割人员	控制温度，分割工人手、设备和工具定时消毒	温度监控记录、消毒记录	每日审核记录
冷藏	微生物增殖	库温 0~4℃	库温	温度计测量	每批	制冷人员	如发现温度波动较大，应及时查找原因改善制冷等设备	冷藏监控记录	每日审核记录

　　在冷却分割牛肉生产过程中，很多环节都存在生物危害中的微生物污染。微生物的生长繁殖不仅使肉的感官性质，如色泽、气味和质地等发生劣变，而且破坏了肉的营养价值，给冷却牛肉的品质及安全性带来安全隐患；化学因素中兽药和饲料添加剂残留可以通过审阅兽药残留检验报告及饲料产品合格证书得到较好的控制；物理危害几乎不影响冷却牛肉的生产加工，因此，加强控制微生物的污染和增殖，能够有效的控制冷却牛肉的产品质量。而温度是影响微生物污染和增值最重要的因素，因此，宰前检疫、温度控制与卫生管理是肉牛屠宰和冷却牛肉生产加工过程中质量保障的最重要因素。

　　为了提高我国牛肉的国际竞争力和信誉度，牛肉加工企业应加强质量控制、提高管理水平，采用国际通行的质量管理体系 HACCP，从动物养殖、屠宰、加工以及贮藏、运输和销售的整个环节确保提供给消费者更安全的食品。只有在牛肉屠宰加工企业切实执行 HACCP 体系，才能逐步完善高档牛肉的质量安全体系，提高牛肉制品的质量和安全，保障消费者的健康。

第四节　高档牛肉加工的可追溯体系

一、可追溯体系的起源和发展

现代追溯技术最早兴起于电子、汽车等高附加值的行业中。这些产品技术含量高，精确度要求高，而且是工厂化大批量生产，如出现质量问题对产品性能影响很大，问题产品的出现常常具有连续性。通过分批次对产品进行追溯，出现问题时及时召回，对企业减少或挽回损失意义重大。具体做法是定义某一时间段某个条件下生产的同类产品为一个批次，并分配给特定的批次号码，通过批次代码对产品部件进行追踪管理。

促进食品业可追溯系统快速发展的直接起因是 1996 年英国疯牛病引发的恐慌，疯牛病事件使欧洲各国国民对政府现有的质量保证措施失去信任，随后发生的丹麦的猪肉沙门氏菌污染事件和苏格兰大肠杆菌事件（导致 21 人死亡）更是让消费者对政府的监管能力表示怀疑。为保护本国消费者，挽回不利局面，各国政府加大资金和人力投入，完善现有质量监管措施的同时，积极投身于新的质量控制体系的研究，客观上促进了追溯系统的发展。英国政府投入了大量的人力物力，1998 年建立了牛肉产品可追溯系统，并在全国推广实施，取得了良好的效果，为各个产业可追溯系统的研究和推广应用起到了典范作用。

随着人们生活水平的提高，人们对食品安全的要求越来越高，对贯穿整个食品生产流通链的可追溯体系的要求也越来越强烈。近几年发生的食品安全事故表明，出现问题的环节往往并非是直接造成问题的环节，而是某些其他环节中的隐患在该环节中的暴发。食品安全事故不仅会给整个食品供应链带来严重的经济损失，而且还会对人们的生命安全造成威胁。因此，以能够贯穿整个食品流通链的可追溯体系来保证食品的安全性是食品安全工作的必然发展趋势。世界先进国家因此提出了"品质连锁管理"的概念，对食品流通实行全面的监控与管理。

欧盟规定 2002 年 1 月 1 日起，所有在欧盟国家上市销售的牛肉产品必须具备可追溯性；2005 年 1 月 1 日起凡是在欧盟国家销售的食品必须具备可追溯性，否则不允许上市销售，不具备可追溯性的食品禁止进口；2006 年 1 月 1 日实施的新法规中，也重点强调食品生产过程中可追溯管理和食品的可追溯性。

美国食品与药品管理局（FDA）要求食品部门于 2003 年 12 月 12 日前向 FDA 进行登记，以便进行食品安全跟踪与溯源；2007 年美国加州 Brawley 地区的牛肉生产商 Brandt Beef 公司利用 GTR - Datastar 公司提供的全球追踪系统（Global Track），采用无线射频识别（RFID，Radio Frequency Identification）标签和条形码相结合的追踪模式，实现了对肉牛生长发育和牛肉生产的整个供应链流程的追踪。

日本是亚洲最早实行溯源制度的国家。2001 年日本政府在牛肉生产供应体制中全面引入信息可追溯系统，并在商品的包装上安装 IC 芯片卡，将生产流通各个阶段的相关信息读入，并存入服务器，消费者可以在店铺的终端上通过互联网了解所购商品的所有信息。目前，日本的食品安全溯源制度从最初的牛肉已经推广到猪肉、鸡肉等肉食品和牛肉、蔬菜产业等，计划实施所有食品生产的可追溯体系。

我国对食品可追溯管理尚处于起步阶段，2002 年 5 月 24 日农业部第 13 号发布的"动物免疫标志管理办法规定，对猪、牛、羊必须佩带免疫耳标，建立免疫档案管理制度"。部分企业也建立应用安全追溯信息体系，但是目前主要集中在蔬菜、水果（比如山东寿光蔬菜、陕西富平苹果）等领域，范围很小。2005 年中国农业大学陆昌华等运用 SQL Server 2000 数据库管理系统与 VB. NET 软件建立了国内第一套《工厂化猪肉安全生产溯源数字系统》，采用耳标作为标志，对饲养管理、检验检疫、药物残留、违禁添加剂等指标进行溯源，在南京、重庆、上海等大型养猪场推广试用。2005 年以来，西北农林科技大学昝林森等设计开发了"牛肉安全生产全过程质量跟踪与追溯信息系统"，该系统采用 VB 软件和 SQL Server 2000 数据库管理系统进行开发，合理运用了各种控件、接口函数，使开发更加人性化、界面灵活，人机关系和谐，但开始没有实现网络化；随后，对自动识别技术和设备进行分析与研究，选用"RFID＋条码"技术作为个体标示和识别的工具，实现数据采集的自动化，最后对可追溯系统的开发环境进行理论分析与比较，遵循软件工程设计思想，选用 JSP（Java Server Page）技术设计面向对象的动态网页，采用 My SQL 数据库管理系统设计数据库，运用 B/S（Browser/Server，浏览器/服务器）体系结构，将管理系统放在互联网上，实现了牛肉可追溯系统的网络化管理，使牛肉可追溯系统网络化、普及化，而且网络版的牛肉可追溯系统与以往单机版比较，更加方便、实用，网络版系统将数据库放在网络服务器上，方便数据的共享和查询，可以将从餐桌消费查找到肉牛饲养源头的时间 48 小时缩短到 30 分钟内完成；该系统根据中国肉牛业的实际发展需要，按照肉牛无公害标准进行设计，符合目前中国牛肉安全生产实际，具有较强的实用性与前瞻性，对保质期和药残安全设置预警，这是国内第一个对牛肉安全生产加工全过程进行质量跟踪与追溯的信息管理系统，不但在多个肉牛养殖企业进行了中试，而且实现了网络化。

牛肉质量安全追溯系统将通过连接肉牛养殖、繁育、防疫、屠宰等上游环节以及牛肉分割、生产、加工、销售、检验、监管和消费等下游环节，让消费者了解符合卫生安全的生产和流通过程，提高消费者对牛肉的放心程度。系统将提取生产、加工、流通、消费等供应链环节消费者关心的公共追溯要素，建立食品安全信息数据库，一旦发现问题，能够根据溯源进行有效的控制和召回，从源头上保障消费者的合法权益，另一方面也可以提高企业信息化管理水平，提高企业运营效率。

我国动物源性食品出口逐年增多，为了符合国外食品安全跟踪与追溯的要求，避开技术壁垒，促进我国食品质量的提高，提高我国动物源性食品的国际竞争力，我国应进一步加强动物源性食品的可追溯管理。

二、高档牛肉质量安全可追溯体系的内涵

目前，国际上对食品的可追溯性和可追溯体系尚未有明确的定义，不同的学者和机构从不同层面对可追溯性和可追溯体系进行了定义，其中比较有影响的有：①欧盟委员会的定义。欧盟委员会在 EC178/2002 中将食品的可追溯性解释为：在生产、加工及销售的各个环节中，对食品、饲料、食用性动物及有可能成为食品或饲料组成成分的所有物质的追溯。②国际标准化组织的定义。国际标准化组织将可追溯性定义为：通过记录的标志追溯某个实体的历史、用途或者位置的能力。这里"实体"可以是一项活动、一种产品、一个机构甚至是一个人。我国可追溯体系的定义是追溯所考虑对象的历史、应用情况或所处位置的能力。此外，也有学者从信息系统的角度提出可追溯体系是一个记录体系。尽管对于可追溯体系的定义多有争论，但从功能角度来看这些定义基本上是一致的，可追溯体系主要实现的功能是：

①自上而下的追踪。从原材料到终端客户，以监控产品的品质。②自下而上的回溯。从发现问题的终端客户到原材料，以查找问题的根源。所以，可追溯体系实质上是有识别体系和记录体系组成的可以对整个产品供应链实现追踪和回溯的系统。其中识别系统通过识别技术识别产品的全生命周期中环节的变化，并通过识别 ID 把变化信息传递给记录系统，而记录系统则记录产品各个环节的状态。目前认为追溯是指通过已有的管理体系查找产品的历史、位置或组成等信息的活动。追溯体系是为使产品具有追溯能力而建立的记录系统、交流系统和查询系统等的总和。

牛肉从产犊到餐桌涉及的环节众多，要经历种质培育及管理、养殖、屠宰、加工、流通和消费等环节。其中，作为高档牛肉与其他食品和其他产品的区别主要体现在种质培育及管理、生产养殖和流通 3 个环节上。犊牛的培育和生产过程是否安全，对高档牛肉质量安全有重要的影响。高档牛肉是高蛋白食品，流通环节与普通产品有很大不同，不管是仓储、运输、配送还是销售环节都会有冷链流通。整个牛肉供应链中的每一个环节都有自身内部复杂的业务流程，涉及庞大繁杂的数据。为了确定合理科学的追溯信息范围，根据 HACCP 指导原则，采用"流程提取—因子分析—关键点控制"的方法，"共性上提，个性定制"，围绕影响肉牛饲养、屠宰和牛肉产品加工的关键点与关键因子展开，对高档牛肉供应链中应追溯的信息进行详尽的研究和分析。

首先，分析影响牛肉生产全过程中牛肉产品质量安全的主要因素，剖析生产流程，找出生产过程中养殖阶段、屠宰阶段及销售阶段的关键环节，提出各关键环节中影响产品质量的关键指标，通过对关键指标的控制实现对牛肉生产全过程的跟踪与追溯。

其次，开展牛肉生产全过程中个体的标示及识别。个体标示与识别是实施产品可追溯性的关键，一般可以选用条形码技术、RFID 技术、脱氧核糖核酸（DNA，Deoxyribonucleic acid）识别技术、虹膜识别技术等技术。经过自动识别技术的理论分析和广泛的调研，确定牛肉可追溯系统中既符合中国国情，又满足自动化程度要求的个体识别设备及技术。

然后，结合肉牛养殖场、屠宰加工厂及超市零售企业的特点，设计开发适合网络化管理的软件系统，实现对牛肉产品的远程跟踪与全程追溯。

最后，进行网络服务器的建设。在软件系统开发完成后，将前台查询系统和后台数据库一同上传到网络服务器上，并申请相应的域名，使得用户可以通过互联网访问查询，最终实现牛肉生产全过程的跟踪与追溯。

众所周知，在供应链上建立可追溯系统的最大困难是供应链上各个成员企业之间的信息系统相互独立，使得整个信息链被割裂成一个"孤岛"群，而且由于供应链上的各个企业都是理性的和相对独立的经济实体，造成了信息共享的困难和复杂性。因此，在研究建立高档牛肉可追溯体系时必须考虑这一前提。各环节之间通过一个编号信息作为接口相互链接和联系，其余信息可由企业自主管理，比如犊牛环节和养殖环节通过育种编号相互关联，而其他信息由各自独立管理，只有在需要实施追溯功能时，才由第三方或者政府机关实施全体数据的追溯和排查。此外，这种用编号进行追溯和追踪的方式还能够避免由于供应链个体之间数据标准不同引起的冲突，从技术角度看，在该种方式下只要编号信息符合一定的国际国内标准（比如 UCC/EAN2128，EPC 等），并以 RFID 标签为传递媒介就可以了。

三、基于RFID技术的高档牛肉可追溯体系

作为追溯管理的重要组成部分，编码和识别技术迅速发展，目前已出现了多种畜产品的个体识别方法及其产品，如条码耳标技术、电子标志技术、视网膜识别技术、DNA标志技术和RFID技术，产品如纽扣式电子耳标、耳部置入式电子芯片、瘤胃电子胶囊等。但发展较快的还是RFID技术。

RFID（Radio Frequency Identification，RFID）技术是一种无线自动识别和数据获取的技术。RFID技术实现自动识别功能的基本组成部分可以分为RFID标签、RFID阅读器（读头）和天线3个部分。阅读器可以通过天线发射的无线电波对RFID标签里面所存储的信息进行识别和读写，并能通过RFID应用软件和计算机进行数据的交换。RFID技术将是最具有潜力和应用价值的识别技术，与目前应用最为广泛的条码技术相比具有明显的优势。RFID技术与条码技术的优缺点对比见表12-7。

表12-7 RFID技术与条码技术优缺点对比分析表

对比项目	传输方式	容量/字节	耐用性及环境适应性	安全性	识别标签长度/比特	读取距离/米	方向性	信息修改	成本
条码技术	光学	1～100	易损坏、环境要求高	低	14	0～0.02（激光阅读器除外）	有	不可以	较低
RFID技术	电磁	128～8 000	耐用性好、环境适应性强	高（可加密）	64，96，128	0～2（有源标签可达数10米）	无	可以	较高

以RFID标签承载高档牛肉供应链各环节上的编号信息作为识别系统，以数据库作为数据的记录系统，以因特网作为通信媒介，以EPC（Electronic Product Code，EPC）作为数据传送和交换的标准，能构成一个完整的基于RFID技术的高档牛肉可追溯系统，其系统框架如图12-1所示。

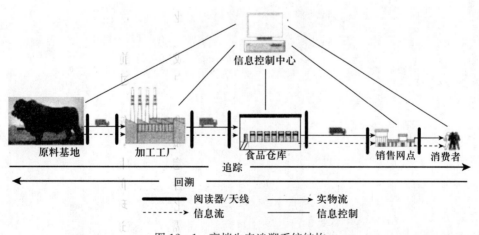

图12-1 高档牛肉追溯系统结构

整个高档牛肉可追溯系统中，RFID起到了一个识别信息在整个供应链上环环传递的作用，而更加详细的信息则由企业自己保管，并实现追溯系统与企业本身的WMS（仓储管理系统，Warehouse Management System，WMS），ERP（企业资源计划系统，Enterprise

Resource Planing，ERP）以及 SCM（供应链管理系统，Supply Chain Management，SCM）的无缝链接。比如，种苗企业负责亲体产卵及苗种培育过程中的温度控制、光照控制以及化学处理等，因此，种苗企业应当拥有这个过程中的非常详细的数据，如种属、成活率、遗传特性、温度、盐度等，是在追溯系统中种苗企业可以选择将部分信息如育种时间、种苗型号、重金属含量等消费者或后续企业关心的且又不影响企业保持其工艺和商业机密的信息通过 Internet 公之于众，其他信息则由企业自身的信息系统进行保密和保管，当然必要的时候可由第三方机构或政府机构进行调用和调查。养殖、加工、流通和零售环节也与此类似。于是，各环节之间由 RFID 系统构成环环传递的识别系统和各环节企业自己保持的记录系统（WMS，ERP，SCM 等），就构成了一个完整的可追溯系统，终端消费者甚至可以通过网络了解自己所采购的高档牛肉在各个环节上的基本信息（企业对外公布的部分信息）。

　　建立高档牛肉可追溯体系是对高档牛肉消费群体的重要质量保证，通过对高档牛肉的追踪，可以了解和监控高档牛肉在各个环节的质量状态，防范食品安全事故的发生。建立全过程无泄漏的食品安全追溯体系，在出现食品质量安全问题时，能有效地区分责任，对于监管有关企业，界定相应的法律后果都有据可依。在发生食品安全危机时，能够利用可追溯性管理体制，快速反应、追本溯源，有效地控制问题食品的扩散，提高高档牛肉安全突发事件应急处理能力，并能通过可追溯系统准确召回问题食品。更为重要的是，在我国建立高档牛肉追溯体系，能够实现食品安全预警机制，确保食品行业彻底实施食品的源头追踪以及在食品供应链中提供完全透明的管理，实现"从农田到餐桌"全过程的跟踪和追溯，及早发现问题，有效防范食品安全重大事件的发生。基于 RFID 的高档牛肉可追溯系统的实现和实施不仅有助于高档牛肉质量的保证和提升，也将有助于食品安全的保障和食品安全事件的应急处理，更重要的是通过高档牛肉质量的可追溯可以提升高档牛肉在市场上和消费者中的信誉，提升我国高档牛肉在全球商业贸易中的竞争优势，为我国从牛肉大国走向牛肉强国奠定基础。

参 考 文 献

白德庆 . 2007. 简述加拿大肉牛业 [J] . 国外畜牧业，5：30-31.

陈红跃，左福元 . 2001. 部分国家牛肉等级评定标准的比较 [J] . 试验研究，31（4）：160-161.

陈红跃，左福元 . 2004. 部分国家牛肉等级评定标准的比较 [J] . 畜产品，24（3）：47-50.

陈银基，周光宏，高峰，等 . 2005. 国外牛肉产量级发展及我国产量级制度建立问题探讨 [J] . 畜牧与兽医，37（7）：51-52.

邓兴照，许尚忠，张莉，等 . 2007. 澳大利亚肉牛业发展特点以及对我国肉牛业的启示 [J] . 中国畜牧杂志，43（24）：21-23.

郭庆睿，陈幼春，刘强德，等 . 2006. 脂肪和肌肉的分布与肉牛胴体分割 [J] . 中国牛业科学，32：170-175.

胡宝利 . 2001. 不同年龄秦川牛胴体性状与肉质性状的研究 [D] . 杨凌：西北农林科技大学 .

孔凡真 . 2004. 我国肉牛业的现状及发展方向 [J] . 肉类工业，6：34-35.

孔凡真 . 2007. 澳大利亚牛羊加工产业有特点 [J] . 域外来风，10：31.

雷云国，2002. 肉牛屠宰和胴体嫩化与分割 [J] . 现代化农业，12：27-28.

李三禄，李文彬，蒋桂芳，等 . 2006. 平凉红牛屠宰分割及质量评定工艺 [J] . 中国牛业科学，32（3）：91-93.

刘丽，周光宏，孙宝忠 . 2001. 我国牛胴体等级标准中部分指标的测定方法研究 [J] . 肉类研究，2：21-24.

刘万军 . 2002. 日本的肉牛业现状 [J] . 黄牛杂志，28（6）：72-74.

刘文，鲁建民 . 2002. 现代英国肉牛业 [J] . 黄牛杂志，28（2）：36-39.

刘学洪 . 2001. 美国肉牛业简介 [J] . 国外畜牧科技，28（3）：46-48.

牛羊屠宰产品品质检验规则（GB 18393—2001）.

邱怀，常智杰，昝林森 . 1997. 秦川牛及其杂种后代胴体评定标准（试行） [J] . 黄牛杂志，23（2）：11-12.

石国庆 . 2005. 加拿大的肉牛业生产 [J] . 新疆农垦科技，6：52-54.

孙宝忠，马爱进，杨喜波，等 . 2002. 牛肉质量评定分级标准现状、制定原则及作用 [J] . 中国食物与营养，5：15-16.

汤晓艳，周光宏，徐幸莲 . 2003. 对中国牛肉分级制度的几点思考 [J] . 黄牛杂志，29（2）：53-56.

田春英，荣威恒，窦洪举，等 . 2002. 加拿大肉牛业发展概况 [J] . 国外畜牧业，1：31-33.

田允波 . 2000. 美国的肉牛业 [J] . 世界农业，7：33-35.

田允波 . 2000. 美国的肉牛业 [J] . 世界农业，8：29-30.

王雅春 . 1996. 美国肉牛胴体评估及胴体 [J] . 黄牛杂志，22（4）：68-74.

为农 . 2007. 发达国家肉牛发展趋势 [J] . 国外农业，7：41.

余梅，毛华明，黄必志 . 2007. 牛肉品质的评定指标及影响牛肉品质的因素 [J] . 中国畜牧兽医，34（2）：33-36.

喻兵兵，毛华明，文际坤 . 2004. 优质肉牛屠宰试验及肉品质研究 [J] . 云南农业大学学报，19（2）：215-219.

昝林森．2007．牛生产学［M］．2版．北京：中国农业出版社．

昝林森．2007．秦川牛选育改良理论与实践［M］．杨凌：西北农林科技大学出版社：32-41.

张卫宪．1998．法国肉牛生产体系简介［J］．黄牛杂志，24（1）：62-63.

赵庆明，许尚忠，李晓晶，等．2009．超声波扫描仪对肉牛活体测定的研究［C］．全国养牛科学研讨会文
　集：105-110.

图书在版编目（CIP）数据

高档牛肉生产技术手册 / 昝林森主编 . —北京：
中国农业出版社，2017.5（2019.9重印）
ISBN 978-7-109-18311-7

Ⅰ.①高…　Ⅱ.①昝…　Ⅲ.①肉牛-饲养管理-技术
手册　Ⅳ.①S823.9-62

中国版本图书馆 CIP 数据核字（2013）第 211817 号

中国农业出版社出版
（北京市朝阳区麦子店街 18 号楼）
（邮政编码 100125）
责任编辑　肖　邦

北京中兴印刷有限公司印刷　新华书店北京发行所发行
2017 年 5 月第 1 版　2019 年 9 月北京第 2 次印刷

开本：787mm×1092mm　1/16　印张：18.25　插页：2
字数：430 千字
定价：75.00 元
（凡本版图书出现印刷、装订错误，请向出版社发行部调换）